高等学校工程创新型"十二五"规划教材

现代通信原理

唐朝京 主编

熊辉 雍玲 马东堂 张颖光 编著

電子工業出版社

Publishing House of Electronics Industry

北京 · BEIJING

内容简介

本书配合教育部“卓越工程师教育培养计划”及军队院校教学改革，结合多年教学实践经验和科研积累，在广泛参考国内外现有相关文献基础上编写完成。全书共9章。以信号传输为线索，介绍通信基本理论和技术。主要内容包括：通信系统的组成与信息理论基础、模拟调制技术、模拟信号的数字化、数字基带传输、数字频带传输、同步与数字复接、纠错编码基础、多址技术、扩频通信系统简介等。

本教材可作为普通高等学校通信工程、电子信息科学与工程、计算机及其他相关专业的本科生教学教材，以及电子信息大类各专业指挥军官基础教育本科生的技术基础课教材，也可作为相关技术人员的参考书。

未经许可，不得以任何方式复制或抄袭本书之部分或全部内容。
版权所有，侵权必究。

图书在版编目(CIP)数据

现代通信原理/唐朝京主编. —北京：电子工业出版社，2010.2
ISBN 978-7-121-06470-8

Ⅰ. 现… Ⅱ. 唐… Ⅲ. 通信理论 Ⅳ. TN911

中国版本图书馆CIP数据核字(2010)第010235号

责任编辑：陈晓莉
印　　刷：北京京师印务有限公司
装　　订：北京京师印务有限公司
出版发行：电子工业出版社
　　　　　北京市海淀区万寿路173信箱　邮编100036
开　　本：787×1092　1/16　印张：22.75　字数：563千字
版　　次：2010年2月第1版
印　　次：2016年11月第6次印刷
定　　价：39.00元

凡所购买电子工业出版社图书有缺损问题，请向购买书店调换。若书店售缺，请与本社发行部联系。联系及邮购电话：(010)88254888。

质量投诉请发邮件至 zlts@phei.com.cn，盗版侵权举报请发邮件至dbqq@phei.com.cn。

服务热线：(010)88258888。

前　言

本教材是为了配合教育部“卓越工程师教育培养计划”及军队院校教育改革的，针对普通高等学校电子信息与电气类专业，以及信息大类各专业指挥军官基础教育本科生《通信原理》课程编写的，该专业培养特点是学时少、重基础、宽口径，注重实践技能。针对这一特点，本教材重点突出了以下几点：

(1) 强调基本概念、基本原理和基本方法，注重揭示每个概念的来源、问题的提出与解决方法，引导学生领悟其中的思想，以期在短时间内让学生掌握最本质的内容。

(2) 注重内容与表述方式的简明性、系统性与可读性。内容上进行提炼，既保证内容的系统性和先进性，又不至于涉及面太广、理论性太强。在叙述上重点突出、层次分明，并采用“*”标志来区分选讲内容。

(3) 配置尽可能多的图示与例题，并适当增加了一些通信装备和系统应用的实例，一方面有利于使学生加强对所学知识的理解；另一方面为其步入工作岗位打下基础。各章末附有习题供练习，并附有部分习题的答案。

本书的组织结构如下：

第1章绪论，重点介绍通信的基本概念、通信系统的组成与分类及通信系统的性能指标，使读者建立初步的认识。

第2章模拟调制技术，主要介绍目前正在应用的各种模拟调制方式的基本原理，并对其性能进行了分析，最后介绍几个典型应用的系统实例。

第3章模拟信号的数字化，主要介绍模拟信号转化为数字信号的基本原理和方法，重点讨论了脉冲编码调制、差分脉冲编码调制、增量调制等方法，并介绍了时分复用和时隙交换的原理。

第4章数字基带传输，介绍了数字基带传输系统设计的主要问题，包括数字基带信号码型、码间干扰、基带传输系统性能、眼图、均衡及扰码技术等。

第5章数字频带传输，着重介绍二进制数字调制解调的原理、数字信号的最佳接收及二进制数字调制系统抗噪声性能分析，并介绍多进制数字调制和恒包络调制的原理。

第6章同步与数字复接，主要介绍载波同步、位同步、帧同步、网同步的实现方法及性能指标，并对复接技术及其主要的国际标准建议进行了介绍。

第7章纠错编码基础，主要介绍纠错编码的基本概念和原理，以及一些常用的编译码技术。

第8章多址技术，讨论 FDMA、TDMA 和 CDMA，以及它们在蜂窝移动通信系统中的应用。

第9章扩频通信系统简介，主要介绍直接序列扩频系统和跳频系统的基本原理、组成和同步技术。

本书由国防科技大学电子科学与工程学院《通信原理》课程教学组的教员共同讨论编写。其中第1、6章由熊辉编写，第2章由李保国编写，第3、9章由张颖光编写，第4章由雍玲编写，第5、8章由马东堂编写，第7章由雷菁编写。在全书的编排过程中熊辉、雍玲还参与了文稿的修订工作。此外唐朝京教授和魏急波教授组织、参与了本书大纲的讨论制定，并为本书提出了很多宝贵意见。王莹、张炜等老师对本书的使用情况进行了认真的总结，并及时反馈给编写组，在此一并表示衷心的感谢。

本书涉及通信领域广泛的理论和技术问题，由于作者的知识局限，书中难免有不当之处，敬望读者批评指正。

编 者

2009年10月于国防科技大学

目　　录

第1章 绪 论

通信系统是人类社会进行信息交互的重要工具，20 世纪 80 年代以来通信技术获得了突飞猛进的发展，各种通信新技术和新系统不断涌现，为人们提供传输容量更大和更加方便快捷的通信方式，极大地改变了人们的生活方式。

本章主要介绍通信系统的组成与分类、信道、信息及其度量以及通信系统的主要性能指标，使读者对通信和通信系统有一个初步的了解和认识。

1.1 通信系统的组成与分类

1.1.1 通信系统的组成

通信的目的是为了有效并可靠地传递和交换信息，传递信息所需的一切技术设备的总和称为通信系统，通信系统的一般模型如图 1-1 所示。

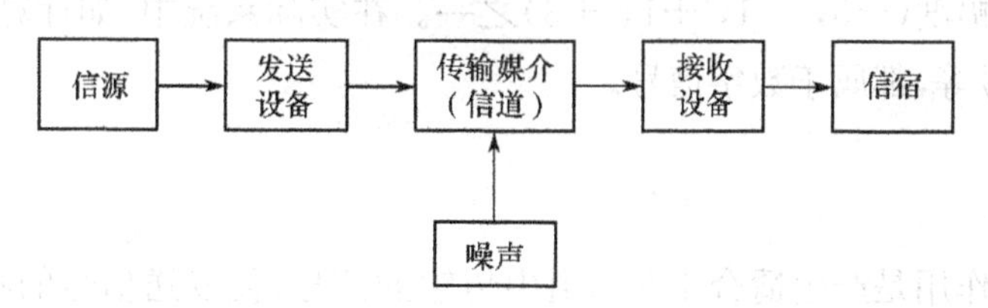

图 1-1 通信系统的一般模型

通信系统由信源、发送设备、传输媒介（信道）、接收设备和信宿 5 个部分构成。

1. 信源和信宿

信源是发出信息的源头，信宿是传输信息的归宿。根据输出信号的性质不同，信源可以分为模拟信源和数字信源。模拟信源输出幅度连续的模拟信号；数字信源输出取值离散的数字信号。数字信号与模拟信号有明显区别，但在一定条件下可以相互转换。

模拟信号的特点是幅度连续，信号幅度可以有无限种取值，从图 1-2(a)波形可以看出此信号在波形上是连续的，图 1-2(b)是对 1-2(a)波形的抽样信号，信号波形每隔 T_s 时间被抽样一次，因此抽样后的波形在时域上是离散的，但幅度仍然具有无限种可能的取值，是一个时域离散的模拟信号。

数字信号要求幅度的取值是有限个。如图 1-3(a)中的波形，信号的取值只有两个可能的幅度值，即 0 或 A；图 1-3(b)给出的是一个四电平码，在每个码元间隔时间内，信号幅

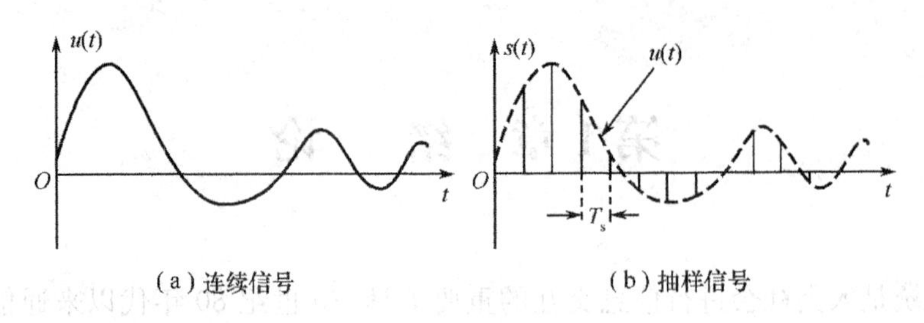

图 1-2　模拟信号波形

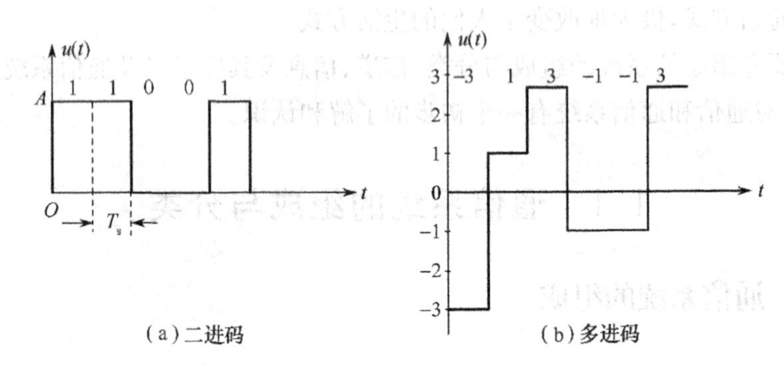

图 1-3　数字信号波形

度取 4 种可能的幅度(−3，−1，+1，+3)之一。在实际系统中,如计算机的输入/输出的信号、电报信号等,都属于数字信号。

2. 发送设备

发送设备的作用是产生适合于在信道中传输的信号,使发送信号的特性与传输媒介相匹配,将信源产生的消息信号变换为便于传输的形式。变换的方式是多种多样的,如信号的放大、滤波、调制等,发送设备还包括为达到某些特殊的要求而进行的各种处理,如多路复用、保密处理、纠错编码处理等。

3. 传输媒介(信道)

信道是指传输信号的通道,是从发送设备到接收设备之间信号传递所经过的媒介,可以是有线通信,如明线、双绞线、同轴线缆或光纤,也可以是无线信道。信道既给信号以传输通路,也会对信号产生各种干扰和噪声,信道的固有特性和干扰直接关系到通信的质量。

4. 接收设备

接收设备的基本功能是完成发送过程的反变换,即将信号放大并进行解调、译码、解码等,其目的是从带有噪声和干扰的信号中正确恢复出原始消息,对于多路复用信号,还包括解除多路复用，实现正确分路功能；此外，在接收设备中，还需要尽可能减小在传输过程中噪声与干扰所带来的影响。

以上所述是单向的通信系统，很多情况下，信源兼为信宿，通信的双方需要交互信息，因而要求双向通信，电话就是一个典型的双向通信的例子。双向通信系统中，通信双方都要求有发送设备和接收设备，如果两个方向有各自的传输媒介，则双方可以独立进行发送和接收。但若公用一个传输媒介，则用频率、时间或其他分割的方法来共享信道资源。此外通信系统除了完成信息传递之外，还必须完成信息的交换。传输系统和交换系统共同构成一个完整的通信系统和通信网络。

1.1.2 通信系统的分类

1. 按照通信的业务和用途分类

根据通信的业务和用途分类，有常规通信、控制通信等。其中控制通信主要包括遥测、遥控等，如卫星测控、导弹测控、遥控指令通信等都是属于控制通信的范围。常规通信又分为话务通信和非话务通信。话务通信主要是以语音业务为主，例如程控数字电话交换网络的主要目标就是为普通用户提供电话通信服务。非话务通信主要是指分组数据业务、计算机通信、传真、视频通信等等。话务通信和非话务通信有着各自的特点。

语音业务传输具有三个特点，首先人耳对传输时延十分敏感，如果传输时延超过100ms，通信双方会明显感觉到对方反应“迟钝”，使人感到很不自然；第二要求通信传输时延抖动尽可能小，因为时延的抖动可能会造成语音音调的变化，使得接听者感觉对方声音“变调”，甚至不能通过声音分辨出对方；语音传输的第三个特点是对传输过程中出现的偶然差错并不敏感，传输的偶然差错只会造成瞬间语音的失真和出错，但不会导致接听者对讲话人语义的理解造成大的影响。

在非话务通信中，对于数据信息，通常情况下更关注传输的准确性，而对实时性的要求则视具体情况而定。对于视频信息，对传输时延的要求与话务通信相当，但是视频信息的数据量要比语音要大得多，如语音信号 PCM(Pulse Code Modulation)编码的信息速率为 64kb/s，而 MPEG-II(Motion Picture Experts Group)压缩视频的信息速率则在 2～8Mb/s 之间。

在过去很长一段时期内，由于电话通信网最为发达，因而其他通信方式往往需要借助于公共电话网进行传输，但是随着技术的进步和人们对信息需求的增长，特别是 Internet 网的迅速发展，这一状况已经发生了显著的变化，非话业务的发展越来越迅速，在信息流量方面已经超过了话务流量。

2. 按调制方式分类

根据是否采用调制，可以将通信系统分为基带传输系统和调制传输系统。基带传输是将未经调制的信号直接传送，如音频市内电话(用户线上传输的信号)、Ethernet 网中传输的信号等。调制的目的是使载波携带要发送的信息，对于正弦载波调制，可以用要发送的信息去控制或改变载波的幅度、频率或相位。接收端通过解调就可以恢复出信息。

常见的调制方式及用途如表 1-1 所示。应当指出，在实际系统中，有时采用不同调制方式进行多级调制。如在调频立体声广播中，语音信号首先采用 DSB-SC(Double Side Band with Suppressed Carrier)进行副载波调制，然后再进行调频，就是采用多级调制的方法。

表 1-1 常用的调制方式及用途

调制方式			用途
连续波调制	模拟线性调制	常规双边带调幅 AM	中波广播、短波广播
		抑制载波双边带调幅 DSB-SC	调频立体声广播的中间调制方式
		单边带调幅 SSB	载波通信、无线电台
		残留边带调幅 VSB	电视广播、数传、传真
	模拟非线性调制	频率调制 FM	调频广播、移动通信、卫星通信
		相位调制	中间调制方式
	数字调制	幅度键控 ASK	数据传输
		频率键控 FSK	数据传输
		相位键控 PSK、DPSK、QPSK 等	数字微波、空间通信、移动通信、卫星导航
		其他数字调制 QAM、MSK、GMSK 等	数字微波中继、空间通信、移动通信系统
脉冲调制	脉冲模拟调制	脉幅调制 PAM	中间调制方式、数字用户线线路码
		脉宽调制 PDM(PWM)	中间调制方式
		脉位调制 PPM	遥测、光纤传输
	脉冲数字调制	脉码调制 PCM	语音编码、程控数字交换、卫星、空间通信
		增量调制 ΔM、CVSD 等	军用、民用语音压缩编码
		差分脉码调制 DPCM	语音、图像压缩编码
		其他语音编码方式 ADPCM	中低速率语音压缩编码

3. 按传输信号的特征分类

按照信道中所传输的信号是模拟信号还是数字信号，可以相应地把通信系统分成两类，即模拟通信系统和数字通信系统。数字通信系统在最近几十年获得了快速发展，数字通信系统也是目前商用通信系统的主流。

4. 按传送信号的复用和多址方式分类

复用是指多路信号利用同一个信道进行独立传输。传送多路信号目前有四种复用方式，即频分复用 FDM(Frequency Division Multiplexing)、时分复用 TDM(Time Division

Multiplexing)、码分复用 CDM(Code Division Multiplexing)和波分复用 WDM(Wave Division Multiplexing)。

频分复用(FDM)采用频谱搬移的办法使多路信号分别占据不同的频带进行传输,时分复用使多路信号分别占据不同的时间片断进行传输,码分复用则是采用一组正交的脉冲序列分别携带不同的信号。波分复用使用在光纤通信中,可以在一条光纤内同时传输多个波长的光信号,成倍提高光纤的传输容量。

多址是指在多用户通信系统中区分多个用户的方式。如在移动通信系统中,无线基站同时为多个移动用户提供通信服务,需要采取某种方式区分各个通信用户。多址方式主要有频分多址(Frequency Division Multiple Access,FDMA)、时分多址(Time Division Multiple Access,TDMA)和码分多址(Code Division Multiple Access,CDMA)三种方式。移动通信系统是各种多址技术应用的一个十分典型的例子。第一代移动通信系统,如TACS(Total Access Communications System)、AMPS(Advanced Mobile Phone System)都是 FDMA 的模拟通信系统,即同一基站下的无线通话用户分别占据不同的频带传输信息。第二代(2G: 2nd Generation)移动通信系统则多是 TDMA 的数字通信系统,GSM 是目前全球市场占有率最高的 2G 移动通信系统,是典型的 TDMA 的通信系统。2G 移动通信标准中唯一的采用 CDMA 技术的是 IS-95 CDMA 通信系统。而第三代(3G: 3rd Generation)移动通信系统的三种主流通信标准 W-CDMA(Wideband-CDMA)、CDMA2000和 TD-SCDMA(Time Divieded-Synchronous CDMA)则全部是基于 CDMA 的通信系统。

5. 按传输媒介分类

通信系统可以分为有线(包括光纤)和无线通信两大类,有线信道包括架空明线、双绞线、同轴电缆、光缆等。使用架空明线传输媒介的通信系统主要有早期的载波电话系统,使用双绞线传输的通信系统有电话系统、计算机局域网等,同轴电缆在微波通信、程控交换等系统中以及设备内部和天线馈线中使用。无线通信依靠电磁波在空间传播达到传递消息的目的,如短波电离层传播、微波视距传输等。

6. 按工作波段分类

按照通信设备的工作频率或波长的不同,分为长波通信、中波通信、短波通信、微波通信等。表 1-2 列出了国际电信联盟(ITU)颁布的无线电频谱分布,以及各频段的主要用途。

工作波长与频率的换算公式为

$$\lambda=\frac{c}{f}=\frac{3\times10^8}{f} \tag{1.1-1}$$

式中,λ 为工作波长(m);f 为工作频率(Hz);c 为光速(m/s)。

表 1-2 ITU 频段划分及其主要用途

频率范围	波 长	符号	传输媒介	用 途
0.003～3kHz	10^8～10^5m	极低频 ELF	有线线对 长波无线电	音频电话、数据终端、远程导航、水下通信、对潜通信
3～30kHz	10^5～10^4m	甚低频 VLF	有线线对 长波无线电	远程导航、水下通信、声呐
30～300kHz	10^4～10^3m	低频 LF	有线线对 长波无线电	导航、信标、电力线通信
0.3～3MHz	10^3～10^2m	中频 MF	同轴电缆 短波无线电	调幅广播、移动陆地通信、业余无线电
3～30MHz	100～10m	高频 HF	同轴电缆 短波无线电	移动无线电话、短波广播定点军用通信、业余无线电
30～300MHz	10～1m	甚高频 VHF	同轴电缆 米波无线电	电视、调频广播、空中管制、车辆、通信、导航、寻呼
0.3～3GHz	100～10cm	特高频 UHF	波导 分米波无线电	微波接力、卫星和空间通信、雷达、移动通信、卫星导航
3～30GHz	10～1cm	超高频 SHF	波导 厘米波无线电	微波接力、卫星和空间通信、雷达
30～300GHz	10～1mm	极高频 EHF	波导 毫米波无线电	雷达、微波接力
10^5～10^7GHz	3×10^{-4}～3×10^{-6}cm	可见光 红外光 紫外光	光纤 空间传播	光纤通信 无线光通信

对于 1GHz 以上的频段，采用 10 倍频程进行划分太粗略，国际电气与电子工程师协会(IEEE)颁布了如表 1-3 所示的常用频段划分方法。

表 1-3 IEEE 频段划分及其典型应用

频率范围	名 称	典 型 应 用
3～30MHz	HF	移动无线电话、短波广播定点军用通信、业余无线电
30～300MHz	VHF	调频广播、模拟电视广播、寻呼、无线电导航、超短波电台
0.3～1.0GHz	UHF	移动通信、对讲机、卫星通信、微波链路、无线电导航、雷达
1.0～2.0GHz	L	移动通信、GPS、雷达、微波中继链路、无线电导航、卫星通信
2.0～4.0GHz	S	移动通信，无线局域网、航天测控、微波中继、卫星通信
4.0～8.0GHz	C	微波中继、卫星通信、无线局域网
9.0～12.5GHz	X	微波中继、卫星通信、雷达

（续表）

频率范围	名 称	典 型 应 用
12.5～18.0GHz	Ku	微波中继、卫星通信、雷达
18.0～26.5GHz	K	微波中继、卫星通信、雷达
26.5～40.0GHz	Ka	微波中继、卫星通信、雷达
40.0～60.0GHz	F	
60.0～90.0GHz	E	
90.0～140.0GHz	V	

1.1.3 模拟通信系统模型

模拟通信系统是利用模拟信号来传递信息的通信系统，常用的模拟通信系统包括中波/短波无线电广播、模拟电视广播、调频立体声广播等通信系统。虽然当前通信技术发展的主流是数字通信技术，但是在实际应用中还有大量的模拟通信系统，并且模拟通信系统是数字通信的基础。模拟通信系统如图1-4所示。

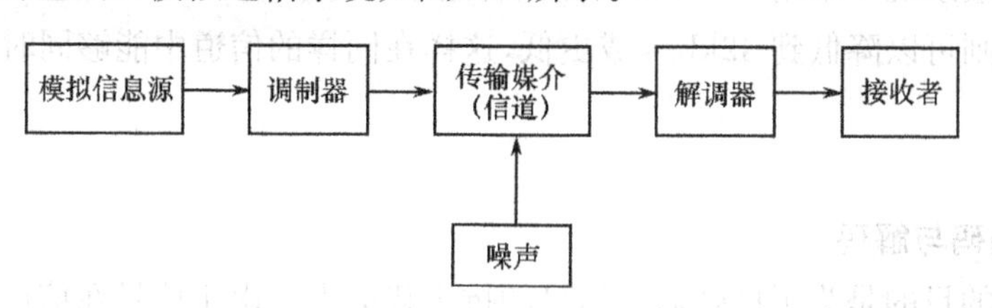

图1-4 模拟通信系统

调制器是模拟通信系统中最重要的部分，它决定了通信系统的性能，各种模拟调制技术见表1-1。模拟调制时使用调制信号控制载波的振幅、相位或频率，以达到信息传输的目的。如在中波广播中，音频节目信号经过常规双边带调幅后，载波的振幅就跟随音频节目信号的电平而发生变化，收音机从接收到的中波信号检测出这种幅度的变化，就能够重现音频信号。在多数模拟系统中，调制一般在中频进行，调制之后还需要经过上变频，将信号搬移到射频频段发送；接收端将从信道中接收到的信号进行下变频，在中频实现信号的解调。

1.1.4 数字通信系统模型

图1-5给出了数字通信系统的组成。数字通信系统包括信源编解码、信息加密/解密、信道编解码、调制解调、信道、同步以及数字复接与多址等各个部分，下面分别进行介绍。

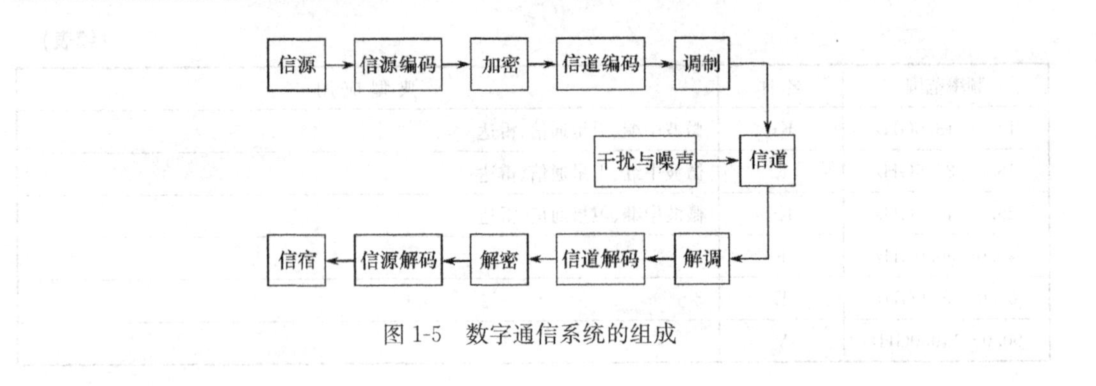

图 1-5 数字通信系统的组成

1. 信源编码与解码

信源编码主要是完成模拟信源的数字化，如果信源产生的信号是模拟信号时，首先需要对模拟信号进行数字化后才能够在数字通信系统中传输。模拟信源的数字化包括采样、量化和编码三个过程，电话系统中语音信号的数字化就是典型的模拟信源数字化的过程。信源编码的另外一个作用是为提高信息传输的有效性而采用适当的压缩技术减小信息速率。如电话系统中采用 PCM 编码的语音速率为 64kb/s，而如果采用压缩编码后，单路语音的速率则可以降低到 32kb/s 或更低，这样在同样的信道中能够同时传输的话路数量就增加了。

2. 信道编码与解码

信道编码的目的是为了增强通信信号的抗干扰能力。由于信号在信道传输时受到噪声和干扰的影响，接收端恢复数字信息时可能会出现差错，为了减小接收差错，信道编码器对传输的信息按照一定的规则加入保护成分(监督元)，组成差错控制编码。接收端的信道译码器按照相应的逆规则进行解码，从中发现错误或纠正错误，提高通信系统的抗干扰性。在计算机中广泛使用的奇偶校验码就是最简单的一种差错控制编码，它具有一比特差错的检错能力。

3. 加密和解密

在需要实现保密通信的情况下，为了保证所传输信息的安全，人为地将被传输信息的数字序列扰乱，即加上密码，这种处理过程称为加密。接收端(通常是授权或指定的接收机)对接收到的数字序列解密，恢复明文信息，这一过程称为解密。

4. 数字调制和解调

基本的数字调制方式有振幅键控(ASK)、频移键控(FSK)和相移键控(PSK)。在接收端可以采用相干解调或非相干解调还原基带信号，此外还有在三种基本调制方法上发展起来的其他数字调制方式，如 QPSK、QAM、OQPSK、MSK、GMSK 等。

5. 同步

同步是使收发两端的信号在时间上保持步调一致，是保证数字通信系统有序、准确和可靠工作的前提条件。按照同步的不同作用，可以将同步分为位同步、帧同步和网同步。同步分散在系统的各个部分，如位同步主要在调制和基带处理部分，而帧同步通常是处在调制解调之后。

需要指出的是，图 1-5 给出的只是点到点数字通信系统的一般化模型，实际的数字通信系统不一定包括所有的环节，例如数字基带传输系统无须调制和解调；实际通信系统也有可能增加部分处理环节，如在信道编码或调制之前经过时分复用处理，在解调或信道解码之后加入时分解复用处理等环节。

此外，模拟信号经过数字化和编码后可以在数字通信系统中传输，如在程控电话交换网中，电话线上传输的模拟语音信号到达程控数字交换机后，在交换机内进行数字化与编码，程控数字交换机之间传输的就是数字语音信号，信号到达对端交换机后，再由数字信息恢复出模拟语音，通过电话线将模拟语音传输到对端用户电话。

1.1.5 数字通信的特点

目前，无论是模拟通信还是数字通信，在不同的通信业务中得到了广泛的应用。但是，数字通信的发展速度已经超过模拟通信，成为当今通信发展的主流。与模拟通信相比，数字通信具有以下优点。

1. 抗干扰能力强，且不存在噪声积累

在数字通信系统中，接收端的目标不是精确地还原被传输的波形，而是从受到噪声干扰的信号中判断发送端发送的是哪一个波形。以二进制传输系统为例，信道上传输的信号波形有两种可能性，分别对应“1”和“0”，接收端通过判断收到哪一种信号波形来恢复传输的二进制信息。在数字微波中继通信系统中，各个中继站可以采用再生式中继转发，经过多级中继转发后信号噪声不积累。而采用模拟微波中继，它要求接收机能够以尽量小的失真度重现原信号波形，每一级微波中继站不仅将信号进行了放大，还将前面每一级中继站的带内噪声也同时放大，噪声是逐级积累的。最终积累的噪声将限制信号传输所能够经过的中继站的数量。

2. 传输差错可控

在数字通信系统中，可以通过信道编码技术进行检错与纠错，降低误码率，提高传输质量。

3. 便于用现代数字信号处理技术对数字信息进行处理、交换和存储

采用数字信号处理技术可以能够实现信道编解码、数字基带信号成型、同步、信号复用/解复用等功能,可以采用集成电路实现通信信号处理的过程。

4. 易于集成化和微型化,使通信设备微型化,功耗低、重量轻

数字通信大量采用大规模集成电路技术,可以极大地减小通信设备的功耗和体积。

5. 易于加密处理,且保密性好

数字通信系统也有不足,数字通信系统一般需要更大的传输带宽。以电话系统中的语音传输为例,模拟语音通常占据的带宽为300～3400Hz,一路接近同样语音质量的数字电话可能要占据20～60kHz的带宽。但是随着近年来数字通信技术的发展,在带宽使用效率方面数字通信系统已经逐渐和模拟系统接近,其代价是数字通信设备的复杂度越来越高。

1.2 信　　道

信道是传输信息的媒质或通道,其任务是以信号方式传输信息或存储信息。按照传输媒质的不同,可以分为有线信道和无线信道两大类。下面对几种常用有线信道和无线信道的传输特性进行分析。

1.2.1 有线信道

有线信道主要有四类,即明线(open wire)、对称电缆(Symmetrical cable)、同轴电缆(coaxial cable)和光纤。

1. 明线

明线是指平行架设在电线杆上的架空线路。它本身是导电裸线或带绝缘层的导线。虽然它的传输损耗低,但是由于易受天气和环境的影响,对外界噪声干扰比较敏感,目前已经逐渐被电缆取代。

2. 对称电缆

电缆有两类,即对称电缆和同轴电缆。对称电缆是由若干对叫做芯线的双导线放在一根保护套内制成的,为了减小每对导线之间的干扰,每一对导线都做成扭绞形状,称为双绞线,同一根电缆中的各对线之间也按照一定的规律扭绞在一起,在电信网中,通常一根对称电缆中有25对双绞线,如图1-6所示。对称电缆的芯线直径在0.4～1.4mm,损耗比较大，但是性能比较稳定。对称电缆在有线电话网中广泛应用于用户接入电路，每个用户电话都是通过一对双绞线连接到电话交换机，通常采用的是22～26号线规的双绞线。双绞线在计算机局域网中也得到了广泛的应用，Ethernet中使用的超五类线就是由四对双绞线组成的。

3. 同轴电缆

同轴电缆是由内外两层同心圆柱体构成，在这两根导体之间用绝缘体隔离开，如图1-7所示。内导体多为实心导线，外导体是一根空心导电管或金属编织网，在外导体外面有一层绝缘保护层，在内外导体之间可以填充实心介质材料或绝缘支架，起到支撑和绝缘的作用。由于外导体通常接地，因此能够起到很好的屏蔽作用。目前随着光纤的广泛应用，远距离传输信号的干线线路多采用光纤替代同轴电缆，在有线电视广播(Cable Television，CATV)中还广泛地采用同轴电缆为用户提供电视信号，另外在很多程控电话交换机中，PCM群路信号仍然采用同轴电缆传输信号，同轴电缆也是通信设备内部中频和射频部分经常使用传输的介质，如连接无线通信收发设备和天线之间的馈线。

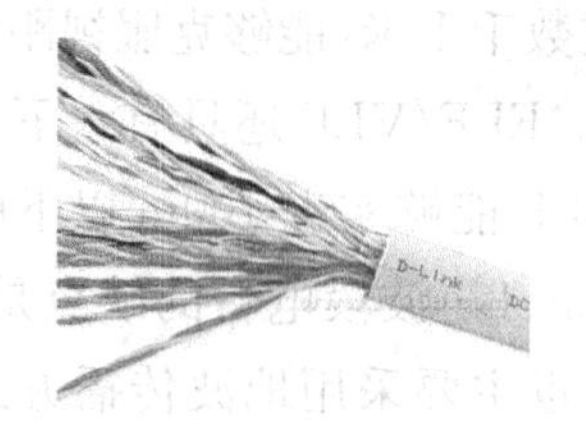

图1-6 对称电缆和双绞线

图1-7 同轴电缆

4. 光纤

传输光信号的有线信道是光导纤维，简称光纤。光纤是由华裔科学家高锟(Charles Kuen)发明的，他被认为是“光纤之父”。1970年美国康宁(Corning)公司制造出了世界上第一根实用化的光纤，随着加工制造工艺的不断提高，光纤的衰减不断下降，目前世界各国干线传输网络主要是由光纤构成的。

光纤中光信号的传输是基于全反射原理，光纤可以分为多模光纤(Multi-Mode Fiber，MMF)和单模光纤(Single Mode Fiber，SMF)，多模光纤中光信号具有多种传播模式，而单模光纤中只有一种传播模式。光纤的信号光源可以有发光二极管(Light-Emitted Dioxide，LED)和激光。目前实际应用中使用的光波长主要在1.31μm和1.55μm两个低损耗的波长窗口内，如Ethernet网中的1000Base-LX物理接口采用1.31μm波长的光信号。在计算机局域网中也使用了850nm波长的信号光源，如Ethernet网中的1000Base-SX物理接口就采用这样的光源。LED光源光谱纯度低，不同波长的光信号在光纤中传播速度不同，因此随着距离的增加，光信号传播会发生色散，造成信号的失真，限制了光纤传输的距离，所以对于长距离的传输，每隔一段距离都需要对信号进行中继。单模光纤的色散要比多模光纤小得多(在多模光纤中还存在模式色散),因而无中继传输距离更长,采用光谱纯度高的激光源传输时引起的色散则更小。

1.2.2 无线信道

无线通信利用电磁波在空间的传播实现信号的传输。从理论上讲,任何电信号都会向外辐射电磁波,但是为了能够有效地向空间辐射电磁波,通常要求天线尺寸和电磁信号波长相比拟,一般不小于波长的1/10,因此电磁波频率越低,则形成有效电磁辐射所需的天线尺寸就越大。

无线传播特性主要是由地面和大气两个因素造成的。大地是良导体,地球表面是弯曲的。在距离地面40~400km的上空,由于稀薄大气受到太阳光的照射而发生电离,形成电离层(Ionosphere)。另外,大气中的天气现象如雨、雾、雪等都会对电磁波的传输有影响。

对于极低频(ELF)、甚低频(VLF)和长波(LF)无线电信号,由于信号波长与电离层距离地面的高度可比拟,因此地面和电离层对信号的作用形同波导,此时信号将沿地球表面传播,形成地波传播,地波能够传播超过数百或数千千米,能够克服视距传输的限制,如海上通信中就有工作在长波/超长波波段的电台。ELF/VLF还具有水下通信的特点,随着电磁波频率的降低,穿透海水的能力就越强,ELF能够实现100m以下的深水通信,因而对于潜艇通信具有重要的利用价值。ELF、VLF、LF波段电台的缺点是信息传输速率低、天线的体积庞大,建造十分困难。中波(MF)也主要采用地波传播方式,典型的系统有中波广播电台。

在短波频段(HF,高频,3~30MHz),无线电信号不能够穿透电离层,但是可以通过电离层反射实现远距离的通信传输,利用电离层反射的传播方式称为天波传播,天波传播示意图如图1-8所示。有时可以通过电离层和地面多次反射实现更远距离的传输。

频率高于30MHz以上的无线电信号可以穿透电离层,能够进行空间通信,高于30MHz以上沿地面的绕射能力也较小,随着电磁波频率的升高,绕射能力越差。所以30MHz以上电波传播方式主要是视线传播。受地球弯曲的限制,为了增大在地面上的传播距离,最简单的办法就是提升天线的高度从而增大视线距离,如图1-9所示。

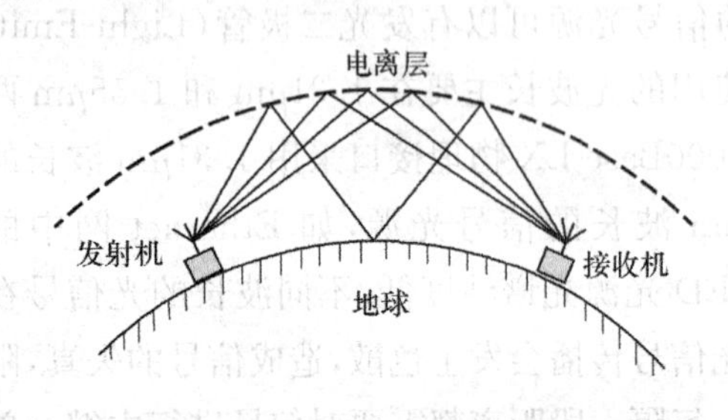

图1-8 天波传播

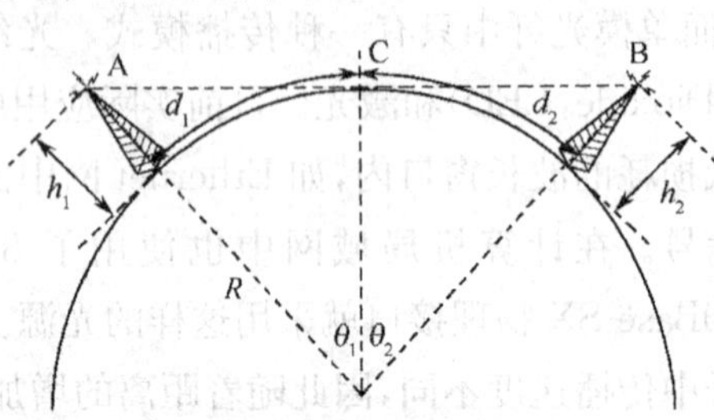

图1-9 视距传播示意图

根据图 1-9 可以计算出天线高度和传播距离之间的关系，假设在平坦地面条件下，收发天线的高度(相对于平坦地面的高度)分别为 h_1 和 h_2，地球半径为 R，则

$$\theta_1=\arctan\frac{\sqrt{(R+h_1)^2-R^2}}{R} \tag{1.2-1}$$

由于 $R\gg h_1$，所以式(1.2-1)可近似为

$$\theta_1=\arctan\sqrt{2h_1/R}\approx\sqrt{2h_1/R}$$

则

$$d_1=R\theta_1\approx\sqrt{2h_1R}$$

同理可以计算出

$$d_2=\sqrt{2h_2R}$$

若 R 取为 6370km，则传播距离为

$$d=\sqrt{2R}(\sqrt{h_2}+\sqrt{h_1})=3.57(\sqrt{h_2}+\sqrt{h_1})(\text{km}) \tag{1.2-2}$$

式(1.2-2)中 h_1 和 h_2 单位为米，计算出的视线传播距离为千米。例如，平坦地面条件下，收发天线高度分别为 50m，则视线距离为 50km。实际应用中，需要考虑到大气折射的影响，采用等效地球半径计算传播距离。在工程计算中，等效地球半径通常取为物理地球半径的 4/3 倍。此外，还需要考虑地面对视距传播的影响，如在数字微波中继通信系统中，往往要求两个固定台站之间的视线距离地面有一定的高度(通常称为余隙)，使得无线传输可以近似看作自由空间传播。

对流层(Troposphere)散射通信也是 UHF 波段可以采用的一种传播方式。从地面至高约十余千米的大气层称为对流层，我们日常的天气现象就发生在对流层。强烈的上下对流会在对流层中形成不均匀的湍流，这种不均匀性可以产生散射现象，使电磁波到达接收点，形成对流层散射通信。对流层散射通信使用的频率范围是 100～4000MHz，传播距离最大约为 600km。在散射通信方式中，除了对流层散射通信外，还有电离层散射通信和流星余迹散射通信。

随着无线电波频率的增加，信号波长越来越小，当频率达到 20GHz 以上时，信号波长和雨滴的尺寸相比拟，雨滴将会对无线信号造成衰减。频率越高衰减越大，如 100GHz 时，衰减范围从小雨时的 0.1dB/km 到大雨时的 6dB/km，对于采用 Ka 波段以及更高频段的卫星通信，必须考虑雨衰的影响。

随着电磁波频率的升高，在一些特定的范围，由于空气中分子谐振现象而使特定频率上出现衰减峰值，如水蒸气的第一、第二、和第三吸收谐振点分别在 23GHz、180GHz 和 350GHz，氧气的第一、第二吸收谐振点在 62GHz、120GHz。在大气通信中应尽量避免使用这些频率。

对于无线光通信，大气中的雨、雾、烟均会造成一定的衰减，如无线红外光通信中，大气中的烟雾微粒的直径与红外波长相比拟，因此造成较大的衰减，这种情况和雾天能见度

降低的现象完全类似。

在实际无线通信系统中，系统的工作频率、使用范围不同，其无线信道特性也有很大的差别。下面针对数字微波中继通信、短波电离层反射通信，移动通信三个系统中的无线信道进行简要介绍。

1. 数字微波中继通信系统中的无线信道

一般意义下的数字微波中继系统主要用于固定站点之间的无线通信，通常使用 1GHz 以上的频段，采用视距通信。为了能够传输更远的距离，需要微波站建设在海拔较高的地方，通常在站点设计时使微波链路满足自由空间传播条件，即视线距离地面有足够的余隙，此时信号的衰减近似看作只有由于距离的增加而带来的信号能量的扩散，信道条件比较稳定。

2. 短波电离层信道

对于短波电离层信道，电离层随机扰动和多径效应是最主要的特点。电离层扰动本质上决定了短波电离层反射通信的特点，即信道不稳定，信号的起伏和衰落较大。多径效应是指无线信号经过多条路径后被接收端接收。如图 1-8 中给出了几个多径分量。发射机的信号被电离层的不同位置反射到达接收端，接收信号是所有这些多径分量相叠加的结果，这些多径信号频率相同，但是传播路径不同，到达接收端的多径信号之间存在相位差，因而就会产生干涉型衰减和信号时延扩展，电离层随时间的扰动会造成这种干涉型衰减随时间而发生变化，从而影响接收信号的质量。

3. 移动通信系统中的无线信道

GSM 移动通信系统工作的频段有 900MHz 和 1800MHz 两个频段，GSM 移动通信系统中的无线传输用于基站和移动台之间的信息收发，基站发射的无线信号可能会经过周围建筑物的反射被移动台接收，当移动台运动时，这些多径分量之间的相位差就会发生变化，因此合成的振幅就发生起伏，它体现为接收信号强度的快衰落，也称为多径衰落；在移动台移动过程中，还存在一种相对较慢的起伏，由于沿途地形地物的变化，某个较强多径分量的加入和退出将会使得接收信号强度呈现较大的起伏，它体现为接收信号的慢衰落，这种衰落又称为阴影衰落。此外移动通信系统中还存在多径时延扩展和多普勒效应的影响。

1.2.3 信道模型

通过对有线信道和无线信道的介绍可以看出信道对信号的传输具有重要的影响，是设计和优化通信系统时必须考虑的因素。因此，建立一个能够反映信道传输主要特征的数学模型是十分必要的。信道模型表示的是信道输入和输出之间的变换关系。根据所研究信道的组成，该模型有不同的定义。如若从调制解调的观点定义信道，可用调制信道描述，若把编码器输出端至解码器输入端定义为信道，则利用编码信道更为方便；而在研究以具体传输介质构成的信道影响时，则常用加性信道、滤波信道表示，下面做一简要介绍。

1. 加性噪声信道模型

在实际的通信信道中，存在着大量的加性噪声，如热噪声、电流噪声、大气干扰、宇宙干扰和工业干扰等，这类噪声独立于信道所传输的信号。以这类噪声为主的信道称为加性噪声信道，其信道模型是最简单的、也是最常用的通信信道模型。如图 1-10 所示。在这个模型中，接收端接收的信号 $s(t)$ 被加性随机噪声过程 $n(t)$ 恶化。考虑到通信传输中信号的衰减，接收信号可以表示为

$$r(t)=\alpha s(t)+n(t) \tag{1.2-3}$$

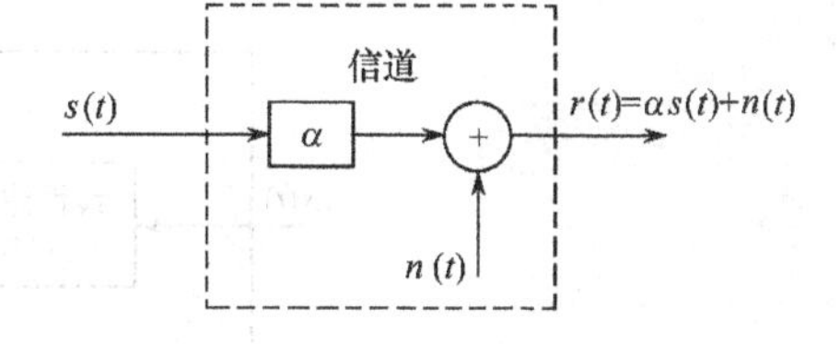

图 1-10　加性噪声信道模型

式中 α 为衰减因子。

这种信道模型应用十分广泛，并且十分容易进行分析和处理，是通信系统分析和设计中使用的最主要的信道模型。

2. 线性滤波器信道模型

在有些信道中，除了加性噪声的影响之外，信道对信号各个频率成分的响应不同，即接收信号可以看作是发送信号 $s(t)$ 通过具有某种时域冲激响应特性的信道所输出的结果。如果信道的冲激响应特性不随时间发生变化，则这种信道可以表征为带有加性噪声的线性滤波器，线性滤波器信道模型如图 1-11 所示。如果发送信号为 $s(t)$，那么信道输出信号为

$$r(t)=s(t)*c(t)+n(t)=\int_{-\infty}^{+\infty}c(\tau)s(t-\tau)\mathrm{d}\tau+n(t) \tag{1.2-4}$$

式中，$c(t)$ 为信道的时域冲激响应，符号"$*$"表示卷积。在有线电话信道中采用滤波器来保证传输信号不超过规定的带宽限制，可以看作线性滤波器信道。

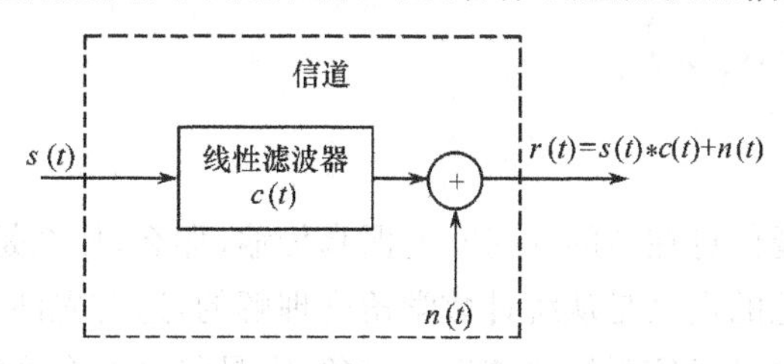

图 1-11　带有加性噪声的线性滤波器信道

3. 线性时变滤波器信道模型

利用短波电离层信道传输的通信信号，接收信号是发射信号经过电离层反射的多个

多径分量相叠加的结果，由于电离层会随时间而发生变化，因而信道响应特性具有时变特征。这种类型的物理信道可以表征为时变线性滤波器，其冲激响应可以用 $c(\tau,t)$ 表示，$c(\tau,t)$ 表示信道在 $t-\tau$ 时刻加入的冲激脉冲而在 t 时刻的响应。因此 τ 表示"历时"变量。带有加性噪声的线性时变滤波器信道模型如图 1-12 所示。对于信道输入信号 $s(t)$，信道输出信号为

$$r(t) = s(t) * c(\tau,t) + n(t) = \int_{-\infty}^{+\infty} c(\tau,t)s(t-\tau)\mathrm{d}\tau + n(t) \tag{1.2-5}$$

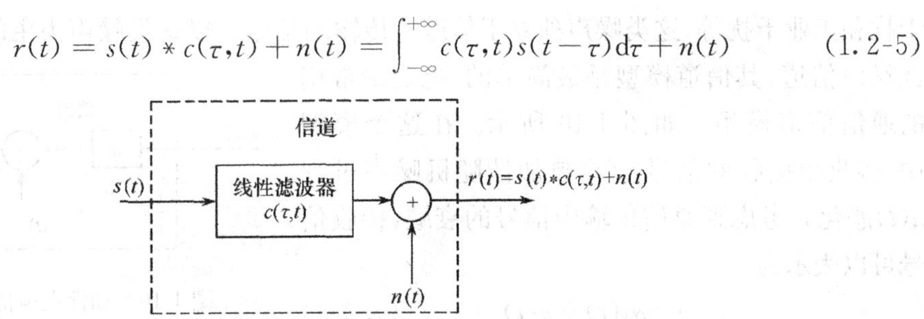

图 1-12 带有加性噪声的时变线性滤波器信道

信号通过多径信道传播的模型是线性时变滤波器信道的一个特例。此时，信道输出为多个多径分量相叠加的形式，即

$$r(t) = \sum_k \alpha_k(t)s(\tau - \tau_k) + n(t) \tag{1.2-6}$$

式中 $\{\alpha_k(t), k=1,2,\cdots\}$ 表示多条传播路径上的时变衰减因子，$\{\tau_k, k=1,2,\cdots\}$ 是相应的延迟，因此信道的时变冲激响应可以表示为

$$c(\tau,t) = \sum_k \alpha_k(t)\delta(\tau - \tau_k) \tag{1.2-7}$$

上面描述的三种信道模型能够适用于绝大多数物理信道。在本书中，我们将主要分析加性高斯白噪声信道下的接收误码性能，在分析数字基带传输系统的码间干扰和均衡器时，需要使用另外两种信道模型。

1.3 信息及其度量

1.3.1 信息熵

通信的任务是实现信息在空间或时间的保真传输，那么，什么是信息？又如何进行度量呢？通信中关于信息的定义是从统计数学角度理解的，这首先涉及消息、信号与信息这三个概念的关系。消息是通信系统要传送的对象，它是信息的有形载体，它既可以是一组有序符号序列，如状态、字母、文字或数字等，消息也可以是连续时间函数，如语音、图像或视频等。前者称为离散消息，后者称为连续消息。

信号是由消息经过某种变换得到的适合在信道上传输的某种物理量如电信号、声信号或光信号等。信息是消息和信号中包含的某种有意义的抽象的东西。因此消息和信号

是信息的载体,信息是消息的内涵。一份电报,一句话,一段文字和报纸上登载的新闻都是消息,只有消息中包含的接收者未知的内容才构成信息,信息是指能够消除接收者对某个事件的不确定性的抽象的内容。如果某个事件对于接收者是确知的,则对于接收者而言,该消息没有任何价值。

关于信息的度量,Shannon 信息论提出以消息(或事件)出现的概率描述其不确定性大小。如果某个概率很小的事件果真发生了,会使人感到十分惊讶或引起大量的关注,而如果发生概率很大的事件成真,通常对人们不足为奇,人们对其关注的程度也会较低。如果发现某颗小行星即将撞击地球,那将是一个震撼全世界的事件,所有人的目光都会聚集到这一事件上来,因为这样的事件发生的概率几乎接近于零,它蕴涵的信息量是巨大的;与小行星撞击地球事件相比,日食和月食等天文现象引起的关注要小得多,因为日食和月食发生的概率远远大于小行星撞地球的概率,其信息量就较小。这个例子说明消息中所包含的信息量与消息中所描述事件的发生概率是密切相关的。

通过上面的分析可以看出,消息出现的概率越大,则其包含的信息量越少;消息出现的概率越小,则其包含的信息量就越大;如果一个事件是必然发生的(概率为 1),则它传递的信息量应为零;如果一个事件是不可能发生的(概率为 0),则它将具有无穷的信息量;如果得到的消息是由若干个独立事件构成的,则总的信息量就是这些独立事件的信息量的总和。

综上所述可以看出,消息中所包含的信息量 I 与消息中描述的事件的发生概率 $P(x)$ 具有如下规律:

(1) 消息中所含的信息量是出现该消息中所描述事件发生概率 $P(x)$ 的函数,即

$$I=I[P(x)] \tag{1.3-1}$$

(2) 消息出现的概率越小,它所含的信息量越大;反之信息量越小,且当 $P(x)=1$ 时,$I=0$。

(3) 若干个互相独立的事件构成的消息,所含的信息量等于各独立事件信息量的和,即

$$I[P(x_1)P(x_2)\cdots]=I[P(x_1)]+I[P(x_2)]+\cdots \tag{1.3-2}$$

不难看出,信息量 I 与 $P(x)$ 间的关系式为

$$I=\log_a \frac{1}{P(x)}=-\log_a P(x) \tag{1.3-3}$$

信息量单位的确定取决于上式中对数底 a 的确定。如果对数底 $a=2$,则信息量的单位为比特(bit);如果 $a=\mathrm{e}$,则信息量的单位为奈特(nit);若取 10 为底,则信息量的单位称为十进制单位,或称作哈特(Hartley),通常广泛使用的单位为比特。

下面再来考虑离散信源的信息度量,设信源是一个由 M 个离散符号组成的消息集合,其中每个符号 $x_i, i=1,2,3,\cdots,M$ 按一定的概率 $P(x_i)$ 独立出现,即

$$\begin{bmatrix} x_1, & x_2, & \cdots, & x_n \\ P(x_1) & P(x_2) & \cdots, & P(x_n) \end{bmatrix},\text{且有}\sum_{i=1}^{M} P(x_i)=1$$

则 $x_1,x_2,\cdots,x_M$ 所包含的信息量分别为

$$-\log_2 P(x_1),\quad -\log_2 P(x_2),\cdots,\quad -\log_2 P(x_M)$$

于是，每个符号所含信息量的统计平均值，即平均信息量为

$$H(x) = P(x_1)[-\log_2 P(x_1)] + P(x_2)[-\log_2 P(x_2)] + \cdots + P(x_2)[-\log_2 P(x_M)]$$

$$= -\sum_{i=1}^{M} P(x_i)\log_2 P(x_i) \text{ 比特 / 符号} \tag{1.3-4}$$

由于平均信息量的表达式与热力学中的熵形式相似，因此通常又称它为信源的信息熵，简称为熵，其单位为比特/符号。显然，若信源中每个符号等概出现时，信息熵具有最大值。

【例 1-1】一个信息源由 4 个符号 0，1，2，3 组成，它们出现的概率分别为 3/8，1/4，1/4，1/8，且每个符号的出现都是相互独立的。试求消息的信息量如下：201020130213001203210100 321010023102002010321001202101320。

【解】 此消息中，0 出现 23 次，1 出现 14 次，2 出现 13 次，3 出现 7 次，消息共有 57 个符号，其中出现 0 的信息量为 $23\log_2(8/3)=33\text{bit}$，出现 1 的信息量为 $14\log_2 4=28\text{bit}$，出现 2 的信息量为 $13\log_2 4=26\text{bit}$，出现 3 的信息量为 $7\log_2 8=21\text{bit}$，故该消息的信息量为

$$I=33+28+26+21=108\text{bit}$$

每个符号的算术平均信息量为

$$\text{H}=\text{I}/57=1.89 \text{ 比特/符号}$$

该信源的平均信息量为

$$H(x) = -\sum_{i=1}^{n} P(x_i)\log_2 P(x_i)$$

$$= -\frac{3}{8}\log_2\frac{3}{8} - \frac{1}{4}\log_2\frac{1}{4} - \frac{1}{4}\log_2\frac{1}{4} - \frac{1}{8}\log_2\frac{1}{8} = 1.906 \text{ 比特 / 符号}$$

以上两种结果存在差别的原因在于他们的平均处理方法不同，第一个结果按照算术平均，第二种计算方法取统计平均，随着算术平均码元个数的增加，算数平均的结果将趋向于统计平均。

1.3.2 信道容量

信道容量是指信道能够传输的最大信息速率。任何信道都不可避免地存在噪声，而且信道带宽总是有限制的。所以信道的极限传输能力要受到噪声和带宽的限制，香农证明了在加性高斯白噪声信道中，理论上最大信息速率由以下公式决定

$$C=B\cdot\log_2\left(1+\frac{S}{N}\right) \text{ 比特/秒} \tag{1.3-5}$$

式中，B 为信道带宽(Hz)；S 为接收信号功率(W)；N 为噪声功率(W)。

这就是著名的香农公式，该公式的详细推导是比较复杂的，在本书中我们直接给出结论。需要说明的是，香农公式只是给出了高斯加性信道理论上的极限传输速率，并未给出达到该性能极限的方法，在信道带宽和接收信噪比一定的条件下，实际系统中所能达到的传输速率一般小于极限传输速率。

在加性高斯白噪声信道中，进入接收机的噪声功率与信道带宽有关，若假设加性高斯白噪声的单边功率谱密度为 n_0(W/Hz)，则进入接收机带宽内的噪声功率为

$$N=n_0 B \tag{1.3-6}$$

由此，可以得到香农公式的另外一种表达形式：

$$C=B\cdot\log_2\left(1+\frac{S}{n_0 B}\right)\ \text{比特/秒} \tag{1.3-7}$$

由式(1.3-7)可见，一个信道的传输容量受到三个因素的限制，即由接收信号功率、信道带宽和噪声功率谱密度决定。

1. 极限信噪比

由式(1.3-7)可以看出，如果希望增加信道容量，可以通过提高发送功率、减小信道噪声和增加信道带宽来实现。如果增加信道带宽，信道容量表现出怎样的变化规律呢？如果信道带宽趋向无穷大，则式(1.3-7)可以改写为

$$\lim_{B\to\infty}C=\lim_{B\to\infty}B\cdot\log_2\left(1+\frac{S}{n_0 B}\right)=\lim_{B\to\infty}\left[\frac{n_0 B}{S}\cdot\log_2\left(1+\frac{S}{n_0 B}\right)\right]\cdot\frac{S}{n_0} \tag{1.3-8}$$

利用关系式

$$\lim_{x\to 0}\frac{1}{x}\log_2(1+x)=\log_2 e\approx 1.44 \tag{1.3-9}$$

式(1.3-8)变为

$$\lim_{B\to\infty}C=\frac{S}{n_0}\cdot\log_2 e=1.44\,\frac{S}{n_0} \tag{1.3-10}$$

式(1.3-10)表明，保持 S/n_0 一定，即使信道带宽 B 趋于无穷大，信道容量 C 是一个定值，该数值称为信道容量极限。如果发送的信息速率 R_b 与信道容量极限相等，即 $R_b=C$，此时信号功率

$$S=E_b/T_b=E_b R_b=E_b C \tag{1.3-11}$$

式中 E_b 表示平均一个比特的信号能量。信道容量极限可以表示为

$$C=1.44\,\frac{S}{n_0}=1.44\,\frac{E_b R_b}{n_0} \tag{1.3-12}$$

注意到 $R_b=C$，故得

$$\frac{E_b}{n_0}=\frac{1}{\log_2 e}=\frac{1}{1.44} \tag{1.3-13}$$

式中 E_b/n_0 称为比特信噪比。将上式取对数为－1.6dB，式(1.3-13)表示当信道带宽趋向于无穷大时，实现极限信息传输速率所需的最小信噪比，该数值称为极限信噪比。

2. 极限频带利用率

如果通信系统以最大信道容量传输信息，即 $R_b=C$，利用式(1.3-13)，由式(1.3-8)可以得到极限频带利用率

$$\frac{R_b}{B}=\log_2\left(1+\frac{S}{N}\right)=\log_2\left(1+\frac{E_b}{n_0}\cdot\frac{R_b}{B}\right) \tag{1.3-14}$$

式(1.3-14)给出了在接收比特信噪比一定的条件下，频带利用率的极限。

3. 带宽与信噪比的互换

由香农信道容量公式，我们还可以发现当信道容量 C 和噪声功率谱密度 n_0 不变时，带宽与信噪比是可以进行互换的。例如一个信道带宽为 10kHz，信噪比为 15，则通过香农公式可以得出信道容量为 40kb/s。如果信道带宽增加到 20kHz，则可以将信噪比减小到 3 倍仍然可以实现 40kb/s 的信道传输容量，即发送功率可以减小 5 倍；如果信道带宽减小到 5kHz，则需要将信噪比增加到 255 倍才能够实现 40kb/s 的信道传输容量，即发送功率需要增加 17 倍。上例说明带宽和信号功率的互换能够保持信道容量不变。同时我们还注意到增加较小的带宽可以节省较多的功率，反之，如果通过增加功率的方式来节省信号占用带宽，则往往要付出更多的功率代价。

在通信系统中，通过编码和调制可以实现带宽和信噪比的互换。在实际系统中，究竟如何选取互换，要根据具体情况而定。一般对于功率受限的场合，倾向于选择以带宽换信噪比。如卫星通信系统中，由于星上发射功率受限，通常选择以带宽换取信噪比。而对于频率资源十分紧张的场合，则倾向于采用信噪比换带宽，即采用增加发送功率，在保证一定的误比特性能的前提下采用多元传输提高系统频带利用率。

1.4 通信系统的主要技术指标

传输信息的有效性和可靠性是通信系统的主要衡量指标。有效性是指在给定的信道内能传输的信息内容的多少，而可靠性是指接收信息的准确程度。由于模拟通信系统和数字通信系统之间的区别，两者对有效性和可靠性的要求及度量方法不尽相同，下面分别进行介绍。

1.4.1 模拟通信系统的指标

模拟通信系统的有效性可以用有效频带来度量。同样的消息采用不同的调制方式，信号占据的频带宽度不同。传输相同的信息占用的系统频带宽度越窄，则有效性越高。如在双边带模拟调制系统中，一路标准语音信号带宽为 8kHz，而采用单边带调制时已调

信号的带宽为4kHz。显然，单边带模拟调制系统的通信有效性高于双边带模拟调制系统。

模拟通信系统的可靠性用接收端的输出信噪比来衡量。输出信噪比(Signal to Noise Ratio，SNR)是指输出信号功率 S_o 和噪声功率 N_o 的比值，可以用分贝(dB)表示为

$$\mathrm{SNR}=10\log\frac{S_o}{N_o} \tag{1.4-1}$$

信噪比越大，表示通信质量越好。不同模拟通信系统对信噪比的要求有很大差异。例如，模拟电视传输系统要求信噪比大于55dB，而商用电话系统要求信噪比不低于30dB。

1.4.2　数字通信系统的指标

数字通信系统的有效性指标主要是传输速率、频带利用率。可靠性指标主要是误码率和误比特率。

1. 传输速率

(1) 码元传输速率 R_s

码元传输速率又称符号速率或码速率，它表示单位时间内传输的码元或符号个数，其单位为波特(Baud)，简称波特率，常用符号“B”表示。在二进制传输系统中，每个码元间隔内的波形携带一个比特的信息，而对于四进制数字通信系统，每个码元间隔内的波形携带2bit的信息。例如某系统每秒内传送2400个码元，则该系统的传码率为2400B。

但是要注意，码元速率仅仅表示单位时间内传输码元波形的数量，而没有限定码元是几进制的，根据码元速率的定义，如果发送码元时间间隔为 T_s 秒，则码元速率为

$$R_s=\frac{1}{T_s}\quad(\mathrm{B}) \tag{1.4-2}$$

码元传输速率又称为调制速率。它表示信号调制过程中，一秒钟内调制信号调制载波的次数。

(2) 信息传输速率 R_b

信息传输速率又称信息速率或比特速率。它表示单位时间内传送数据信息的比特数，单位为比特/秒，可记为b/s或bps。

对于二进制传输，每个码元间隔内的波形携带一个比特的信息，因此二进制传输的情况下，信息速率和码元速率是一致的。而对于四进制数字通信系统，每个码元间隔内的波形携带2比特的信息，此时信息速率为码元速率的2倍。对于8进制的传输系统，每个码元有8种可能的发送波形，每个码元携带3比特信息，此时信息速率为码元速率的3倍。

对于M进制的数字通信传输系统，其码元速率和信息速率之间的转换关系为

$$R_b = R_s \log_2 M \tag{1.4-3}$$

如果码元速率为 600B,在二进制传输时的信息速率为 600bps,在四进制传输时的信息速率为 1200bps,八进制时的信息速率为 1800bps。

2. 频带利用率

在比较不同通信系统的效率时,仅考虑传输速率是不够的,还应当考虑信号所占用的频带宽度,因为两个传输速率相等的系统其传输效率不一定相同。频带利用率定义为单位频带内的码元速率或信息速率,即

$$\eta = \frac{R_s}{B} \quad (\text{B/Hz}) \tag{1.4-4}$$

或

$$\eta = \frac{R_b}{B} \quad (\text{bps/Hz}) \tag{1.4-5}$$

3. 误码率和误比特率

衡量数字通信系统可靠性的主要指标是误码率和误比特率,在传输过程中发生误码的个数与传输的总码元个数之比,称作误码率,也叫误符号率,用 P_e 表示。

$$P_e = \frac{\text{错误码元数}}{\text{传输总码元数}} \tag{1.4-6}$$

误比特率 P_b 定义为接收到的错误比特数目与传输总比特数之比,即

$$P_b = \frac{\text{错误比特数}}{\text{传输总比特数}} \tag{1.4-7}$$

在二进制系统中,误码率和误比特率相等。

1.5 通信技术的发展简史

通信技术的发展历史就是人们寻求如何利用各种媒体实现迅速而准确地传递更多的信息到更远处的历史。在近 20 年中,通信技术得到了飞速发展,人们经历了从模拟通信到数字通信的巨大转变。现在的通信技术正面临着从宽带传输转向超宽带传输、从单一的业务服务转向多媒体业务服务的转折。通信的目标除了单一的信息传输外,还附加了移动计算、信息监控、重组等多种功能。为完整起见,下面以大事记形式对通信技术发展的历史进行简要回顾,如表 1-4 所示。

表 1-4　通信发展简史

年份	事　件
1826	欧姆(Georg Simon Ohm)创立了电阻中电压电流关系的欧姆定律
1838	摩尔斯(Samuel F. B. Morse)发明了电报
1864	麦克斯韦(James C. Maxwell)预言了电磁辐射
1876	贝尔(Alexander Graham Bell)获得电话专利
1887	赫兹(Heinrich Hertz)证明了麦克斯韦的理论
1897	马可尼(Guglielmo Marconi)获得了完整的无线电报系统专利
1904	弗莱明(Fleming)发明二极管
1906	李・德福雷斯特(Lee De Forest)发明三极管放大器
1915	贝尔系统架设了美国横贯大陆的电话线
1918	阿姆斯特朗(B. H. Armstrong)发明并完善了超外差无线电接收机
1920	卡森(J. R. Carson)将抽样定理应用于通信系统
1928	Philo T. Farnsworth 首次展示了全电子电视系统 奈奎斯特(H. Nyquist)发表了关于电报通信中信号传输的经典论文,建立限带信号的采样定理
1931	电传打字机服务问世
1933	阿姆斯特朗(Edwin Armstrong)发明频率调制
1936	英国 BBC 电视台开播
1937	芮福斯(Alec Reeves)提出脉冲编码调制,用于语音信号的数字编码
第二次世界大战	雷达和微波系统得到发展,统计方法用于解决信号提取问题
1948	布拉顿(Walter Brattain)、巴丁(John Bardeen)、肖克利(William Shockley)发明晶体管 香农(Claude E. Shannon)发表"通信的数学理论"
1950	时分复用技术用于电话技术 美国开通 NTSC 制式彩色电视节目
1956	越洋电话电缆首次成功铺设
1960	梅曼(Maiman)展示了激光器
1962	第一颗通信卫星 Telstar I 发射成功
1965	发明程控电话交换机
1968	试验性的脉冲编码调制系统;试验性的激光通信;集成电路;数字信号处理;登月实况电视转播
1971	ARPANET(Advanced Research Project Agency Network)投入使用,实现了分组交换
1970 ~ 1980	商用中继卫星通信(语音和数字);千兆比特信号传输速率 大规模集成电路;通信电路的集成电路实现 洲际的计算机通信网 低损耗光纤;光通信系统 分组交换的数字数据系统 实现星际旅行或漫游(1977 年) 模拟蜂窝移动通信投入使用(1978 年) 实现与木星、土星、天王星、海王星(1989 年 8 月)通信 微处理器;计算机的 X 线断层摄影术;超级计算机的发展

(续表)

年 份	事 件
1980～1990	卫星星上交换 移动蜂窝电话系统 多功能数字显示器;2 千兆采样/秒的数字示波器 桌面发布系统;可编程数字信号处理器 自动扫描的数字调谐接收机 芯片加密;单片数字编译码器;红外数据/控制链路 压缩光盘音频播放器;200 000 单词的光存储介质 ARPANET 更名为 Internet,以太网发展 数字信号处理器的发展
1990 后	全球定位系统(GPS)完成 高清晰电视 甚小口径卫星地面站(VSATs) GSM 移动通信系统在欧洲投入商业(1991 年) CDMA 移动通信系统投入商业(1995 年) 首个基于卫星的全球蜂窝电话系统完成(1998 年) 综合业务数字网(ISDN)发展 蜂窝电话的广泛使用(许多国家超过 50%) 因特网的个人和商业应用的普及

我们经历了微电路、数字计算机、光波系统的蓬勃发展,这一切又促进了通信技术的巨大变革,通信及计算机软硬件技术的发展将人类社会推向了网络化、信息化的时代。

习 题 一

1-1 模拟信号与数字信号之间的区别是什么?

1-2 试画出模拟通信系统和数字通信系统地组成方框图。

1-3 数字通信系统有哪些优点。

1-4 在模拟和数字通信系统中,可靠性指标和有效性指标指的是什么? 各有哪些重要指标?

1-5 一个系统在 125μs 内传输 256bit 的信息,计算该系统的信息传输速率是多少? 若在传输时采用四进制发送,则码元传输速率是多少? 若该信码在 2 秒内有三个码元产生误码,试问其误码率是多少?

1-6 某一个信号的符号传输速率为 1200B,试问它采用四进制或二进制传输时,其信息速率各为多少?

1-7 某个通信系统使用 1024kHz 的信道带宽,传输 2048kb/s 的信息,试问其传输效率是多少?

1-8　设英文字母E出现的概率为0.105,X出现的概率为0.002,试求E和X的信息量。

1-9　设有4个消息A,B,C,D,分别以概率1/4,1/8,1/8和1/2发送,每一个消息的出现是相互独立的,试求其平均信息量。

1-10　电磁波主要有几种传播方式,列举出各个频段信号采用的主要传播方式。

1-11　话带调制解调器使用的信号频带为300～3400Hz,对于一个接收信噪比为30dB的信道,话带调制解调器的信道容量为多少?

第2章　模拟调制技术

语音、音乐、图像等信息源直接转换得到的电信号，其频率是很低的。这类信号的频谱特点是低频成分非常丰富，有时还包含直流成分，如语音信号的频率为300～3400Hz，通常称这类信号为基带信号。模拟基带信号可以直接通过架空明线、电缆/光缆等有线信道传输，但不能直接在无线信道中传输。另外，即使可以在有线信道传输，但一对线路上只能传输一路信号，其信道利用率是非常低的，而且很不经济。解决这类问题的有效方法就是调制。

所谓调制，就是把信号转换成适合在信道中传输形式的过程。广义的调制分为基带调制和带通调制(也称载波调制)。在无线通信中和其他大多数场合，调制一词均指载波调制。

载波调制，就是用基带信号去控制载波的参数的过程，即使载波的某一个或某几个参数按照基带信号的规律而变化。未受调制的周期性振荡信号称为载波，它可以是正弦波，也可以是非正弦波(如周期性脉冲序列)。载波调制后称为已调信号，它含有基带信号的全部特征。解调则是调制的逆过程，其作用是将已调信号中的基带信号恢复出来。

基带信号对载波的调制可以达到以下目的：第一，在无线传输中，为了获得较高的辐射效率，天线的尺寸必须与发射信号的波长相比拟。而基带信号包含的较低频率分量的波长较长，致使天线过长而难以实现。若通过调制，把基带信号的频谱搬移到较高的载波频率上，使已调信号的频谱与信道的带通特性相匹配，这样就可以减小发射天线的尺寸，提高传输性能。如在GSM体制移动通信使用的950MHz频段，所需天线尺寸仅为8cm左右。第二是通过调制可以将多个基带信号搬移到不同载频处，易于实现信道的多路复用，提高信道利用率。第三通过调制可以扩展信号带宽，提高信号通过信道传输时的抗干扰能力。因此，调制对通信系统的有效性和可靠性有着很大的影响和作用，在通信系统的设计中调制体制至关重要。

调制方式很多，根据调制信号的形式可分为模拟调制和数字调制；根据载波的选择可分为以正弦波作为载波的连续波调制和以脉冲序列作为载波的脉冲调制。对于正弦载波调制，按照所控制的载波的参数可分为振幅调制、频率调制和相位调制。

模拟调制可以分为两大类：线性调制和非线性调制。线性调制所产生的已调信号频谱为调制信号频谱的平移及线性变换，线性调制方式主要包括振幅调制、抑制载波双边带调制、单边带调制和残留边带调制。非线性调制已调信号的频谱结构和调制信号的频谱之间不存在线性对应关系，已调信号中将出现与调制信号无线性对应关系的频率分量，非线性调制信号通常比线性调制信号占据更大的频带宽度。非线性调制方式包括频率调制和相位调制两种方式。

本章重点讨论调制信号为模拟信号时的连续波调制，主要介绍各种调制方法的原理、已调信号的时域波形和频谱结构、调制解调方法、模拟调制系统的抗噪声性能等。最后给出了几个模拟调制技术应用的系统实例。

2.1 模拟线性调制技术

线性调制器的一般模型如图 2-1 所示。

图中 $m(t)$为调制信号，它可以是确知信号，也可以是随机信号，通常认为 $m(t)$的均值为 0。ω_c 为载波信号的角频率，θ_c 为载波初相，$m(t)$与载波相乘输出的信号经过一个带通滤波器，产生已调信号 $s_m(t)$，带通滤波器的频谱特性为 $H(\omega)$。为利于分析，假定载波初相 $\theta_c=0$，载波初相为 0 的假定并不影响讨论的一般性。在下面的叙述中，以"↔"表示傅里叶变换关系。图 2-1 中相乘器的输出为

$$s'(t)=Am(t)\cos\omega_c t \qquad (2.1\text{-}1)$$

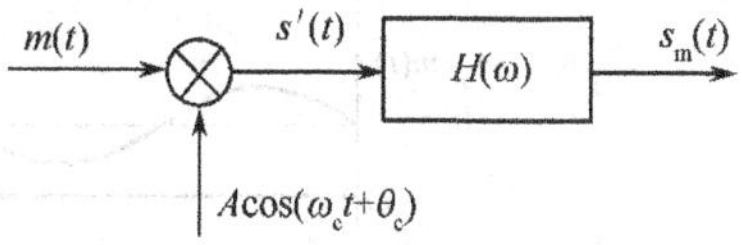

$m(t)$ $s'(t)$ $H(\omega)$ $s_m(t)$ $A\cos(\omega_c t+\theta_c)$

图 2-1 线性调制器的一般模型

$m(t)$的频谱为 $M(\omega)$，即

$$m(t)\leftrightarrow M(\omega)$$

$s'(t)$的频谱为 $S'(\omega)$，可知

$$Am(t)\cos(\omega_c t)\leftrightarrow S'(\omega) \qquad (2.1\text{-}2)$$

变换得

$$S'(\omega)=\frac{1}{2}A[M(\omega+\omega_c)+M(\omega-\omega_c)] \qquad (2.1\text{-}3)$$

$$S_m(\omega)=\frac{1}{2}AH(\omega)[M(\omega+\omega_c)+M(\omega-\omega_c)] \qquad (2.1\text{-}4)$$

由式(2.1-3)可以看出，相乘器输出信号的频谱密度 $S'(\omega)$是调制信号的频谱密度 $M(\omega)$平移的结果(差一个常数因子)。由于这里的相乘器输出信号的频谱是调制信号频谱的平移，即在频域中两者之间是线性变换关系，所以称其为线性调制。应当注意，在时域中，调制信号 $m(t)$和相乘器输出信号 $s'(t)$之间并不存在线性变换关系。

在该模型中，适当选择带通滤波器的特性 $H(\omega)$，便可以得到各种线性调制信号。

2.1.1 振幅调制(AM)

1. 调幅信号的时域表达

振幅调制又称为常规双边带调制(Amplitude Modulation，AM)，调制信号 $m(t)$叠加

直流 A_0 后与载波相乘，就可形成调幅信号，如图 2-2 所示。

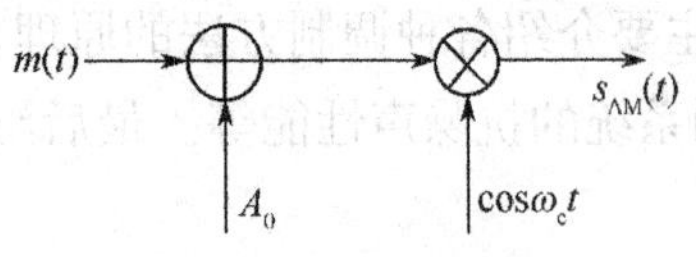

图 2-2　AM 调制器模型

AM 信号的时域表达式为

$$s_{AM}(t)=[A_0+m(t)]\cos\omega_c t \tag{2.1-5}$$

式中通常认为 $m(t)$ 的平均值 $\overline{m(t)}=0$。AM 信号的时域波形如图 2-3(a)所示。

由图 2-3(a)的时域波形可知，AM 信号的包络与调制信号 $m(t)$ 具有线性关系，采用包络检波的方法很容易恢复原始调制信号，但是为了保证解调输出不发生包络失真，必须满足

$$A_0+m(t)\geqslant 0$$

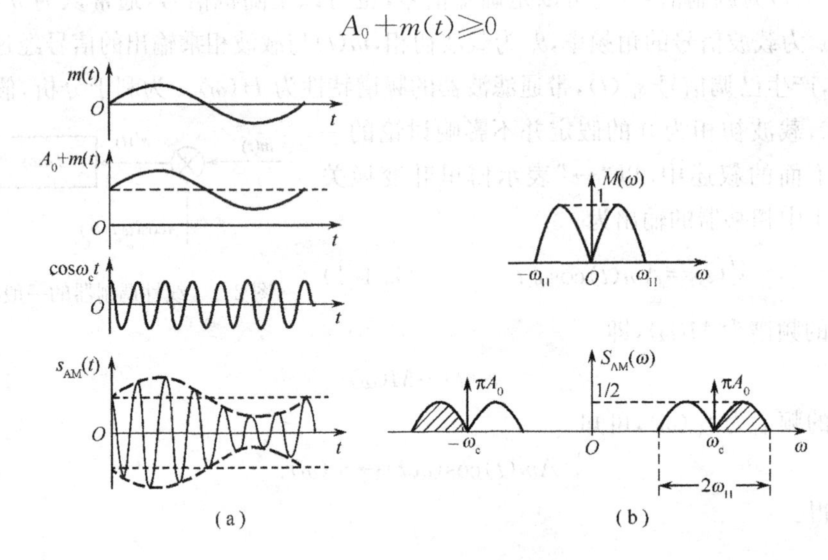

图 2-3　AM 信号的波形和频谱

当调制信号为单频余弦信号时，令

$$m(t)=A_m\cos(\omega_m t+\theta_m)$$

则

$$\begin{aligned}s_{AM}(t)&=[A_0+A_m\cos(\omega_m t+\theta_m)]\cos(\omega_c t)\\&=A_0[1+\beta_{AM}\cos(\omega_m t+\theta_m)]\cos(\omega_c t)\end{aligned} \tag{2.1-6}$$

式中 $\beta_{AM}=\dfrac{A_m}{A_0}\leqslant 1$，称为调幅指数。对于一般的调幅信号，令 $f(t)=A_0+m(t)$，调幅指数定义为

$$\beta_{AM}=\frac{[f(t)]_{max}-[f(t)]_{min}}{[f(t)]_{max}+[f(t)]_{min}} \tag{2.1-7}$$

通常 $\beta_{AM}<1$；当 $\beta_{AM}>1$ 时，称为过调幅；当 $\beta_{AM}=1$ 时，称为临界调幅或满调幅。

2. AM 信号的频谱

由式(2.1-5)可知

$$\begin{aligned}s_{AM}(t)&=[A_0+m(t)]\cos\omega_c t\\&=\frac{1}{2}[A_0+m(t)][e^{j\omega_c t}+e^{-j\omega_c t}]\end{aligned}\tag{2.1-8}$$

已知 $m(t)$ 的频谱为 $M(\omega)$，而且由傅里叶变换理论可得

$$A_0\leftrightarrow 2\pi A_0\delta(\omega)$$

$$m(t)e^{\pm j\omega_c t}\leftrightarrow M(\omega\pm\omega_c)$$

由此可得 $s_{AM}(t)$ 的傅里叶变换为

$$S_{AM}(\omega)=\pi A_0[\delta(\omega+\omega_c)+\delta(\omega-\omega_c)]+\frac{1}{2}[M(\omega+\omega_c)+M(\omega-\omega_c)]\tag{2.1-9}$$

AM 信号的频谱 $S_{AM}(\omega)$ 由载频分量和上、下两个边带组成，如图 2-3(b)所示，斜线部分为上边带，不画斜线的部分为下边带。显然，当 $m(t)$ 为余弦信号时，上下边带是完全对称的。从图中还可以看出，AM 调制并没有改变原始调制信号的频谱结构，只是对其频谱进行了线性搬移，是一种典型的线性调制方式。

AM 已调信号的带宽为调制信号 $m(t)$ 带宽的两倍，即

$$B_{AM}=2f_m\tag{2.1-10}$$

式中 f_m 为调制信号 $m(t)$ 的带宽，对于低通基带信号，此处 $f_m=f_H=\frac{\omega_H}{2\pi}$。

3. 功率分配

AM 信号在单位电阻上的平均功率等于 $s_{AM}(t)$ 的均方值。当 $m(t)$ 为确知信号时，$s_{AM}(t)$ 的均方值即为其平方的时间平均，即

$$\begin{aligned}P_{AM}&=\overline{s_{AM}^2(t)}\\&=\overline{[A_0+m(t)]^2\cos^2\omega_c t}\\&=\overline{A_0^2\cos^2\omega_c t}+\overline{m^2(t)\cos^2\omega_c t}+\overline{2A_0 m(t)\cos^2\omega_c t}\end{aligned}$$

通常假设 $\overline{m(t)}=0$，此外，有

$$\cos^2\omega_c t=\frac{1}{2}(1+\cos 2\omega_c t)$$

$$\overline{\cos 2\omega_c t}=0$$

因此

$$P_{AM}=\frac{A_0^2}{2}+\frac{\overline{m^2(t)}}{2}=P_c+P_f\tag{2.1-11}$$

式中 $P_c=A_0^2/2$ 为载波功率，$P_f=\overline{m^2(t)}/2$ 为边带功率。

由式(2.1-11)可以看出,AM信号的总功率包括载波功率和边带功率两部分。只有边带功率部分才与调制信号有关,我们定义调制效率为边带功率与总功率之比,即

$$\eta_{AM}=P_f/P_{AM}=\overline{m^2(t)}/[A_0^2+\overline{m^2(t)}] \tag{2.1-12}$$

当调制信号为式(2.1-6)所示的单频余弦信号时,$\overline{m^2(t)}=A_m^2/2$,此时

$$\eta_{AM}=\frac{A_m^2}{2A_0^2+A_m^2}=\frac{\beta_{AM}^2}{2+\beta_{AM}^2} \tag{2.1-13}$$

在刚发生过调幅的临界状态下,$\beta_{AM}=1$,这时调制效率达到最大值 $\eta_{AM}=1/3$。

在各种调制信号中,调制效率最高的是幅度为 A_0 的方波,此时 $\eta_{AM}=1/2$。

从上面的讨论可以看出,AM信号中载波分量并不携带信息,却占据大部分功率,如果抑制载波分量的发送,则称为抑制载波双边带调制(DSB-SC),将在2.1.2节讨论。

4. AM信号的解调

AM信号的解调一般有两种方法:一种是相干解调方法,相干解调也称作同步解调法,解调与调制的实质一样,均是频谱搬移,即将在载频位置的已调信号的频谱搬移回原始基带位置;另一种是非相干解调法,就是通常讲的包络检波法。由于包络检波法电路很简单,而且又不需要本地提供同步载波,因此,对AM信号的解调大都采用包络检波法。

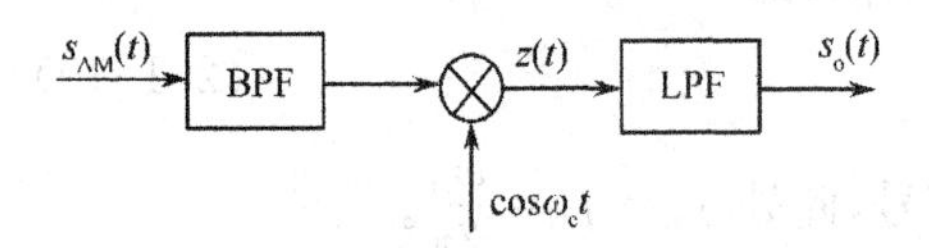

图2-4 AM信号的相干解调法

(1) 相干解调法

用相干解调法接收AM信号的原理如图2-4所示。相干解调法一般由乘法器、低通滤波器(Low Pass Filter, LPF)和带通滤波器(Band Pass Filter,BPF)组成。AM信号经信道传输后,接收端接收的信号首先通过BPF,BPF的主要作用是滤除带外噪声。AM信号 $s_{AM}(t)$ 通过BPF后与本地载波 $\cos\omega_c t$ 相乘再经过低通滤波器LPF隔直流后就完成了 $s_{AM}(t)$ 信号的解调。

图中 $s_{AM}(t)$ 与载波相乘后输出为

$$\begin{aligned}z(t)&=s_{AM}(t)\cos\omega_c t=[A_0+m(t)]\cos\omega_c t\cos\omega_c t\\&=\frac{1}{2}(1+\cos2\omega_c t)[A_0+m(t)]\end{aligned} \tag{2.1-14}$$

经过低通滤波后的输出信号为

$$s_o(t)=\frac{A_0}{2}+\frac{1}{2}m(t) \tag{2.1-15}$$

在式(2.1-15)中,常数 $A_0/2$ 为直流成分,可以方便地用一个隔直流电路就能够无失真地恢复原始调制信号。

值得说明的是,本地载波 $\cos\omega_c t$ 是通过对接收到的AM信号进行同步载波提取而获得的。本地载波必须与发送端的载波保持严格的同频同相。如何进行同步载波的提取我

们将在第 6 章介绍。

相干解调法的优点是接收性能好，但实现较为复杂，要求在接收端产生一个与发送端同频同相的载波。

(2) 非相干解调法

AM 信号非相干解调法的原理如图 2-5 所示，它由 BPF、线性包络检波器(Linear Envelop Detector，LED)和 LPF 组成。图中 BPF 的作用与相干解调法中的完全相同。LED 直接提取 AM 信号的包络，即把一个高频信号直接变成了低频调制信号，低通滤波器可以对包络检波器的输出起到平滑作用。最简单的包络检波器由二极管和阻容电路构成，具体电路参考高频电子线路有关文献。

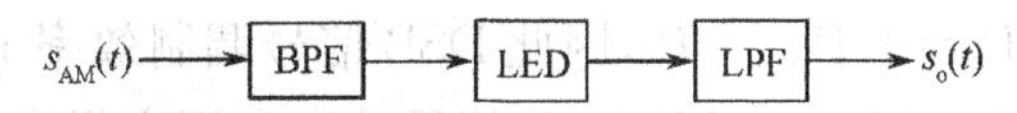

图 2-5 AM 信号非相干解调法的原理

包络检波法的优点是实现简单，成本低，不需要同步载波，但系统抗噪声性能较差。

2.1.2 抑制载波双边带调制(DSB-SC)

在 AM 信号中，载波分量并不携带信息，仍占据大部分功率，如果抑制载波分量的发送，就能够提高功率效率，这就是抑制载波双边带调制(Double Side Band with Suppressed Carrier，DSB-SC)，简称双边带调制(DSB)，其时域波形表达式为

$$s_{DSB}(t)=m(t)\cos\omega_c t \tag{2.1-16}$$

当调制信号为确知信号时，已调信号的频谱为

$$S_{DSB}(\omega)=\frac{1}{2}[M(\omega+\omega_c)+M(\omega-\omega_c)] \tag{2.1-17}$$

DSB 信号的时域波形和频谱如图 2-6 所示。

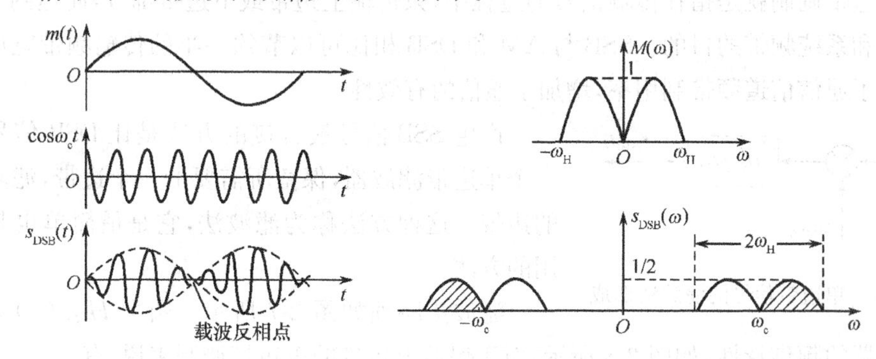

图 2-6 DSB 信号的波形和频谱

由 DSB 信号的时域波形可知，DSB 信号的包络不再与调制信号的变化规律一致，因而不能采用简单的包络检波来恢复调制信号，通常需要采用相干解调。另外，在调制信号

$m(t)$的过零点处，已调信号相位有180°的突变。DSB信号的相干解调与AM信号相干解调完全相同，如图2-4所示。

DSB信号与本地相干载波相乘后的输出为

$$
\begin{aligned}
z(t) &= s_{\text{DSB}}(t)\cos\omega_c t = m(t)\cos\omega_c t\cos\omega_c t \\
&= \frac{m(t)}{2}(1+\cos 2\omega_c t)
\end{aligned}
\tag{2.1-18}
$$

经过低通滤波后就能够无失真地恢复原始调制信号，即

$$
s_o(t) = \frac{1}{2}m(t) \tag{2.1-19}
$$

由于DSB信号中$P_c=0$，$P_{\text{DSB}}=P_f$，因此DSB信号调制效率$\eta_{\text{DSB}}=1$，DSB信号节省了载波功率，提高了功率利用率。虽然DSB信号功率利用率提高了，但它的信号带宽仍是调制信号带宽的两倍，其上、下两个边带是完全对称的，它们都携带了调制信号的相同信息，如果只传输其中一个边带，就能够减小信号占据的带宽，这就是2.1.3节要讨论的单边带调制。

2.1.3　单边带调制(SSB)

通信系统中信号发送功率和信号带宽是两个主要指标。在AM调制系统中，边带信号功率只占总功率的一小部分，而传输带宽是基带信号的两倍。在双边带调制系统中，虽然载波被抑制后，功率效率达到100%，但是它的传输带宽仍为基带信号的两倍。前面已经提到，在DSB信号中，具有上下两个边带，都携带着相同的关于调制信号的全部信息。因此，在传输过程中完全可以使用一个边带传送信息，这就是单边带调制(Single Side Band，SSB)。

单边带调制就是指在传输信号的过程中，只传输上边带或下边带部分，而达到节省发送功率和系统频带的目的。SSB与AM和DSB相比可以节约一半的传输频带宽度。因此提高了通信信道频带利用率，增加了通信的有效性。

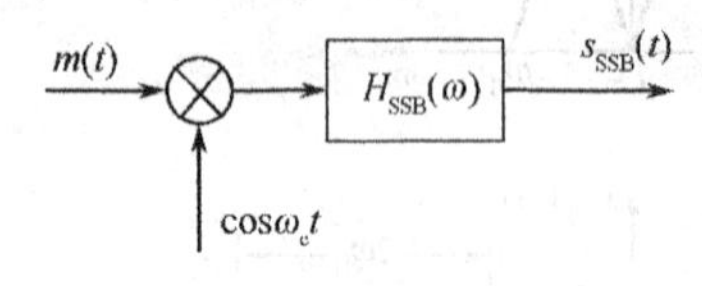

图2-7　单边带信号的滤波法形成

产生SSB信号最直接的方法是让DSB信号通过一个单边带滤波器，保留所需要的一个边带，滤除不要的边带。这种方法称为滤波法，它是最简单也是最常用的方法。

滤波法原理如图2-7所示。图中$H_{\text{SSB}}(\omega)$为单边带滤波器的频谱特性，如图2-8所示，对于保留上边带的单边带调制来说，有

$$
H_{\text{SSB}}(\omega) = H_{\text{USB}}(\omega) = \begin{cases} 1, & |\omega| > \omega_c \\ 0, & |\omega| \leqslant \omega_c \end{cases} \tag{2.1-20}
$$

对于保留下边带的单边带调制来说，则取 $H_{SSB}(\omega)$ 为低通滤波器，于是

$$H_{SSB}(\omega)=H_{LSB}(\omega)=\begin{cases}1, & |\omega|<\omega_c\\ 0, & |\omega|\geqslant\omega_c\end{cases} \tag{2.1-21}$$

单边带信号的频谱为

$$S_{SSB}(\omega)=S_{DSB}(\omega)\cdot H_{SSB}(\omega) \tag{2.1-22}$$

滤波法的频谱变换关系如图 2-9 所示，图中实线部分表示保留的边带，虚线部分表示被滤除的边带。

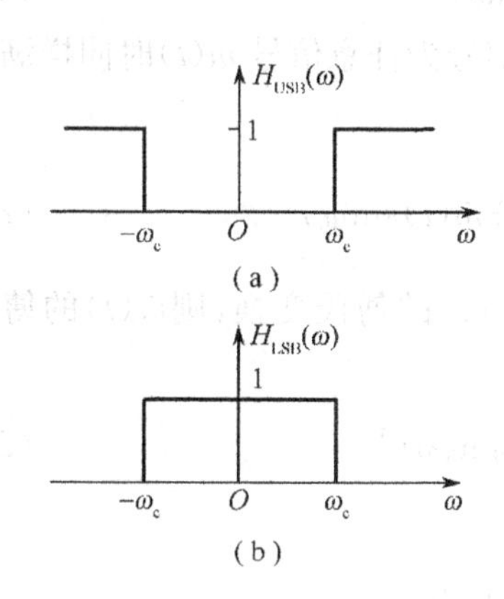

图 2-8 形成 SSB 信号的滤波特性

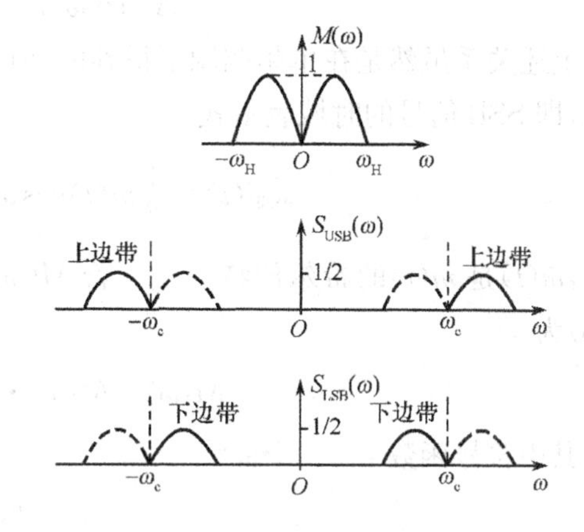

图 2-9 SSB 信号的频谱

1. SSB 信号时域表达式

SSB 信号时域表示式的推导比较困难。我们可以从简单的单频调制出发，得到 SSB 信号的时域表示式，然后再推广到一般情况。

设单频调制信号为 $m(t)=A_m\cos\omega_m t$，载波为 $\cos\omega_c t$，DSB 信号的时域表示式为

$$\begin{aligned}s_{DSB}(t)&=A_m\cos\omega_m t\cos\omega_c t\\&=\frac{1}{2}A_m\cos(\omega_c+\omega_m)t+\frac{1}{2}A_m\cos(\omega_c-\omega_m)t\end{aligned} \tag{2.1-23}$$

保留上边带，则

$$\begin{aligned}s_{USB}(t)&=\frac{1}{2}A_m\cos(\omega_c+\omega_m)t\\&=\frac{1}{2}A_m\cos\omega_m t\cos\omega_c t-\frac{1}{2}A_m\sin\omega_m t\sin\omega_c t\end{aligned} \tag{2.1-24}$$

保留下边带，则

$$s_{LSB}(t)=\frac{1}{2}A_m\cos(\omega_c-\omega_m)t$$

$$=\frac{1}{2}A_m\cos\omega_m t\cos\omega_c t+\frac{1}{2}A_m\sin\omega_m t\sin\omega_c t \tag{2.1-25}$$

可以统一表示为

$$s_{SSB}(t)=\frac{1}{2}A_m\cos\omega_m t\cos\omega_c t\pm\frac{1}{2}A_m\sin\omega_m t\sin\omega_c t \tag{2.1-26}$$

式(2.1-26)中,"—"表示上边带信号,"+"表示下边带信号。$A_m\sin\omega_m t$ 可以看成是 $A_m\cos\omega_m t$ 相移$\frac{\pi}{2}$,而幅度大小保持不变。我们把这一过程称为希尔伯特变换,记为"ˆ",则

$$A_m\,\widehat{\cos}\,\omega_m t=A_m\sin\omega_m t \tag{2.1-27}$$

上述关系虽然是在单频调制下得到的,但调制信号为任意信号 $m(t)$时同样满足上述关系,即 SSB 信号的时域表示式

$$s_{SSB}(t)=\frac{1}{2}m(t)\cos\omega_c t\pm\frac{1}{2}\hat{m}(t)\sin\omega_c t \tag{2.1-28}$$

式中,$\hat{m}(t)$是 $m(t)$的希尔伯特变换。若 $M(\omega)$为 $m(t)$的傅氏变换,则$\hat{m}(t)$的傅氏变换$\hat{M}(\omega)$为

$$\hat{M}(\omega)=M(\omega)\cdot[-\mathrm{j}\,\mathrm{sgn}(\omega)] \tag{2.1-29}$$

其中符号函数

$$\mathrm{sgn}(\omega)=\begin{cases}1, & \omega\geqslant 0\\ -1, & \omega<0\end{cases} \tag{2.1-30}$$

设

$$H_h(\omega)=\hat{M}(\omega)/M(\omega)=-\mathrm{j}\,\mathrm{sgn}(\omega) \tag{2.1-31}$$

我们把 $H_h(\omega)$称为希尔伯特滤波器的传递函数,它实质上是一个宽带相移网络,表示把 $m(t)$所有的频率分量均相移$\frac{\pi}{2}$,即可得到$\hat{m}(t)$。

2. SSB 信号的频带宽度

由前面的论述可知,单边带信号是通过将双边带调制中的一个边带完全抑制掉而产生的,所以它的传输带宽应该是双边带调制带宽的一半,即对于单边带信号,它的频带宽度为 $B_{SSB}=f_m$,f_m 为调制信号 $m(t)$的带宽。

3. SSB 信号的产生

单边带信号的产生方法通常有滤波法和相移法。

(1) 用滤波法形成单边带信号

滤波法的原理前面已有讲述。用滤波法形成 SSB 信号的关键是单边带滤波器的设

计实现，理想的单边带滤波器要求具有锐截止特性，即具有理想高通或低通特性，而这一点在实际工程中是不可能实现的。实际的单边带滤波器在通带和阻带之间总是存在一定的过渡带，如果调制信号具有丰富的低频成分，则难免对需要保留的边带造成衰减，同时不需要的边带也抑制不干净，造成单边带信号的失真，如图2-10(b)所示。

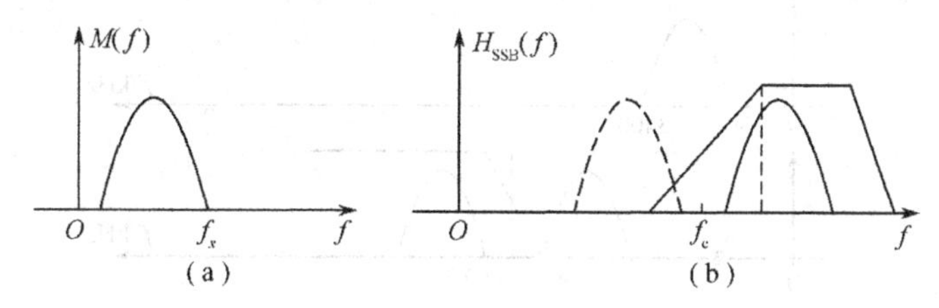

图2-10　非理想单边带滤波器特性

但是有些基带信号，如语音、音乐等，其低频成分很少或没有，经过双边带调制后上下两个边带之间存在间隔，因此可以充分利用边带之间的间隔作为单边带滤波器的过渡带。对于语音信号，其频谱范围为300～3400Hz，这样，经过双边带调制后，两个边带间的间隔为600Hz。这个过渡带的存在使得不必采用理想滤波器特性也可以实现单边带滤波。

在实际工程中，单边带滤波器设计的难易程度与过渡带相对于截止频率的归一化值有关，过渡带归一化值越小，则滤波器设计难度越大。对于600Hz的边带间隔，当载频为60kHz时，归一化值为0.01，这样的边带滤波器通常易于实现；而当载频为6MHz时，归一化值为0.0001，此时的单边带滤波器仍然难以实现。因此，在实际工程中，往往采用多级单边带滤波调制的方法，降低边带滤波器的设计难度。

在短波语音通信中，有时采用单边带调制方式传输。短波通信工作频率在2～30MHz范围，如果把语音信号用一级单边带调制方法直接调制到这样高的工作频率上，单边带滤波器的设计与实现非常困难。假如设定边带滤波器的归一化值不能低于0.01，下面给出一种采用二级调制的实现方案，图2-11示出了这种方案的方框图和搬移过程的频谱图。图中第一级调制时载波频率 $f_{c1}=60\text{kHz}$，第二级调制时载波频率 $f_{c2}=12.06\text{MHz}$。第一级经相乘器相乘后，将语音信号频谱搬移到60kHz上，这时输出的DSB信号两个边带之间的过渡带带宽为600Hz；第二级又经相乘后，将语音信号频谱搬移到12.06MHz上，相乘器输出的DSB信号两个边带之间的过渡带增为 $2\times60.3=120.6\text{kHz}$，这样在两级滤波中滤波器的过渡带归一化值都为0.01，比较容易实现。如果还要调制到更高的载频上，则还需要进一步的多级搬移。这种多级频谱搬移的方法在单边带电台中得到了广泛的应用。

对于含有直流分量并且低频分量很丰富的信号，如大多数的数字信号或图像信号，多级调制滤波法不太适用，这种情况下如果仍用边带滤波器滤除一个边带，抑制另一个边带就更为困难，容易引起单边带信号本身的失真，而在多路复用时，这就容易产生

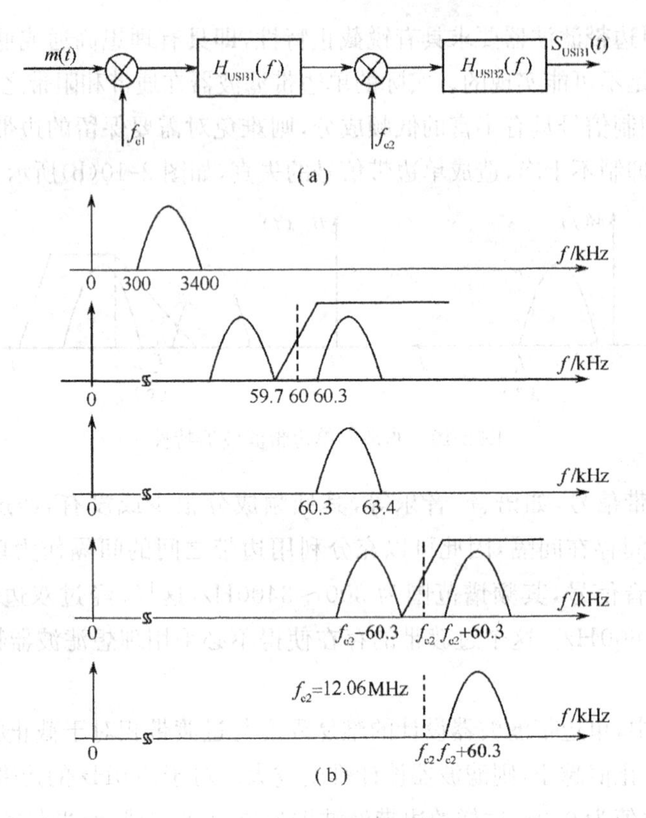

图 2-11 二级频谱搬移

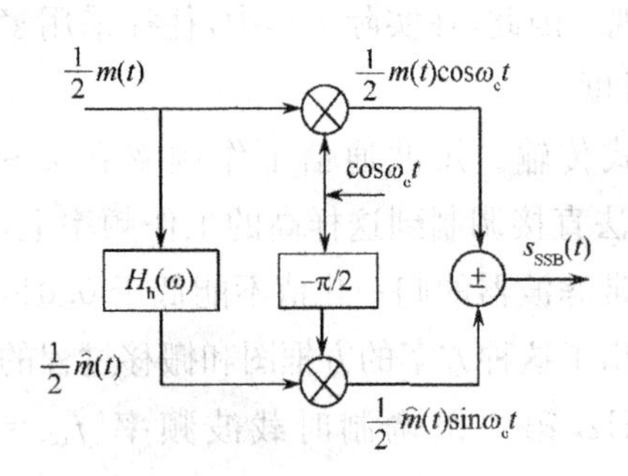

图 2-12 相移法形成单边带信号

对邻路的干扰，影响通信质量。这时可以采用残留边带调制方法，将在 2.1.4 节中介绍。

(2) 用相移法形成单边带信号

由式(2.1-28)可得出单边带调制相移法的模型，如图 2-12 所示。

相移法形成 SSB 信号的困难在于宽带相移网络的实现，该网络要对调制信号 $m(t)$ 的所有频率分量都必须严格相移$\frac{\pi}{2}$。

4. SSB 信号的解调

(1) 相干解调

SSB 信号的解调和 DSB 一样不能采用简单的包络检波，仍需采用相干解调，解调过程如图 2-13所示。

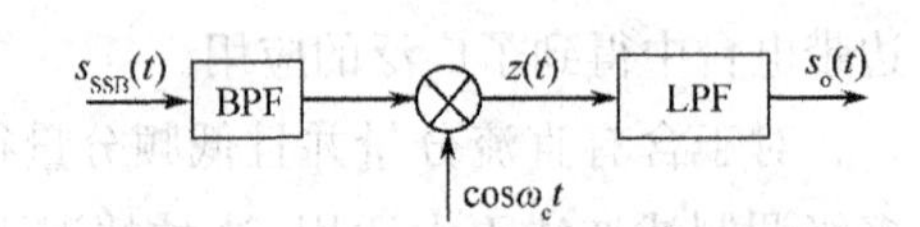

图 2-13 单边带信号的相干解调法

图中各点的表达式如下：

$$s_{SSB}(t)=\frac{1}{2}m(t)\cos\omega_c t\pm\frac{1}{2}\hat{m}(t)\sin\omega_c t$$

与同频同相载波相乘

$$z(t)=s_{SSB}(t)\cos\omega_c t=\frac{1}{2}[m(t)\cos\omega_c t\pm\hat{m}(t)\sin\omega_c t]\cos\omega_c t$$

$$=\frac{1}{2}m(t)\cos^2\omega_c t\pm\frac{1}{2}\hat{m}(t)\cos\omega_c t\sin\omega_c t$$

$$=\frac{1}{4}m(t)+\frac{1}{4}m(t)\cos 2\omega_c t\pm\frac{1}{4}\hat{m}(t)\sin 2\omega_c t \tag{2.1-32}$$

经过低通滤波器之后滤除了 $2\omega_c$ 频率成分，输出为

$$s_o(t)=\frac{1}{4}m(t) \tag{2.1-33}$$

(2) 非相干解调

SSB信号不能采用简单的包络检波方法解调，但是若插入一个很强的载波则仍可以用包络检波的方法进行解调，这个强载波分量可以在接收端解调之前插入，也可以在发送端插入。下面简单推导一下这种方法的原理。

对于SSB信号，插入载波后的信号为

$$s_a(t)=\frac{1}{2}m(t)\cos\omega_c t\pm\frac{1}{2}\hat{m}(t)\sin\omega_c t+A_d\cos\omega_c t$$

$$=A(t)\cos[\omega_c t+\varphi(t)]$$

上式中，瞬时幅度为

$$A(t)=\left[A_d^2+\frac{1}{4}m^2(t)+A_d m(t)+\frac{1}{4}\hat{m}^2(t)\right]^{1/2}$$

如果插入载波的幅度 A_d 很大，则

$$A(t)\approx[A_d^2+A_d m(t)]^{1/2}\approx A_d+\frac{1}{2}m(t)$$

上式中 A_d 为直流分量，因此对 $s_a(t)$ 进行包络检波后输出的信号为 $m(t)$。这样，插入强载波分量后可以采用包络检波的方法近似地恢复原始调制信号。

2.1.4 残留边带调制(VSB)

1. 残留边带信号的产生

单边带信号与双边带信号相比，虽然其频带节省了一半，但是付出的代价是提高了设备实现的复杂度。对于低频成分很少的语音信号，可以采用多级单边带调制方法，但是对

于具有丰富低频分量并且还包括直流分量的电视信号，不宜采用单边带调制方式。为了解决这个问题，可以用介于单边带调制和双边带调制之间的一种调制方式——残留边带调制（Vestigial Side Band，VSB）。

VSB是介于SSB与DSB之间的一种调制方式，它既克服了DSB信号占用频带宽的缺点，又不需要设计锐截止的单边带滤波器。在VSB中，设法让一个边带通过，同时又保留另一个边带的一小部分，因此这种方法称为残留边带调制。

将DSB信号通过一个残留边带滤波器就可以得到残留边带调制信号，实现残留边带调制的原理如图2-14(a)所示。

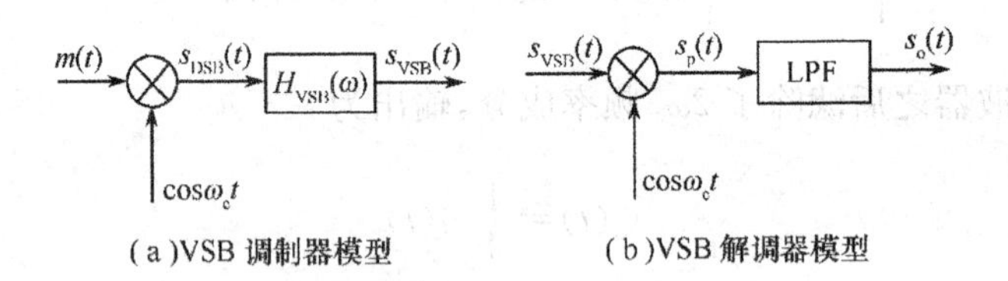

图2-14 残留边带调制解调原理

2. 残留边带信号的解调

为了能够无失真地恢复原始的调制信号，残留边带滤波器应当满足互补对称特性，下面具体分析残留边带滤波器的特性。设 $H_{VSB}(\omega)$ 是所需的残留边带滤波器的传输特性。由图2-14(a)可知，残留边带信号的频谱为

$$S_{VSB}(\omega)=\frac{1}{2}[M(\omega+\omega_c)+M(\omega-\omega_c)]H_{VSB}(\omega) \tag{2.1-34}$$

为了确定 $H_{VSB}(\omega)$ 应满足的条件，我们来分析一下接收端是如何从该信号中恢复原始调制信号的。

对VSB信号进行相干解调，如图2-14(b)所示。图中，残留边带信号 $s_{VSB}(t)$ 与相干载波 $2\cos\omega_c t$ 相乘后信号频谱为

$$2s_{VSB}(t)\cos\omega_c t \leftrightarrow [S_{VSB}(\omega+\omega_c)+S_{VSB}(\omega-\omega_c)]$$

$$=\frac{1}{2}\{[M(\omega-2\omega_c)+M(\omega)]H_{VSB}(\omega-\omega_c)+[M(\omega+2\omega_c)+M(\omega)]H_{VSB}(\omega+\omega_c)\} \tag{2.1-35}$$

由式(2.1-35)可见，频谱由四部分组成，通过低通滤波后，滤除了二次谐波 $M(\omega-2\omega_c)$ 和 $M(\omega+2\omega_c)$ 成分，LPF的输出为

$$S_o(\omega)=\frac{1}{2}M(\omega)[H_{VSB}(\omega+\omega_c)+H_{VSB}(\omega-\omega_c)] \tag{2.1-36}$$

为了保证相干解调无失真地恢复调制信号，只要在$M(\omega)$的频谱范围内，满足

$$H_{VSB}(\omega+\omega_c)+H_{VSB}(\omega-\omega_c)=常数, |\omega|\leqslant\omega_H \tag{2.1-37}$$

式中，ω_H是调制信号的最高频率。则式(2.1-36)变成

$$S_o(\omega)=\frac{K}{2}M(\omega) \tag{2.1-38}$$

其中K为常数。这正好与要恢复的调制信号$m(t)$的频谱成线性关系，由$s_o(t)$进行简单的线性变换即可恢复调制信号$m(t)$。通常把满足式(2.1-37)的残留边带滤波器特性称为具有互补对称特性。

式(2.1-37)就是残留边带滤波器传输特性$H_{VSB}(\omega)$所必须满足的条件。图2-15(a)所示的低通滤波器形式和图2-15(b)所示的带通(或高通)滤波器形式，都满足互补对称特性，分别对应于残留上下边带滤波器。

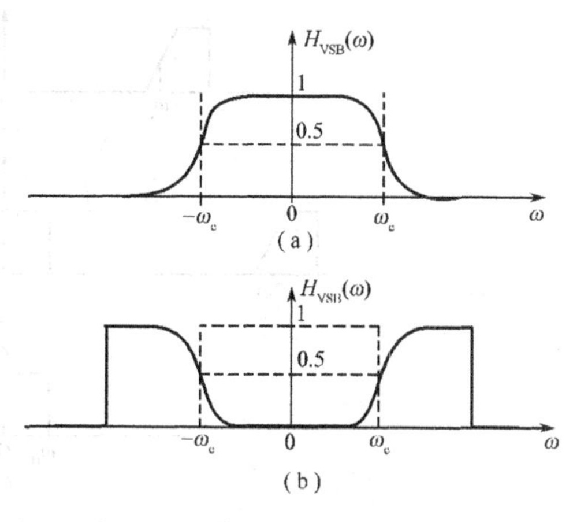

图2-15 残留部分上边带(a)和残留部分下边带(b)的滤波器特性

式(2.1-37)的几何解释如下：以残留上边带的滤波器为例，它是一个低通滤波器。这个滤波器将使上边带小部分残留，而使下边带绝大部分通过。将$H_{VSB}(\omega)$进行$\pm\omega_c$的频移，分别得到$H_{VSB}(\omega-\omega_c)$和$H_{VSB}(\omega+\omega_c)$，按式(2.1-37)将两者相加，其结果在$|\omega|\leqslant\omega_H$范围内应为常数，为了满足这一要求，必须使$H_{VSB}(\omega-\omega_c)$和$H_{VSB}(\omega+\omega_c)$在$\omega=0$处具有互补对称的滚降特性。由此我们得到如下重要概念：只要残留边带滤波器的特性$H_{VSB}(\omega)$在$\pm\omega_c$处具有互补对称特性，那么，采用相干解调法解调残留边带信号就能够准确地恢复所需的调制信号。

为了更好地理解残留边带调制系统的工作原理，下面把图2-14残留边带调制系统中各点的频谱画在图2-16中。图(a)为输入调制信号$m(t)$的频谱，基带信号的最高频率为ω_H；图(b)为双边带信号$s_{DSB}(t)$的频谱；图(c)为残留边带滤波器的频率特性；图(d)为残留边带信号$s_{VSB}(t)$的频谱；图(e)为接收端相乘器输出的频谱；图(f)为低通滤波器输出的频谱。从各点的频谱可以明显看出残留边带滤波器的互补对称特性。

残留边带调制信号的解调可以采用相干解调方法，和SSB信号一样，如果插入一个幅度较大的载波，仍然可以采用包络检波方法解调，原理与SSB信号的类似，此处不再推导。在广播电视中为了使接收设备简化，采用了在发送时插入强载波分量的方法。在2.6节中将具体介绍这种方法在广播电视中的应用。

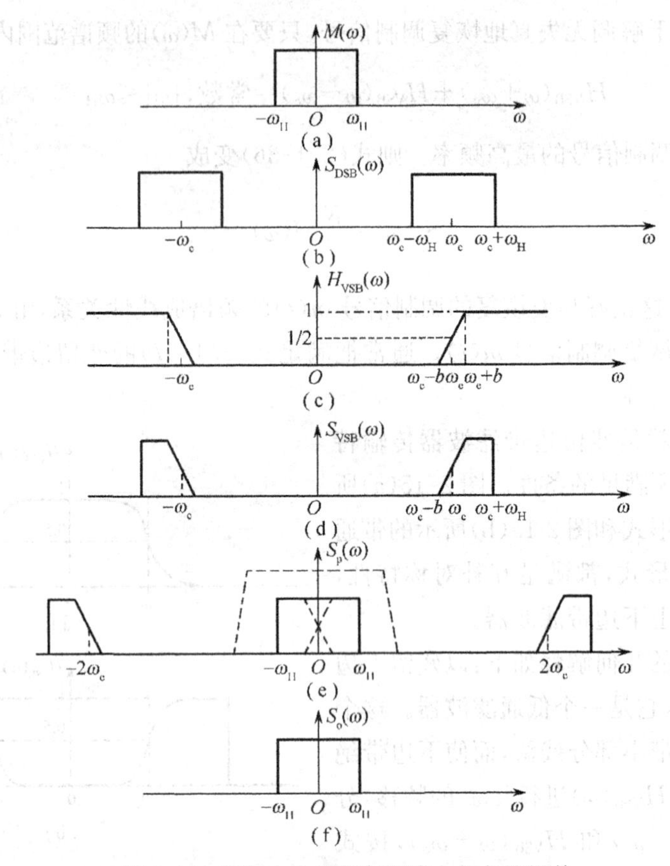

图 2-16 残留上边带调制系统中各点的频谱

2.2 线性调制系统的抗噪声性能[①]

2.2.1 分析模型

分析解调器的抗噪声性能的模型如图 2-17 所示。图中，$s_m(t)$为已调信号，$n(t)$为传输过程中叠加的高斯白噪声。带通滤波器的作用是滤除已调信号频带以外的噪声，经过带通滤波器后到达解调器输入端的信号为$s_i(t)$，噪声为$n_i(t)$。解调器输出的有用信号为$s_o(t)$，噪声为$n_o(t)$。

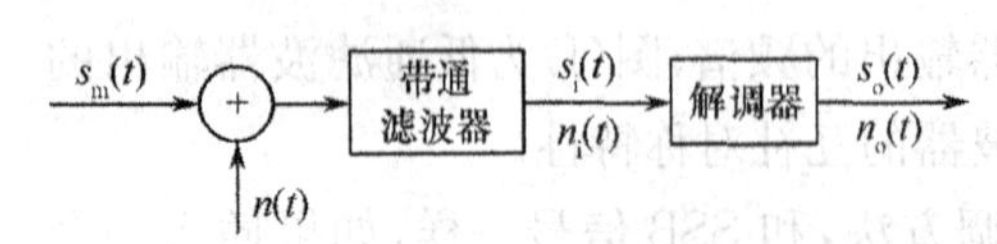

图 2-17 分析解调器的抗噪声性能的模型

由随机过程理论可知，当带通滤波器带宽远小于其中心频率 ω_0 时，$n_i(t)$即为平稳高斯窄带噪声，它的表示式为

① “前言”里已说明“ * ”表示选讲内容。

$$n_i(t)=n_c(t)\cos\omega_0 t-n_s(t)\sin\omega_0 t \tag{2.2-1}$$

或者

$$n_i(t)=V(t)\cos[\omega_0 t+\theta(t)] \tag{2.2-2}$$

其中

$$V(t)=\sqrt{n_c^2(t)+n_s^2(t)}$$

$$\theta(t)=\arctan\{n_s(t)/n_c(t)\}$$

$V(t)$的一维概率密度函数为瑞利分布，$\theta(t)$的一维概率密度函数为均匀分布。窄带噪声$n_i(t)$及其同相分量$n_c(t)$和正交分量$n_s(t)$的均值都为0，且具有相同的方差，即

$$\overline{n_i^2(t)}=\overline{n_c^2(t)}=\overline{n_s^2(t)}=N_i \tag{2.2-3}$$

式(2.2-3)中N_i为解调器输入噪声$n_i(t)$的平均功率。若白噪声的双边功率谱密度为$n_0/2$，带通滤波器传输特性是高度为1、带宽为B的理想矩形函数，如图2-18所示，则

$$N_i=n_0 B \tag{2.2-4}$$

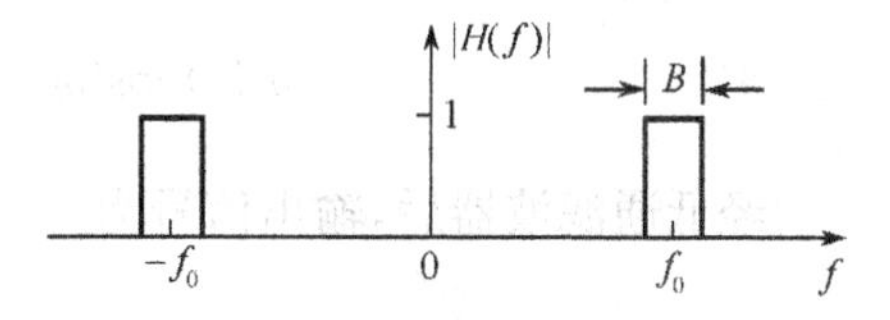

图2-18　带通滤波器传输特性

为了使已调信号无失真地进入解调器，同时又最大限度地抑制噪声，带宽B应等于已调信号的频带宽度，当然也是窄带噪声$n_i(t)$的带宽。

评价一个模拟通信系统质量的好坏，最终是要看解调器的输出信噪比。输出信噪比定义为

$$\frac{S_o}{N_o}=\frac{\text{解调器输出有用信号的平均功率}}{\text{解调器输出噪声的平均功率}}=\frac{\overline{s_o^2(t)}}{\overline{n_o^2(t)}} \tag{2.2-5}$$

在已调信号平均功率相同，而且信道噪声功率谱密度也相同的情况下，输出信噪比反映了系统的抗噪声性能。

为了便于衡量不同调制系统下解调器抗噪声性能，可定义输出信噪比和输入信噪比的比值G来度量，即

$$G=\frac{S_o/N_o}{S_i/N_i} \tag{2.2-6}$$

G称为调制制度增益。式(2.2-6)中，S_i/N_i为输入信噪比，定义为

$$\frac{S_i}{N_i}=\frac{\text{解调器输入已调信号的平均功率}}{\text{解调器输入噪声的平均功率}}=\frac{\overline{s_m^2(t)}}{\overline{n_i^2(t)}} \tag{2.2-7}$$

显然，G越大，表明解调器的抗噪声性能越好。

2.2.2　线性调制相干解调的抗噪声性能

线性调制相干解调系统的抗噪声性能分析模型如图2-19所示，下面分别针对DSB、SSB、VSB系统进行分析。

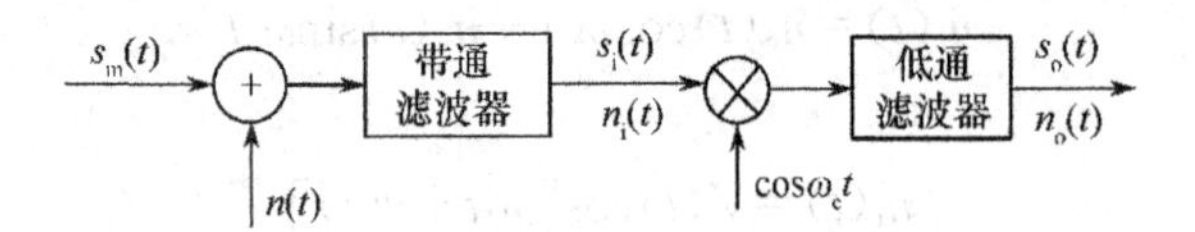

图 2-19 线性调制相干解调系统的抗噪声性能分析模型

1. DSB 相干解调系统的性能

无噪声时，解调器输入信号为

$$s_i(t)=m(t)\cos\omega_c t \tag{2.2-8}$$

与相干载波 $\cos\omega_c t$ 相乘后，得

$$m(t)\cos^2\omega_c t=\frac{1}{2}m(t)+\frac{1}{2}m(t)\cos2\omega_c t$$

经低通滤波器后，输出信号为

$$s_o(t)=\frac{1}{2}m(t) \tag{2.2-9}$$

因此，解调器输出端的有用信号功率为

$$S_o=\overline{s_o^2(t)}=\frac{1}{4}\overline{m^2(t)} \tag{2.2-10}$$

解调 DSB 时，接收机中的带通滤波器的中心频率 ω_0 与调制载频 ω_c 相同，因此解调器输入端的噪声 $n_i(t)$ 可表示为

$$n_i(t)=n_c(t)\cos\omega_c t-n_s(t)\sin\omega_c t \tag{2.2-11}$$

$$\begin{aligned}n_i(t)\cos\omega_c t&=[n_c(t)\cos\omega_c t-n_s(t)\sin\omega_c t]\cos\omega_c t\\&=\frac{1}{2}n_c(t)+\frac{1}{2}[n_c(t)\cos2\omega_c t-n_s(t)\sin2\omega_c t]\end{aligned}$$

经低通滤波器后

$$n_o(t)=\frac{1}{2}n_c(t) \tag{2.2-12}$$

故输出噪声功率为

$$N_o=\overline{n_o^2(t)}=\frac{1}{4}\overline{n_c^2(t)} \tag{2.2-13}$$

根据式(2.2-3)和式(2.2-4)，则有

$$N_o=\frac{1}{4}\overline{n_i^2(t)}=\frac{1}{4}N_i=\frac{1}{4}n_0B_{DSB} \tag{2.2-14}$$

这里，B_{DSB}为带通滤波器的带宽，即为 DSB 信号的带宽。

解调器输入信号平均功率为

$$S_i=\overline{s_m^2(t)}=\overline{[m(t)\cos\omega_c t]^2}=\frac{1}{2}\overline{m^2(t)} \tag{2.2-15}$$

由式(2.2-15)及式(2.2-4)可得解调器的输入信噪比

$$\frac{S_{\mathrm{i}}}{N_{\mathrm{i}}}=\frac{\frac{1}{2}\overline{m^2(t)}}{n_0 B_{\mathrm{DSB}}} \tag{2.2-16}$$

又根据式(2.2-10)及式(2.2-14)可得解调器的输出信噪比

$$\frac{S_{\mathrm{o}}}{N_{\mathrm{o}}}=\frac{\frac{1}{4}\overline{m^2(t)}}{\frac{1}{4}N_{\mathrm{i}}}=\frac{\overline{m^2(t)}}{n_0 B_{\mathrm{DSB}}} \tag{2.2-17}$$

因而调制制度增益为

$$G_{\mathrm{DSB}}=\frac{S_{\mathrm{o}}/N_{\mathrm{o}}}{S_{\mathrm{i}}/N_{\mathrm{i}}}=2 \tag{2.2-18}$$

这就是说，DSB 信号的解调器使信噪比改善一倍。这是因为采用相干解调，使输入噪声中的一个正交分量 $n_{\mathrm{s}}(t)$被消除的缘故。

2. SSB 调制系统的性能

单边带信号的解调方法与双边带信号相同，其区别仅在于解调器之前的带通滤波器的带宽与中心频率不同。前者的带通滤波器带宽为后者的一半。

单边带信号解调器的输出噪声与输入噪声的功率可由式(2.2-14)给出，即

$$N_{\mathrm{o}}=\frac{1}{4}N_{\mathrm{i}}=\frac{1}{4}n_0 B_{\mathrm{SSB}} \tag{2.2-19}$$

这里，B_{SSB}为单边带带通滤波器的带宽。

单边带信号的表示式

$$s_{\mathrm{m}}(t)=\frac{1}{2}m(t)\cos\omega_{\mathrm{c}}t\pm\frac{1}{2}\hat{m}(t)\sin\omega_{\mathrm{c}}t \tag{2.2-20}$$

其中$\hat{m}(t)$为 $m(t)$的希尔伯特变换，与相干载波相乘后，再经低通滤波可得解调器输出信号

$$m_{\mathrm{o}}(t)=\frac{1}{4}m(t) \tag{2.2-21}$$

因此，输出信号平均功率

$$S_{\mathrm{o}}=\overline{m_{\mathrm{o}}^2(t)}=\frac{1}{16}\overline{m^2(t)} \tag{2.2-22}$$

输入信号平均功率

$$\begin{aligned}S_{\mathrm{i}}&=\overline{s_{\mathrm{m}}^2(t)}=\frac{1}{4}\overline{[m(t)\cos\omega_{\mathrm{c}}t\pm\hat{m}(t)\sin\omega_{\mathrm{c}}t]^2}\\&=\frac{1}{4}\left[\frac{1}{2}\overline{m^2(t)}+\frac{1}{2}\overline{\hat{m}^2(t)}\right]\end{aligned} \tag{2.2-23}$$

由希尔伯特变换的性质可知，$\hat{m}(t)$与 $m(t)$的平均功率是相等的，因此有

$$S_i=\frac{1}{4}\overline{m^2(t)} \tag{2.2-24}$$

于是，单边带解调器的输入信噪比为

$$\frac{S_i}{N_i}=\frac{\frac{1}{4}\overline{m^2(t)}}{n_0 B_{SSB}}=\frac{\overline{m^2(t)}}{4n_0 B_{SSB}} \tag{2.2-25}$$

输出信噪比为

$$\frac{S_o}{N_o}=\frac{\frac{1}{16}\overline{m^2(t)}}{\frac{1}{4}n_0 B_{SSB}}=\frac{\overline{m^2(t)}}{4n_0 B_{SSB}} \tag{2.2-26}$$

因而调制制度增益为

$$G_{SSB}=\frac{S_o/N_o}{S_i/N_i}=1 \tag{2.2-27}$$

这是因为在SSB系统中，信号和噪声有相同的正交表示形式，所以，相干解调过程中，信号和噪声的正交分量均被抑制，故信噪比没有改善。

从前面的推导可以看出$G_{DSB}=2G_{SSB}$，这是否说明双边带系统的抗噪声性能比单边带系统好呢？观察式(2.2-15)及式(2.2-24)可知，上述讨论中双边带调制时输入相干解调器的已调信号平均功率是单边带调制时的2倍，因此两种调制方式下的信噪比是在不同输入信号功率下得到的。如果在相同的输入信号功率S_i，相同输入噪声功率谱密度n_0，相同基带信号带宽f_H条件下，对这两种调制方式进行比较，它们的输出信噪比是相等的。因此两者的抗噪声性能是相同的，但双边带信号所需的传输带宽是单边带的两倍。

3. VSB调制系统的性能

VSB调制系统的抗噪声性能的分析方法与上面的相似。但是，由于采用的残留边带滤波器的频率特性形状不同，所以，抗噪声性能的计算是比较复杂的。但是残留边带不是太大的时候，可以近似认为与SSB调制系统的抗噪声性能相同。

2.2.3　AM信号包络检波的抗噪声性能

AM信号可采用相干解调和包络检波。相干解调时AM系统的性能分析方法与前面双边带(或单边带)的相同。实际中，AM信号常用简单的包络检波法解调，AM信号包络检波的抗噪声性能分析模型如图2-20所示。

设解调器的输入信号

$$s_m(t)=[A_0+m(t)]\cos\omega_c t \tag{2.2-28}$$

其中A_0为载波幅度，$m(t)$为调制信号。这里仍假设$m(t)$的均值为0，且$A_0\geqslant|m(t)|_{max}$。对于常规调幅来说，图2-20中带通滤波器的中心频率与载频相同，因此输入噪声为

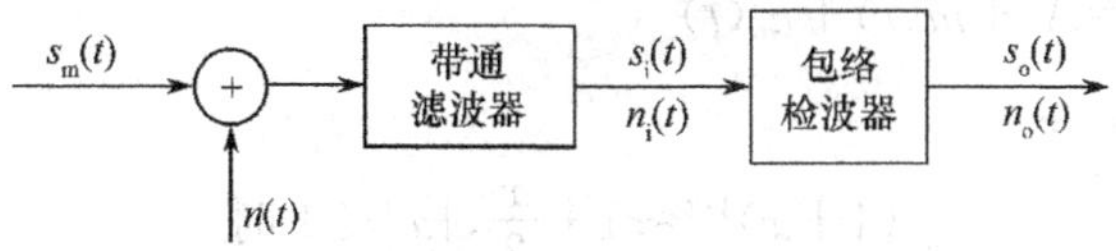

图 2-20 AM包络检波的抗噪声性能分析模型

$$n_i(t)=n_c(t)\cos\omega_c t-n_s(t)\sin\omega_c t \tag{2.2-29}$$

显然，若已调信号带宽为 B_{AM}，为调制信号带宽的2倍，解调器输入的信号功率 S_i 和噪声功率 N_i 为

$$S_i=\overline{s_m^2(t)}=\frac{A_0^2}{2}+\frac{\overline{m^2(t)}}{2} \tag{2.2-30}$$

$$N_i=\overline{n_i^2(t)}=n_0 B_{AM} \tag{2.2-31}$$

输入信噪比

$$\frac{S_i}{N_i}=\frac{A_0^2+\overline{m^2(t)}}{2n_0 B_{AM}} \tag{2.2-32}$$

解调器输入是信号与噪声的混合波形，即

$$\begin{aligned} s_i(t)+n_i(t)&=[A_0+m(t)+n_c(t)]\cos\omega_c t-n_s(t)\sin\omega_c t\\ &=E(t)\cos[\omega_c t+\psi(t)] \end{aligned}$$

其中合成包络

$$E(t)=\sqrt{[A_0+m(t)+n_c(t)]^2+n_s^2(t)} \tag{2.2-33}$$

合成相位

$$\psi(t)=\arctan\left[\frac{n_s(t)}{A_0+m(t)+n_c(t)}\right] \tag{2.2-34}$$

理想包络检波器的输出就是 $E(t)$，可以看出有用信号与噪声无法完全分开。因此，计算输出信噪比是件困难的事。我们来考虑两种特殊情况。

1. 大信噪比情况

此时，输入信号幅度远大于噪声幅度，即

$$[A_0+m(t)]\gg\sqrt{n_c^2(t)+n_s^2(t)}$$

因而式(2.2-33)可简化为

$$\begin{aligned} E(t)&=\sqrt{[A_0+m(t)]^2+2[A_0+m(t)]n_c(t)+n_c^2(t)+n_s^2(t)}\\ &\approx\sqrt{[A_0+m(t)]^2+2[A_0+m(t)]n_c(t)}\\ &=[A_0+m(t)]\left[1+\frac{2n_c(t)}{A_0+m(t)}\right]^{1/2}\\ &\approx[A_0+m(t)]\left[1+\frac{n_c(t)}{A_0+m(t)}\right] \end{aligned}$$

$$=A_0+m(t)+n_c(t) \tag{2.2-35}$$

这里利用了近似公式

$$(1+x)^{1/2}\approx 1+\frac{x}{2},|x|\ll 1\text{ 时}$$

$$S_o=\overline{m^2(t)} \tag{2.2-36}$$

$$N_o=\overline{n_c^2(t)}=\overline{n_i^2(t)}=n_0B_{AM} \tag{2.2-37}$$

输出信噪比

$$\frac{S_o}{N_o}=\frac{\overline{m^2(t)}}{n_0B_{AM}} \tag{2.2-38}$$

由式(2.2-32)和式(2.2-38)可得制度增益

$$G_{AM}=\frac{S_o/N_o}{S_i/N_i}=\frac{2\,\overline{m^2(t)}}{A_0^2+\overline{m^2(t)}} \tag{2.2-39}$$

显然,AM 信号的调制制度增益 G_{AM} 随 A_0 的减小而增加。但对包络检波器来说,为了不发生过调制现象,应有 $A_0\geq|m(t)|_{max}$,所以 G_{AM} 总是小于 1。例如:对于 100%的调制(即 $A_0=|m(t)|_{max}$)且 $m(t)$ 是正弦型信号,有

$$\overline{m^2(t)}=\frac{A_0^2}{2}$$

代入式(2.2-39),可得

$$G_{AM}=\frac{2}{3} \tag{2.2-40}$$

这是 AM 系统的最大信噪比增益。这说明解调器对输入信噪比没有改善,而是恶化了。

可以证明,若采用相干解调法解调 AM 信号,则得到的调制制度增益 G_{AM} 与式(2.2-40)给出的结果相同。由此可见,对于 AM 调制系统,在大信噪比时,采用包络检波器解调时的性能与相干解调时的性能几乎一样。但应该注意,后者的调制制度增益不受信号与噪声相对幅度假设条件的限制。

2. 小信噪比情况

小信噪比指的是噪声幅度远大于信号幅度,即

$$[A_0+m(t)]\ll\sqrt{n_c^2(t)+n_s^2(t)}$$

这时式(2.2-33)变成

$$\begin{aligned}E(t)&=\sqrt{[A_0+m(t)]^2+2[A_0+m(t)]n_c(t)+n_c^2(t)+n_s^2(t)}\\&\approx\sqrt{n_c^2(t)+n_s^2(t)+2[A_0+m(t)]n_c(t)}\\&=\sqrt{[n_c^2(t)+n_s^2(t)]\left\{1+\frac{2n_c(t)[A_0+m(t)]}{n_c^2(t)+n_s^2(t)}\right\}}\\&=R(t)\sqrt{1+\frac{2[A_0+m(t)]}{R(t)}\cos\theta(t)}\end{aligned} \tag{2.2-41}$$

其中 $R(t)$ 及 $\theta(t)$ 代表噪声 $n_i(t)$ 的包络及相位。

$$R(t)=\sqrt{n_c^2(t)+n_s^2(t)}$$

$$\theta(t)=\arctan\left[\frac{n_s(t)}{n_c(t)}\right]$$

$$\cos\theta(t)=\frac{n_c(t)}{R(t)}$$

$$E(t)\approx R(t)\left[1+\frac{A_0+m(t)}{R(t)}\cos\theta(t)\right]$$

$$=R(t)+[A_0+m(t)]\cos\theta(t) \qquad (2.2\text{-}42)$$

这时，$E(t)$ 中没有单独的信号项，只有受到 $\cos\theta(t)$ 调制的 $m(t)\cos\theta(t)$ 项。由于 $\cos\theta(t)$ 是一个随机噪声。因而，有用信号 $m(t)$ 被噪声扰乱，致使 $m(t)\cos\theta(t)$ 也只能看作是噪声。因此，输出信噪比急剧下降，这种现象称为解调器的门限效应。开始出现门限效应的输入信噪比称为门限值，这种门限效应是由包络检波器的非线性解调作用所引起的。

有必要指出，用相干解调的方法解调各种线性调制信号时不存在门限效应。原因是信号与噪声可分别进行解调，解调器输出端总是单独存在有用信号项。

由以上分析可得如下结论：在大信噪比情况下，AM 信号包络检波器的性能几乎与相干解调法相同。但随着信噪比的减小，包络检波器将在一个特定输入信噪比值上出现门限效应。一旦出现门限效应，解调器的输出信噪比将急剧恶化。

2.3 模拟角度调制技术

使高频载波的频率或相位按调制信号的规律变化而振幅保持恒定的调制方式，称为频率调制（FM）和相位调制（PM），并分别简称为调频和调相。因为频率或相位的变化都可以看成是载波角度的变化，故调频和调相又统称为角度调制。

在线性调制系统中，已调信号的频谱是调制信号频谱的平移及线形变换。角度调制与线性调制不同，已调信号频谱不再是原调制信号频谱的线性搬移，而是频谱的非线性变换，会产生新的频率成分，故又称为非线性调制。由于频率和相位之间存在微分与积分的关系，故调频与调相之间存在密切的关系。

2.3.1 角度调制的基本概念

角度调制信号的一般表达式为

$$s_m(t)=A\cos[\omega_c t+\varphi(t)] \qquad (2.3\text{-}1)$$

式中，A 是载波的振幅，$[\omega_c t+\varphi(t)]$ 是信号的瞬时相位，而 $\varphi(t)$ 称为相对于载波相位 $\omega_c t$ 的瞬时相位偏移；$\mathrm{d}[\omega_c t+\varphi(t)]/\mathrm{d}t$ 是信号的瞬时角频率，而 $\mathrm{d}[\varphi(t)]/\mathrm{d}t$ 称为相对于载频

ω_c 的瞬时角频偏。

所谓相位调制，是指瞬时相位偏移随调制信号 $m(t)$线性变化，即

$$\varphi(t)=K_p m(t) \tag{2.3-2}$$

式中 K_p 是相移常数，也称为调相灵敏度，这是取决于具体实现电路的一个比例常数。于是，调相信号可表示为

$$s_{PM}(t)=A\cos[\omega_c t+K_p m(t)] \tag{2.3-3}$$

所谓频率调制，是指瞬时角频率偏移随调制信号 $m(t)$线性变化，即

$$\frac{d\varphi(t)}{dt}=K_f m(t) \tag{2.3-4}$$

式中 K_f 是频偏常数，也称为调频灵敏度，这时瞬时相位偏移为

$$\varphi(t)=K_f\int_{-\infty}^{t} m(\tau)d\tau \tag{2.3-5}$$

代入式(2.3-1)，则可得调频信号为

$$s_{FM}(t)=A\cos[\omega_c t+K_f\int_{-\infty}^{t} m(\tau)d\tau] \tag{2.3-6}$$

由式(2.3-3)和式(2.3-6)可见，FM 和 PM 非常相似，还可看出，如果将调制信号先微分，而后进行调频，则得到的是调相波，这种方式称为间接调相；同样，如果将调制信号先积分，而后进行调相，则得到的是调频波，这种方式称为间接调频。直接和间接调相如图 2-21(a)所示。直接和间接调频如图 2-21(b)所示。

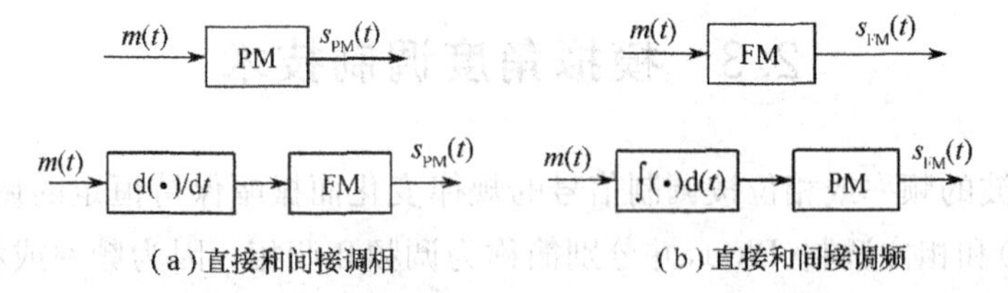

图 2-21 直接间接调频和调相

现在我们讨论调制信号为单频余弦的特殊情况。调制信号

$$m(t)=A_m\cos\omega_m t \tag{2.3-7}$$

当它对载波进行相位调制时，由式(2.3-3)可得调相信号

$$\begin{aligned} s_{PM}(t)&=A\cos(\omega_c t+K_p A_m\cos\omega_m t)\\ &=A\cos(\omega_c t+m_p\cos\omega_m t) \end{aligned} \tag{2.3-8}$$

式中 $m_p=K_p A_m$ 称为调相指数。

如果进行频率调制，则由式(2.3-6)可得调频信号表达式为

$$\begin{aligned} s_{FM}(t)&=A\cos\left(\omega_c t+K_f A_m\int_{-\infty}^{t}\cos\omega_m\tau d\tau\right)\\ &=A\cos(\omega_c t+m_f\sin\omega_m t) \end{aligned} \tag{2.3-9}$$

上式中 $m_f=K_fA_m/\omega_m$ 称为调频指数。K_fA_m 为最大角频率偏移，通常记作 $\Delta\omega_{max}=K_fA_m$，最大频率偏移为 $\Delta f_{max}=K_fA_m/2\pi$。因而式(2.3-9)也可记作

$$s_{FM}(t)=A\cos\left(\omega_c t+\frac{\Delta\omega_{max}}{\omega_m}\sin\omega_m t\right) \tag{2.3-10}$$

当调制信号 $m(t)=A_m\cos\omega_m t$ 时，调相信号和调频信号的波形如图2-22所示。图中 $\omega(t)$ 为瞬时角频率。

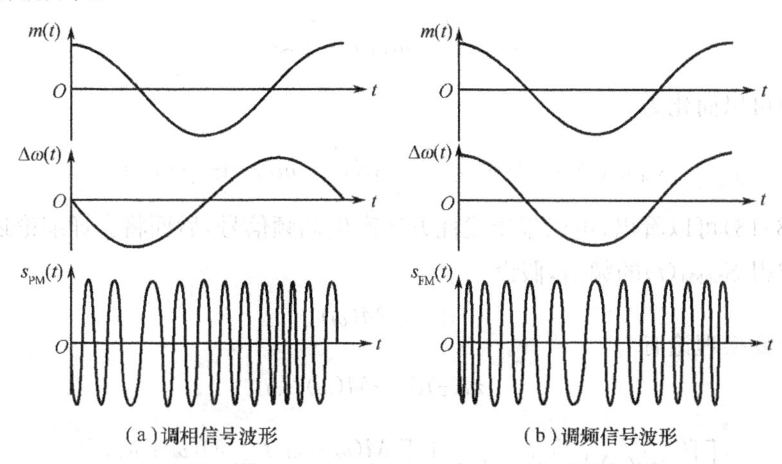

图2-22 调制信号为正弦波时的调相信号与调频信号的时域波形

从以上分析可见，调频与调相并无本质区别，两者之间可相互转换。因此本章着重讲述调频。

2.3.2 窄带调频

前面已经指出，角度调制属于非线性调制，已调信号频谱与调制信号不存在线性对应关系，对于任意形式的调制信号获得其频谱表达式是十分困难的。但是，当限制最大瞬时相位偏移量时，角度调制信号的频谱特性比较容易分析。当最大瞬时相位偏移量较小时，即一般认为满足

$$\left|K_f\int_{-\infty}^{t}m(\tau)\mathrm{d}\tau\right|_{max}\ll\frac{\pi}{6}\quad(\text{调频})$$
$$\left|K_p m(t)\right|_{max}\ll\frac{\pi}{6}\quad(\text{调相}) \tag{2.3-11}$$

时，信号占据带宽窄，称为窄带角度调制，上面的两式分别对应于窄带调频(NBFM)和窄带调相(NBPM)；反之，称为宽带调频(WBFM)或宽带调相(WBPM)。

由调频信号时域表达式可知

$$s_{FM}(t)=A\cos\left[\omega_c t+K_f\int_{-\infty}^{t}m(\tau)\mathrm{d}\tau\right]$$

$$= A\cos\omega_c t\cos\left[K_f\int_{-\infty}^{t} m(\tau)d\tau\right] - A\sin\omega_c t\sin\left[K_f\int_{-\infty}^{t} m(\tau)d\tau\right] \tag{2.3-12}$$

当式(2.3-11)满足时，近似有

$$\sin\left[K_f\int_{-\infty}^{t} m(\tau)d\tau\right] \approx K_f\int_{-\infty}^{t} m(\tau)d\tau$$

$$\cos\left[K_f\int_{-\infty}^{t} m(\tau)d\tau\right] \approx 1$$

式(2.3-12)可以简化为

$$s_{\text{NBFM}}(t) \approx A\cos\omega_c t - \left[AK_f\int_{-\infty}^{t} m(\tau)d\tau\right]\sin\omega_c t \tag{2.3-13}$$

通过式(2.3-13)可以看出，可以采用线性方法产生调频信号，后面将会详细论述。

为了求得 $S_{\text{NBFM}}(t)$ 的频谱，假设

$$m(t) \leftrightarrow M(\omega)$$

则由傅里叶变换理论有

$$\int_{-\infty}^{t} m(\tau)d\tau \leftrightarrow M(\omega)/j\omega \tag{2.3-14}$$

$$\left[\int_{-\infty}^{t} m(\tau)d\tau\right]\sin\omega_c t \leftrightarrow \frac{1}{2j}\left[\frac{M(\omega-\omega_c)}{j(\omega-\omega_c)} - \frac{M(\omega+\omega_c)}{j(\omega+\omega_c)}\right] \tag{2.3-15}$$

这样综合式(2.3-13)、式(2.3-14)和式(2.3-15)，可得窄带调频的频谱表示式

$$S_{\text{NBFM}}(\omega) = \pi A[\delta(\omega-\omega_c)+\delta(\omega+\omega_c)] + \frac{AK_f}{2}\left[\frac{M(\omega-\omega_c)}{(\omega-\omega_c)} - \frac{M(\omega+\omega_c)}{(\omega+\omega_c)}\right] \tag{2.3-16}$$

将式(2.3-16)与式(2.1-9)进行对比，可以发现，窄带调频信号的频谱表达式与常规调幅相比，具有类似的形式，即有载频分量和两个边带，因此窄带调频信号的带宽与常规调幅的相同，为调制信号 $m(t)$ 带宽的两倍。但是它们之间有两个重要的区别：

(1) 窄带调频信号的边带频谱不是调制信号频谱的简单线性搬移，在正频域 $M(\omega-\omega_c)$ 要乘以频率因子 $1/(\omega-\omega_c)$，而在负频域内 $M(\omega+\omega_c)$ 要乘以频率因子 $1/(\omega+\omega_c)$；

(2) 负频域内的边带频谱 $M(\omega+\omega_c)$ 相对于正频域要反转 180°，而这是 AM 中不存在的。

正因为这两点区别决定了调频与 AM 是两种性质完全不同的已调波。

对于单频调制的情况，假设调制信号

$$m(t) = A_m\cos\omega_m t$$

则窄带调频信号为

$$s_{\text{NBFM}}(t) \approx A\cos\omega_c t - AK_f\int_{-\infty}^{t} m(\tau)d\tau\sin\omega_c t$$

$$= A\cos\omega_c t + \frac{AA_mK_f}{2\omega_m}[\cos(\omega_c-\omega_m)t - \cos(\omega_c+\omega_m)t] \tag{2.3-17}$$

而常规调幅信号则为

$$s_{\mathrm{AM}}(t)=A\cos\omega_c t+\frac{A_m}{2}[\cos(\omega_c-\omega_m)t+\cos(\omega_c+\omega_m)t] \tag{2.3-18}$$

它们的频谱图如图 2-23 所示，从图中可以很明显看出窄带调频信号与 AM 信号的区别。

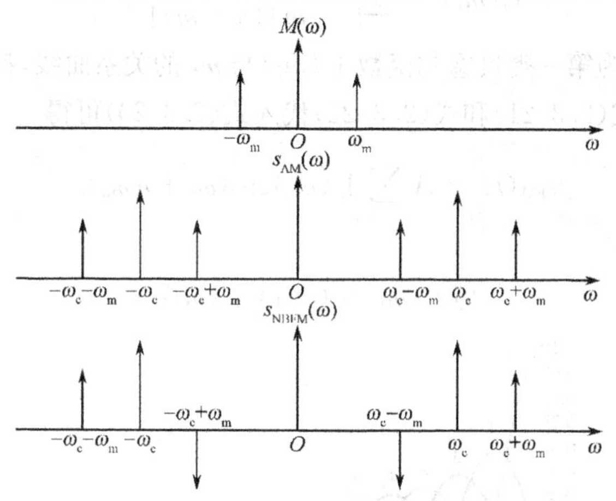

图 2-23 单频调制时 AM 和 NBFM 的频谱

2.3.3 宽带调频

由于分析一般的调频信号相当困难，因此首先考虑在单频正弦信号调制下宽带调频的情况，然后再扩展到一般情况。

对于单频信号的情况，设调制信号为

$$m(t)=A_m\cos\omega_m t=A_m\cos 2\pi f_m t$$

由式(2.3-10)可知

$$\begin{aligned}s_{\mathrm{FM}}(t)&=A\cos\left[\omega_c t+\frac{\Delta\omega_{\max}}{\omega_m}\sin\omega_m t\right]\\&=A\cos[\omega_c t+m_f\sin\omega_m t]\end{aligned} \tag{2.3-19}$$

式中

$$m_f=\frac{\Delta\omega_{\max}}{\omega_m}=\frac{K_f A_m}{\omega_m}=\frac{\Delta f_{\max}}{f_m}$$

为调频指数。利用 $\cos(\alpha+\beta)$ 的三角展开式可以将式(2.3-19)展开为如下形式

$$s_{\mathrm{FM}}(t)=A[\cos\omega_c t\cos(m_f\sin\omega_m t)-\sin\omega_c t\sin(m_f\sin\omega_m t)] \tag{2.3-20}$$

其中 $\cos(m_f\sin\omega_m t)$ 和 $\sin(m_f\sin\omega_m t)$ 可以分别展开为傅里叶级数(雅可比方程)

$$\cos(m_f\sin\omega_m t)=\mathrm{J}_0(m_f)+2\sum_{n=1}^{\infty}\mathrm{J}_{2n}(m_f)\cos 2n\omega_m t \tag{2.3-21}$$

$$\sin(m_f\sin\omega_m t)=2\sum_{n=1}^{\infty}\mathrm{J}_{2n-1}(m_f)\sin(2n-1)\omega_m t \tag{2.3-22}$$

以上两式中，$J_n(m_f)$称为第一类 n 阶贝塞尔函数，它是 n 和 m_f 的函数，其值可以用无穷级数

$$J_n(m_f)=\sum_{m=0}^{\infty}\frac{(-1)^m\left(\frac{1}{2}m_f\right)^{n+2m}}{m!(n+m)!} \tag{2.3-23}$$

计算。图 2-24 所示为第一类贝塞尔函数 $J_n(m_f)$与 m_f 的关系曲线，精确的数值可以查阅贝塞尔函数表。将式(2.3-21)和式(2.3-22)代入式(2.3-20)可得

$$s_{FM}(t)=A\sum_{n=-\infty}^{\infty}J_n(m_f)\cos(\omega_c+n\omega_m)t \tag{2.3-24}$$

其中

$$J_{-n}(m_f)=(-1)^n J_n(m_f) \tag{2.3-25}$$

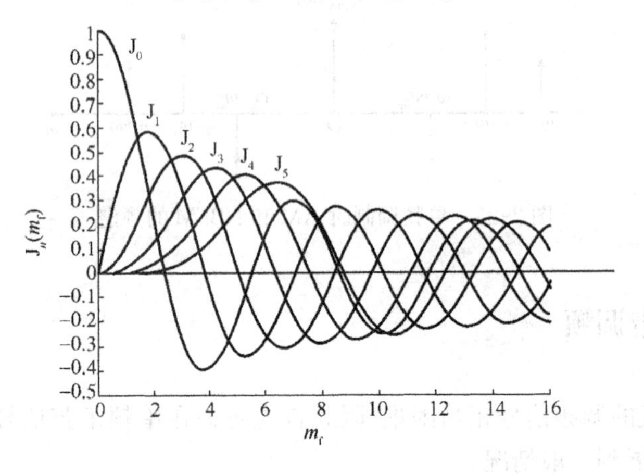

图 2-24 第一类贝塞尔函数曲线

计算式(2.3-24)的傅氏变换可得正弦调制宽带调频信号的频谱表示式为

$$S_{FM}(\omega)=\pi A\sum_{n=-\infty}^{\infty}J_n(m_f)[\delta(\omega-\omega_c-n\omega_m)+\delta(\omega+\omega_c+n\omega_m)] \tag{2.3-26}$$

由式(2.3-26)可见，宽带调频的频谱是由载频分量和无穷多个边频分量组成，这些边频分量对称地分布在载频的两侧，相邻频率之间的间隔为 ω_m。但应注意，虽然同阶边频分量相对于载频项是对称分布的，且幅度的大小也相等，但由式(2.3-25)可知道，只有当 n 为偶数时上下边频幅度才具有相同的符号，而当 n 为奇数时上下边频幅度具有相反的符号，即奇数阶的下边频项和它们相应的上边频项反相 180°，这一点在窄带调频中也可以看到。正弦调制调频信号的典型频谱如图 2-25 所示。

观察图 2-24 所示的贝塞尔函数曲线可以看出，当 $m_f\ll1$ 时，只有 $J_0(m_f)$和 $J_1(m_f)$有明显的数值，其他高阶 $J_n(m_f)$趋于零，所以这时 FM 波实际上只由一个载频和一对边频组成，相当于窄带调频的情况。由于 FM 波具有无穷多的边频，从理论上讲，调频信号的频带宽度为无限宽，实际上各个频率分量的幅度随着 n 的增大而下降，这一点从图中可以明显看出，当 $m_f\gg1$ 时，$n>m_f$ 项的贝塞尔函数值趋于零，这时高阶频谱分量可以忽略不

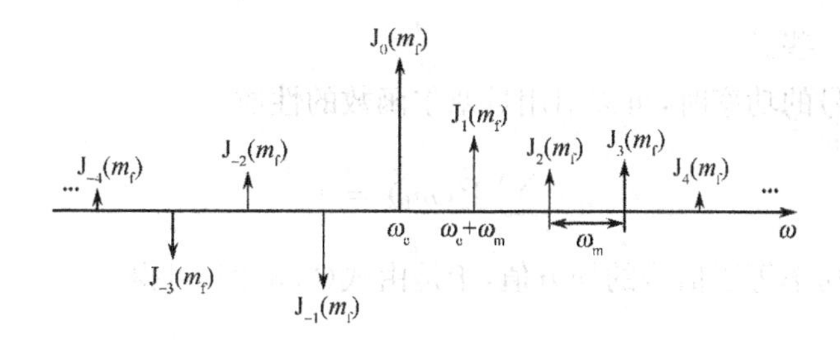

图2-25 正弦调制FM信号的频谱

计，因此FM波的绝大部分能量包含在有限的频谱中。根据实际过程应用中对于信号失真的要求，通常是按照$n=m_f+1$来计算带宽，这相当于$J_n(m_f)\approx0.1$，这就是说，$n>m_f+1$阶的边频幅度小于未调载波幅度的百分之十时，边频分量可以忽略不计，用功率来计算，则包括$n=m_f+1$在内的所有频率分量的功率之和约占信号总功率的98%以上。

根据上述原则，设FM信号的有效频谱取到m_f+1次边频，可以得出调频信号的带宽可近似为

$$B_{FM}=2(m_f+1)f_m=2(\Delta f_{max}+f_m) \tag{2.3-27}$$

式中m_f为调频指数，Δf_{max}为最大频偏。式(2.3-27)说明调频信号的带宽取决于最大频偏和调制信号的频率，该式被称为卡森(J. R. Carson)公式。

$$若\ m_f\ll1\ 时，\quad B_{FM}\approx2f_m$$

这就是窄带调频的带宽。

$$若\ m_f\gg1\ 时，\quad B_{FM}\approx2\Delta f_{max}$$

这是宽带调频情况，此时带宽由最大频偏决定。

在传输高质量的调频波或调制信号是高频信号时，上述条件得出的带宽可能不够。这时可以增加有效边频的数目。例如取到$|J_n(m_f)|>0.01$，即将边频数目保留到其幅度为未调载波幅度的1%。在实际工程中，用卡森准则计算的带宽稍微偏低。进一步分析表明，若用如下近似式进行计算，可以得到比较精确的结果：

$$B_{FM}\approx2(\Delta f_{max}+2f_m) \tag{2.3-28}$$

对于多频调制或其他任意信号调制的FM频谱分析是很复杂的。对于任意的限带调制信号，可以定义频偏比

$$D_{FM}=\frac{峰值(角)频率偏移}{调制信号的最高(角)频率}=\frac{\Delta f_{max}}{f_{max}}=\frac{\Delta\omega_{max}}{\omega_{max}} \tag{2.3-29}$$

这里最大角频偏$\Delta\omega_{max}=K_f|m(t)|_{max}$，可以得到任意限带信号调制时的调频信号频带宽度估算公式

$$B_{FM}=2(D_{FM}+1)f_{max} \tag{2.3-30}$$

实际应用表明，由式(2.3-30)计算的带宽偏窄，$D_{FM}>2$时，用下式计算

$$B_{FM}=2(D_{FM}+2)f_{max} \tag{2.3-31}$$

算得的带宽更好一些。

讨论调频信号的功率时，可以引用贝塞尔函数的性质

$$\sum_{n=-\infty}^{\infty} \mathrm{J}_n^2(m_\mathrm{f}) = 1 \tag{2.3-32}$$

已知信号的平均功率等于信号的均方值，于是由式(2.3-24)可得

$$P_{\mathrm{FM}} = \overline{s_{\mathrm{FM}}^2(t)} = A^2 \sum_{n=-\infty}^{\infty} \overline{\mathrm{J}_n^2(m_\mathrm{f})\cos[(\omega_\mathrm{c}+n\omega_\mathrm{m})t]^2}$$

$$= \frac{A^2}{2}\sum_{n=-\infty}^{\infty} \mathrm{J}_n^2(m_\mathrm{f}) = \frac{A^2}{2} \tag{2.3-33}$$

载频功率为

$$P_\mathrm{c} = \frac{A^2}{2}\mathrm{J}_0^2(m_\mathrm{f}) \tag{2.3-34}$$

第 n 对边频功率为

$$P_\mathrm{n} = 2\times\frac{A^2}{2}\mathrm{J}_n^2(m_\mathrm{f}) = A^2\mathrm{J}_n^2(m_\mathrm{f}) \tag{2.3-35}$$

2.3.4 调频信号的产生

调频信号的产生方法可以分为两类：直接法和间接法。在直接法中采用压控振荡器(Voltage-Controlled Oscillator，VCO)作为产生FM信号的调制器，使压控振荡器的输出瞬时频率正比于所加的控制电压，即随调制信号 $m(t)$ 的变化而线性变化。直接调频法的优点是可以得到很大的频偏，其主要缺点是载频会发生漂移，因而需要附加的稳频电路。

间接法也称为倍频法，在倍频法中，首先用类似于线性调制的方法产生窄带调频(NBFM)信号，然后用倍频的方法变换为宽带调频(WBFM)信号。

由式(2.3-13)可知，窄带调频信号可看成由正交分量与同相分量合成，即

$$s_{\mathrm{NBFM}}(t) \approx A\cos\omega_\mathrm{c}t - \left[AK_\mathrm{f}\int_{-\infty}^{t} m(\tau)\mathrm{d}\tau\right]\sin\omega_\mathrm{c}t \tag{2.3-36}$$

因此可以采用图2-26所示的方框图来实现窄带调频，图2-27显示了从窄带调频信号产生宽带调频信号的方框图。图中，输入信号首先通过窄带调频器，再经过倍频器，倍频器可以用非线性器件实现，然后用带通滤波器滤除不需要的频率分量。以理想平方律器件为例，其输入/输出特性为

$$s_\mathrm{o}(t) = as_\mathrm{i}^2(t)$$

当输入信号 $s_\mathrm{i}(t)$ 为调频信号时，有

$$s_\mathrm{i}(t) = A\cos[\omega_\mathrm{c}t+\varphi(t)]$$

$$s_\mathrm{o}(t) = \frac{1}{2}aA^2\{1+\cos[2\omega_\mathrm{c}t+2\varphi(t)]\} \tag{2.3-37}$$

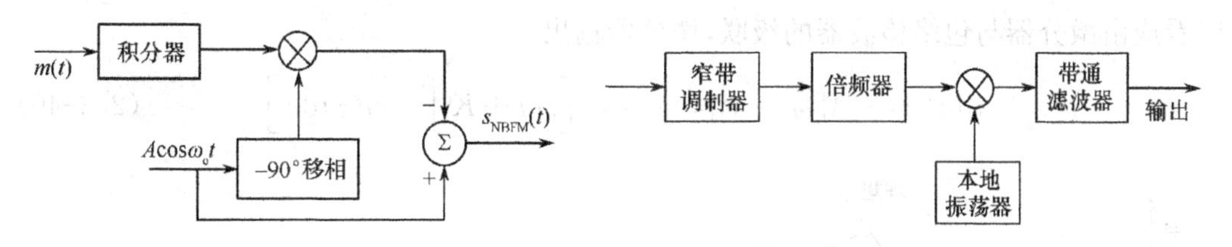

图 2-26　窄带调频方框图　　　图 2-27　宽带调频方框图

由上式可知，滤去直流分量后即可得到一个新的调频信号，其载频和相位偏移均增为 2 倍。由于相位偏移增为 2 倍，因而调频指数也必然增为 2 倍。通过倍频器之后，一般并不能保证信号的中心频率 $n\omega_c$ 就是所需要的载波频率，在调制器的最后一级通过上变频或者下变频，将已调信号平移到所需的中心频率上来。这一级由一个混频器和一个带通滤波器组成。如果混频器的本地振荡频率是 ω_L，并且采用下变频，则最后的宽带调频信号由下式给出，即

$$s_{WBFM}(t)=A[\cos(n\omega_c-\omega_L)t+n\varphi(t)]$$

由于可以自由选取 n 和 ω_L，使用这种方法可以在所需的载波频率上产生任何调制指数的调频信号。

为了进一步说明倍频法的原理，我们以一种调频广播发射机为例。设调频广播的调制信号频率 f_m 从 100Hz 到 15kHz，以传输高质量的音乐信号。在这种发射机中首先以 200kHz 为载频，最高调制信号为 15kHz 时频偏仅 25Hz，因而调频指数很小，只有 0.00167。而调频广播的最终频偏为 75kHz，因此需要经过 $75\times10^3/25=3000$ 倍频。倍频后新载频也提高了 3000 倍，新的载频频率为 600MHz，这时可以采用下变频的方法将发射频率搬移到 88～108MHz 的调频广播频带内。

目前随着数字信号处理技术的快速发展，可以采用直接数字合成技术（Direct Digital Synthesis，DDS）产生调频信号。对于线性调制信号，也可以采用直接数字合成产生。

2.3.5　调频信号的解调

1. 非相干解调

由于调频信号的瞬时频率偏移正比于调制信号的幅度，因而调频信号的解调器必须能产生正比于输入频率的输出电压，也就是当输入调频信号为

$$s_i(t)=A\cos\left[\omega_c t+K_f\int_{-\infty}^{t}m(\tau)\mathrm{d}\tau\right] \tag{2.3-38}$$

时，解调器的输出应当为

$$s_o(t)\propto K_f m(t) \tag{2.3-39}$$

最简单的解调器是鉴频器。图 2-28 所示的为鉴频器特性，其中实线表示实际特性，虚线部分为理想特性。图 2-29 为调频信号的非相干解调过程示意图，图中理想鉴频器可

以看成由微分器与包络检波器的级联，微分器输出

$$s_{\mathrm{d}}(t)=-A[\omega_{\mathrm{c}}+K_{\mathrm{f}}m(t)]\sin\left[\omega_{\mathrm{c}}t+K_{\mathrm{f}}\int_{-\infty}^{t}m(\tau)\mathrm{d}\tau\right] \tag{2.3-40}$$

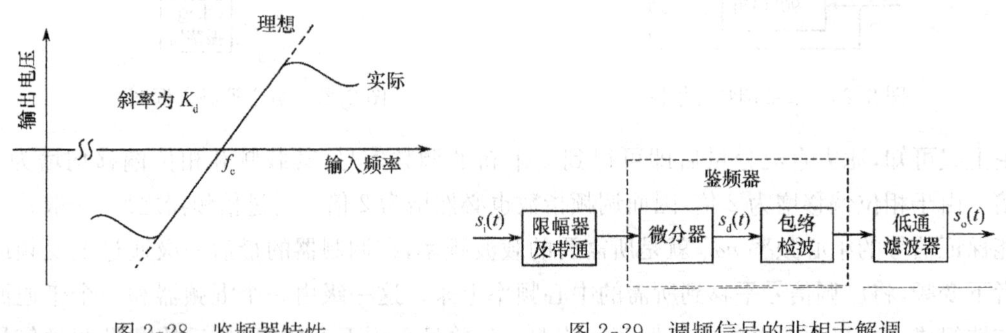

图 2-28 鉴频器特性　　　　图 2-29 调频信号的非相干解调

这是一个调幅—调频信号，如果我们只取其包络信息，则正比于调制信号 $m(t)$，因而滤去直流后，包络检波器的输出为

$$s_{\mathrm{o}}(t)=K_{\mathrm{d}}K_{\mathrm{f}}m(t) \tag{2.3-41}$$

这里 K_{d} 称为鉴频器灵敏度。

上述解调方法称为包络检测，又称为非相干解调，这种解调方法的缺点之一是包络检波器对于信道中噪声和其他原因引起的幅度起伏比较敏感，因而在使用中常在微分器之前加一个限幅器和带通滤波器。微分器实际上是一个 FM→AM 转换器，它可以用一个谐振回路来实现，此处不再赘述，具体可以参与"考高频电子线路"有关的文献。

2. 相干解调

由于窄带调频信号可以分解为同相分量和正交分量之和，因而可以采用线性调制中的相干解调法来进行解调，其方框图如图 2-30 所示。图中带通滤波器用来限制信道所引入的噪声，调频信号可以正常通过。设

$$s_{\mathrm{i}}(t)=A\cos\omega_{\mathrm{c}}t-A\left[K_{\mathrm{f}}\int_{-\infty}^{t}m(\tau)\mathrm{d}\tau\right]\sin\omega_{\mathrm{c}}t \tag{2.3-42}$$

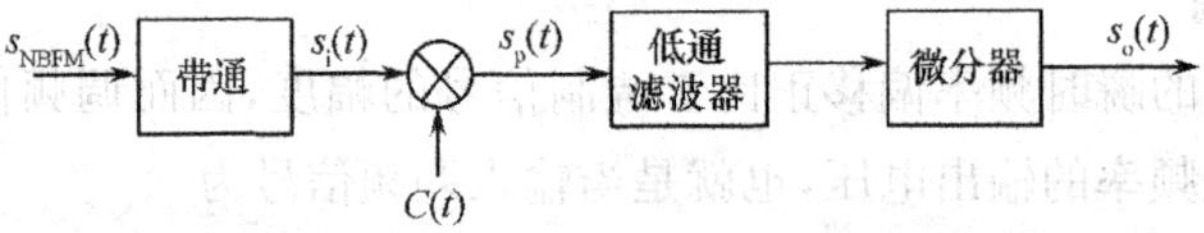

图 2-30 窄带调频信号的相干解调

相乘器的相干载波 $C(t)=-\sin\omega_{\mathrm{c}}t$，则相乘器的输出为

$$s_{\mathrm{p}}(t)=-\frac{A}{2}\sin2\omega_{\mathrm{c}}t+\left[\frac{AK_{\mathrm{f}}}{2}\int_{-\infty}^{t}m(\tau)\mathrm{d}\tau\right](1-\cos2\omega_{\mathrm{c}}t) \tag{2.3-43}$$

经低通滤波及微分后得

$$s_o(t)=\frac{AK_f}{2}m(t) \tag{2.3-44}$$

因此,图 2-30 所示的相干解调器的输出正比于调制信号 $m(t)$。显然,上述相干解调法只适用于窄带调频。

2.4　调频系统的抗噪声性能分析*

调频信号是一种非线性调制信号,其解调方式与线性调制信号一样,有相干解调和非相干解调两种。下面将讨论非相干解调和相干解调情况下的调频系统的抗噪声性能,采用的分析方法与线性调制系统相同,调频系统抗噪声性能分析模型如图 2-31 所示。图中,带通滤波器的作用是让信号顺利通过,同时抑制信号带宽之外的噪声,带通滤波器的中心频率就是 FM 信号的载波频率,频带宽度即为 FM 信号的带宽。信道所引入的噪声为加性高斯白噪声,其单边功率谱密度为 n_0。

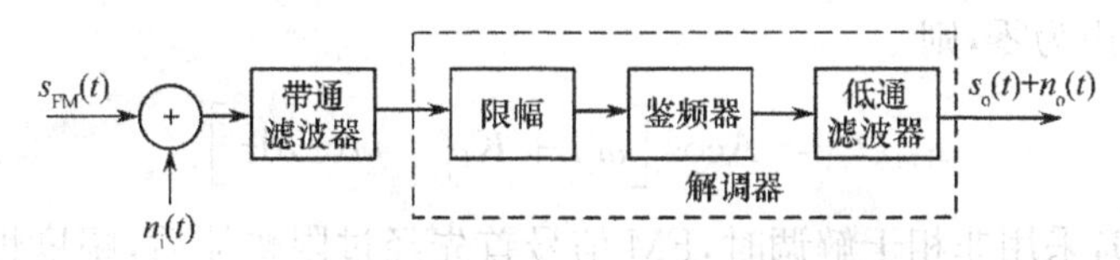

图 2-31　调频系统抗噪声性能分析模型

FM 信号经过信道后自然会受到噪声的影响,信号与噪声合成后的波形振幅自然是不恒定的,是随机变化的,通过限幅器可以消除噪声对振幅的影响。限幅器后面的鉴频器起到鉴频的作用,对于相干解调和非相干解调,鉴频器的形式不一样,通过低通滤波器之后即可得到原始的调制信号。

2.4.1　非相干解调的抗噪声性能

FM 非相干解调系统的抗噪声性能分析也与线性调制的一样,主要讨论计算解调器输入端的输入信噪比、输出端的输出信噪比,以及信噪比增益。

1. 输入信噪比

首先计算非相干解调时的输入信噪比。已知输入调频信号为

$$s_{FM}(t)=A\cos\left[\omega_c t+K_f\int_{-\infty}^{t}m(\tau)\mathrm{d}\tau\right] \tag{2.4-1}$$

因而,输入信号功率

$$S_i=A^2/2 \tag{2.4-2}$$

输入噪声功率为

$$N_i = n_0 B_{FM} \tag{2.4-3}$$

B_{FM}为调频信号的带宽，所以输入信噪比为

$$\frac{S_i}{N_i} = \frac{A^2}{2n_0 B_{FM}} \tag{2.4-4}$$

2. 输出信噪比

由于调频信号的解调过程是一个非线性过程，因此，严格地讲不能用线性系统的分析方法。在计算输出信号功率和输出噪声功率时，要考虑非线性的作用，即计算输出信号时要考虑噪声对它的影响；而计算输出噪声时，要考虑信号的影响。这样，使计算过程大大复杂化，但是在大输入信噪比情况下，已经证明了信号和噪声间的相互影响可以忽略不计。因此在计算输出信号时可以假设噪声为零，而计算输出噪声时可以假设调制信号$m(t)=0$，算得的结果和同时考虑信号与噪声时的一样。下面分析大输入信噪比时的输出信号和输出噪声的功率。

假设输入噪声为零，则

$$s_{FM}(t) = A\cos\left[\omega_c t + K_f\int_{-\infty}^{t} m(\tau)\mathrm{d}\tau\right] \tag{2.4-5}$$

观察图 2-29，采用非相干解调时，FM 信号首先经过限幅器后，幅度恒定。经过微分器后，输出为

$$s_d(t) = -A[\omega_c + K_f m(t)]\sin\left[\omega_c t + K_f\int_{-\infty}^{t} m(\tau)\mathrm{d}\tau\right] \tag{2.4-6}$$

可以看出，式(2.4-6)中信号的幅度和相位都随着调制信号变化，它是一个调幅调频波，式(2.4-6)经过包络检波器后，取出的包络为

$$s_o(t) = K_d K_f m(t) \tag{2.4-7}$$

K_d 为鉴频器灵敏度，如果低通滤波器是理想的，带宽为基带信号的宽度，则低通滤波器的输出应该与包络检波后的输出一样，因此 FM 解调器输出的信号平均功率为

$$S_o = \overline{s_o^2(t)} = (K_d K_f)^2\,\overline{m^2(t)} \tag{2.4-8}$$

计算解调器输出端噪声的平均功率时，假设调制信号为零，则加到解调器输入端的是未调载波与窄带高斯噪声之和，即为

$$A\cos\omega_c t + n_c(t)\cos\omega_c t - n_s(t)\sin\omega_c t = [A + n_c(t)]\cos\omega_c t - n_s(t)\sin\omega_c t \tag{2.4-9}$$

改写上式，得

$$[A + n_c(t)]\cos\omega_c t - n_s(t)\sin\omega_c t = A'(t)\cos[\omega_c t - \varphi(t)] \tag{2.4-10}$$

其中幅度和相位分别为

$$A'(t) = \sqrt{[A + n_c(t)]^2 + n_s^2(t)} \tag{2.4-11}$$

$$\varphi(t) = \arctan\frac{n_s(t)}{A + n_c(t)} \tag{2.4-12}$$

限幅器已消去幅度变化，感兴趣的是相位变化。当输入大信噪比时，满足 $A \gg n_c(t)$ 和 $A \gg n_s(t)$，所以有

$$\varphi(t)=\arctan\frac{n_s(t)}{A+n_c(t)}\approx\arctan\frac{n_s(t)}{A} \tag{2.4-13}$$

在 $x \ll 1$ 时，有 $\arctan x \approx x$，则

$$\varphi(t)\approx\frac{n_s(t)}{A} \tag{2.4-14}$$

实际中，鉴频器的输出是与输入调频信号的频偏成比例变化的，频率是相位的微分，因此鉴频器的输出噪声为

$$n_d(t)=K_d\frac{d\varphi(t)}{dt}\approx\frac{K_d}{A}\frac{dn_s(t)}{dt} \tag{2.4-15}$$

则鉴频器输出端的输出噪声的平均功率为

$$N_d=\left(\frac{K_d}{A}\right)^2\overline{\left[\frac{dn_s(t)}{dt}\right]^2} \tag{2.4-16}$$

上述噪声功率的计算，关键是噪声正交分量的微分如何计算，可以看作是一个噪声正交分量 $n_s(t)$ 通过一个微分网络的输出，如图 2-32 所示。噪声正交分量的功率谱密度为 $p_i(f)$，在频带范围 B_{FM} 内是服从均匀分布的，且 $p_i(f)=n_0/2$，如图 2-33(a) 所示。所以微分后 $\frac{dn_s(t)}{dt}$ 的功率谱密度 $p_o(f)$ 为

$p_i(f)$ → 微分器 $H(f)=j2\pi f$ → $p_o(f)$

图 2-32　微分网络特性

$$p_o(f)=|j2\pi f|^2p_i(f)=(2\pi)^2f^2p_i(f),\quad |f|\leqslant B_{FM}/2 \tag{2.4-17}$$

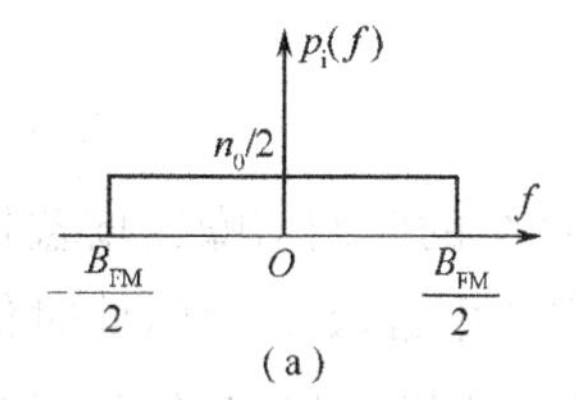

(a)

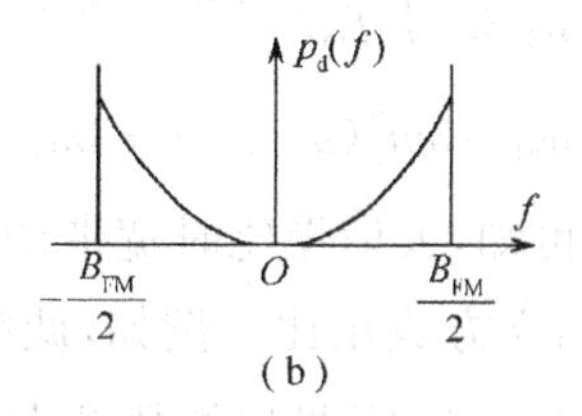

(b)

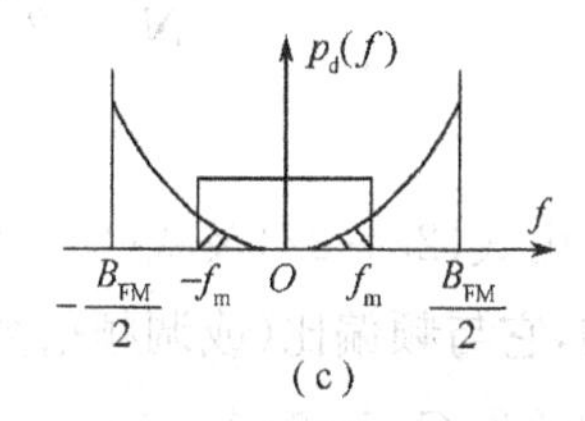

(c)

图 2-33　鉴频器输出噪声功率谱密度

结合式(2.4-15)可得，鉴频器的输出噪声功率谱密度为

$$p_d(f)=\begin{cases}\left(\frac{K_d}{A}\right)^2(2\pi f)^2p_i(f)=\frac{4\pi^2K_d^2}{A^2}f^2n_0, & |f|\leqslant B_{FM}/2\\ 0, & |f|>B_{FM}/2\end{cases} \tag{2.4-18}$$

鉴频器的输出噪声功率谱密度 $p_d(f)$ 如图 2-33(b)所示。鉴频器输出的噪声再经过低通滤波器的滤波，只允许频谱中小于 f_m 的成分通过，而滤掉功率谱密度中大于 f_m 的频率成分，如图 2-33(c)，阴影部分的面积即为解调器输出的噪声功率，所以解调器的输出噪声功率为

$$N_o = \int_{-f_m}^{f_m} p_d(f)\mathrm{d}f = \int_{-f_m}^{f_m} \frac{4\pi^2 K_d^2}{A^2} f^2 n_0 \mathrm{d}f = \frac{8\pi^2 K_d^2 n_0 f_m^3}{3A^2} \tag{2.4-19}$$

这样,FM 信号非相干解调器输出端的输出信噪比为

$$\frac{S_o}{N_o} = \frac{3A^2 K_f^2 \overline{m^2(t)}}{8\pi^2 n_0 f_m^3} \tag{2.4-20}$$

由于频偏 $\Delta f_{max} = \frac{1}{2\pi} K_f |m(t)|_{max}$,故上式可以改写为

$$\frac{S_o}{N_o} = 3\left(\frac{\Delta f_{max}}{f_m}\right)^2 \frac{\overline{m^2(t)}}{|m(t)|_{max}^2} \frac{A^2/2}{n_0 f_m} \tag{2.4-21}$$

3. 信噪比增益

由式(2.4-4)和式(2.4-20)可以求得解调的信噪比增益为

$$G_{FM} = \frac{S_o/N_o}{S_i/N_i} = 3\left(\frac{\Delta f_{max}}{f_m}\right)^2 \frac{\overline{m^2(t)}}{|m(t)|_{max}^2} \left(\frac{B_{FM}}{f_m}\right) \tag{2.4-22}$$

当 $\Delta f_{max} \gg f_m$ 时,$B_{FM} \approx 2\Delta f_{max}$,上式可以写成

$$G_{FM} = 6\left(\frac{\Delta f_{max}}{f_m}\right)^3 \frac{\overline{m^2(t)}}{|m(t)|_{max}^2} = 6D_{FM}^3 \frac{\overline{m^2(t)}}{|m(t)|_{max}^2} \tag{2.4-23}$$

这里 D_{FM} 即为 2.3.3 小节所定义的频偏比。

在单频调制下,频偏比为调频指数,即 $D_{FM} = m_f$,且 $\frac{\overline{m^2(t)}}{|m(t)|_{max}^2} = \frac{1}{2}$,因此有

$$\frac{S_o}{N_o} = \frac{3}{2} m_f^2 \left(\frac{A^2/2}{n_0 B_{FM}}\right) \frac{B_{FM}}{f_m} = 3m_f^2 (m_f + 1)(S_i/N_i) \tag{2.4-24}$$

$$G_{FM} = 3m_f^2 (m_f + 1) \approx 3m_f^3 \tag{2.4-25}$$

由式(2.4-22)及式(2.4-24)可知,大信噪比时宽带调频系统的解调信噪比增益是很高的,它与频偏比(或调频指数)的立方成正比。例如,调频广播中常取 $m_f = 5$,此时信噪比增益为 $G_{FM} = 3m_f^2(m_f + 1) = 450$,这表明调频指数越大,信噪比增益越高,但是同时所需的带宽也就越宽。这就表明调频系统抗噪声性能的改善是以增加传输带宽为代价的。

下面,我们将非相干调频与包络检波常规调幅作一比较。为简单起见,我们假设调频与调幅信号均为单频调制,而且两者的接收功率 S_i 相等,信道噪声的功率谱密度 n_0 相同。由前面的推导可知,调频波的输出信噪比为

$$\left(\frac{S_o}{N_o}\right)_{FM} = G_{FM}\left(\frac{S_i}{N_i}\right)_{FM} = G_{FM}\frac{S_i}{n_0 B_{FM}} \tag{2.4-26}$$

调幅波的输出信噪比为

$$\left(\frac{S_o}{N_o}\right)_{AM} = G_{AM}\left(\frac{S_i}{N_i}\right)_{AM} = G_{AM}\frac{S_i}{n_0 B_{AM}} \tag{2.4-27}$$

则两者的输出信噪比之比为

$$\frac{(S_o/N_o)_{FM}}{(S_o/N_o)_{AM}}=\frac{G_{FM}}{G_{AM}}\cdot\frac{B_{AM}}{B_{FM}} \tag{2.4-28}$$

调幅取最好的情况，即临界调幅，这时 $G_{AM}=2/3$，$G_{FM}=3m_f^2(m_f+1)$，$B_{FM}=2(m_f+1)f_m$，$B_{AM}=2f_m$，代入式(2.4-28)可得

$$\frac{(S_o/N_o)_{FM}}{(S_o/N_o)_{AM}}=4.5m_f^2 \tag{2.4-29}$$

由此可见，在高调频指数时，调频信号解调后输出信噪比远大于调幅信号。例如，$m_f=5$ 时，调频输出信噪比是常规调幅时的112.5倍。这也可以理解成当两者输出信噪比相等，电波传播的衰减相同时，调频信号的发射功率可减小为调幅信号的1/112.5。

应当指出，调频信号的这一优越性是用增加传输频带带宽来获得的。

$$B_{FM}=2(m_f+1)f_m=(m_f+1)B_{AM} \tag{2.4-30}$$

当 $m_f\gg1$ 时

$$B_{FM}\approx m_fB_{AM} \tag{2.4-31}$$

代入式(2.4-29)有

$$\frac{(S_o/N_o)_{FM}}{(S_o/N_o)_{AM}}\approx4.5\left(\frac{B_{FM}}{B_{AM}}\right)^2 \tag{2.4-32}$$

这说明调频与调幅信号的输出信噪比之比与它们的带宽之比的平方成正比。这就意味着，对于调频系统来说，增加传输带宽就可以改善抗噪声性能。调频方式的这种以带宽换取信噪比的特性是十分有益的。在调幅系统中，由于信号带宽是固定的，无法进行带宽与信噪比的互换，这也是在抗噪声性能方面调频系统优于调幅系统的重要原因。

2.4.2 调频信号解调的门限效应

以上讨论了大信噪比情形，当输入信噪比很低时，此时解调器输出中已不存在单独的有用信号项，信号完全被噪声淹没了，因而输出信噪比急剧下降。这种情况与常规调幅包络检波时相似，我们也称为门限效应。

理论分析和实验结果均表明发生门限效应的转折点与调频指数 m_f 有关。图2-34给出了单频调制情况下不同 m_f 时输出信噪比与输入信噪比的近似关系曲线，图中的曲线表明，m_f 越高发生门限效应的转折点也越高，即在较大输入信噪比时就产生门限效应，但在转折点以上时输出信噪比的改善则越明显。因此，在

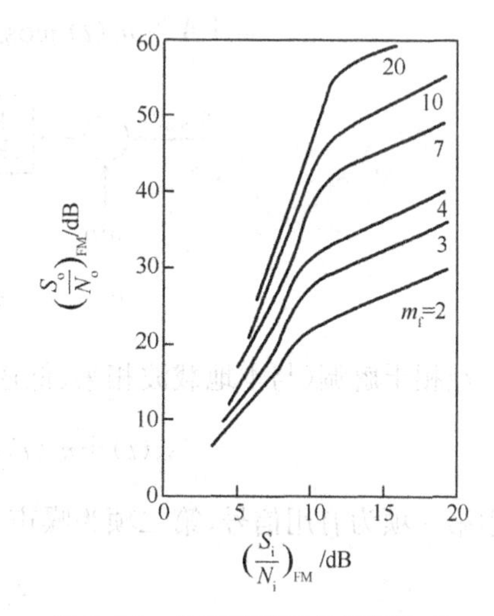

图2-34 非相干解调的门限效应

高输入信噪比时的输出信噪比改善与低输入信噪比时的门限效应是相互矛盾的。

门限值可以有不同的定义方法。在同样的情况下,根据不同的定义可以得出不同的门限电平值。常用的一种定义方法为,把输入信噪比比大信噪比输入时的输出信噪比下降 1dB 时的 S_i/N_i 定义为门限信噪比$(S_i/N_i)_{th}$,由图 2-34 可见,对于不同的 m_f 值,门限值变化不大,大致在 $S_i/N_i=8\sim11$dB 范围内。通常,普通鉴频器的门限信噪比定义为 10dB。进一步分析表明:门限值几乎与调制信号 $m(t)$的类型无关。即当输入信噪比大于 10dB 时,认为属于在大信噪比下工作;当输入信噪比小于 10dB 时,认为在小信噪比下工作。

门限效应是 FM 系统存在的一个实际问题,降低门限值是提高 FM 通信系统性能的一种措施。采用比鉴频器优越的一些解调方法可以改善门限效应,缓和这一对矛盾,目前用得较多的有锁相环鉴频法和调频负反馈解调法,感兴趣的读者可以查阅相关文献。

对于 FM 系统,其抗噪声性能明显优于其他线性调制系统,尽管这种可靠性的提高是通过牺牲系统的有效性(增加传输带宽)为代价的,但 FM 系统仍然获得了很广泛的应用,一般用于对通信质量要求较高的或者信道噪声比较严重的场合。例如调频广播、空间通信、移动通信,以及模拟微波中继通信等。

2.4.3 相干解调的抗噪声性能

窄带调频信号采用相干解调时分析抗噪声性能的模型如图 2-35 所示。信号和噪声相加经带通滤波器后得

$$\begin{aligned}s_i(t)+n_i(t)&=s_{NBFM}(t)+n_c(t)\cos\omega_c t-n_s(t)\sin\omega_c t\\&=[A+n_c(t)]\cos\omega_c t-\left[AK_f\int_{-\infty}^{t}m(\tau)\mathrm{d}\tau+n_s(t)\right]\sin\omega_c t\end{aligned}\quad(2.4\text{-}33)$$

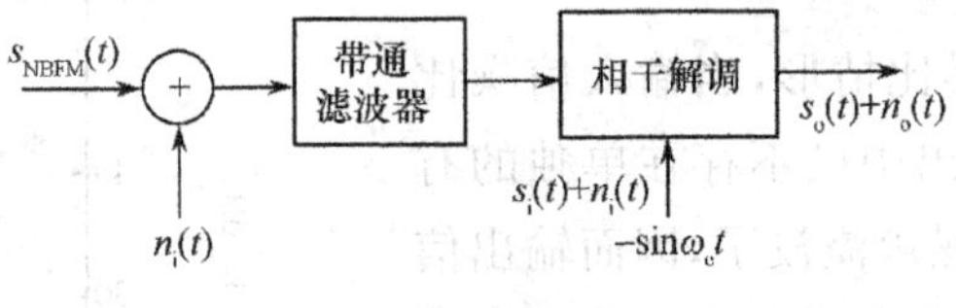

图 2-35 窄带调频相干解调模型

经相干解调(与本地载波相乘、低通滤波和微分)得到

$$s_o(t)+n_o(t)=\frac{AK_f}{2}m(t)+\frac{1}{2}\frac{\mathrm{d}n_s(t)}{\mathrm{d}t}\quad(2.4\text{-}34)$$

式中第一项为有用信号,第二项为噪声。因此输出信号功率为

$$S_o=\frac{A^2K_f^2}{4}\overline{m^2(t)}\quad(2.4\text{-}35)$$

已知 $n_s(t)$的功率谱密度与 $n_c(t)$相同,由式(2.4-17)知,$n_s(t)$微分后的功率谱密度变

成 $n_0(2\pi f)^2/2$，因而$\frac{1}{2}\mathrm{d}n_s(t)/\mathrm{d}t$ 的功率谱密度为

$$pn_s(f)=n_0\pi^2 f^2 \tag{2.4-36}$$

输出噪声功率

$$N_o=\int_{-f_m}^{f_m} pn_s(f)\mathrm{d}f=\frac{2n_0\pi^2 f_m^3}{3} \tag{2.4-37}$$

这里，f_m 为低通滤波器的截止频率，也即调制信号的截止频率，由式(2.4-35)和式(2.4-37)得输出信噪比

$$\frac{S_o}{N_o}=\frac{3A^2K_f^2\overline{m^2(t)}}{8n_0\pi^2 f_m^3} \tag{2.4-38}$$

而窄带调频相干解调器的输入信噪比

$$\frac{S_i}{N_i}=\frac{A^2/2}{n_0 B_{NBFM}}=\frac{A^2/2}{2n_0 f_m} \tag{2.4-39}$$

因此窄带调频的解调增益

$$G_{NBFM}=\frac{S_o/N_o}{S_i/N_i}=\frac{3K_f^2\overline{m^2(t)}}{2\pi^2 f_m^2} \tag{2.4-40}$$

由于最大频偏

$$\Delta f_{max}=\frac{1}{2\pi}K_f|m(t)|_{max} \tag{2.4-41}$$

代入式(2.4-40)得

$$G_{NBFM}=6\left(\frac{\Delta f_{max}}{f_m}\right)^2\frac{\overline{m^2(t)}}{|m(t)|_{max}^2} \tag{2.4-42}$$

单频调制时有

$$\frac{\overline{m^2(t)}}{|m(t)|_{max}^2}=\frac{1}{2},\Delta f_{max}=f_m$$

此时，由式(2.4-42)可得

$$G_{NBFM}=3 \tag{2.4-43}$$

式(2.4-42)与式(2.4-21)是一致的。与高调制指数的宽带调频相比，窄带调频的信噪比增益很低，但与有相同带宽的调幅相比，则有稍高的增益。最重要的是，窄带调频信号采用相干解调时不存在门限效应。

2.4.4 调频中的加重技术

由前面的分析可知，鉴频器输出的噪声功率谱密度为

$$p_d(f)=\frac{4\pi^2K_d^2}{A^2}f^2 n_0,\quad |f|\leqslant B_{FM}/2 \tag{2.4-44}$$

即在基带信号带宽内是不均匀的，与频率平方成正比，随着频率的增加按抛物线增加。许

多实际的消息信号，例如在调频广播中所传送的语音和音乐信号，其大部分能量集中在低频端，其功率谱密度随频率的增加而减小，因而使得输出基带信号的高频分量受到噪声的干扰最严重，信噪比很低；而功率谱密度比较大的低频分量则有比较高的信噪比，为了改善这种情况，在发送端调制之前提升输入信号的高频分量，而在接收端解调之后作反变换，压低高频分量，使信号频谱恢复原始形状，这样就能减小在提升信号高频分量后所引入的噪声功率，因为在解调后压低信号高频分量的同时高频噪声功率也受到了抑制。通常把发送端对输入信号高频分量的提升称为预加重(Preemphasis)，解调后对高频分量的压低称为去加重(Deemphasis)。带有加重技术的FM系统如图2-36所示。

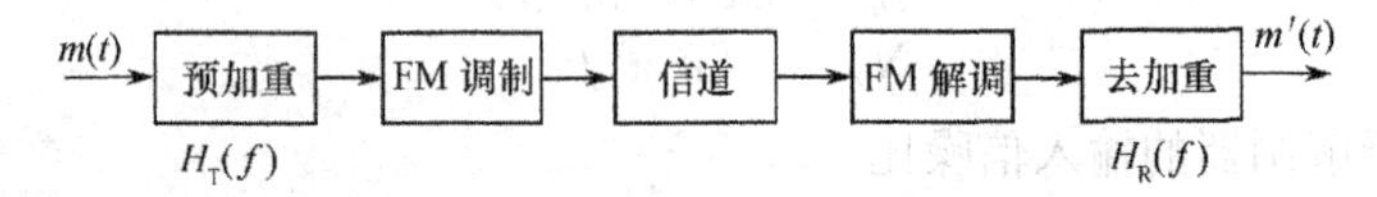

图2-36　带有加重技术的FM系统

通常采用如图2-37(a)所示的RC网络作为预加重网络，它的传递函数的幅频特性近似如图2-37(b)所示，相应的去加重网络及幅频特性如图2-37(c)、(d)所示。预加重网络传输函数 $H_{\mathrm{T}}(f)$ 和去加重网络传输函数 $H_{\mathrm{R}}(f)$ 分别为

$$H_{\mathrm{T}}(f)=\frac{V_{\mathrm{out}}}{V_{\mathrm{in}}}=k\,\frac{1+\mathrm{j}f/f_1}{1+\mathrm{j}f/f_2} \tag{2.4-45}$$

$$H_{\mathrm{R}}(f)=\frac{V_{\mathrm{out}}}{V_{\mathrm{in}}}=\frac{1}{1+\mathrm{j}f/f_1} \tag{2.4-46}$$

式中 $k=R_2/(R_1+R_2)$；$f_1=1/(2\pi R_1C_1)$；$f_2=1/(2\pi RC_2)$；$R=R_1R_2/(R_1+R_2)$，设计时使得 $f_2\gg f_{\mathrm{m}}>f_1$，最关心的是在信号带宽内(即 $f<f_{\mathrm{m}}$)传输特性对噪声和信号的影响。对 $H_{\mathrm{T}}(f)$ 归一化使得常数 $k=1$，由图2-37可以看出，在 $f_1<f<f_{\mathrm{m}}$ 范围内，预加重网络近似一个微分器，显然，在 $f_1<f<f_{\mathrm{m}}$ 范围内，去加重网络近似一个积分器。

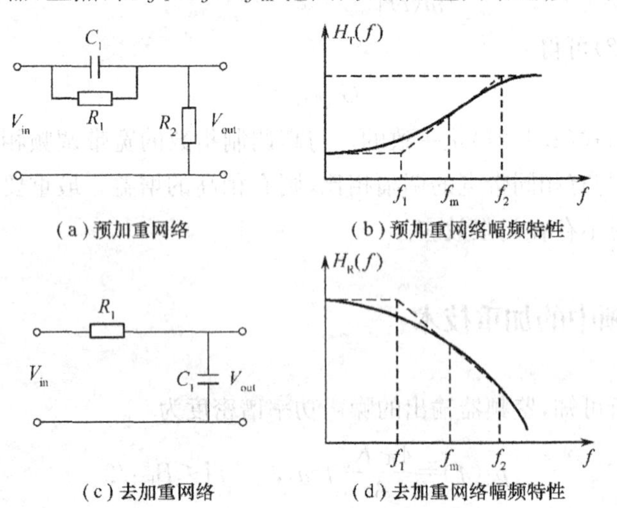

图2-37　预加重和去加重网络

预加重和去加重网络的联合特性为

$$H(f)=H_{\mathrm{T}}(f)H_{\mathrm{R}}(f)=\frac{1}{1+\mathrm{j}f/f_2} \tag{2.4-47}$$

在 $f<f_{\mathrm{m}}\ll f_2$ 范围内,近似有

$$H(f)\approx 1$$

可见,在 $f<f_{\mathrm{m}}$ 范围内预加重网络和去加重网络的存在不影响消息信号的传输。在 $f_1<f<f_{\mathrm{m}}$ 范围内,网络近似一个积分器,式(2.4-46)可以近似为

$$H_{\mathrm{R}}(f)=\frac{V_{\mathrm{out}}}{V_{\mathrm{in}}}=\frac{f_1}{\mathrm{j}f} \tag{2.4-48}$$

这样,去加重网络的输出噪声功率谱密度在 $f_1<f<f_{\mathrm{m}}$ 范围内近似为

$$p_{\mathrm{d}}(f)\,|H_{\mathrm{R}}(f)|^2=\frac{4\pi^2K_{\mathrm{d}}^2}{A^2}f^2n_0\,\frac{f_1^2}{f^2}=\frac{4\pi^2K_{\mathrm{d}}^2f_1^2n_0}{A^2} \tag{2.4-49}$$

可以看出,系统输出噪声功率谱密度变得平坦了,从而有效抑制了消息信号高端的噪声。

预加重和去加重技术的典型应用是在调频广播系统中,调频广播系统中的最高信号调制频率为 $f_{\max}=15\mathrm{kHz}$,f_2 一般约为 80kHz。去加重网络的时间常数一般选择为 $R_1C_1=75\mu\mathrm{s}$,此时 $f_1=\frac{1}{2\pi R_1C_1}\approx 2.1\mathrm{kHz}$,由于满足 $f<f_{\mathrm{m}}\ll f_2$ 的条件,因此预加重和去加重网络对于基带信号的影响是很小的。现在考虑去加重网络对于噪声的抑制作用:

没有去加重网络时,噪声的功率为

$$N_{\mathrm{o}}=\int_{-f_{\mathrm{m}}}^{f_{\mathrm{m}}}p_{\mathrm{d}}(f)\,\mathrm{d}f=\frac{8\pi^2K_{\mathrm{d}}^2f_{\mathrm{m}}^3n_0}{3A^2} \tag{2.4-50}$$

有去加重网络时,输出的噪声功率为

$$N_{\mathrm{o}}'=\int_{-f_{\mathrm{m}}}^{f_{\mathrm{m}}}p_{\mathrm{d}}(f)\mid H_{\mathrm{R}}(f)\mid^2 df=\frac{8\pi^2K_{\mathrm{d}}^2f_1^3n_0}{A^2}\left(\frac{f_{\mathrm{m}}}{f_1}-\arctan\frac{f_{\mathrm{m}}}{f_1}\right) \tag{2.4-51}$$

噪声减小系数

$$\rho=\frac{N_{\mathrm{o}}}{N_{\mathrm{o}}'}=\frac{(f_{\mathrm{m}}/f_1)^3}{3[f_{\mathrm{m}}/f_1-\arctan(f_{\mathrm{m}}/f_1)]} \tag{2.4-52}$$

当 $f_{\mathrm{m}}=15\mathrm{kHz}$,$f_1=2.1\mathrm{kHz}$ 时可以计算得

$$\rho=21.285=13.3\mathrm{dB}$$

由于预加重网络的作用是提升高频分量,因此调频后的最大频偏就有可能增加,而超出原有信道所允许的频带宽度。为了保持预加重后频偏不变,需要在预加重后将信号衰减一些再去调制,这样必然会使信噪比改善值有所下降,因此实际的改善效果会有所下降。

预加重和去加重技术不但在调频系统中得到了实际应用,而且也可应用在其他音频传输和录音系统中。在录音和放音设备中得到广泛应用的杜比(Dolby)系统就是一个例子,采用加重技术后,在保持信号传输带宽不变的条件下,可以使输出信噪比提高 6dB 左右。

2.5 频分复用原理

将多路信息在同一信道中独立传送称为多路复用,多路复用可以充分利用信道带宽,提高传输容量。通信系统中有 4 种多路复用方式:频分复用、时分复用、码分复用和波分复用。在频分复用系统中,信道被划分成若干个相互不重叠的频带,每路信号占据其中一个频带发送,接收端采用带通滤波器分离出各路信号,分别解调接收。

频分多路复用的原理方框图如图 2-38 所示,由于各个支路信号往往不是严格的限带信号,因而在发送端各路信号首先经过低通滤波,各路已调信号合成后送入信道之前,为了避免它们的频谱出现互相交叠,还需要经过带通滤波器,然后合并发送。接收端首先使用带通滤波器将各种信号分别提取,然后解调、低通滤波后输出。

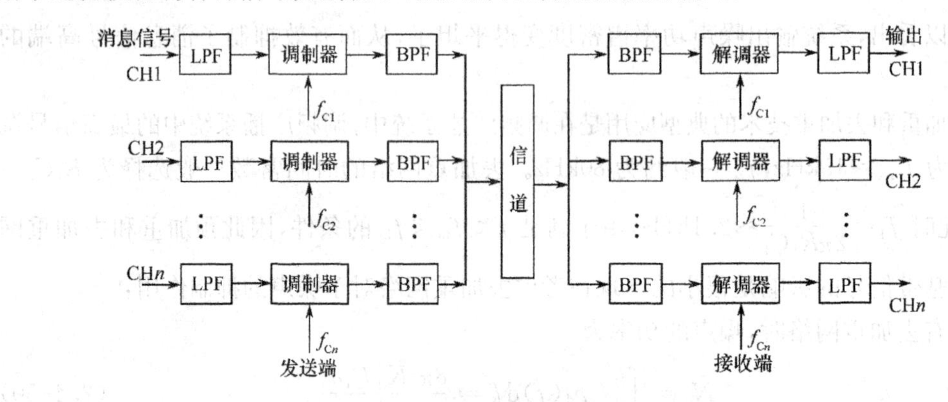

图 2-38 频分多路复用系统原理方框图

频分多路复用系统中的主要问题是各路信号之间的相互串扰。串扰主要是由系统非线性特性和已调信号的频谱展宽引起的。各路信号之间的串扰主要表现为邻近频带干扰(简称邻道干扰)和各路信号之间的互调干扰。由于调制器的非线性特性,使得已调信号的频谱展宽,虽然经过带通滤波,但是在实际系统中仍然可能有部分带外信号落入到临近频带,并经过放大后发送出去,从而形成频带之间的串扰,此外接收机的频率选择性不理想也会引入邻道干扰。同样由于调制器和放大器的非线性作用,在系统中会产生互调信号,对频分多路系统造成一定的影响。调制器非线性造成的串扰可以部分地由发送滤波器消除,但是对于射频前端放大以及信道传输中的非线性产生的串扰往往无法消除,因此在频分多路复用系统中对系统线性要求很高,同时需要合理地选择载波频率 $f_{C1}, f_{C2}, \cdots, f_{Cn}$,尽量避免产生互调信号,并在各路频带之间留有一定的保护间隔,减小各路信号之间的串扰。

频分多路复用广泛应用在长途载波电话、立体声调频、广播电视和空间遥测等领域。下面以载波多路电话系统为例,介绍频分多路复用技术在实际系统中的应用。

载波电话系统可以传送多路电话信号,曾经获得十分广泛的应用。在多路载波电话系统中,语音信号采用单边带调制,因为语音信号占用的频带在 300~3400Hz 之间,低频分量少，适合采用单边带调制方式，这样可以最大限度地节省传输频带。单边带调制后的信号带宽与调制信号相同，为了在各路信号之间保留足够的频带间隔，使滤波器易于实现，每路单边带信号之间的频率间隔为4000Hz。

为了能够实现大容量的语音信号的传输，载波电话系统定义了一套标准的分群等级，如下表2-1所示。

表2-1 频分多路载波电话分群等级

分群等级	容量(话路数量)	带宽	基本频带(kHz)
基群	12	48kHz	60～108
超群	60=5×12	240kHz	312～552
基本主群	300=5×60	1200kHz	812～2044
基本超主群	900=3×300	3600kHz	8516～12388
12MHz系统	2700=3×900	10.8MHz	
60MHz系统	10 800=12×900	43.2MHz	

基群信号由12路电话信号构成，每路电话信号采用单边带调制，占据4kHz的频带。5路基群信号在分别经过一次频谱搬移后(频谱搬移后取出上边带)合成为超群。基群和超群信号频谱如图2-39所示。

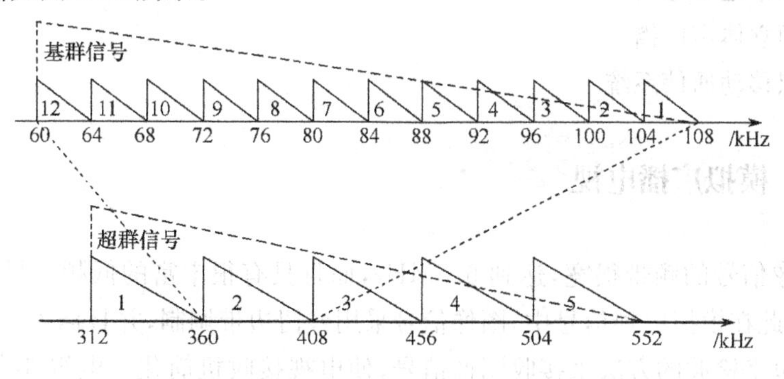

图2-39 多路载波电话的基群和超群信号频谱

需要说明的是，各种等级的群路信号基本频带并不是在实际信道中传输的频带，在送入信道前往往还需要进行一次频谱搬移，以适应实际信道条件。

2.6 模拟调制技术的应用

AM调制的优点是接收设备简单；缺点是功率利用率低，抗干扰能力差，在传输中如果载波受到信道的选择性衰落，则在包络检波时会出现过调失真，信号频带较宽，频带利用率不高。因此AM只适用于通信质量要求不高的场合，目前主要用在中波和短波的调幅广播中。

DSB调制的优点是功率利用率高，但带宽与AM相同，接收要求相干解调，设备较复杂。只用于点对点的专用通信，通常应用在设备内部作为中间调制过程。

SSB调制的优点是功率利用率和频带利用率都较高，抗干扰能力和抗选择性衰落能力均优于AM，而带宽只有AM的一半；缺点是发送和接收设备复杂。鉴于这些特点，SSB制式普遍用在频带比较拥挤的场合，如短波波段的无线电广播和频分多路复用系统中，军用的短波电台很多都采用单边带体制。

VSB的好处在于部分抑制了发送边带，同时又补偿了被抑制部分。VSB解调原则上也需相干解调，但在某些VSB系统中，附加一个足够大的载波，就可用包络检波法解调合成信号(VSB+C)，这种(VSB+C)方式综合了AM、SSB和DSB三者的优点。所有这些特点，使VSB对商用模拟电视广播系统特别具有吸引力。

FM波的幅度恒定不变，这使它对非线性器件不甚敏感，给FM带来了抗快衰落能力。这些特点使得窄带FM对微波中继系统颇具吸引力。宽带FM的抗干扰能力强，可以实现带宽与信噪比的互换，因而宽带FM广泛应用于长距离高质量的通信系统中，如空间和卫星通信、调频立体声广播、超短波电台等。

下面通过以下几个系统实例介绍模拟调制技术的应用：

(1) 模拟广播电视

(2) 短波单边带电台

(3) 调频立体声广播

(4) 模拟移动通信系统

2.6.1 模拟广播电视

由于图像信号的频带很宽，达到6.5MHz，而且具有很丰富的低频分量，很难采用单边带调制，因此在模拟电视信号中，图像信号采用残留边带调制，并且插入很强的载波，可以用简单的包络检波的方法来接收图像信号，使电视接收机简化。电视伴音信号采用调频副载波方式，与图像信号采用频分复用的方式合成一个总的电视信号。

我国黑白电视信号的频谱如图2-40所示。伴音信号和图像载频信号相差6.5MHz，一路电视信号占据的频带宽度为8MHz。残留边带信号在载频附近的互补对称特性是在接收端形成的，接收机中频放大器的理想频率响应应为一斜切滤波特性，如图2-41所示。

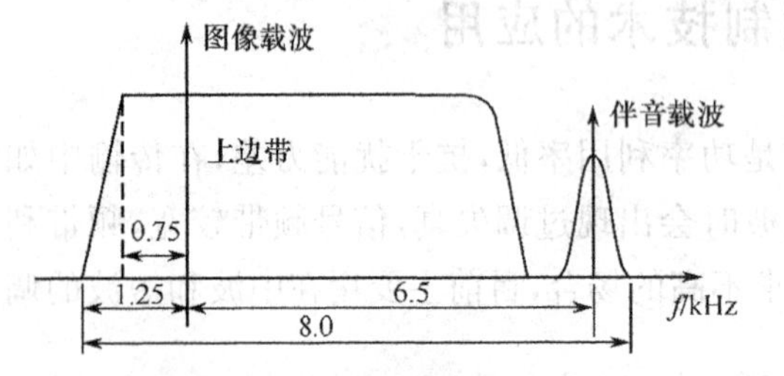

图2-40 黑白电视信号的频谱

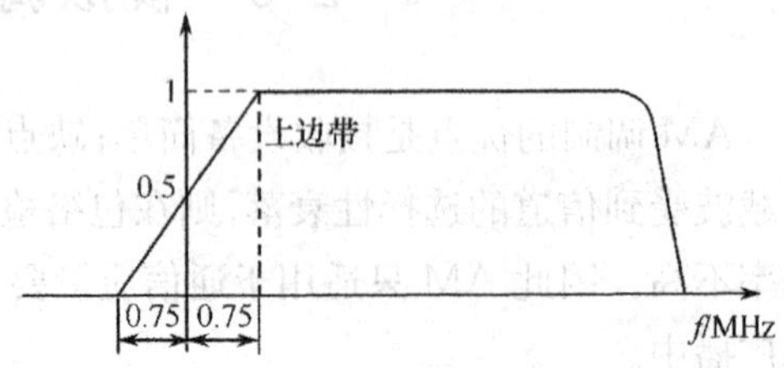

图2-41 电视接收机的理想中频滤波特性

彩色电视信号是由红、蓝、绿三基色构成的。为了在接收端分出这三种颜色,重现彩色,并且考虑和黑白电视的兼容性,因而在彩色电视信号中除了传送由这三色线性组合得到的亮度信号(黑白电视信号)之外,还需要传送两路色差信号R—Y(红色与亮度之差)和B—Y(蓝色和亮度之差)。在我国彩色电视所采用的逐行倒相制(Phase Alternating Line,即PAL制)中,这两路色差信号用4.43361875MHz的副载波进行正交的抑制载波双边带调制,即采用4.43361875MHz频率的两个相位相差90°的载波分别进行抑制载波双边带调制,PAL制彩色电视信号的频谱如图2-42所示。为了克服传输过程中的相位失真对色调的影响,在PAL制中,R-Y这一路色差信号在调制时每隔一个扫描行倒相一次(倒相后两路副载波之间的正交性保持不变),这也是逐行倒相制名称的由来。

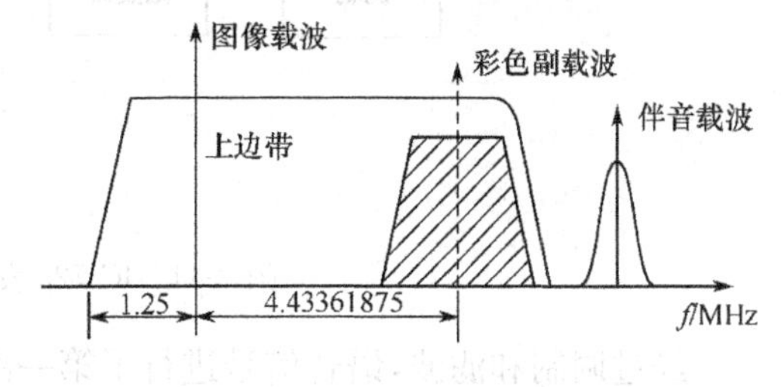

图2-42 彩色电视信号的频谱

广播电视伴音信号采用调频体制,最大频偏规定为25kHz,伴音信号最高频率为15kHz,根据卡森公式可以计算出伴音信号占据的带宽为80kHz。

2.6.2 短波单边带电台

短波波段的频率范围为(1.8～30MHz),短波单边带电台是模拟单边带调制技术的一种典型应用,本节以IC-725型单边带电台为例,阐述单边带技术的具体实现。IC-725单边带电台是从国外引进国内组装生产的一种电台,其外观如图2-43所示。IC-725电台体积小,重量轻,操作使用方便,性价比较高。由于电台体积小,操作简便,性能稳定,安装架设简单,被广泛用于林业、石油、煤炭等部门。

图2-43 IC-725型短波单边带电台

IC-725电台共有4种工作模式,分别为单边带(SSB)、连续波(CW)、调幅(AM)和调频(FM)。在发信状态时,单边带模式的工作过程如图2-44所示,语音信号经过话筒式音频输入孔进入发信支路,首先经过音频放大器放大,送到单边带调制器。同时,由本地振荡器产生的低载频也送到单边带调制器,进行语音的第一次调制。调制输出的是一个载波被抑制的双边带信号。该信号经过单边带滤波器滤波，提取一个边带作为SSB信号。

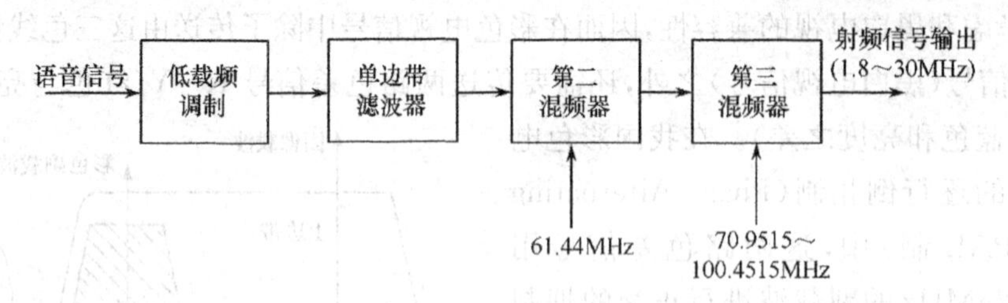

图2-44　IC-725发信的基本工作过程

经过调制和滤波，语音信号进行了第一次频率搬移。该SSB信号经过一级缓冲放大器的放大隔离，在第二混频器中与来自频率合成器的第二本振信号61.44MHz进行第二次混频，混频后输出约70MHz的高中频信号。该中频信号经进一步放大后，到达第三混频器，在这里与来自频率合成器的第一本振信号(70.9515～100.4515MHz)进行单边带信号的最后一次混频，确定形成USB或LSB信号并将其频率搬移到工作波段内(1.8～30MHz)。

IC-725电台在接收状态时信号的处理过程与发信时的工作过程相反，信号经过预选滤波器后，进入前置高频放大电路，是否需要放大，根据信号强弱而定。若不需放大，信号则被旁通直接进入低通滤波器，送到第一混频器，与来自频率合成器的第一本振信号(70.9515～100.4515MHz)混频，得到第一中频信号(70.45±ΔF(MHz))。经第一中放放大后，又进入第二混频器，与来自频率合成器的第二本振信号(61.44MHz)混频，得到第二中频信号。第二中频信号经晶体滤波器滤除杂波后经过消噪门及第二中频放大器后，进入工作种类滤波器滤波，然后到达公共中放，最后送入到SSB解调器进行解调恢复基带信号。

2.6.3　调频立体声广播

调频立体声广播使用的频段为88～108MHz，各个调频发射频点间隔为200kHz。与中波/短波广播相比，调频立体声广播能够提供很好的音质效果，这主要是因为其信号具有以下特点：

(1) 调频立体声广播信号中包含了左右两个声道的和信号与差信号。

(2) 调频立体声广播信号的音频范围为0.3～15kHz，高音成分得到了保留。

(3) 调频立体声采用频率调制，与幅度调制技术相比，具有更好的抗干扰性能。

(4) 调频立体声使用VHF频段，信道稳定。

但是调频立体声广播采用视距传输，信号覆盖的范围有限，建筑物的阻挡和隧道对信号传输质量影响很大，而中波/短波广播信号的覆盖范围通常要比调频立体声广播信号要大得多。

调频立体声广播采用频率调制，进行频率调制之前，首先将左右两个声道的差信号(L－R)进行抑制载波双边带调制，再与和信号进行频分复用，在国外的立体声广播中还开辟了供辅助通信用的另一个通道，调频之前的信号频谱如下图2-45所示。

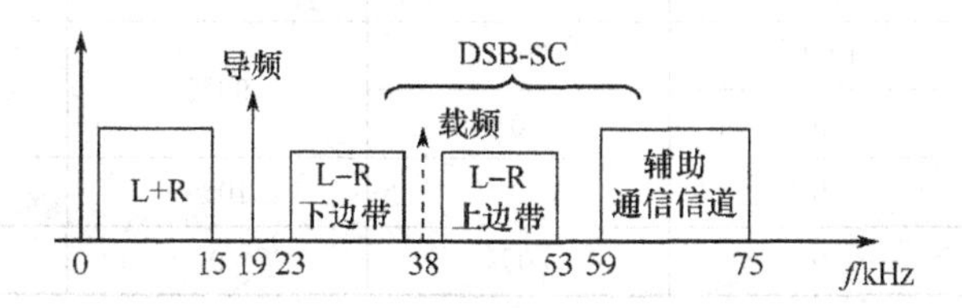

图2-45 调频立体声广播中调频之前的信号频谱

左右两个声道的和信号(L＋R)占据频带0～15kHz，两声道的差信号(L－R)采用抑制载波双边带调制，载频为38kHz，59～75kHz则用作辅助通信信号。在信号的频谱中还包含了19kHz的导频信号，该导频信号被接收端提取后经过倍频处理用作DSB-SC信号的相干解调。调频立体声广播和普通调频广播(非立体声广播)是兼容的，在普通调频广播中，送入频率调制器的信号只包含0～15kHz的(L＋R)信号。

调频立体声电台信号占据的频率间隔为200kHz，因此上述信号经过频率调制器后，产生的调频信号占据的频带必须限制在200kHz以内。对于普通调频广播，调频最大频偏为75kHz，调频器输入信号只有L＋R和信号，最高调制频率为15kHz。根据卡森公式，可以计算出普通调频广播信号的带宽为

$$B=2(\Delta f_{\max}+f_{\mathrm{m}})=180\mathrm{kHz}$$

此时调频指数为$m_{\mathrm{f}}=75/15=5$，可以看出，调频信号的主要频谱分量限制在200kHz以内。

在双声道调频立体声广播中，送入频率调制器的信号包括两路和信号L＋R、采用DSB-SC调制的差信号(L－R)以及辅助通信信号，美国联邦通信委员会(FCC)对频偏的分配做了如下规定：

(1) 导频载波(19kHz)分量在调频时只允许占用最大频偏的10％(7.5kHz)，因此在节目停顿期间导频的调制指数为7.5/19＝0.395，可以认为是窄带调频。

(2) 在传送非立体声广播节目时，可以同时传送专供用户(如为商店、医疗机构等播送音乐)使用的辅助通信信号，辅助通信信号也采用窄带调频，由图2-45可以看出，辅助通信信号的中心频率为67kHz，经过调频后总频偏也应小于75kHz。FCC规定辅助通信信号的频偏不超过最大频偏的30％，其余70％频偏分配给广播节目。

(3) 在不带辅助通信信号的立体声广播中，10％频偏分配给19kHz导频，其余90％分配给L＋R和L－R两个声道。

(4) 带有辅助通信信号的立体声广播中，10％的频偏分配给19kHz导频，另外10％频偏分配给辅助通信信号，其余80％分配给立体声广播的两个声道。

以上规定可以归纳成表2-2。

表 2-2 调频立体声广播的频偏分配

	非立体声	非立体声 +辅助信号	立体声	立体声 +辅助信号
L+R	100%	70%	90%	80%
L−R	0	0		
导频	0	0	10%	10%
辅助信号	0	30%	0	10%

从表 2-2 可以看出，调频广播具有 4 种可能的广播方式，不同广播方式下各个信号分量分配的频偏比例不同，频偏比例的控制可以通过改变各个信号分量幅度大小来实现。不管是何种广播方式下的信号，调频收音机都可以正常接收。因为只要调频收音机的鉴频器具有良好的线性特性，鉴频器输出信号的频谱就是如图 2-45 的形式，进一步的滤波和解调处理就能恢复左右声道的节目信号以及辅助信号（如果有）。

2.6.4 模拟移动通信系统

模拟制移动通信系统包括 AMPS（Advanced Mobile Phone System）、TACS（Total Access Communications System）、NMT（Nordic Mobile Telephone）等商用移动通信系统，部分无线集群通信系统以及常规无线对讲机仍然是以模拟制式为主。与模拟线性调制技术相比，由于频率调制和相位调制具有较强的抗干扰能力，能够获得更大的信噪比增益，并且能够减小信号振幅变化引起的附加噪声，因此在模拟制 VHF/UHF 电台和移动通信系统中，频率和相位调制是最常用的调制体制。

表 2-3 是模拟移动通信系统的工作频段、发射功率和调制体制参数。

表 2-3 典型模拟移动通信系统的主要参数

典型模拟移动通信系统		TACS	AMPS	NMT	Motorola SmartNet
工作频段	双工工作频段(MHz)	890～915	824～849	454～468	806～821
	信道间隔(kHz)	25	30	25	25
	双工间隔(MHz)	45	45	10	45
	总信道数	1000	832	180/220	600
功率特性	基站功率(W)	40～100	20～100	25/50	150
	用户台功率(W)	10/14/1.6/0.6	4/0.6	15	35
	小区覆盖半径(km)	5～10	5～20	20～40	50
语音调制	调制方式	FM	FM	FM	FM
	峰值频偏(kHz)	9.5	12	5	5

（续表）

典型模拟移动通信系统		TACS	AMPS	NMT	Motorola SmartNet
信令调制	调制方式	FSK	FSK	FSK	FSK
	速率(kb/s)	8	10	1.2	3.6
	纠错编码	BCH	BCH	Hagelbargar	BCH

说明：

(1) 表中所列TACS工作频段是我国所采用的频段规定，AMPS的工作频段是北美地区使用的频率规定

(2) 工作频段所列的频率是移动台发射的频率，基站发射频率为移动台法频率加上双工间隔

(3) 用户台功率中的数据信息中，10/14/1.6/0.6表示TACS用户台有4个等级的信号功率。其余依次类推

(4) TACS曾经在英国、爱尔兰、中国使用，AMPS是在北美地区、澳大利亚、新西兰、新加坡、韩国等国家使用模拟制蜂窝移动通信标准。NMT顾名思义，最早在北欧国家采用，后来扩展到荷兰、比利时、瑞士等国

(5) Motorola SmartNet是典型的模拟制集群通信系统，采用半双工工作方式，在语音信道中还包含有150b/s的亚音频信令

以Motorola SmartNet的调制方式为例。调制方式采用频率调制，频率调制器输入的语音信号频率范围为300～3400Hz，调频的峰值频偏为5kHz，根据卡森公式，已调信号占据的带宽为

$$B=2(\Delta f_{\max}+f_{\mathrm{m}})=16\mathrm{kHz}$$

此时调频指数$m_{\mathrm{f}}=5/3=1.67$，属于一种窄带调频。已调信号的主要频率成分限制在16kHz以内，与25kHz的信道间隔相比，保留了一定的保护带，这样可以减小发射信号对临近信道的干扰。

习　题　二

2-1　设一个载波的表达式为$c(t)=5\cos(1000\pi t)$，基带调制信号的表达式为$m(t)=\cos(200\pi t)$，直流分量$A_0=2$。试求出振幅调制时已调信号的频谱，并画出此频谱图。

2-2　在上题中，已调信号的载波分量和各边带分量的振幅分别等于多少？

2-3　试证明：若用一基带余弦波调幅，则调幅信号的两个边带的功率之和最大等于载波功率的一半。

2-4　已知调制信号为$m(t)=\cos2000\pi t+\cos4000\pi t$，载波为$\cos10^4\pi t$，试确定SSB调制信号的表达式，并画出其频谱图。

2-5　已知基带信号频带为300～3400Hz，用多级滤波法实现单边带调制，载频为40MHz。假设滤波器过渡带只能做到中心频率的1%，画出单边带调制系统的方框图，并画出各点频谱。

2-6　将调幅波通过残留边带滤波器产生残留边带信号，残留边带滤波器的传输特性如题图2-6所示，当调制信号为$m(t)=A[\sin100\pi t+\sin6000\pi t]$，确定所得残留边带信号

的表达式。

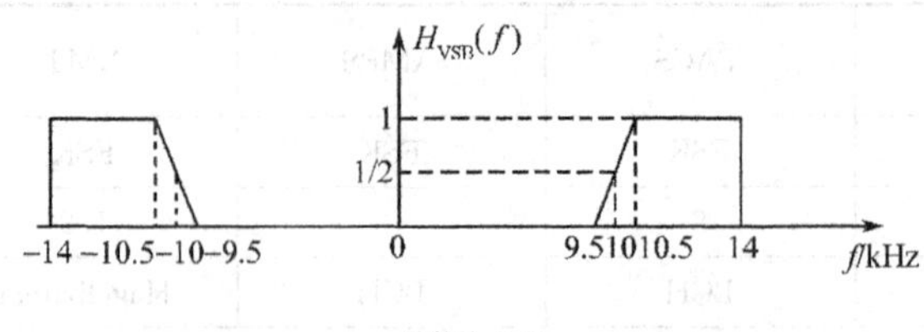

题图 2-6

2-7 已知某模拟基带系统中调制信号 $m(t)$ 的带宽是 $W=5\text{kHz}$，发送端发送的已调信号功率是 P_t，接收功率比发送功率低 60dB。信道中加性白高斯噪声的单边功率谱密度为 $n_0=10^{-13}\text{W/Hz}$。

(1) 如果采用 DSB-SC；

(a) 推导出输出信噪比 $\left(\frac{S}{N}\right)_o$ 和输入信噪比 $\left(\frac{S}{N}\right)_i$ 的关系；

(b) 若要求输出信噪比不低于 30dB，发送功率至少应该是多少？

(2) 如果采用 SSB，重做第(1)问。

2-8 角度调制信号 $s(t)=100\cos(2\pi f_c t+4\sin 2\pi f_m t)$，其中载频 $f_c=10\text{MHz}$，调制信号的频率是 $f_m=1000\text{Hz}$。

(1) 假设 $s(t)$ 是 FM 调制，求其调制指数及发送信号带宽；

(2) 若调频器的调频灵敏度不变，调制信号的幅度不变，但频率 f_m 加倍，重复(1)题。

2-9 设一个频率调制信号的表达式为：$s(t)=10\cos(2\times10^6\pi t+10\cos 2000\pi t)$，试求：(1) 已调信号的最大频移；(2) 已调信号的最大相移；(3) 已调信号的带宽。

2-10 已知调频信号为 $s_{FM}(t)=10\cos[10^6\pi t+8\sin(2\pi\cdot10^3 t)]$，调制器的频偏常数 $K_f=2$，试确定：(1) 载频；(2) 调频指数；(3) 最大频偏；(4) 调制信号。

2-11 给定调频信号中心频率为 50MHz，最大频偏为 75kHz，试求：

(1) 调制信号频率为 300Hz 的指数 m_f 和信号带宽；

(2) 调制信号频率为 3000Hz 的指数 m_f 和信号带宽。

2-12 设一个频率调制信号的载频等于 10kHz，基带调制信号是频率为 2kHz 的单一正弦波，最大调制频偏等于 5kHz。试求其调制指数和已调信号带宽。

2-13 设信道引入的加性白噪声双边功率谱密度为 $n_0/2=0.25\times10^{-14}\text{W/Hz}$，路径衰耗为 100dB，输入调制信号为 10kHz 单频正弦。若要求解调输出信噪比为 40dB，求下列情况下发送端最小载波功率？(1) 常规调幅，包络检波，$\beta_{AM}=0.707$；(2) 调频，鉴频器解调，最大频偏 $\Delta f=10\text{kHz}$；(3) 单边带调幅，相干解调。

2-14 一频分多路复用系统用于传送 40 路相同幅度的电话，采用副载波单边带调制，主载波采用调频。每路电话最高频率为 3.4kHz，信道间隔为 0.6kHz，若最大频偏为 800kHz，求传输带宽。

2-15　有 12 路语音信号 $m_1(t),m_2(t),\cdots,m_{12}(t)$，它们的带宽都限制在 0～4000Hz 范围内。将这 12 路信号以 SSB/FDM 方式复用为 $m(t)$，再将 $m(t)$ 通过 FM 方式传输，如题图 2-15(a)所示。其中 SSB/FDM 的频谱安排如题图 2-16(b)所示。已知调频器的载频为 f_c，最大频偏为 480kHz。试求：

(1) FM 信号的带宽；

(2) 画出解调框图；

(3) 假设 FM 信号在信道传输中受到加性高斯白噪声干扰，求鉴频器输出的第 1 路噪声平均功率与第 12 路噪声平均功率之比。

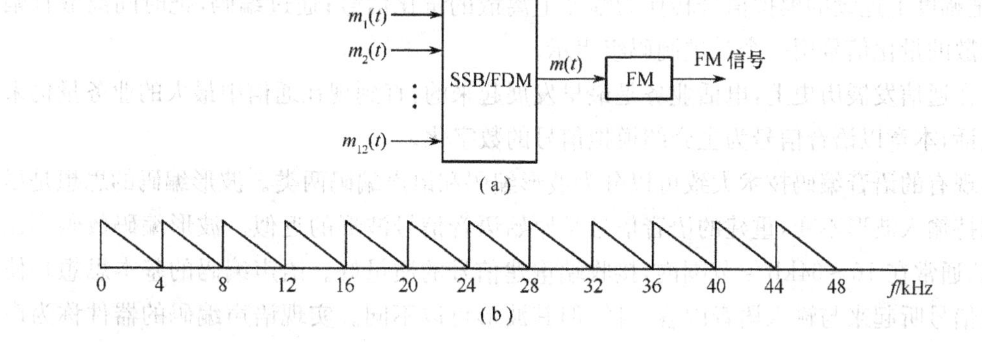

题图 2-15

第3章 模拟信号的数字化

与模拟通信相比，使用数字通信具有很多优点，我们常常希望实现数字化的传输和交换，为此首先要把模拟信号通过抽样(sampling)、量化(quantizing)、编码(encoding)变为数字信号。通过抽样，把时间上连续的模拟信号转换为时间上离散的抽样信号；通过量化，把幅度上连续的模拟信号转换为幅度上离散的量化信号；通过编码，把时间离散且幅度离散的量化信号用一个二进制码组表示。

在通信发展历史上，电话业务是最早发展起来的，直到现在通信中最大的业务量仍来自电话，本章以语音信号为主介绍模拟信号的数字化。

现有的语音编码技术大致可以分为波形编码和语声编码两类。波形编码的思想是尽量保持输入波形不变，重建的语音信号是原始语音信号波形的近似。波形编码数码率比较高，通常在16～64kb/s范围内，接收端重建信号的质量好。语声编码的基本思想是使重建信号听起来与输入语音内容一样，但其波形可以不同。实现语声编码的器件称为声码器。声码器提取语音信号的特征参数，再变换为数字代码序列，传输到接收机。在接收机中利用这些参数合成出语音波形来。通常，语声编码输出波形不是输入波形的近似，并且会产生人为的不自然的声音，尽管说话人所说的字词可以清楚地理解，但接收端重建语音信号的质量不够好。

本章中先介绍抽样和量化的基本理论，然后讨论语音信号的几种波形编码方法，包括脉冲编码调制、差分脉冲编码调制、增量调制等，并对PCM电话系统中的时分复用和时隙交换进行简单介绍。

3.1 模拟信号的抽样

抽样是把时间上连续的模拟信号变成一系列时间上离散的抽样值(时间离散序列)的过程。能否由抽样值序列重建原始模拟信号，是抽样定理要回答的问题。

抽样定理将模拟信号与相应的时间离散序列联系起来，它是模拟信号数字化传输、分析与处理的理论基础。我们在这一节里介绍低通抽样定理和带通抽样定理。

实际中遇到的信号往往是频带受限的，可分为低通信号和带通信号。若信号的上截止频率为f_H，下截止频率为f_L，信号带宽$B=f_H-f_L$，当$f_L<B$时，通常把信号称为低通信号，在抽样时按照低通抽样定理确定抽样频率。而当$f_L \geqslant B$时，通常把信号称为带通信号，在抽样时按照带通抽样定理确定抽样频率。

3.1.1　低通抽样定理

定理 3-1　低通抽样定理：对于频带限制在$(0,f_H)$内的时间连续信号$x(t)$，如果抽样频率f_s大于或等于$2f_H$，则可以由样值序列$\{x(nT_s)\}$无失真地重建和恢复原始信号$x(t)$，其中$T_s=1/f_s$。

根据抽样定理，当被抽样信号的最高频率为f_H时，每秒内抽样点数要大于或等于$2f_H$个。如果抽样频率$f_s<2f_H$，则接收时重建的信号中会有失真，这种失真称为混叠失真。通常将满足抽样定理的最低抽样频率称为奈奎斯特(Nyquist)频率。

下面我们从频域角度来证明这个定理。

设$x(t)$是低通信号，抽样脉冲序列是一个周期性冲激序列$\delta_T(t)$，则抽样过程是$x(t)$与$\delta_T(t)$相乘的过程，即抽样后信号为

$$x_s(t)=x(t)\delta_T(t) \tag{3.1-1}$$

这里

$$\delta_T(t)=\sum_{n=-\infty}^{\infty}\delta(t-nT_s) \tag{3.1-2}$$

利用傅氏变换的基本性质，由频域卷积定理可知抽样信号的频谱为

$$X_s(\omega)=\frac{1}{2\pi}[X(\omega)*\delta_T(\omega)] \tag{3.1-3}$$

其中，$X(\omega)$为低通信号的频谱，$\delta_T(\omega)$是$\delta_T(t)$的频谱，可表示为

$$\delta_T(\omega)=\frac{2\pi}{T_s}\sum_{n=-\infty}^{\infty}\delta(\omega-n\omega_s) \tag{3.1-4}$$

这里$\omega_s=2\pi f_s=\frac{2\pi}{T_s}$。把上式代入式(3.1-3)有

$$\begin{aligned}X_s(\omega)&=\frac{1}{T_s}[X(\omega)*\sum_{n=-\infty}^{\infty}\delta(\omega-n\omega_s)]\\&=\frac{1}{T_s}\sum_{n=-\infty}^{\infty}X(\omega-n\omega_s)\end{aligned} \tag{3.1-5}$$

可见抽样后信号的频谱是原始信号的频谱经过周期延拓得到，在$\omega_s\geqslant 2\omega_H$的情况下，周期性频谱无混叠现象，于是经过截止频率为ω_H的理想低通滤波器后，可以无失真地恢复原始信号，这个过程如图 3-1 所示。如果$\omega_s<2\omega_H$，则周期延拓后的频谱间出现混叠现象，如图 3-2 所示，这时不可能无失真地重建原始信号。

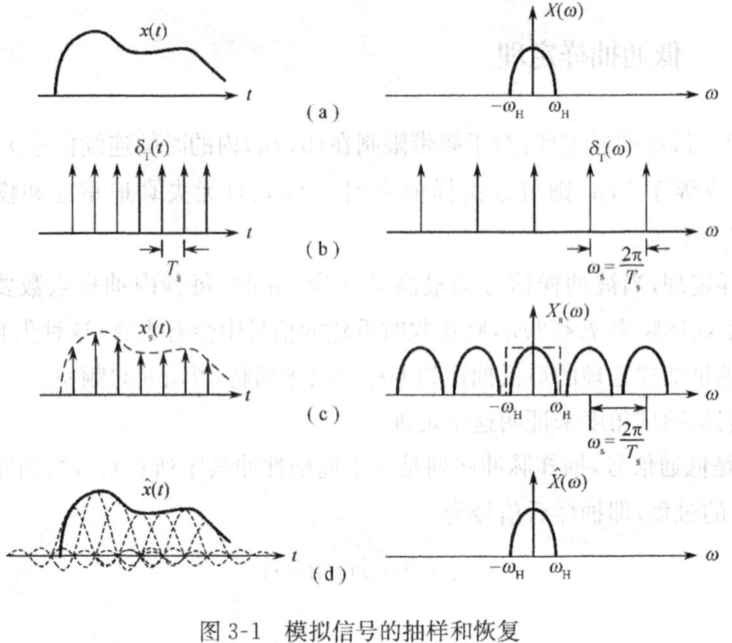

图 3-1　模拟信号的抽样和恢复

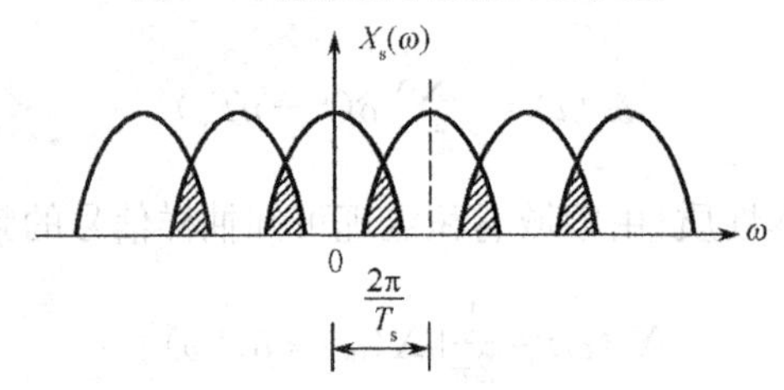

图 3-2　频谱混叠现象

3.1.2　内插公式

在抽样时满足抽样定理的情况下，使用低通滤波器可以无失真地由抽样值序列恢复原始信号，这种频域上的运算与时域中根据抽样值序列重建原始信号相对应。

从频域上看，抽样后的信号经过传递函数为 $H(\omega)$ 的理想低通滤波器后，其频谱为

$$\begin{aligned}\hat{X}(\omega) &= X_s(\omega)H(\omega)\\ &= \frac{1}{T_s}\sum_{n=-\infty}^{\infty}X(\omega-n\omega_s)H(\omega)=\frac{1}{T_s}X(\omega)\end{aligned}\tag{3.1-6}$$

其中

$$H(\omega)=\begin{cases}1, & |\omega|\leqslant\omega_H\\ 0, & |\omega|>\omega_H\end{cases}\tag{3.1-7}$$

从时域上看，重建信号可以表达为

$$\hat{x}(t)=h(t)*x_s(t)=\frac{1}{T_s}\left(\frac{\sin\omega_H t}{\omega_H t}\right)*\sum_{n=-\infty}^{\infty}x(nT_s)\delta(t-nT_s)$$
$$=\frac{1}{T_s}\sum_{n=-\infty}^{\infty}x(nT_s)\frac{\sin\omega_H(t-nT_s)}{\omega_H(t-nT_s)} \tag{3.1-8}$$

若 ω_H、T_s 已知，则可由信号样值$\{x(nT_s)\}$利用式(3.1-8)重建信号，式(3.1-8)常称为内插公式(而这时的低通滤波器也常称为内插滤波器)。图 3-1(d)中给出了通过内插重建信号的例子。

理论上按照奈奎斯特频率进行抽样就可以满足无失真恢复的条件，实际上往往以高于奈奎斯特频率进行抽样。例如，模拟电话信号经滤波器限带后的频率范围为 300～3400Hz，奈奎斯特抽样频率为 6800Hz。由于在实际实现时滤波器均有一定宽度的过渡带，抽样前的限带滤波器不能对 3400Hz 以上频率分量完全予以抑制，在恢复信号时也不可能使用理想低通滤波器，所以在 ITU 标准中对语音信号的抽样频率取为 8kHz。这样，在抽样信号的频谱之间便可形成一定间隔的保护带，既防止频谱的混叠，又放松了对低通滤波器的要求。这种以适当高于奈奎斯特频率进行抽样的方法在实际应用中是很常见的。

3.1.3　带通抽样定理

对于带通信号并不需要抽样频率高于两倍上截止频率 f_H，可按照带通抽样定理确定抽样频率。

定理 3-2　带通抽样定理：一个频带限制在(f_L, f_H)内的时间连续信号 $x(t)$，信号带宽 $B=f_H-f_L$，令 N 为不大于 f_L/B 的最大正整数，如果抽样频率 f_s 满足条件

$$\frac{2f_H}{m+1}\leqslant f_s\leqslant\frac{2f_L}{m},\quad 0\leqslant m\leqslant N \tag{3.1-9}$$

则可以由抽样序列无失真地重建原始信号 $x(t)$。

对信号 $x(t)$以频率 f_s 抽样后，得到的抽样信号 $x(nT_s)$的频谱是 $x(t)$的频谱经过周期延拓而成，延拓周期为 f_s，如图 3-3 所示。为了能够由抽样序列无失真地重建原始信号 $x(t)$，必须选择合适的延拓周期(也就是选择抽样频率)，使得位于(f_L, f_H)和$(-f_H, -f_L)$的频带分量不会与延拓分量出现混叠，这样使用带通滤波器就可以由抽样序列重建原始信号。

由于正负频率分量的对称性，我们仅考虑(f_L, f_H)的频带分量不会出现混叠的条件。

在抽样信号的频谱中，在(f_L, f_H)频带的两边，有两个由位于$(-f_H, -f_L)$的频带分量平移后而得到的延拓频带分量：

$(-f_H+mf_s, -f_L+mf_s)$和$(-f_H+(m+1)f_s, -f_L+(m+1)f_s)$，这里 m 为整数，$m\geqslant0$。为了避免混叠，延拓后的频带分量应满足

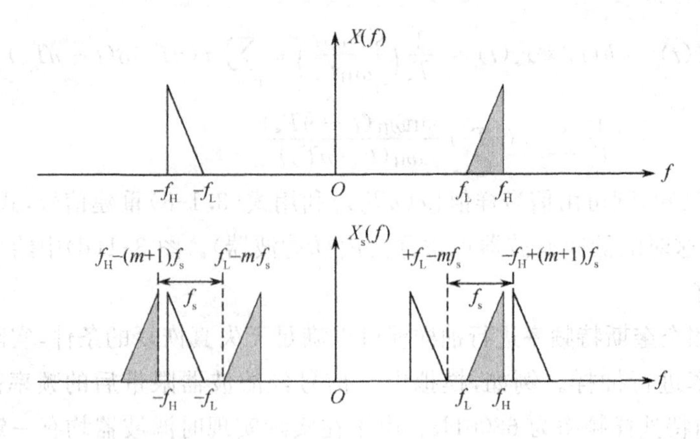

图 3-3　带通抽样信号的频谱

$$-f_L+mf_s\leqslant f_L \tag{3.1-10}$$

$$-f_H+(m+1)f_s\geqslant f_H \tag{3.1-11}$$

综合式(3.1-10)和式(3.1-11)并整理得到

$$\frac{2f_H}{m+1}\leqslant f_s\leqslant\frac{2f_L}{m} \tag{3.1-12}$$

如果 m 取零，则上述条件化为

$$f_s\geqslant 2f_H \tag{3.1-13}$$

这时实际上是把带通信号看作低通信号进行抽样。

m 取得越大，则符合式(3.1-12)的抽样频率会越低。但是 m 有一个上限，因为 $f_s\leqslant\frac{2f_L}{m}$，而为了避免混叠，延拓周期要大于两倍的信号带宽，即 $f_s\geqslant 2B$。

因此

$$m\leqslant\frac{2f_L}{f_s}\leqslant\frac{2f_L}{2B}=\frac{f_L}{B} \tag{3.1-14}$$

由于 N 为不大于 f_L/B 的最大正整数，故有 $0\leqslant m\leqslant N$。

综上所述，要无失真的恢复原始信号 $x(t)$，抽样频率 f_s 应满足

$$\frac{2f_H}{m+1}\leqslant f_s\leqslant\frac{2f_L}{m},\quad 0\leqslant m\leqslant N \tag{3.1-15}$$

带通抽样定理在频分多路信号的编码、数字接收机的中频抽样数字化中有重要的应用。

【例 3-1】　某中频带通信号的中心频率为 110MHz，信号带宽为 $B=6$MHz，对此信号进行带通抽样，在恢复信号时使用理想带通滤波器。试计算能无失真恢复信号的最低抽样频率。

【解】　由题意，该带通信号的上截止频率 $f_H=113$MHz，下截止频率 $f_L=107$MHz。因此 $N=[f_L/B]=[107/6]=17$，这里 $[\cdot]$ 表示向下取整。以 $m=N=17$ 代入式(3.1-15)，

有

$$\frac{2\times113}{18}\leqslant f_s\leqslant\frac{2\times107}{17},12.56\leqslant f_s\leqslant12.59$$

因此，选择最低抽样频率为12.56MHz。

3.2 抽样信号的量化

对模拟信号抽样后得到了样值序列，它在时间上是离散的，称为时间离散序列。但样值序列在幅度的取值上是连续的，即有无限多种幅度取值，需要进一步进行处理，按一定的规则对抽样值做近似描述，使它成为在幅度上是有限种取值的离散样值，以便能用有限位数字信号来表示。对幅度进行离散化处理，用预先确定的多个电平来表示样值序列的过程称为量化，实现量化的器件称为量化器。

3.2.1 量化的基本概念

量化过程可用量化函数$y=Q(x)$来表示，如图3-4所示。量化器的输入x是连续取值的，理论上值域为$(-\infty,+\infty)$，量化器输出为量化值y，它只有L种取值$\{y_k,k=1,\cdots,L\}$。当输入信号幅度落在x_k和x_{k+1}之间时，量化器输出为y_k，y_k可表示为

$$y_k=Q\{x_k\leqslant x<x_{k+1}\},k=1,2,\cdots,L \tag{3.2-1}$$

这里y_k称为量化电平或者重建电平，x_k称为分层电平($k=1,2,\cdots,L+1$，共有$L+1$个分层电平)，分层电平之间的间隔$\Delta_k=x_{k+1}-x_k$称为量化间隔，也称量化阶。量化间隔相等时称为均匀量化(或线性量化)，这是最简单的量化方法；量化间隔不相等时称为非均匀量化(或非线性量化)。量化器输入输出间的关系称为量化特性。

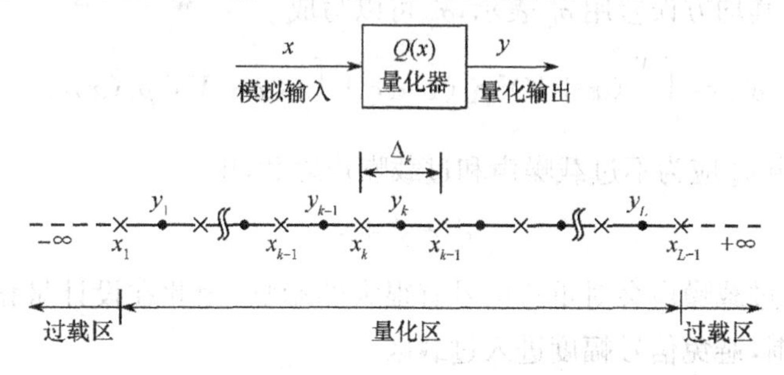

图3-4 量化过程示意图

由于量化过程而引起的误差称为量化误差，定义为

$$q=x-y=x-Q(x) \tag{3.2-2}$$

q的规律与x的取值规律有关。量化误差的存在对信号的恢复会产生影响，这种误差像式(3.2-2)表明噪声一样影响通信质量，通常又把量化误差称为量化噪声。量化噪声通

常是零均值随机变量，其影响用平均功率（即 q 的均方误差）来度量。

设输入信号 x 的概率密度为 $p_x(x)$，则量化噪声的平均功率为

$$\sigma_q^2 = E[(x-y)^2] = \int_{-\infty}^{\infty}[x-Q(x)]^2 p_x(x)\mathrm{d}x \tag{3.2-3}$$

由于有 L 个量化间隔，所以可以把积分区域分割成 L 个区间，因此

$$\sigma_q^2 = \sum_{k=1}^{L}\int_{x_k}^{x_{k+1}}(x-y_k)^2 p_x(x)\mathrm{d}x \tag{3.2-4}$$

这是计算量化误差的基本公式。在给定消息源的情况下，$p_x(x)$是已知的，所以量化误差的平均功率与量化间隔分割有关。

在 $L\gg 1$ 的情况下，量化分层很密，输入电平落在第 k 层量化间隔内的概率为

$$P_k = P\{x_k < x \leqslant x_{k+1}\} = p_x(x_k)(x_{k+1}-x_k) = p_x(x_k)\Delta_k \tag{3.2-5}$$

若量化电平取在分层电平的中点，即

$$y_k = (x_{k+1}+x_k)/2 \tag{3.2-6}$$

这时由式(3.2-4)，量化噪声

$$\begin{aligned}\sigma_q^2 &= \sum_{k=1}^{L}\int_{x_k}^{x_{k+1}}(x-y_k)^2 p_x(x)\mathrm{d}x \approx \sum_{k=1}^{L}\frac{P_k}{\Delta_k}\int_{x_k}^{x_{k+1}}(x-y_k)^2\mathrm{d}x \\ &= \sum_{k=1}^{L}\int\frac{P_k}{\Delta_k}\left[\frac{(x_{k+1}-y_k)^3}{3}-\frac{(x_k-y_k)^3}{3}\right] = \sum_{k=1}^{L}\frac{P_k}{\Delta_k}\frac{\Delta_k^2}{12} \\ &= \sum_{k=1}^{L}\int\frac{P_k}{\Delta_k}\frac{\Delta_k^3}{12} = \frac{1}{12}\sum_{k=1}^{L}p_k(x_k)\Delta_k^3\end{aligned} \tag{3.2-7}$$

当量化间隔 Δ_k 很小时，上式还可以写成积分形式

$$\sigma_q^2 = \frac{1}{12}\int_{-V}^{V}\Delta_k^2 p_x(x)\mathrm{d}x \tag{3.2-8}$$

当输入信号超过量化器的量化范围$(-V,V)$时，称为量化过载。由于过载引起的失真称为过载噪声，其均方误差用 σ_{qo}^2 表示，σ_{qo}^2 可以写成

$$\sigma_{qo}^2 = \int_{-\infty}^{-V}(x+V)^2 p_x(x)\mathrm{d}x + \int_{V}^{\infty}(x-V)^2 p_x(x)\mathrm{d}x \tag{3.2-9}$$

这时总的量化噪声 σ_{qs}^2 应为不过载噪声和过载噪声之和，即

$$\sigma_{qs}^2 = \sigma_q^2 + \sigma_{qo}^2 \tag{3.2-10}$$

出现过载时，过载噪声会对重建信号有很大的影响，因此在设计量化器时，应考虑输入信号的幅度范围，避免信号幅度进入过载区。

3.2.2　均匀量化

均匀量化也称线性量化，是指在整个量化范围$(-V,V)$内量化间隔都相等的量化器。只有在输入信号具有均匀分布的概率密度时，均匀量化器才是最佳的，最佳量化电平取在

各量化区间的中点。尽管通常情况下均匀量化器不是最佳量化器，但是均匀量化器的数学分析最简单，而且对于分析设计实际的量化器有重要参考价值。

若量化范围$(-V,V)$内，量化间隔数为L个，则均匀量化器的量化间隔

$$\Delta_k=\Delta=2V/L,k=1,2,\cdots,L \tag{3.2-11}$$

分层电平数量为$L+1$个，即

$$x_k=(2k-L)\cdot\frac{V}{L},k=0,1,2,\cdots,L \tag{3.2-12}$$

量化电平

$$y_k=(x_k+x_{k-1})/2 \tag{3.2-13}$$

这时最大量化误差为$\Delta/2$。

当输入信号不过载，量化电平数量L很大时，由式(3.2-7)可以计算不过载量化噪声平均功率为

$$\sigma_q^2=\frac{1}{12}\sum_{k=1}^{L}P_k\Delta^2=\frac{\Delta^2}{12}\sum_{k=1}^{L}P_k \tag{3.2-14}$$

由于信号不过载，有

$$\sum_{k=1}^{L}P_k=1 \tag{3.2-15}$$

因此

$$\sigma_q^2=\frac{\Delta^2}{12}=\frac{V^2}{3L^2} \tag{3.2-16}$$

可以看出，这时均匀量化器量化噪声与信号统计特性无关，而只与量化间隔有关。上式仅在信号不过载、量化分层很密、各层之间量化噪声相互独立的情况下才成立。

在数字通信系统中，衡量量化器的主要技术指标是量化信噪比，即信号功率S与量化噪声功率之比S/σ_q^2，常用SNR表示。下面分别以正弦波与实际语音信号为例来分析均匀量化的SNR特性。

1. 正弦信号

假设输入是正弦波，且信号幅度不超过量化器的量化范围$(-V,V)$。若正弦波幅度为A_m，则正弦波功率为$S=A_m^2/2$。于是量化信噪比

$$\text{SNR}=\frac{S}{\sigma_q^2}=\frac{A_m^2/2}{V^2/(3L^2)}=\frac{3A_m^2L^2}{2V^2}=\frac{3}{2}\left(\frac{A_m}{V}\right)^2L^2 \tag{3.2-17}$$

若量化值用n位二进制码来表示，则量化间隔数$L=2^n$。令归一化有效值$D=A_m(\sqrt{2}V)$，则式(3.2-17)可以表示为

$$\text{SNR}=S/\sigma_q^2=3D^2L^2 \tag{3.2-18}$$

通常用分贝(dB)来表示信噪比，则

$$[\text{SNR}]_{\text{dB}}=10\lg(3D^2L^2)=10\lg3+20\lg D+20\lg2^N$$

$$\approx 4.77+20\lg D+6.02n \tag{3.2-19}$$

上式中 D 的含义是信号有效值与最大量化电平之比值。当 $A_m=V$ 时，$D=1/\sqrt{2}$，则量化信噪比达到最大，这时有

$$[\text{SNR}]_{\max\,\text{dB}}\approx 1.76+6.02n \tag{3.2-20}$$

由式(3.2-19)可以绘出信噪比随信号功率变化的曲线，如图 3-5 所示。

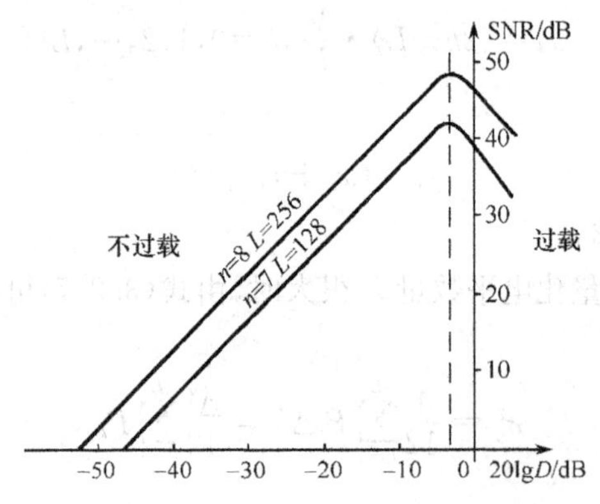

图 3-5 正弦信号均匀量化时的信噪比特性

2. 语音信号

语音信号幅度不是均匀分布，其概率密度函数可近似地用拉普拉斯分布表示，即

$$p_x(x)=\frac{1}{\sqrt{2}\sigma_x}\mathrm{e}^{-\sqrt{2}|x|/\sigma_x} \tag{3.2-21}$$

这里 σ_x 是信号 x 的均方根值，语音信号的平均功率为 σ_x^2。无论量化器的量化范围如何，总有一部分信号幅度超出量化范围而造成过载。这时量化引起的总的噪声包括量化噪声 σ_q^2 和过载噪声 σ_{qo}^2。在通常的情况下，出现幅度过载的概率很小。令 $D=\sigma_x/V$，经过推导，用 dB 值表示量化信噪比可写为

$$[\text{SNR}]_{\text{dB}}\approx -10\lg\left[\frac{1}{3D^2L^2}+\mathrm{e}^{-\sqrt{2}V/\sigma_x}\right] \tag{3.2-22}$$

式(3.2-22)中第一项和第二项分别表示量化噪声 σ_q^2 和过载噪声 σ_{qo}^2 的贡献。

当 $D<0.2$ 时，过载噪声很小，在量化噪声中 σ_q^2 是主要的。这时量化信噪比可近似表示为

$$[\text{SNR}]_{\text{dB}}\approx -10\lg\left(\frac{1}{3D^2L^2}\right)=4.77+20\lg D+6.02n \tag{3.2-23}$$

当信号的有效值很大时，过载噪声功率 σ_{qo}^2 是主要的，这时量化信噪比可近似表示为

$$[\text{SNR}]_{\text{dB}}\approx -10\lg\mathrm{e}^{-\sqrt{2}V/\sigma_x}\approx 6.1\,\frac{V}{\sigma_x}=\frac{6.1}{D} \tag{3.2-24}$$

输入为语音信号时的信噪比特性如图 3-6 所示。

对于正弦信号和语音信号来说，量化信噪比曲线的形状大致相同。在信号过载时，语音信号的量化信噪比快速下降。

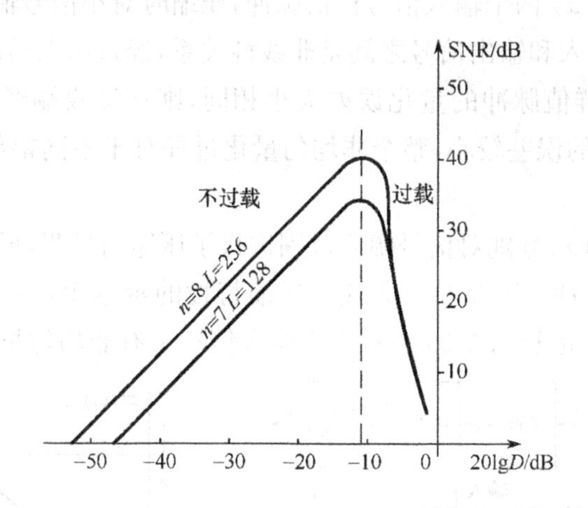

图 3-6 语音信号均匀量化时的信噪比特性

在数字电话通信中，均匀量化有着明显的不足。第一，电话信号动态范围很大。在实际电话通信中，由于说话人音量不同及情绪的影响而导致的信号变化范围约 30dB，电话机与市话交换机间传输线路损耗可达 25～30dB，因此电话语音信号的动态范围可达40～50dB。第二，为了实现好的语音通话质量，要求电话信号的信噪比应大于 25dB。如果对电话信号采用均匀量化，为了满足在 40～50dB 的动态范围内量化信噪比大于 25dB，则必须采用 $n=12$ 位的均匀量化器。编码位数多就意味着编码后信息速率高，占用的传输带宽大。第三，语音信号取小信号的概率大，均匀量化时小信号的信噪比明显低于大信号。在保证电话语音通信质量的前提下，为了减小编码位数和提高小信号的信噪比，必须采用有效的办法。因此，在数字电话通信系统中，对语音信号使用非均匀量化。

3.2.3 非均匀量化

通过前面的讨论我们知道，若信源的模拟信号具有均匀分布时，均匀量化器就是最佳量化器。均匀量化器广泛应用于线性 A/D 变换接口，例如计算机系统的 A/D 变换。在测控系统、测量仪表、图像信号的数字化接口中，都大量使用均匀量化器。

当信源不是均匀分布时为得到好的量化效果，需要使用非均匀量化。量化间隔不相等的量化称为非均匀量化，又称非线性量化。

在实际应用中，对于具有不同的概率分布的信源使用不同的非均匀量化器往往是不现实的，我们宁可选用那些对输入信号概率分布特性的变化不太敏感的量化特性。因此，研究和实现非均匀量化的一个方法，就是对信号进行非线性变换（“压缩”）后再进行均匀量化，它和非均匀量化器完全等效。这一过程如图 3-7 所示。对输入信号 x 先进行一次非线性变换得到 $z=f(x)$，然后再对 z 进行均匀量化及编码。在接收端，对解码后得到的量化电平进行一次逆变换，恢复原始信号。

图 3-7 中有 x_1 和 x_2 两个输入信号样值脉冲，压缩时对小信号输入的增益大，而对大信号输入的增益小，输入和输出信号之间是非线性关系，经过压缩后的信号再进行均匀量化。假定量化时两个样值脉冲的量化误差大小相同，则在接收端经过扩张后，恢复出的 $\hat{x}_2$ 的误差较大，而 $\hat{x}_1$ 的误差较小，整个非均匀量化过程对于不同幅值的输入信号的量化信噪比近似相等。

由于 $f(x)$ 和 $f^{-1}(x)$ 分别对信号幅度范围进行了压缩与扩张，所以 $f(x)$ 称为压缩特性，$f^{-1}(x)$ 称为扩张特性。图 3-8 为非线性压缩特性的示意图，图中压缩特性是一条曲线，当 z 信号具有均匀量化间隔 Δ 时，对应于输入信号 x 有非均匀量化间隔 $\Delta_k(x)$。

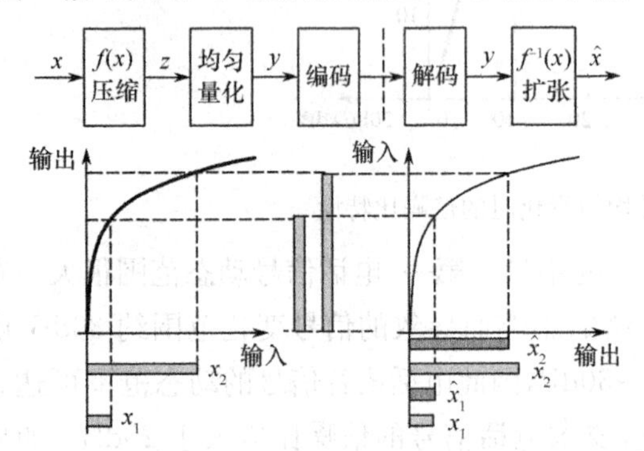

图 3-7　非均匀量化原理

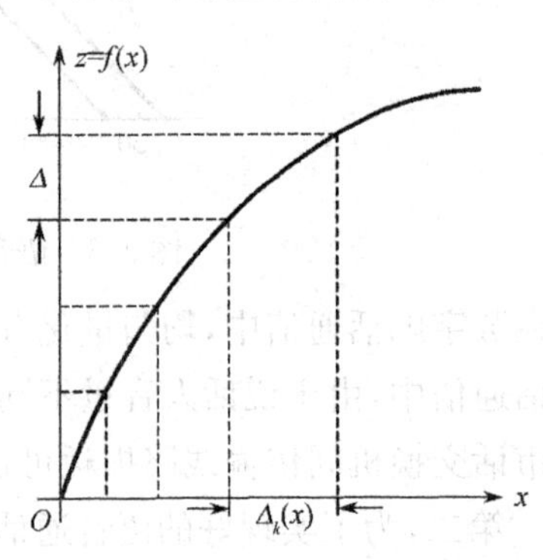

图 3-8　非线性压缩特性

设压缩特性为

$$z=f(x) \tag{3.2-25}$$

量化间隔 $\Delta=2V/L$，其中 V 是量化电平最大值，L 是量化电平数。当 $L\gg1$ 时，量化分层很密，于是有

$$\frac{\Delta}{\Delta_k(x)}=\frac{\mathrm{d}z}{\mathrm{d}x}=f'(x) \tag{3.2-26}$$

由式(3.2-8)，量化噪声为

$$\begin{aligned}\sigma_{\mathrm{q}}^2&=\frac{1}{12}\int_{-V}^{V}\Delta_k^2 p_x(x)\mathrm{d}x\\&=\frac{1}{12}\int_{-V}^{V}\frac{\Delta^2}{[f'(x)]^2}p_x(x)\mathrm{d}x\end{aligned} \tag{3.2-27}$$

考虑到 $f(x)$、$p_x(x)$ 的对称性，上式可写成

$$\sigma_{\mathrm{q}}^2=\frac{\Delta^2}{6}\int_0^V[f'(x)]^{-2}p_x(x)\mathrm{d}x \tag{3.2-28}$$

3.2.4　对数量化

经过研究发现，对数函数对输入信号概率分布特性的变化不太敏感，而且人耳对于音量，以及人眼对于光强的响应，也呈现出对数特性，所以常用对数函数作为信号压缩时的

非线性函数。对数压缩特性相当于对输入信号 x 的小电平信号的电平值放大倍数大，而对大电平值放大倍数小，在对数压缩后再进行均匀量化。这样在对数量化器中，当输入为大信号电平时，信噪比相对于均匀量化低一点；小信号电平时，信噪比比均匀量化明显提高，从而在输入信号的较大的动态范围内量化信噪比可以保持平稳。

例如，在数字电话系统中，量化器输入的语音信号的动态范围为45dB左右，在脉冲编码调制系统中使用对数量化器。使用编码位数 $n=8, L=256$ 的对数量化器就能满足电话系统的质量要求，在输入信号的动态范围内量化信噪比保持平稳。

这里我们先介绍理想对数量化的特性。

设压缩特性为

$$z=f(x)=\frac{1}{B}\ln x \tag{3.2-29}$$

则

$$f'(x)=\frac{1}{Bx} \tag{3.2-30}$$

利用式(3.2-28)，可以计算量化噪声

$$\begin{aligned}\sigma_q^2 &= \frac{\Delta^2}{6}\int_0^V[f'(x)]^{-2}p_x(x)\mathrm{d}x\\ &= \frac{B^2\Delta^2}{6}\int_0^V x^2 p_x(x)\mathrm{d}x\end{aligned} \tag{3.2-31}$$

由于信号功率

$$S = 2\int_0^V x^2 p_x(x)\mathrm{d}x \tag{3.2-32}$$

因此，对数量化的量化信噪比为

$$\mathrm{SNR}=\frac{S}{\sigma_q^2}=\frac{12}{B^2\Delta^2}=\frac{3L^2}{B^2V^2} \tag{3.2-33}$$

上式表明，当压缩特性为对数特性时，量化器输出信噪比保持为常数。对于对数函数，当 $x\to 0$ 时，$f(x)\to -\infty$，因此理想的对数放大是无法实现的，可将对数量化特性在 $x\to 0$ 的小信号段内进行修正，便于实际应用。

3.2.5　对数压缩特性

在3.2.2节中我们已经说明对语音信号需要使用非均匀量化，基于对语音信号的大量统计和研究，国际电信联盟(ITU-T)建议在语音信号量化时采用两种压缩特性，即A律压缩和 μ 律压缩，我国和欧洲使用A律，在美国和日本等国使用 μ 律。它们都是具有对数特性且通过原点呈中心对称的曲线。为了简化图形，通常只画出位于第一象限的部分图形。

1. A 律对数压缩特性

令量化器的满载电压归一化值为±1，相当于将输入信号对量化器最大电平进行归一化。

A 律对数压缩特性定义为

$$y=\begin{cases}\dfrac{Ax}{1+\ln A}, & 0\leqslant x\leqslant \dfrac{1}{A}\\ \dfrac{1+\ln Ax}{1+\ln A}, & \dfrac{1}{A}\leqslant x\leqslant 1\end{cases} \tag{3.2-34}$$

式中 A 为压缩系数，A 等于 1 时无压缩，A 越大压缩效果越明显。观察上式可知，在 $0\leqslant x\leqslant 1/A$ 范围内，压缩特性为线性函数，相当于均匀量化；在 $1/A\leqslant x\leqslant 1$ 的范围内，压缩特性为对数函数。在国际标准中 $A=87.6$，压缩特性曲线如图 3-9 中(a)所示。

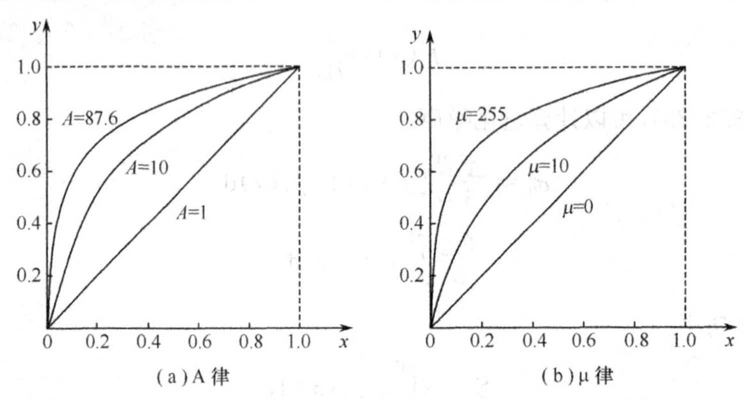

图 3-9 对数压缩特性

由式(3.2-8)和式(3.2-34)可以计算出量化噪声功率和量化信噪比。经计算可知，对于正弦信号，当量化电平数 $L=256$，即编码位数 $n=8$ 时，与均匀量化相比，信噪比大于 25dB 的动态范围从 25dB 扩展到 52dB，对小信号的量化信噪比改善值为 24dB，如图 3-10 所示。

2. μ 律对数压缩特性

μ 律对数压缩特性定义为

$$y=\frac{\ln(1+\mu x)}{\ln(1+\mu)}, \quad 0\leqslant x\leqslant 1 \tag{3.2-35}$$

式中 x 为归一化输入信号，μ 为压缩参数，当 μ 为零时无压缩，μ 越大压缩效果越明显，如图 3-9 中(b)所示。在国际标准中取 $\mu=255$。当输入信号是正弦信号时，μ 律压缩特性的信噪比曲线如图 3-10 所示。当量化电平数 $L=256$ 时，μ 律压缩对小信号的信噪比改善值为 33.5dB。从总体上来看，A 律和 μ 律的性能基本接近。

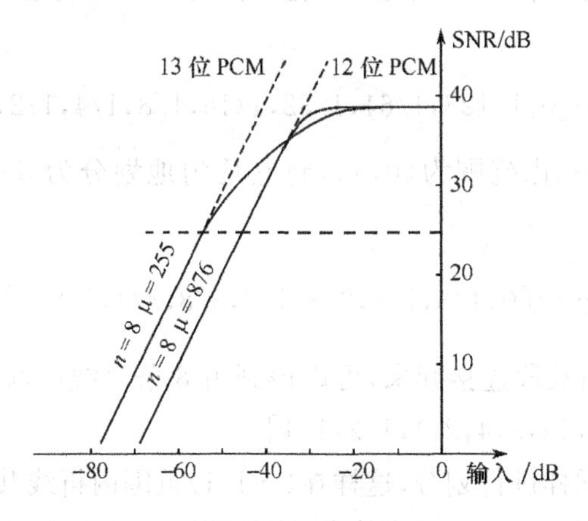

图 3-10　A 律和 μ 律信噪比性能比较

3.2.6　对数压缩特性的折线近似

早期的 A 律和 μ 律压缩特性是用非线性模拟电路实现的(如利用二极管的非线性实现),要保证压缩特性的一致性和稳定性以及压缩与扩张特性的匹配是很困难的。但若采用折线段来近似对数压缩特性,则可以使用数字化技术,容易实现很高一致性与稳定性。随着数字电路技术的发展,采用折线法逼近 A 律和 μ 律压扩特性已成为 ITU-T 标准。

A 律压缩特性采用 13 折线法来逼近。如图 3-11 所示,图中只画出了输入信号为正时的情况。

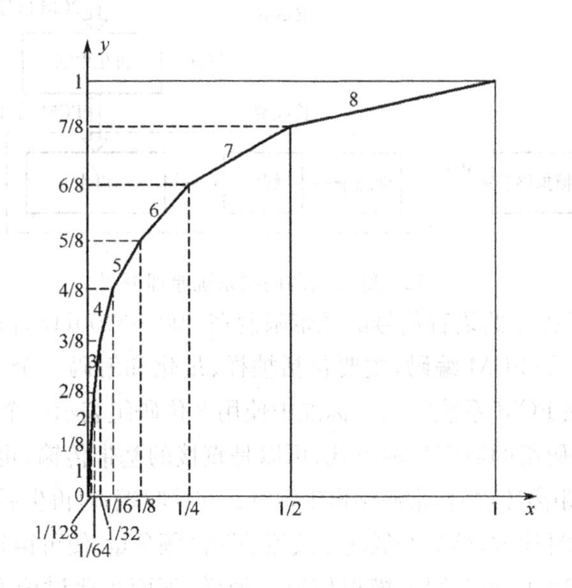

图 3-11　A 律 13 折线

具体近似方法是：输入信号幅度的归一化范围为(0,1)，将它不均匀地划分为8个区间，区间分割点坐标是

$$x_k=[0,1/128,1/64,1/32,1/16,1/8,1/4,1/2,1] \tag{3.2-36}$$

输出信号幅度的归一化范围为(0,1)，将它均匀地划分为8个区间，区间分割点坐标是

$$y_k=[0,1/8,1/4,3/8,1/2,5/8,3/4,7/8,1] \tag{3.2-37}$$

将各点$[x_k,y_k]$用直线段连接起来，可以得到由8条直线段联成的一段折线，这8段直线的斜率依次为：[16,16,8,4,2,1,1/2,1/4]。

对于负向(−1,0)同样进行划分，这样在(−1,1)范围内折线共16段。由于正负方向的前两段斜率相等，这四段视为一条直线段，因此折线共有13段直线段，称为13折线。

μ律压缩特性可类似地采用15折线法来逼近。

3.3　脉冲编码调制

脉冲编码调制(Pulse Code Modulation)是应用最广泛的一种语音编码方式，属于波形编码。脉冲编码调制简称脉码调制，脉码调制系统的实现过程如图3-12所示。

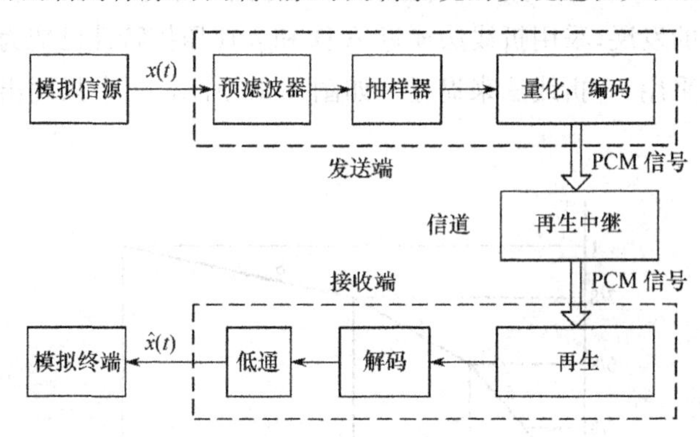

图3-12　脉冲编码调制系统原理框图

预滤波的目的是把原始语音信号的频带限制在300～3400Hz标准的电话频带内，抑制带外干扰。发送端的PCM编码，主要包括抽样、量化和编码三个过程，把模拟信号变换为二进制码组。在PCM系统的国际标准中使用8位码组表示一个抽样值。

编码后的PCM码组的数字传输方式，可以是直接的基带传输，也可对载波调制后上信道传输，当进行远距离传输时，常使用再生中继。在接收端，对再生后的二进制码组译码，得到量化后的样值脉冲序列，然后经低通滤波器滤除高频分量，便可得到重建信号$\hat{x}(t)$。

在第3.1节中我们已经介绍了模拟信源的抽样，下面主要讨论PCM系统的量化和编码。

3.3.1　PCM 编码原理

通过编码，将量化的信号电平值转化为对应的二进制码组，其逆过程称为译码或解码。在 PCM 中使用的码组是折叠二进制码。

1. 折叠二进制码

从理论上看，任何一个可逆的二进制码组均可用于 PCM。目前最常见的二进制码组有三类：自然二进制码(Natural Binary Code)、折叠二进制码组(Folded Binary Code)、格雷二进制码(Gray Binary Code)。表 31 列出三种码的编码规律。

由表 3-1 可见，如果把 16 个量化级分成两部分：0～7 的 8 个量化级对应于负极性样值，8～15 的 8 个量化级对应于正极性样值。自然二进制码就是一般的十进制正整数的二进制表示。

在折叠码中，左边第一位表示信号极性，用 1 表示正，用 0 表示负。第二位开始至最后一位表示信号幅度，绝对值相同的折叠码，其码组除第一位外都相同，正负极性部分的码组呈对称折叠关系，因此这种码组形象地称为折叠码。

格雷码的特点是任何相邻量化电平对应的码组之间只有一位码发生变化。这样传输时引起的误码在译码时产生的误差功率小；但是格雷码在译码时，不能逐比特独立进行，需先转换为自然二进制码后再译码。

表 3-1　二进制码型

量化电平序号	信号极性	自然二进制码 a_4 a_3 a_2 a_1	折叠二进制码 a_4 a_3 a_2 a_1	格雷二进制码 a_4 a_3 a_2 a_1
0	负极性部分	0 0 0 0	0 1 1 1	0 0 0 0
1		0 0 0 1	0 1 1 0	0 0 0 1
2		0 0 1 0	0 1 0 1	0 0 1 1
3		0 0 1 1	0 1 0 0	0 0 1 0
4		0 1 0 0	0 0 1 1	0 1 1 0
5		0 1 0 1	0 0 1 0	0 1 1 1
6		0 1 1 0	0 0 0 1	0 1 0 1
7		0 1 1 1	0 0 0 0	0 1 0 0
8	正极性部分	1 0 0 0	1 0 0 0	1 1 0 0
9		1 0 0 1	1 0 0 1	1 1 0 1
10		1 0 1 0	1 0 1 0	1 1 1 1
11		1 0 1 1	1 0 1 1	1 1 1 0
12		1 1 0 0	1 1 0 0	1 0 1 0
13		1 1 0 1	1 1 0 1	1 0 1 1
14		1 1 1 0	1 1 1 0	1 0 0 1
15		1 1 1 1	1 1 1 1	1 0 0 0

在信道传输中产生误码时，各种码组在解码时产生的后果是不同的。折叠码在传输中出现误码时，对小信号的影响小，对大信号的影响较大。比如误码发生在小信号，如把1000误码为0000，对于自然码误差为8个量化级（8与0），对于折叠码误差仅有1个量化级（8与7）。对于大信号，如把1101误码为0101，对于自然码误差为8个量化级（13与5），对于折叠码为11个量化级（13与2）。由于语音信号中小信号出现的概率大，因此从统计结果来看折叠码产生的均方误差功率小。另外，折叠码编码电路简单，其第一位表示极性，可由极性判决电路决定，在编码位数相同时，折叠码等效于少编一位码，简化了编码电路。基于上述原因，在PCM编码中使用折叠码。

2. PCM编码规则

电话语音信号的频带为300～3400Hz，抽样速率为8000Hz，对每个抽样值进行A律或者μ律非均匀量化和编码。在编码时每个样值用8位二进制码表示，这样每路标准话路的比特率为64kb/s，编码时是按照ITU-T建议的PCM编码规则进行的。

在A律13折线编码中，正负方向共16个段落，在每一个段落内有16个均匀分布的量化电平，因此总的量化电平数$L=256$。

编码位数N=8，每个样值用8比特代码C_1～C_8来表示，分为三部分。第一位C_1为极性码，用1和0分别表示信号的正、负极性。第二到第四位码$C_2C_3C_4$为段落码，表示信号绝对值处于哪个段落，3位码可表示8个段落，代表了8个段落的起始电平值。第五到第八位码$C_5C_6C_7C_8$为段内码，每个量化段内均匀量化，分为16个量化级，因此使用4位段内码。

上述编码方法是把非线性压缩、均匀量化、编码结合为一体的方法。在上述方法中，虽然各段内的16个量化级是均匀的，但因段落长度不等，故不同段落间的量化间隔是不同的。低电平信号落在小段落内，量化级间隔小；高电平信号落在大段落内，量化级间隔大。第一、二段最短，归一化长度为1/128，再将它等分16段，每一小段长度为1/2048，这就是最小的量化级间隔Δ。根据13折线的定义，以最小的量化级间隔Δ为最小计量单位，可以计算出13折线A律每个量化段的电平范围、起始电平I_{si}、段内码对应电平、各段落内量化间隔Δ_i。具体计算结果如表3-2所示。

假设以非均匀量化时的最小量化间隔$\Delta=1/2048$作为均匀量化的量化间隔，那么从13折线的第一段到第八段所包含的均匀量化级数共有2048个均匀量化级，而非均匀量化只有128个量化级。均匀量化需要编11位码，而非均匀量化只要编7位码。通常把按非均匀量化特性的编码称为非线性编码；按均匀量化特性的编码称为线性编码。

可见，在保证小信号时的量化间隔相同的条件下，7位非线性编码与11位线性编码等效。

表 3-2　13 折线 A 律有关参数表

段落号 $i=1\sim8$	电平范围 (Δ)	段落码 $C_2C_3C_4$	段落起始电平 I_{si}(Δ)	量化间隔 Δ_i(Δ)	段内码对应权值(Δ) $C_5C_6C_7C_8$			
8	1024～2048	1 1 1	1024	64	512	256	128	64
7	512～1024	1 1 0	512	32	256	128	64	32
6	256～512	1 0 1	256	16	128	64	32	16
5	128～256	1 0 0	128	8	64	32	16	8
4	64～128	0 1 1	64	4	32	16	8	4
3	32～64	0 1 0	32	2	16	8	4	2
2	16～32	0 0 1	16	1	8	4	2	1
1	0～16	0 0 0	0	1	8	4	2	1

3.3.2　PCM 编码器

编码器的任务是根据输入的样值得到相应的 8 位二进制代码。这里只讨论常用的逐次比较型编码器原理。

在逐次比较型编码器中，除第一位极性码外，其他 7 位二进代码是通过类似于天平称重物的过程来逐次比较确定的。预先规定好一些作为比较标准的电流 I_w，I_w 的个数与编码位数有关。当样值脉冲 I_s 到来后，用逐步逼近的方法有规律地用各标准电流 I_w 去和样值脉冲比较，每比较一次出一位码，当 $I_s>I_w$ 时，输出"1"码；反之输出"0"码，直到 I_w 和抽样值 I_s 逼近为止，完成对输入样值的非线性量化和编码。

逐次比较型编码器的原理框图如图 3-13 所示，它由整流器、极性判决、保持电路、比较器及本地译码电路等组成。

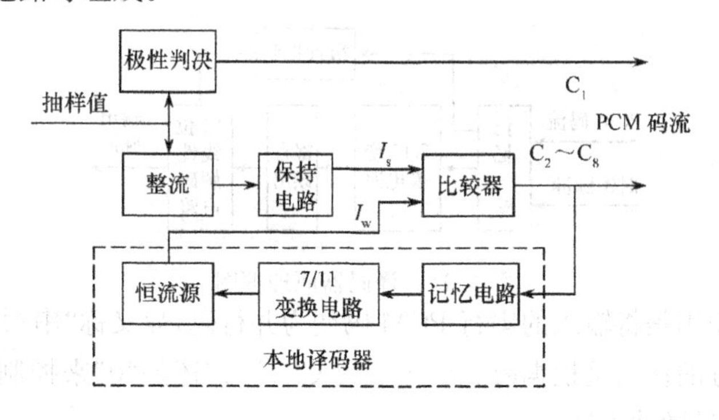

图 3-13　逐次比较型编码器原理图

极性判决电路用来确定信号的极性。输入信号样值为正时，输出"1"码；样值为负时，输出"0"码。整流器将双极性脉冲变换为单极性信号。

比较器对样值电流 I_s 和标准电流 I_w 进行比较，从而对输入信号抽样值实现非线性量化和编码。每比较一次输出一位码，当 $I_s>I_w$ 时，输出"1"码；反之出"0"码。对一个输入信号的抽样值需要进行 7 次比较。每次所需的标准电流 I_w 均由本地译码电路提供。

本地译码器包括记忆电路、7/11 变换电路和恒流源。记忆电路用来寄存二进制代码，除第一次比较外，其余各次比较都要依据前几次比较的结果来确定标准电流 I_w 值。因此，7 位码组中的前 6 位状态均应由记忆电路寄存下来。

7/11 变换电路就是将 7 位非线性码转换成 11 位线性码，其实质就是完成非线性和线性之间的变换。采用非均匀量化的 7 位非线性编码等效于 11 位线性码，恒流源有 11 个基本权值电流支路，需要 11 个控制脉冲来控制，必须经过变换，把比较器反馈到本地译码器的 7 位码变换为 11 位码。

恒流源用来产生各种标准电流值 I_w。在恒流源中有 11 个基本的权值电流支路，每个支路都有一个控制开关。由前面的比较结果经变换后得到的控制信号，用于控制每次应该哪几个开关接通形成比较用的标准电流 I_w。

保持电路的作用是在整个比较过程中保持输入信号的幅度不变。由于逐次比较型编码器编 7 位码(极性码除外)，需要在一个抽样周期 T_s 内将 I_s 与 I_w 比较 7 次，在整个比较过程中都应保持输入信号的幅度不变，故需要采用保持电路。

3.3.3　PCM 译码器

译码的作用是把收到的 PCM 信号还原成相应的样值信号，完成数字/模拟转换。

图 3-14 所示是译码器的原理框图。译码器的基本结构与逐次比较型编码器中的本地译码器基本相同，从原理上来说，两者都是用来译码。下面简单介绍图 3-14 中各部分电路的作用。

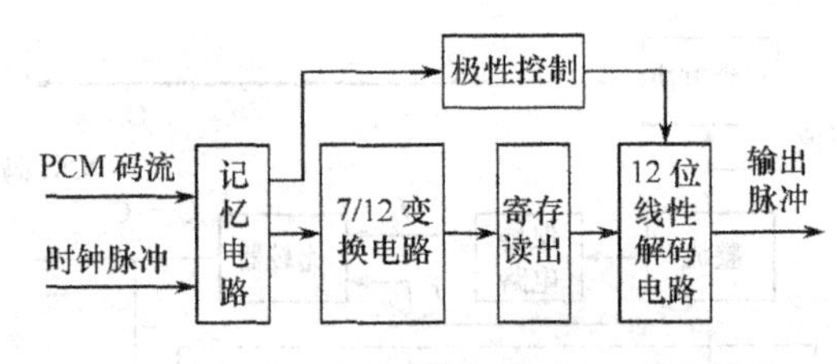

图 3-14　译码器原理框图

记忆电路的作用是将输入的串行 PCM 码变为并行码，故又称"串/并转换电路"。

极性控制部分的作用是根据收到的极性码 C_1 是"1"还是"0"来控制译码后样值信号的极性，恢复原信号脉冲极性。

7/12 变换电路的作用是将 7 位非线性码转换为 12 位线性码。其转换关系如表 3-3 所示(表中 1＊项为接收端解码时的补差项，在发送端编码时，该项均为零)。

在译码时，非线性码与线性码间的关系是 7/12 变换关系，这样做是为减小量化误差。在前面介绍的 PCM 编码器实际上是对输入信号所对应的分层电平进行编码，由编码器直接解出的都是分层电平，为了使编码造成的量化误差均小于量化间隔的一半即 $\Delta_i/2$（Δ_i 是输入信号所属的第 i 段的量化阶），在译码器中都有一个加 $\Delta_i/2$ 电路。这相当于将译码输出电平移到两个分层电平的中间。因此，使用带有加 $\Delta_i/2$ 电路的译码器，使得 PCM 编码器的最大量化误差一定不会超过 $\Delta_i/2$。

寄存读出电路把寄存的信号在一定时刻并行输出到 12 位线性解码电路。

12 位线性解码电路主要是由恒流源和电阻网络组成。根据所收到的码组（极性码除外）产生相应的控制脉冲去控制恒流源的标准电流支路，从而输出一个与发送端原抽样值接近的脉冲，脉冲的极性受极性控制电路控制。

表 3-3 A 律 13 折线非线性码与线性码间的关系

非线性码						线性码											
起始电平	段落码	段内码权值(Δ)				B_1	B_2	B_3	B_4	B_5	B_6	B_7	B_8	B_9	B_{10}	B_{11}	B_{12}
(Δ)	$C_2C_3C_4$	C_5	C_6	C_7	C_8	1024	512	256	128	64	32	16	8	4	2	1	1/2
1024	1 1 1	512	256	128	64	1	C_5	C_6	C_7	C_8	1*						
512	1 1 0	256	128	64	32		1	C_5	C_6	C_7	C_8	1*					
256	1 0 1	128	64	32	16			1	C_5	C_6	C_7	C_8	1*				
128	1 0 0	64	32	16	8				1	C_5	C_6	C_7	C_8	1*			
64	0 1 1	32	16	8	4					1	C_5	C_6	C_7	C_8	1*		
32	0 1 0	16	8	4	2						1	C_5	C_6	C_7	C_8	1*	
16	0 0 1	8	4	2	1							1	C_5	C_6	C_7	C_8	1*
0	0 0 0	8	4	2	1								C_5	C_6	C_7	C_8	1*

【例 3-2】 设输入信号抽样值 $I_s = +1260\Delta$（其中 Δ 为一个量化单位，表示输入信号归一化值的 1/2048），采用逐次比较型编码器，按 A 律 13 折线编成 8 位码 $C_1C_2C_3C_4C_5C_6C_7C_8$。

【解】 (1) 确定极性码 C_1：由于输入信号抽样值 I_s 为正，故 $C_1=1$。

(2) 确定段落码 $C_2C_3C_4$：

段落码 C_2 是用来表示输入信号抽样值 I_s 处于 13 折线 8 个段落中的前四段还是后四段，故确定 C_2 时的标准电流应选为第 5 段的起始电平，$I_w=128\Delta$。第一次比较结果为 $I_s>I_w$，故 $C_2=1$，说明 I_s 处于后四段（5～8 段）。

C_3 是用来进一步确定 I_s 处于 5～6 段还是 7～8 段，故确定 C_3 时的标准电流应选为第 7 段的起始电平，即 $I_w=512\Delta$。第二次比较结果为 $I_s>I_w$，故 $C_3=1$，说明 I_s 处于 7～8 段。

同理，确定 C_4 的标准电流应选为第 8 段的起始电平，即 $I_w=1024\Delta$。第三次比较结果为 $I_s>I_w$，所以 $C_4=1$，说明 I_s 处于第 8 段，起始电平为 1024Δ。

经过以上三次比较得段落码 $C_2C_3C_4$ 为“111”。

(3) 确定段内码 $C_5C_6C_7C_8$：

段内码进一步表示 I_s 在该段落处于哪一量化级。第 8 段的 16 个量化间隔均为 $\Delta_8=64\Delta$，C_5 用来确定 I_s 是处于第 8 段内的前 8 个量化级还是后 8 个量化级，故确定 C_5 时的标准电流为

$$I_w=\text{段落起始电平}+8\times(\text{量化间隔})$$
$$=1024+8\times64=1536\Delta$$

第四次比较结果为 $I_s<I_w$，故 $C_5=0$，I_s 处于前 8 级。

C_6 是用来确定 I_s 是处于第 8 段内的 1～4 级还是 5～8 级，确定 C_6 时的标准电流为 $I_w=1024+4\times64=1280\Delta$，第五次比较结果为 $I_s<I_w$，故 $C_6=0$，表示 I_s 处于前 4 级。

类似地，再经过比较，可以确定 $C_7=1$，$C_8=1$。

经过以上七次比较，对于模拟抽样值 $+1260\Delta$，编出的 PCM 码组为 11110011。它表示输入信号抽样值 I_s 处于第八段 3 量化级，其量化电平为 1216Δ。

7 位非线性码 1110011 对应的 11 位线性码为 10011000000。

译码时，非线性码与线性码间的关系是 7/12 变换关系。I_s 位于第 8 段的序号为 3 的量化级，7 位幅度码 1110011 对应的分层电平为 1216Δ，第八段的量化阶是 64Δ，因此译码输出为

$$1216+\Delta_i/2=1216+64/2=1248\Delta$$

量化误差为

$$1260-1248=12\Delta$$

$12\Delta<64\Delta/2$，量化误差小于第八段量化间隔的一半。

这时，7 位非线性幅度码 1110011 所对应的 12 位线性幅度码为 100111000000。

3.3.4　PCM 编译码器芯片

在实际的 PCM 数字电话系统中，PCM 编译码器可以使用单个芯片来实现，而且在芯片上还可以包含 PCM 收发话路滤波器。随着集成电路技术的发展，有更多更强的功能被集成到 PCM 编译码器芯片中。

单芯片 PCM 编译码器种类较多，具体实现结构也有差异。这里对 Intel 公司的一种芯片 2914 进行介绍。图 3-15 所示是 2914 的原理框图。芯片内部电路分为三个部分：发送单元，完成语音信号的 PCM 编码；接收单元：对 PCM 码流译码恢复出语音信号；控制单元：产生 AD 变换和 DA 变换时所需要的控制信号。

在编码时，语音模拟信号从 VF_XI_+ 和 VF_XI_- 端输入运算放大器，经过通带为 300～3400Hz 的带通滤波器滤波，在 AD 控制逻辑电路作用下，经过逐次比较型编码后，PCM 码寄存在输出寄存器中，在发送时钟作用下输出。

在译码时,接收的 PCM 码先寄存在输入寄存器中,在 DA 变换逻辑控制电路的作用下,送入抽样保持与 DAC 电路,经缓冲后送到低通滤波器,最后经放大后从 $PWRO_+$ 和 $PWRO_-$ 端输出。

芯片可工作在固定数据速率模式和可变速率模式,在固定速率模式时,芯片可工作于三种输入时钟:2.048MHz、1.544MHz 、1.536MHz,在可变速率模式,数据速率可在 64kb/s 到 2.048Mb/s 间变化。控制单元还可使芯片处于低功耗工作状态。

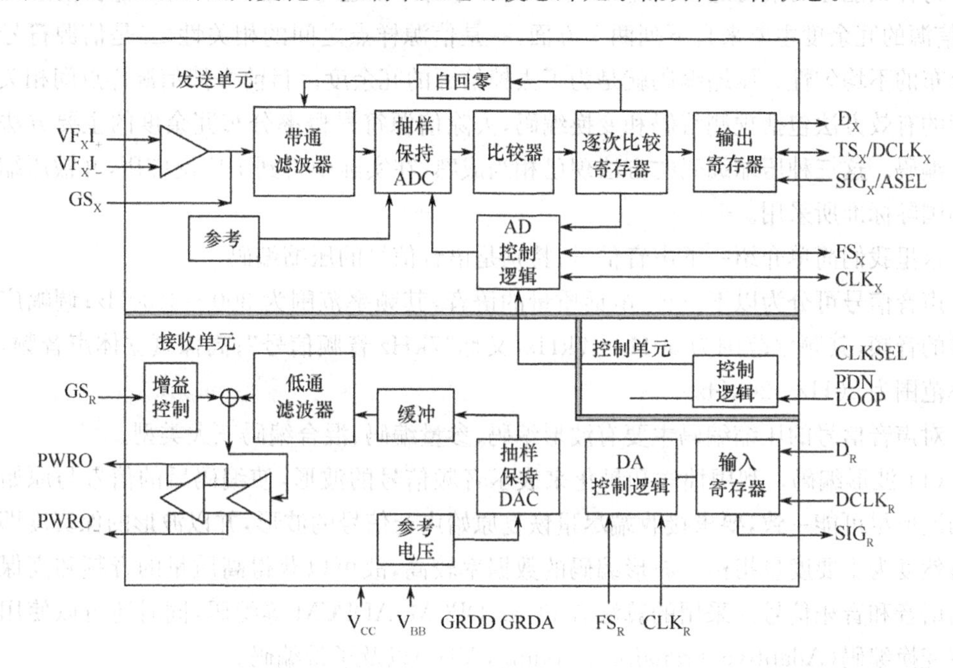

图 3-15 2914 PCM 编译码器原理框图

3.4 自适应差分脉码调制

3.3 节我们介绍了 PCM 编码,一路电话使用 A 律或者 μ 律对数压扩编码后的速率为 64kb/s,传送 64kb/s 数字信号的最小频带宽度理论值为 32kHz,因此 PCM 信号占用频带宽度比模拟通信系统宽很多。这样在频带宽度严格受限的传输系统中,能传输的 PCM 电话路数要比模拟通信方式传送的电路路数少得多,因此人们研究压缩数字化语音占用频带的方法,差分脉码调制(Differential PCM, DPCM)就是其中一种重要方法,自适应差分脉码调制(Adaptive Differential PCM)已经形成国际标准。

通常把数码率低于 64kb/s 的语音编码方法称为语音压缩编码技术。本节我们首先简要介绍压缩编码的基本思想,然后介绍差分脉码调制的基本原理,最后介绍自适应差分脉码调制。

3.4.1 压缩编码简介

实际的信源可归结为声音、图像、数据三大类，经过数字化后数据量很大，如果不进行压缩，则不论传输和存储的代价都很大。

为什么能够对信源进行压缩编码呢？因为信源普遍存在着冗余度。香农信息论认为，信源的冗余度主要来自下列两个方面：一是信源样点之间的相关性，二是信源符号概率分布的不均匀性。压缩编码就是为了去掉信源的冗余度。目前去掉信源样点间相关冗余度的有效方法包括预测编码和变换编码，去除信源符号概率分布冗余度的主要方法是统计编码。这三种压缩编码的方法现已相当成熟，在实际中得到了广泛应用，并被压缩编码的国际标准所采用。

这里我们简单介绍一下声音信号、特别是语音信号的压缩编码。

声音信号可分为以下三种：电话质量的语音，其频率范围为 300～3400Hz；调幅广播质量的音频，其频率范围为 50Hz～7kHz，又称“7kHz 音频信号”；高保真立体声音频，其频率范围为 20Hz～20kHz。

对声音信号的压缩编码主要有波形编码、参量编码、混合编码三大类型。

(1) 波形编码。利用抽样和量化来表示音频信号的波形，使编码后的信号与原始信号的波形尽可能一致，要求接收端尽量恢复原始声音信号的波形，并以波形的保真度即语言自然度为主要度量指标。波形编码的数据率较高，故可以获得高质量的音频和高保真度的语音和音乐信号。采用的算法有 PCM、DPCM、ADPCM 等编码，同时还可以使用自适应变换编码(Adaptive Transform Coding，ATC)以及子带编码。

(2) 参量编码。是一种分析/合成编码方法。它先通过分析，提取表征声音信号特征的参数，再对特征参数进行编码，接收端根据声音信号产生过程的机理，将译码后的参数进行合成，重构声音信号。由于声音信号特征参数的数量远远小于原始声音信号的样点数据，所以这种方法压缩比高，但由于计算量大，保真度不高，一般适合于语音信号的编码。

(3) 混合编码。它介于波形编码和参量编码之间，即在参量编码的基础上，引入了一定的波形编码特征，以达到改善自然度的目的。混合编码将波形编码的高保真度与参量编码的低数据率的优点结合起来，在中低速率编码中得到广泛应用。当前比较成功的混合型编码方法有多脉冲线性预测编码(Multi-Pulse Linear Predictive Coder，MPLPC)和码激励线性预测编码(Code-Excited LPC，CELPC)以及矢量和激励线性预测编码(Vector Sum Excited Linear Predictive，VSELP)等。

ITU-T 先后制定了一系列有关语音压缩编码的标准。如 1972 年提出的 G. 711 标准，采用 μ 律或 A 律的 PCM 编码，数据率为 64kb/s。1984 年公布了 G. 721 标准，采用 ADPCM 编码，数据率为 32kb/s，上述标准可用于公用电话网。1992 年提出 16kb/s 的短延时码激励线性预测编码(LD-CELP,Low delay CELP)的 G. 728 标准,它具有较小的延迟、较低的速率和较高的性能而在实际中得到广泛应用,例如:可视电话电话伴音、无绳电话、海事卫星通信等。1995 年通过了 8kb/s 的共轭结构代数码激励线性预测(CS-ACELP, Conjugate structure algebraic CELP)编码的 G. 729 标准。这种编码方法延迟小,可以提供与 32kb/s 的 ADPCM 相当的语音质量,而且在噪声较大的环境中也会有较好的质量,广泛应用于个人移动通信、数字卫星通信等领域。

欧洲于 1988 年提出 13kb/s 长时预测规则脉冲激励(RPE-LTP,regualr pulse excitation-long term prediction)语音编码标准,并在全球移动通信系统(GSM)中得到应用。美国 1989 年也提出 CTIA 标准,采用 VSELP,速率为 8kb/s。美国国家安全局(NSA)于 1982 年制定了基于 LPC 的 2. 4kb/s 编码标准,1989 年制定了基于 CELP 的 4. 8kb/s 编码标准。表 3-4 中列出了上述电话质量的语音编码标准。

表 3-4 电话质量的语音编码标准

标准	G. 711	G. 721	G. 728	G. 729	GSM	CTIA	NSA	NSA
时间	1972	1984	1992	1995	1988	1989	1982	1988
速率 kb/s	64	32	16	8	13	8	2. 4	4. 8
算法	PCM	ADPCM	LD-CELP	CS-ACELP	RPE-LTP	VSELP	LPC	CELP
质量评估	4. 3	4. 1	4. 0	4. 1	3. 7	3. 8	2. 5	3. 2
	注:质量评估时采用多人打分平均值来衡量语音质量的主观评估方法,满分为 5 分。							

3. 4. 2 差分脉码调制的基本原理

差分脉码调制(DPCM)基本原理是基于模拟信号的相关性,大多数信源输出的信号样值之间存在一定的相关性。相邻的信号样点间的值比较接近,这意味着信号抽样点之间具有冗余。一种减小冗余传输的方法是发送相邻样点间的差异。如果用传送差值来代替实际样值,那么码组所需要的位数就可以显著减少,因此降低了 DPCM 的数据率。在接收端,根据过去样点值和接收到的差异值恢复当前的信号样点值。这就是差分脉码调制的基本思想。

图 3-16 所示为 DPCM 系统原理框图。图中输入样值信号为 $x(n)$,接收端重建信号为 $\hat{x}(n)$,$\tilde{x}(n)$是预测信号,$d(n)$是输入信号与预测信号的差值,$d_q(n)$为量化后的差值,$c(n)$是对 $d_q(n)$编码后输出的数字编码信号。

编码器中的预测器与解码器中的预测器完全相同。因此,在无传输误码的情况下,解码器输出的重建信号 $\hat{x}(n)$与编码器中的 $\hat{x}(n)$完全相同。根据图 3-16,差值 $d(n)$和重建信号 $\hat{x}(n)$可以表示为

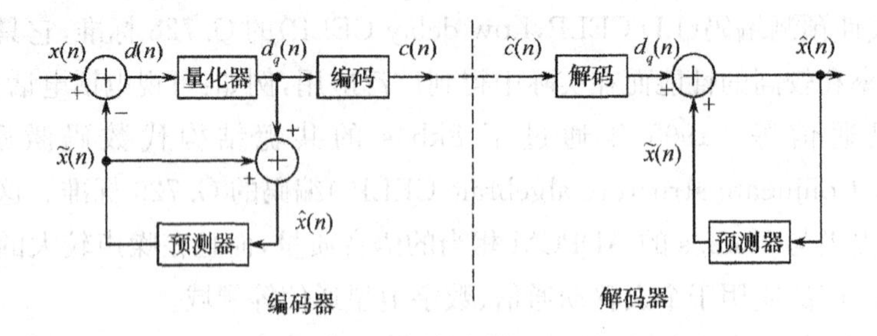

图 3-16 DPCM 原理框图

$$d(n)=x(n)-\tilde{x}(n) \tag{3.4-1}$$

$$\hat{x}(n)=\tilde{x}(n)+d_q(n) \tag{3.4-2}$$

DPCM 的总量化误差 $e(n)$ 定义为输入信号 $x(n)$ 与解码器输出重建信号 $\hat{x}(n)$ 之差，即

$$\begin{aligned} e(n)&=x(n)-\hat{x}(n)\\ &=[\tilde{x}(n)+d(n)]-[\tilde{x}(n)+d_q(n)]\\ &=d(n)-d_q(n) \end{aligned} \tag{3.4-3}$$

因此，在这种 DPCM 系统中，总量化误差只和差值信号的量化误差有关。系统总的量化信噪比 SNR 定义为

$$\mathrm{SNR}=\frac{E[x^2(n)]}{E[e^2(n)]}=\frac{E[x^2(n)]}{E[d^2(n)]}\frac{E[d^2(n)]}{E[e^2(n)]}=G_p\cdot \mathrm{SNR}_q \tag{3.4-4}$$

式中 G_p 和 SNR_q 分别定义为

$$G_p=\frac{E[x^2(n)]}{E[d^2(n)]} \tag{3.4-5}$$

$$\mathrm{SNR}_q=\frac{E[d^2(n)]}{E[e^2(n)]} \tag{3.4-6}$$

式(3.4-4)表明，DPCM 系统的总 SNR 取决于 G_p 和 SNR_q 的乘积。

G_p 可理解为 DPCM 系统相对于 PCM 系统的信噪比增益，称为预测增益。如果能够选择合理的预测增益，差值功率 $E[d^2(n)]$就能小于样值功率 $E[x^2(n)]$，G_p 就会大于 1，系统就会获得增益。SNR_q 是把差值序列作为信号时的量化信噪比，与 PCM 系统考虑量化误差时所计算的信噪比相当，要提高 SNR_q，就要寻求最佳的量化，减小量化误差 $e(n)$ 和 $E[e^2(n)]$。由于语音信号在较大的动态范围内变化，对语音信号进行最佳预测和最佳量化是复杂的技术问题，只有采用自适应系统才能得到最佳性能，有自适应系统的 DPCM 称为自适应差分脉码调制(ADPCM)。

ADPCM 系统中的自适应技术包括自适应预测和自适应量化。自适应量化是指量化器的量化阶能随信号的瞬时值变化而做自适应调整，自适应预测是指预测器的预测系数能随语音瞬时变化做自适应调整，从而得到高预测增益。如果 DPCM 的预测增益为 6～11dB，自适应预测器可使信噪比改善 4dB，自适应量化可使信噪比改善 4～7dB，则 ADPCM比 PCM 可改善 16～21dB，相当于编码位数可以减小 3～4 位。

3.4.3　自适应预测*

ADPCM 中的预测信号是用线性预测的方法产生的。线性预测器可分为极点预测器与零点预测器。

1. 极点预测器

N 阶预测器的输出 $\tilde{x}(n)$ 是用前 N 个 $\hat{x}(n-i)$ 值 $(i=1,2,\cdots,N)$ 的线性组合，即

$$\tilde{x}(n)=\sum_{i=1}^{N}\alpha_i\hat{x}(n-i) \tag{3.4-7}$$

式中，$\{\alpha_i\}$ 是一组预测系数。若略去量化误差不计，则图 3-17 所示的 DPCM 系统中预测误差滤波器的传递函数

$$D(Z)=d_{\mathrm{q}}(Z)/X(Z)=1-\sum_{i=1}^{N}\alpha_i Z^{-i} \tag{3.4-8}$$

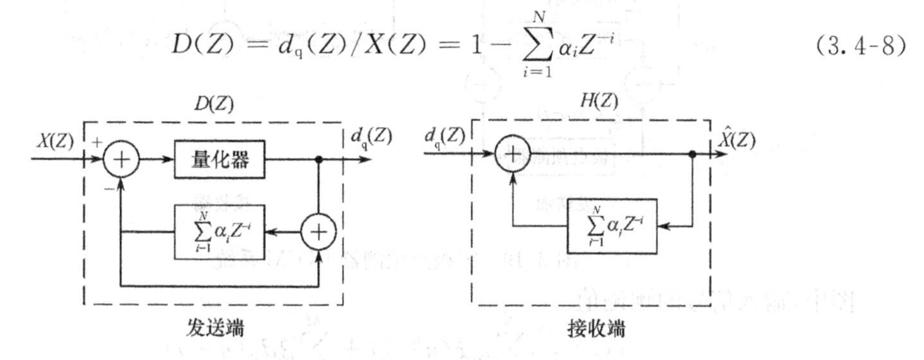

图 3-17　极点预测器 DPCM 系统

接收端重建信号 $\hat{X}(Z)$ 也就是发送端的信号 $X(Z)$，于是有

$$\hat{X}(Z)=d_{\mathrm{q}}(Z)/D(Z)=d_{\mathrm{q}}(Z)H(Z) \tag{3.4-9}$$

接收端重建逆滤波器的传递函数

$$H(Z)=1/D(Z) \tag{3.4-10}$$

由于 $H(Z)$ 只有零点，因此这种预测器是全极点预测器。

2. 零点预测器

如果预测器输出为

$$\tilde{x}(n)=\sum_{i=1}^{M}\beta_i d_{\mathrm{q}}(n-i) \tag{3.4-11}$$

式中，$\{\beta_i\}$ 是一组预测系数。该系统的重建信号

$$\hat{X}(Z)=d_{\mathrm{q}}(Z)H(Z)=d_{\mathrm{q}}(Z)\left(1+\sum_{i=1}^{M}\beta_i Z^{-i}\right) \tag{3.4-12}$$

因 $H(Z)$ 只有零点没有极点，故称零点预测器。其原理框图如图 3-18 所示。

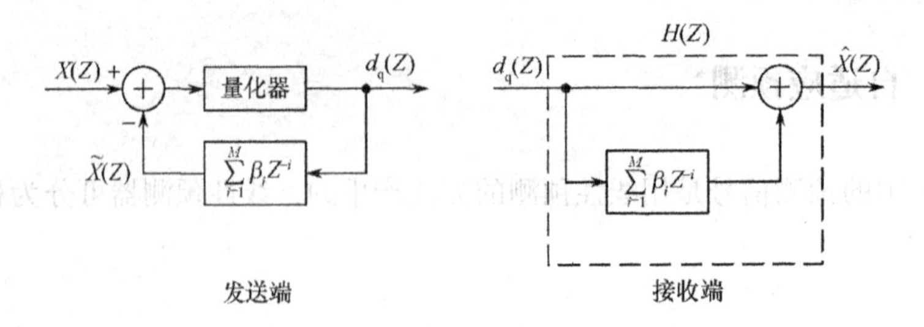

图 3-18　零点预测器 DPCM 系统

3. 零极点预测器

把零点预测器和极点预测器组合在一起，称为零极点预测器，如图 3-19 所示。

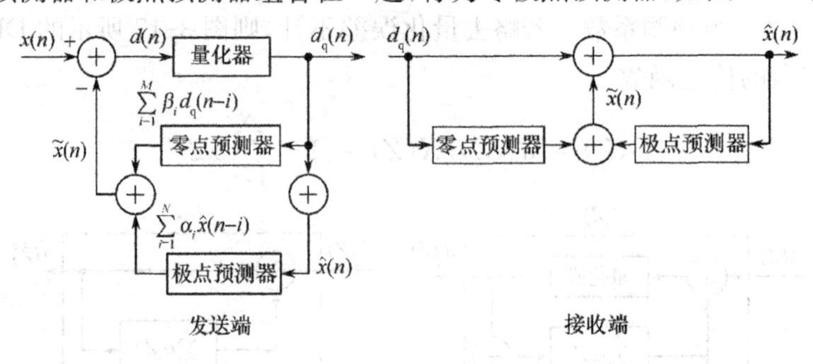

图 3-19　零极点预测器 DPCM 系统

图中，输入信号的预测值

$$\widetilde{x}(n)=\sum_{i=1}^{N}\alpha_i\hat{x}(n-i)+\sum_{i=1}^{M}\beta_i d_q(n-i) \tag{3.4-13}$$

重建信号

$$\hat{x}(n)=\widetilde{x}(n)+d_q(n) \tag{3.4-14}$$

重建逆滤波器的传递函数

$$H(Z)=\frac{1+\sum_{i=1}^{M}\beta_i Z^{-i}}{1-\sum_{i=1}^{N}\alpha_i Z^{-i}} \tag{3.4-15}$$

最佳线性预测器是具有最小均方预测误差的预测器，因而能获得最大的预测增益 G_p 和最大的 SNR，也就是要在最小 $E[d^2]$ 的条件下，确定一组最佳预测系数 $\{\alpha_{iopt}\}$。

对于一般的有极点预测器的 DPCM 系统，若略去量化误差，则

$$E[d^2]=E[(x(n)-\widetilde{x}(n))^2]=E\Big[\Big(x(n)-\sum_{i=1}^{N}\alpha_i\hat{x}(n-i)\Big)^2\Big] \tag{3.4-16}$$

最佳预测系数 $\{\alpha_{iopt}\}$ 需满足

$$\frac{\partial E[d^2]}{\partial\alpha_i}=0\quad i=1,2,\cdots,N \tag{3.4-17}$$

由此得到一组线性方程组，求解得到最佳预测系数

$$\alpha_{opt}=\boldsymbol{R}_{ss}^{-1}r_{ss} \tag{3.4-18}$$

其中

$$\alpha_{opt}=\begin{bmatrix}\alpha_{1opt}\\ \alpha_{2opt}\\ \vdots\\ \alpha_{Nopt}\end{bmatrix},\quad r_{ss}=\begin{bmatrix}R(1)\\ R(2)\\ \vdots\\ R(N)\end{bmatrix}$$

$$\boldsymbol{R}_{ss}=\begin{bmatrix}R(0) & R(1) & \cdots & R(N-1)\\ R(1) & R(0) & & R(N-2)\\ \vdots & \vdots & & \vdots\\ R(N-1) & R(N-2) & \cdots & R(0)\end{bmatrix} \tag{3.4-19}$$

实际语音信号是一个非平稳的随机过程，其统计特性随时间不断变化，但在短时间间隔内，可以近似地看成是平稳过程，因而可以利用类似于式(3.4-18)的方法，按照短时统计相关特性，求出短时最佳预测系数$\{\alpha_{iopt}(n)\}$。这种方法要求首先计算出$R(i)$，再计算$\{\alpha_{iopt}(n)\}$，称为前向自适应预测算法，而且已经研究得到了计算$\{\alpha_{iopt}(n)\}$的快速递推算法。但是前向自适应预测会产生较长的编码延迟时间(约为 15～20ms)，其运算量比较大，而且还要将$\{\alpha_{iopt}(n)\}$传输给接收端。因此，它只应用在低于 16kb/s 的语音压缩编码系统中。

后向序贯自适应预测算法则采用序贯地不断修正预测系数$\{\alpha_i(n)\}$的方法来减少瞬时平方差值信号$d_q^2(n)$。使$\{\alpha_i(n)\}$逐渐接近最佳预测系数$\{\alpha_{iopt}(n)\}$，以达到最佳预测状态。Wirow 提出的最小均方算法(LMS)中，预测系数的序贯修正准则朝着负梯度方向修正$\{\alpha_i(n)\}$。

$$d_q(n)=\hat{x}(n)-\sum_{i=1}^{N}\alpha_i(n)\hat{x}(n-i) \tag{3.4-20}$$

$d_q^2(n)$的梯度

$$\nabla d_q^2(n)=2d_q(n)\nabla d_q(n) \tag{3.4-21}$$

$$\alpha_i(n+1)=\alpha_i(n)+g_i(n)d_q(n)\hat{x}(n-i) \tag{3.4-22}$$

其中，$g_i(n)$是梯度系数，它决定了预测系数的自适应速率。从理论上来说，当$g_i(n)$很小时，自适应系数能够使$\{\alpha_i\}$接近于$\{\alpha_{iopt}\}$。但若$g_i(n)$值太小，当统计信号有很快变化时，预测系数$\{\alpha_i\}$将跟不上信号统计特性的变化。在自适应算法里的一个关键是通过大量实验来确定最合理的梯度系数。

为了进一步简化自适应预测算法，有人提出了一种梯度符号算法：

$$\alpha_i(n+1)=\lambda_i\alpha_i(n)+g_i(n)\mathrm{sgn}[d_q(n)]\mathrm{sgn}[\hat{x}(n-i)] \tag{3.4-23}$$

式中，sgn[ ]为符号函数，λ_i 是抗误码因子，$\lambda_i=1-2^{-k_i}(k_i\gg 1)$。

这种符号梯度算法同样适用于零点预测器系数的自适应修正，即

$$\beta_i(n+1)=\lambda_i\beta_i(n)+g_i(n)\mathrm{sgn}[d_q(n)]\mathrm{sgn}[d_q(n-i)] \tag{3.4-24}$$

3.4.4 自适应量化*

在实际电话网中，由于说话人声音强弱不同，传输电路损耗不同，语音信号的功率变化范围可达 45dB 左右。而最佳量化器的所有量化电平、分层电平均与量化器输入信号的功率有关。为了使量化器始终能够处于最佳状态或接近于最佳状态，量化器的量化电平$\{d_{\mathrm{qn}}\}$、分层电平$\{d_{\mathrm{n}}\}$应能够自适应于输入信号方差 σ_{d}^2 的变化。

自适应量化方法有很多种，若严格根据输入方差 σ_{d}^2 来确定$\{d_{\mathrm{qn}}\}$、$\{d_{\mathrm{n}}\}$的值，则成为前向自适应量化；若根据前一时刻输出数字码 $I(k)$或量化器输出值 $d_{\mathrm{qn}}(k-i)$来确定$\{d_{\mathrm{qn}}\}$、$\{d_n\}$的值，则称为后向自适应量化。显然，后向自适应量化比前向自适应量化易于实现，但必须合理选择算法使其能收敛于最佳量化器参数。在 ITU G.721 建议中，采用的自适应量化算法基于 Jayant 或 Goodman 等人提出的实用的后向自适应量化算法。

设均匀量化器第 k 时刻量化间隔定义为 $\Delta_n(k)=d_{n+1}(k)-d_n(k)=\Delta(k)$，第 k 时刻量化器短时输出方差估值$\hat{\sigma}_{\mathrm{dq}}^2(k)$可由以下递推公式导出

$$\hat{\sigma}_{\mathrm{dq}}^2(k)=\alpha_l\hat{\sigma}_{\mathrm{dq}}^2(k-1)+(1-\alpha_l)d_{\mathrm{q}}^2(k-1) \tag{3.4-25}$$

式中，α_l 是常数，$0<\alpha_l<1$。$\hat{\sigma}_{\mathrm{dq}}^2(k-1)$是 $k-1$ 时刻的估值。将式(3.4-25)两端除以 $\hat{\sigma}_{\mathrm{dq}}^2(k-1)$项，有

$$\frac{\hat{\sigma}_{\mathrm{dq}}^2(k)}{\hat{\sigma}_{\mathrm{dq}}^2(k-1)}=\alpha_l+(1-\alpha_l)\frac{d_{\mathrm{q}}^2(k-1)}{\hat{\sigma}_{\mathrm{dq}}^2(k)} \tag{3.4-26}$$

假定量化误差比较小，则量化器输入方差估值

$$\hat{\sigma}_{\mathrm{d}}^2(k)\approx\hat{\sigma}_{\mathrm{dq}}^2(k) \tag{3.4-27}$$

量化间隔 $\Delta(k)$应自适应于输入方差估值 $\hat{\sigma}_{\mathrm{d}}^2(k)$的变化，所以式(3.4-26)变为

$$\frac{\Delta(k)}{\Delta(k-1)}=\sqrt{\frac{\hat{\sigma}_{\mathrm{d}}^2(k)}{\hat{\sigma}_{\mathrm{d}}^2(k-1)}}=\sqrt{\alpha_l+(1-\alpha_l)\frac{d_{\mathrm{q}}^2(k-1)}{\hat{\sigma}_{\mathrm{dq}}^2(k)}} \tag{3.4-28}$$

由于上式中右端只取决于 $d_{\mathrm{q}}(k-1)$，即输出数字码$|I(k-1)|$，所以上式又可写成

$$\Delta(k)=\Delta(k-1)\cdot M(|I(k-1)|) \tag{3.4-29}$$

式(3.4-29)就是 Jayant 后向自适应算法；但是在有传输误码的情况下，它会产生误码扩散问题。因此采用修正式

$$\Delta(k+1)=[\Delta(k)]^{\beta}\cdot M(|I(k)|) \tag{3.4-30}$$

式中，β 为抗误码因子，在有传输误码情况下，能使接收端 $\Delta(k)$与发送端 $\Delta(k)$相接近。M 称为量化间隔调整因子，它取决于量化器输出码字 $I(k)$，即量化电平等级。Jayant 等人根据大量实验确定了不同量化电平 L 时 PCM 与 DPCM 量化器的各种 M 值。

对于非均匀量化器，式(3.4-29)不能直接引用，而要引入定标因子 $y(k)$。固定非均匀量化器的输入信号 $d(k)$先进行一次归一化运算：

$$d'(k)=d(k)/y(k) \tag{3.4-31}$$

对于语音信号，$y(k)$可以采用式(3.4-30)进行自适应。它是一种快速瞬时自适应，能较好地与语音信号电平变化规律相适应。对于数据调制解调器(Modem)或音频信令信号，其信号功率电平变动范围远小于语音，因而式(3.4-31)的瞬时自适应反而会使得量化器的量化间隔随最佳参数的起伏而引起过大波动，因此应选择慢自适应算法。具体来说，应使量化间隔调整因子M值基本都接近于1。

若要使量化器能对语音信号与数据Modem信号都要获得最佳自适应特性，就必须在自适应算法中采用两种不同的定标因子。ITU-T G.721建议采用的动态锁定量化器(DLQ)就是一种可控自适应速度的量化器。

ITU-T G.721建议提出了能和PCM数字电话网络兼容的32kb/s ADPCM算法。在建议中使用零极点后向序贯自适应预测器，它有6个零点和2个极点，并采用符号梯度算法来自适应修正预测系数。

3.5 增量调制

在3.4节中我们介绍了DPCM，从基本原理上看，增量调制(ΔM)可看作是一种特殊形式的DPCM，它只有两个量化电平，使用一位编码，实现简单。

3.5.1 简单增量调制原理

增量调制减小码速率的方法同样是基于样点间的相关性。由于样值点之间的相关性，那么相邻样点之间的幅度变化不会很大，特别是抽样速率增加时，相邻抽样点之间的变化更小，相邻抽样值的差值同样能反映模拟信号的变化规律。在增量调制中，只使用一位编码，但这一位不是用来表示信号抽样值的大小，而是表示抽样时刻波形的变化趋向，这是ΔM与PCM的本质区别。由于只使用一位编码，发送端和接收端不需要使用AD变换器和DA变换器，因此增量调制器的实现很简单。

图3-20所示是增量调制的原理框图。图3-20中(a)为编码器，(b)是解码器。在编码器中，输入信号是模拟信号$x(t)$，它在第n时刻样值为$x(n)$，$\tilde{x}(n)$表示第n时刻的预测值，$\hat{x}_1(n)$是$x(n)$在第n时刻的重建样值。根据预测规则有$\tilde{x}(n)=\hat{x}_1(n-1)$。为了和接收端的重建信号区别，$\hat{x}_1(n)$称为本地重建信号。输入样值与预测值之差称为差值信号$e(n)$，有

$$e(n)=x(n)-\tilde{x}(n)=x(n)-\hat{x}_1(n-1) \tag{3.5-1}$$

量化器对误差信号$e(n)$进行量化，量化器输出$d(n)$只有两个电平：$+\Delta$和$-\Delta$，编码器把它们分为编码为1和0，这里把Δ称为ΔM的量化间隔。

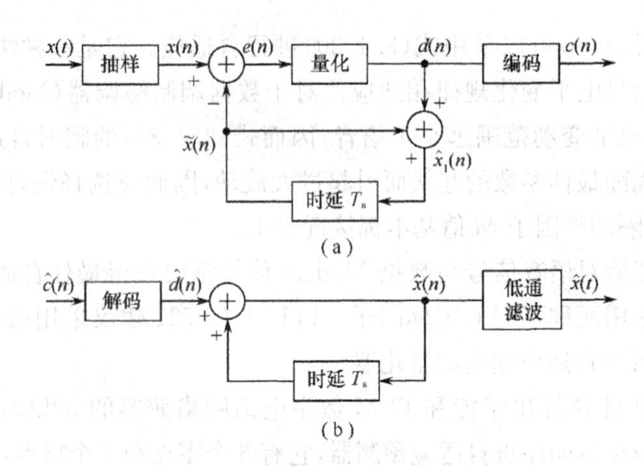

图 3-20　简单增量调制原理框图

在接收端，由接收到的码字解出差值信号量化值 $\hat{d}(n)$，经延迟和相加电路后，输出重建信号

$$\hat{x}(n)=\hat{d}(n)+\hat{x}(n-1) \tag{3.5-2}$$

若传输信道无误码，则收端重建信号 $\hat{x}(n)$应和发端的本地重建信号 $\hat{x}_1(n)$相同。输出重建样值还要通过低通滤波器，才能恢复出原来信号。

实际实现时 ΔM 的硬件框图如图 3-21 所示，工作原理与图 3-20 类似，工作过程如下：消息信号 $x(t)$与来自积分器的信号 $x_1(t)$相减得到量化误差信号 $e(t)$。如果在抽样时刻 $e(t)>0$，判决器(比较器)输出为 1；如果 $e(t)<0$ 则输出 0。判决器一方面作为编码信号经信道送往接收端，另一方面又送往编码器内部的脉冲发生器：1 产生一个正脉冲，0 产生一个负脉冲，积分后得到 $x_1(t)$。由于 $x_1(t)$与接收端译码器中积分器输出波形是一致的，因此 $x_1(t)$常称为本地译码信号。

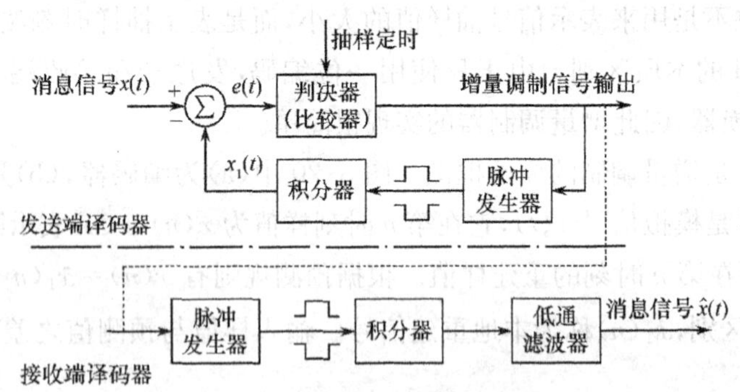

图 3-21　简单增量调制硬件框图

图 3-21 中积分器输出信号可以有两种形式，一种是折线近似的积分波形，如图 3-22 中虚线所示；另一种是阶梯波形，如图 3-22 中实线所示。但不论是哪种波形，在相邻抽样

时刻，其波形幅度变化都只增加或减小一个固定的量化间隔 Δ，因此没有本质区别。在接收端，译码器与发送端的编码器结构完全相同，积分器输出再经过低通滤波器滤除高频分量。

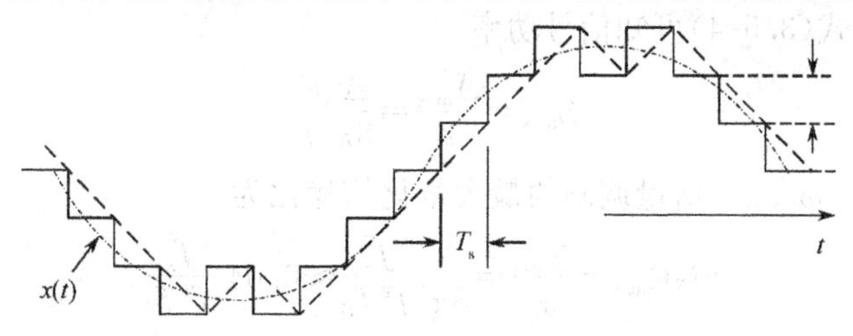

图 3-22　增量调制过程

当输入信号频率过高时，本地译码器输出信号 $x_1(t)$ 跟不上信号的变化，使误差信号 $e(t)$ 显著增大，这种现象称为过载，如图 3-23 所示，图(a)和图(b)分别为不过载和过载时的波形示意图。由于过载现象会引起译码后信号的严重失真，这种失真称为过载失真，或称过载噪声。为避免过载，应满足条件

$$\left|\frac{\mathrm{d}x(t)}{\mathrm{d}t}\right| \leqslant \frac{\Delta}{T_\mathrm{s}} \tag{3.5-3}$$

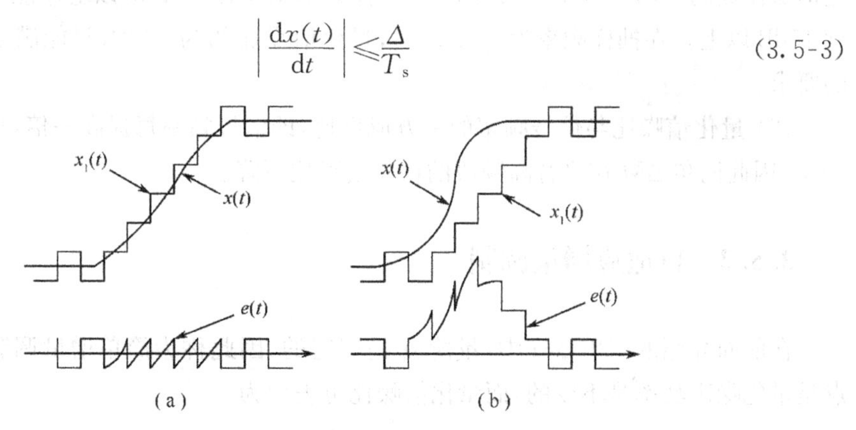

图 3-23　过载噪声波形示意图

在给定量化间隔 Δ 的情况下，简单增量调制器能跟踪最大斜率为 Δ/T_s 的信号，其中 T_s 为抽样周期。Δ/T_s 称为临界过载情况下最大跟踪斜率。若输入信号为正弦波 $x(t)=A\cos\omega t$，其最大斜率为 $A\omega$，则临界过载时

$$A_{\max}\omega = \Delta/T_\mathrm{s} = \Delta f_\mathrm{s} \tag{3.5-4}$$

在不过载的情况下，ΔM 的量化噪声为

$$\sigma_\mathrm{q}^2 = \int_{-\Delta}^{\Delta} e^2 p(e)\mathrm{d}e = \frac{1}{2\Delta}\int_{-\Delta}^{\Delta} e^2 \mathrm{d}e = \frac{\Delta^2}{3} \tag{3.5-5}$$

上式中 $e(t)=x(t)-x_1(t)$，并假定其值在 $(+\Delta,-\Delta)$ 之间均匀分布，即 $p(e)=1/(2\Delta)$。并且为简化计算假定量化噪声功率谱在 $(0, f_\mathrm{s})$ 内均匀分布。若收端滤波器的带宽为 f_B，则接收端经低通滤波器后输出的量化噪声 σ_q^2 应为

$$\sigma_q^2 \approx \frac{\Delta^2 f_B}{3 f_s} \tag{3.5-6}$$

在临界过载时，由式(3.5-4)可知信号功率

$$S_{max} = \frac{A_{max}^2}{2} = \frac{\Delta^2 f_s^2}{8\pi^2 f^2} \tag{3.5-7}$$

这里，信号频率 $f=\omega/2\pi$。增量调制的最大量化信噪比为

$$SNR_{max} = \frac{S_{max}}{\sigma_q^2} = \frac{3}{8\pi^2}\frac{f_s^3}{f^2 f_B} \approx 0.04\,\frac{f_s^3}{f^2 f_B} \tag{3.5-8}$$

若用 dB 表示有

$$[SNR_{max}]_{dB} \approx 30\lg f_s - 20\lg f - 10\lg f_B - 14 \tag{3.5-9}$$

式(3.5-9)表明：

(1) 在简单 ΔM 系统中，量化信噪比与 f_s 三次方成正比；即抽样频率每提高一倍，量化信噪比提高 9dB。因此，一般 ΔM 的抽样频率至少在 16kHz 以上才能使量化信噪比达到 15dB 以上。在抽样频率为 32kHz 时，量化信噪比约为 26dB，只能满足一般通信质量的要求。

(2) 量化信噪比与信号频率的平方成反比，即信号频率每提高一倍，量化信噪比下降 6dB。因此简单 ΔM 在语音高频段的量化信噪比下降。

3.5.2 自适应增量调制

在前面介绍的简单 ΔM 中，量阶 Δ 是固定的，因此称为简单增量调制。它的主要缺点是量化噪声功率是不变的，而量化信噪比可表示为

$$SNR = \frac{S}{\sigma_q^2} = \left(\frac{S}{S_{max}}\right) \cdot \frac{S_{max}}{\sigma_q^2} \tag{3.5-10}$$

因此在信号功率 S 下降时，量化信噪比也随之下降。例如当抽样频率为 32kHz 时，设信噪比最低限度为 15dB，则信号的动态范围只有 11dB 左右，远不能满足通信系统对动态范围的要求(通常为 35～50dB)。

为了改进简单 ΔM 的动态范围，要采用自适应增量调制的方案。自适应增量调制的基本原理是采用自适应方法使量阶 Δ 的大小随着输入信号的统计特性而变化。输入信号功率变小时，使用小的量化间隔 Δ，降低量化噪声功率；输入信号功率变大时，使用大的量化间隔 Δ。

如果量阶能随信号瞬时压扩，则称瞬时压扩增量调制；如果量阶 Δ 随音节时间间隔(5～20ms)中信号平均功率变化，则称为连续可变斜率增量调制，记作 CVSD(Continuously Variable Slope Delta)。在 CVSD 中信号斜率是根据码流中连续“1”或连续“0”的个数来检测的，所以在欧洲又把 CVSD 称为数字检测、音节压扩的自适应增量调制，简称数

字压扩增量调制。这种方法在增量调制设备中得到广泛使用。图 3-24 所示为 CVSD 增量调制的方框图。

图 3-24 与图 3-21 所示的简单增量调制系统，主要差别在于连“1”连“0”数字检测电路和音节平滑电路，用脉冲幅度调制器代替了固定幅度的脉冲发生器。

图 3-24 中数字检测电路检测输出码流中连“1”码和连“0”码的数目(如 3 个或 4 个)，该数目反映了输入语音信号连续上升或者连续下降的趋势，与输入语音信号的强弱相对应。检测电路根据连码的数目输出宽度变化的脉冲，平滑电路把脉冲平滑为慢变化的控制电压。平滑电路的时间常数为音节周期(5～20ms)，这样得到的控制电压是以音节为时间常数的缓慢变化的电压，电压幅度与语音信号在音节内的平均斜率成正比。控制电压加到脉幅调制电路上的控制端，改变调制电路的增益以改变输出脉冲的幅度，使脉冲幅度随信号平均斜率变化，实现量化阶的自适应调整。

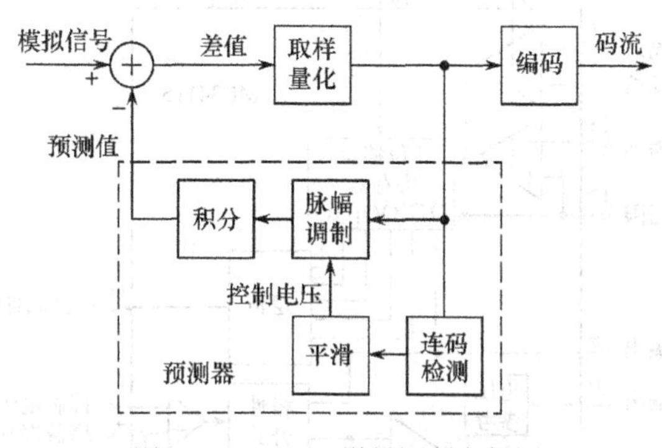

图 3-24　CVSD 增量调制方框图

由于 CVSD 的自适应信息(即控制电压)是从输出码流中通过连码检测提取的，所以接收端不需要发送端传送专门的自适应量阶信息就能重建原始的模拟信号。

CVSD 与简单 ΔM 相比，编码器能正常工作的范围有很大的改进。假定脉冲调幅器的输出和控制电压成线性关系，图 3-25 中给出了信噪比随输入信号幅度变化的曲线。由图可见，数字压扩 ΔM 的信噪比明显优于 ΔM。图中 m 为数字检测连码的数目。

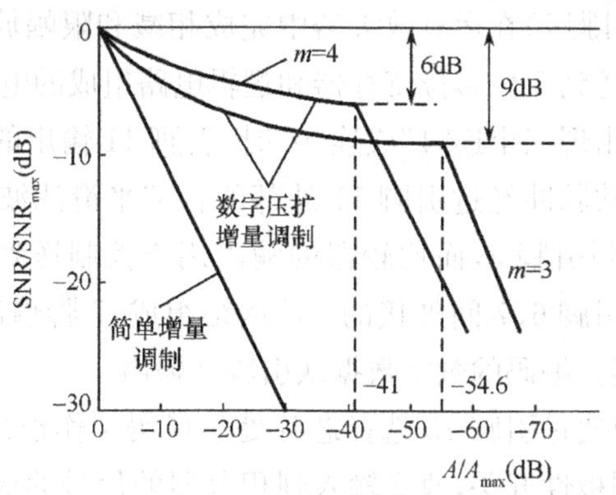

图 3-25　CVSD 增量调制信噪比曲线

3.5.3 CVSD增量调制编译码器芯片

连续可变斜率(CVSD)增量调制已经在语音编码设备中得到广泛应用,其通话质量已完全能符合一般军用通信与中等通话质量要求,语音的清晰度和自然度良好,我国在20世纪70年代在工业通信中把它定为通用的增量调制数字电话制式,在美国和其他一些国家的军事通信网中也使用16kb/s或32kb/s的CVSD增量调制。在实际系统中,CVSD增量调制可在单个集成电路芯片内实现。这里简要介绍其中一种芯片MC34115,这是Motorola公司系列增量调制电路芯片中的一种。图3-26所示是MC34115芯片的原理框图。

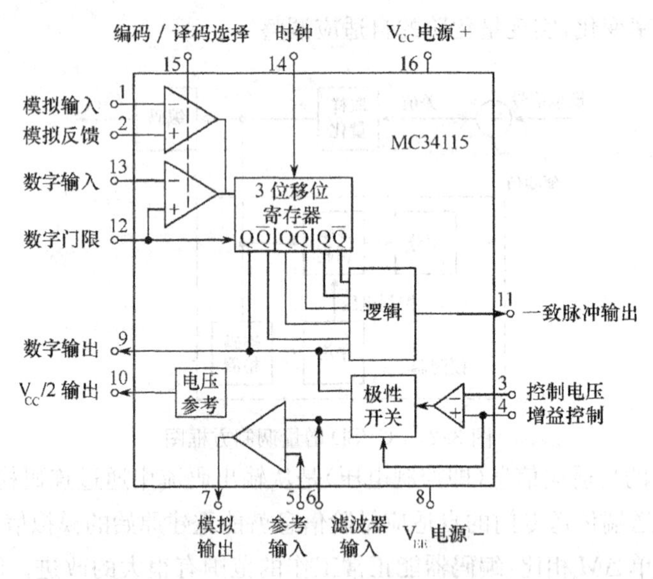

图3-26 MC34115芯片原理框图

当芯片用于编码时,应通过引脚15选择芯片处于编码工作模式。模拟输入信号(引脚1)和反馈信号(来自引脚7)在运算放大器中完成相减和限幅放大,相当于完成比较器的功能。输出数字信号送到3位移位寄存器和逻辑电路组成的电路中进行连"1"和连"0"检测。只有当数码流中出现三个连"1"或连"0"时,引脚11输出的一致脉冲才是低电平,否则为高电平。输出一致脉冲经过引脚11外部的音节平滑滤波器(RC网络)获得控制量阶大小的控制电压送到引脚3,而比较器的输出用于控制送到积分器的信号的极性。积分器由运算放大器和引脚6、7间外接的RC网络组成,7脚输出信号就是本地译码信号,经引脚2送到比较器。编码的数字数据从引脚9输出。

芯片用于译码时,应通过引脚15选择芯片处于译码工作模式。数字信号从引脚13输入,输入数码用于控制极性开关,改变输入到积分器的信号的极性,同时输入数码送到连"1"和连"0"检测电路,输出一致脉冲经音节平滑滤波器(外接的RC网络)获得控制量阶大小的控制电压送到引脚3,用来控制送到积分器的信号的大小,相当于自适应的调整量阶。译码得到的模拟信号从引脚7输出。

3.6 时分复用与时隙交换

复用技术可以在单个信道上传送多路信号。在PCM数字电话系统中使用时分复用技术,把话路数据流复接为高速数据流在系统中传输。本节介绍PCM系统中的时分复用和PCM基群帧结构,最后简要介绍一下PCM数字电话系统中的时隙交换,以便读者对于时分多路数字电话系统有个概略的了解。

3.6.1 时分复用原理

在数字通信系统中,通过对模拟信源使用抽样、量化、编码等过程进行数字化后,一般都采用时分复用来提高信道的传输效率。复用就是用同一个信道传输多路信号(如语音、数据、图像信号)。例如用一根同轴电缆传输1920路电话,且各路电话数据的传送是独立的,互不干扰。

为了在接收端能将多路信号区分开,必须使不同路信号具有某种不同的特征,按照区分多路信号的方式可以把复用分为:时分复用(Time Division Multiplexing,TDM)、频分复用(Frequency Division Multiplexing,FDM)和码分复用(Code Division Multiplexing,CDM)。

时分复用就是将传输时间分为多个互不重叠的时隙,利用不同时隙传输各路不同信号,多路信号使用各自的时隙,合路成为一个复用信号,在同一信道中传输。在接收端可以按同样的规律把多路信号从复用的一路信号中分开。

图3-27所示为使用时分复用的PCM系统的示意图。图中各路信号经过低通滤波将频带限制在3400Hz内,然后加到电子旋转开关K_1依次进行抽样,K_1开关旋转一周的时间等于采样周期T,这样就可以实现对每一路信号每间隔T抽样一次。发端的分配器不仅有抽样的作用,还有复合合路的作用。合路后的抽样信号共用一个PCM编码器进行量化和编码。在接收端将合路信号统一解码,由收端分配器旋转开关K_2,依次接通每路信号。收端的分配器具有时分复用的分路作用,分路后的每路信号经过低通滤波恢复为原始语音信号。

频分复用是把传输带宽分为不重叠的频带,利用不同频带传输各路不同信号。

码分复用在传输时为多路信号使用不同的特征波形,通常多路信号之间的特征波形正交(理论分析表明:信号可区分的充要条件是特征波形之间线性无关),因此可以区分多路信号。

时分复用与频分复用的主要差别在于:TDM在时域把各路信号分开,但在频域上各路信号是混叠在一起的;FDM在频域上把各路信号分开,但是在时域上是混叠在一起的。

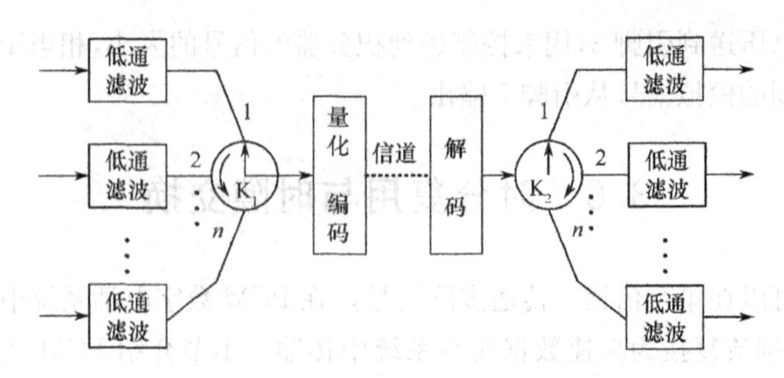

图 3-27 PCM系统时分多路复用示意图

与 FDM 相比，TDM 方法中多路信号的汇合和分离都可使用数字电路实现，比 FDM 使用调制器和滤波器要简单、可靠。

采用 TDM 制的 PCM 数字电话系统，在国际上已建立标准，称为数字复接系列。数字复接序列形成的原则是先把一定路数的数字电话信号复合为一个标准的数据流，该数据流称为基群，然后再用数字复接技术将基群信号复合成更高速率的数据信号。在数字复接序列中，按传输速率不同，分别称为基群、二次群、三次群和四次群等。每一种群路通常是传送数字电话的，也可以用来传送其他相同速率的数字信号，如电视信号、数据信号等。

现有的 4 次群以下数字复接序列称为准同步数字系列(Plesynchronous Digital Hierarchy，PDH)，之所以这样称是因为采用了准同步复接技术(在第 6 章中详细介绍复接技术及其同步)。PDH 有 A 律和 μ 律两套标准。A 律是以 2.048Mb/s 为基群的数字序列，μ 律是以 1.544Mb/s 为基群的数字序列。

我国采用的是 A 律系列。从技术上来说，A 律系列体制比较单一和完善，复接性能较好。ITU-T 规定，在两种系列互连时，由 μ 律系列的设备负责转换。

随着光纤通信的发展，四次群速率已不能满足大容量高速传输的要求。在美国提出的同步光纤网(Synchronous Optical NETwork，SONET)建议的基础上，ITU-T 已正式形成建议，确定 4 次群以上采用同步数字系列(Synchronous Digital Hierarchy，SDH)，之所以这样称是由于在复接时采用了同步复接技术。

PDH 主要有两套标准，而 SDH 则是全球统一的标准。SDH 第一级比特率为 155.52Mb/s，记作 STM-1。4 个 STM-1 进行同步复接得到 STM-4，比特率为 622.08Mb/s。4 个 STM-4 进行同步复接得到 STM-16，比特率为 2488.32Mb/s。4 个 STM-16 进行同步复接得到 STM-64，比特率为 9953.28Mb/s。

3.6.2 PCM 基群帧结构

国际上通用的 PCM 编码有 A 律和 μ 律标准，在数字复接系列里有两种标准化的基群帧结构。由于对话路信号的抽样速率为 $f_s=8000\text{Hz}$，因此每帧的长度 $T_f=125\mu\text{s}$。一帧周期内的时隙安排称为帧结构。

我国采用的是 A 律系列，因此这里我们重点介绍 A 律的基群帧结构，图 3-28 所示为 A 律 PCM 基群帧结构。在 A 律 PCM 基群中，一帧共 32 个时隙。各个时隙按照 0～31 顺序编号，分别称为 TS_0～TS_{31}。其中 TS_0 用于帧同步，TS_{16}用于传送话路信令，其余 30 个时隙用于传送 30 路电话信号的编码信号。在 A 律基群帧结构中每帧共 32 个时隙，其中有 30 个时隙用于传送 30 电话信号，因此 A 律 PCM 基群也称 PCM 30/32 路制式。

在 A 律 PCM 基群中，每个时隙包含 8 位数字比特，对应一个 PCM 码字，一帧内共含有 256 个比特，因此基群的信息速率为 2048kb/s。

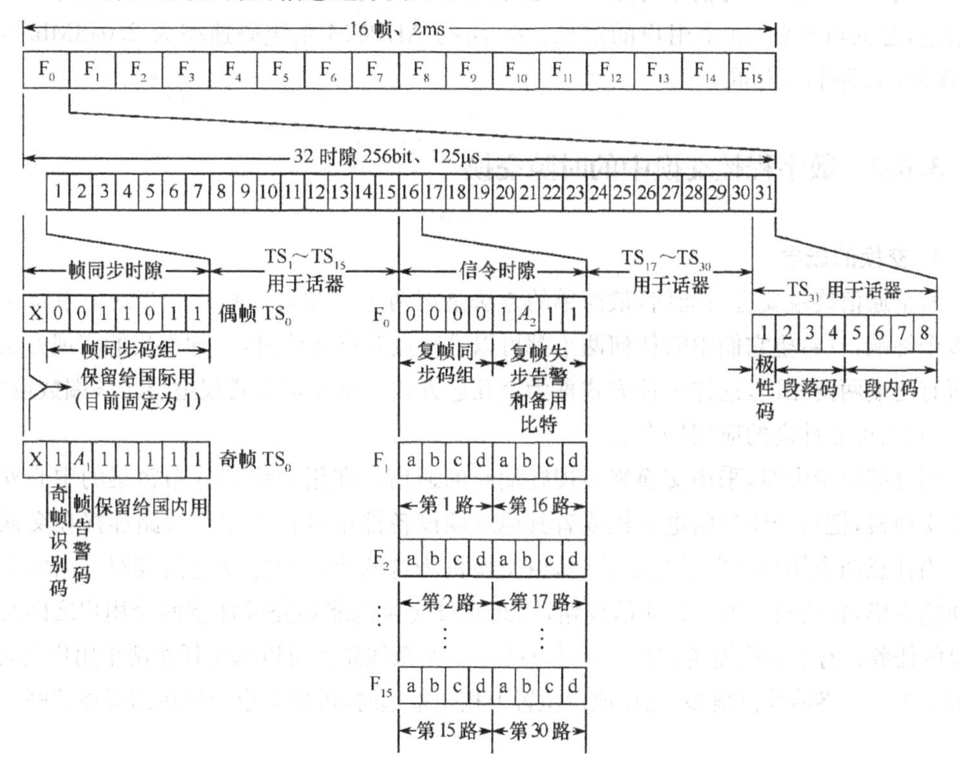

图 3-28　律 PCM 基群帧结构

TS_0 用于帧同步，时隙 TS_0 中第一位保留用于国际间通信。偶数帧时在 TS_0 的 2～8 位插入同步码组 0011011，接收端识别出帧同步码组后，即可建立正确的路序。奇数帧时，TS_0 的第二位固定为 1，以避免接收端错误识别为帧同步码组；第三位是帧失步告警码，本地帧同步时传送 0，失步时传送 1；其余比特保留给国内通信用。

TS_{16}传送话路信令。话路信令是为电话交换需要而使用的特定码组，用以传送占用、摘机、挂机、交换机故障等状态信息。由于话路信令是慢变化的信号，可以用较低速率的码组表示。话路信令有两种：一种是共路信令；一种是随路信令。若将总比特率为 64kb/s的各 TS_{16}统一起来使用，称为共路信令传输，这时必须将 16 个帧组成更大的帧，成为复帧。若将 TS_{16}按照规定的时间顺序分配话路，直接传送各话路的信令，称为随路信令传送。

共路信令按复帧传送，由 16 帧组成一个复帧，周期为 2ms，复帧中各帧编号为 F_0～F_{15}。话路信令的 8 位码分为前 4 位和后 4 位。在帧 F_0 的 TS_{16} 中前 4 位码用于传送复帧同步的码组 0000，后 4 位中的 A_2 位为复帧失步告警码，其余 3 位为备用比特。在帧 F_1～F_{15} 中 TS_{16} 用于传送各话路的信令，前 4 位和后 4 位分别传送一个话路的信令。

60 路的 ADPCM 系统的帧结构也有国际标准，其帧结构与 PCM 30/32 路制式帧结构类似。根据该标准，抽样间隔为 125μs，分为 32 个信道时隙。TS_0 时隙作为传输同步等信息用，TS_{16} 时隙作为信令时隙。其他 30 个信道时隙中每个置入两路 ADPCM 的 4 比特信息，总共可传输 60 个用户的信息。60 路的 ADPCM 系统码速率为 2.048Mb/s，与 PCM 30/32 路制式相同。

3.6.3 数字程控交换中的时隙交换

1. 交换的概念

两个通信终端要进行通信，最简单的方法是把两个终端直接相连。当通信系统中存在多个终端，且希望它们中的任何两个都可以进行点对点通信时，一种直接的实现方法是把所有终端两两相连，这样一种方式称为全互连方式。全互连方式仅适合于终端数量少、位置集中、可靠性高的应用场合。

当终端数量大时，采用交换来实现终端间的通信。在用户终端分布密集的中心安装一个交换机，把每个用户的电话机或者其他终端设备都用各自专用的线路连接在交换机上。当任意两个用户需要进行通信时，由交换机为这两个用户建立通信线路。当两个用户通信完毕，释放两个用户的通信线路，因此通过交换机能够完成任意两个用户之间交换信息的任务。有了交换设备，对 N 个用户只需要 N 条线路就可以满足任意两个用户之间通信的要求。当终端数目很多，且在地理位置上相距很远时，可用多个交换机组成通信网。

2. 数字程控交换机中的时隙交换

电路交换是最早发展的一种针对电话业务传输的交换技术，其主要过程和特点是：在通话之前为通话双方建立一条通道，通话过程中保持这条通路，双方所占用的通道不为其他用户使用，通话结束后释放通信通道。

电路交换技术的主要代表是数字程控交换，对 PCM 数字信号进行交换，在控制方面采用程序控制方式。数字程控交换机的核心部分就是交换网络，它除了提供通话用户间的连接通路外，还提供必要的传送信令的通路。

交换网络中使用时隙交换的方式实现用户间的信息交换。在主叫和被叫用户的用户电路之间，用户语音都是以数字形式存在。每个用户都占用一个固定的时隙，用户的语音信息就放置在各个时隙中。交换实际上就是将不同线路，不同时隙上的 PCM 数字语音信息进行交换。

时隙交换的过程如图 3-29 所示。图中有两个用户 A 和 B，在双方的一次通话过程中，用户 A 的收发语音信息都是固定使用时隙 TS_1，而用户 B 的收发语音信息都是固定使用时隙 TS_{30}。如果这两个用户要互相通话，则用户 A 的语音信息 a 要在 TS_1 时隙中送至数字交换网络，而在 TS_{30} 时隙中将其取出送至用户 B；用户 B 的语音信息 b 要在 TS_{30} 时隙中送至数字交换网络，而在 TS_1 时隙中将其取出送至用户 A，这就是时隙交换。通过时隙交换完成了两个用户间的连接功能。

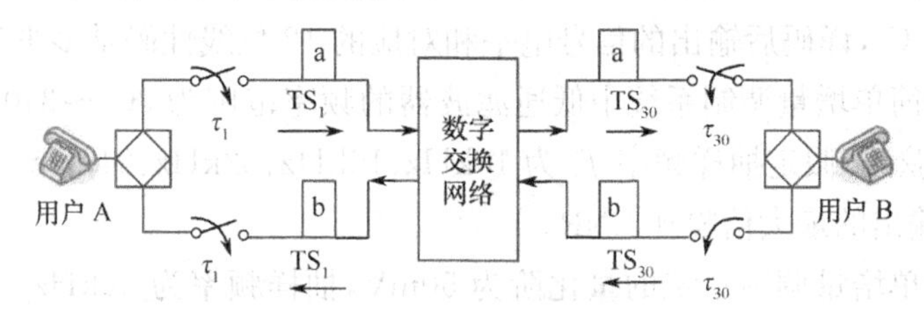

图 3-29　时隙交换的概念

习　题　三

3-1　已知信号 $x(t)=10\cos(20\pi t)\cos(200\pi t)$，抽样频率 $f_s=250\text{Hz}$。

(1) 求抽样信号 $x_s(t)$ 的频谱；

(2) 要无失真恢复 $x(t)$，试求出对 $x_s(t)$ 采用的低通滤波器的截止频率。

3-2　一个信号 $x(t)=2\cos400\pi t+6\cos40\pi t$，用 $f_s=500\text{Hz}$ 的抽样频率对其进行理想抽样，若已抽样后的信号经过一个截止频率为 400Hz 的理想低通滤波器，则输出端有哪些频率成分？

3-3　若一个信号为 $s(t)=\sin(314t)/(314t)$。试问最小抽样频率为多少才能保证其无失真恢复？在用最小抽样频率对其抽样时，试问为保存 3 分钟的抽样，需要保存多少个抽样值？

3-4　若一个带通信号中心频率为 70MHz，带宽为 5MHz，对该信号进行带通抽样，使用理想带通滤波器恢复信号，试计算可无失真恢复信号时的最低抽样频率。

3-5　正弦信号线性编码时，如果信号动态范围为 40dB，要求在整个动态范围内信噪比不低于 30dB，最少需要几位编码？

3-6　如果传送信号 $x(t)=A\sin\omega t$，$A\leqslant10\text{V}$。如果使用均匀量化和线性编码，分成 64 个量化级。

(1) 编码位数 n 为多少？

(2) 量化信噪比是多少？

3-7　已知信号 $x(t)$ 的最高频率 $f_m=2.5\text{kHz}$，振幅均匀分布在 $-4\sim4\text{V}$ 范围以内，用最小抽样速率进行抽样，进行均匀量化，量化电平间隔为 1/32V，采用二进制编码后在信道中传输。假设系统的平均误码率为 $P_e=10^{-3}$，求传输 10s 以后的错码数目。

3-8　设信号频率范围为 0～4kHz，幅值在－4.096～＋4.096V 间均匀分布。若采用 A 律 13 折线对该信号进行非均匀量化编码。

(1) 试求这时最小量化间隔等于多少？

(2) 假设某时刻信号幅值为 1V，求这时编码器输出码组，并计算量化误差。

3-9 设输入信号抽样值 $I_s=+1080\Delta$（其中 Δ 为一个量化单位，表示输入信号归一化值的 1/2048），若采用逐次比较型编码器，试计算按 A 律 13 折线编成的 8 位码组 $C_1C_2C_3C_4C_5C_6C_7C_8$，译码后输出的信号电平和对应的 12 位线性码是多少？

3-10　已知简单增量调制系统中低通滤波器的频率范围为 300～3400Hz，输入信号为 1000Hz 的正弦波，假定抽样频率 f_s 为 10kHz、16kHz、32kHz、64kHz。求在不过载的条件下，该系统输出的最大信噪比 SNR。

3-11　设简单增量调制系统的量化阶为 50mV，抽样频率为 32kHz。当输入信号为 800Hz 正弦波时，求不过载条件下输入信号最大振幅。

3-12　对 10 路模拟信号数字化后进行时分复用传输，模拟信号的最高频率为 3.4kHz，每路模拟信号的抽样速率为 8kHz，编码时使用 16 位二进制编码，求传输此复用信号的数码率。

3-13　一些国家（如美国、加拿大）使用的数字电话系统基群采用 PCM 24 路复用系统，每路的抽样频率 f_s 为 8kHz，每个样值用 8 位表示，每帧共有 24 个时隙，每帧加 1 位作为帧同步信号。试计算每路时隙宽度与基群的数码率。

第4章　数字基带传输

数字通信系统的任务是传输数字信息，数字信息可能来自计算机、电传打字机或其他数字设备的各种数字代码，也可能来自数字电话终端的 PCM 脉冲编码信号等。在原理上，数字信息可以直接用数字代码序列表示，但在实际传输中，一般需要选用一组取值有限的脉冲波形来表示，例如用幅度为 A 的矩形脉冲表示数字信息 1，用幅度为 $-A$ 的矩形脉冲表示 0。这种脉冲信号往往含有丰富的低频分量，甚至直流分量，因而称为数字基带信号。在某些有线信道中，特别是传输距离不太远的情况下，如 Ethernet、数字用户线等，数字基带信号可以直接传送，我们称为数字信号的基带传输。而在另外一些信道，特别是无线信道中，数字基带信号则必须经过调制，将信号频谱搬移到高频处才能在信道中传输，我们把这种传输称为数字信号的调制传输（或载波传输、频带传输）。

目前，在实际应用场合中虽然数字基带传输不如频带传输那么广泛，但对于基带传输系统的研究仍是十分有意义的。一是因为在近程数据通信系统中广泛采用了这种传输方式；二是因为数字基带传输中包含了频带传输的许多基本问题，也就是说，基带传输系统的许多问题也是频带传输系统必须考虑的问题；三是因为如果把调制与解调过程看作是广义信道的一部分，则任何数字传输系统均可等效为基带传输系统来研究。因此掌握数字信号的基带传输原理是十分重要的。

本章将首先介绍数字基带信号的码型选择及其频谱特性；然后围绕数字基带信号传输中的误码问题，讨论接收端如何有效地抑制噪声和消除码间干扰的理论和技术；简述评价数字基带传输系统性能的眼图；介绍提高实际数字基带传输系统接收机性能的均衡技术等。关于数字频带传输将在第 5 章中讨论。

4.1　数字基带信号的码型

4.1.1　数字基带信号的编码原则

数字基带信号是数字信息的电脉冲表示，脉冲的形状称为数字基带信号的波形，而脉冲序列的结构形式称为数字基带信号的码型。不同码型的数字基带信号具有不同的频谱结构。合理地设计数字基带信号以使信号的频谱适合于信道的传输特性要求，从而在传输信道中获得优质的传输性能，是基带传输首先要考虑的问题。

在设计数字基带信号码型时，应考虑以下原则。

(1) 传输码型的频谱中应不含直流分量且低频分量少。通常在有线传输信道中，对低频衰减比较大，如果传输码型中包含直流成分和较多的低频分量，将会使得传输波形失真。

(2) 尽量减少基带信号频谱中的高频分量。一般说来，传输码型中的高频分量易受信道频带的限制，高频分量被抑制也会引起波形失真。因此，希望传输码型中的高频分量要尽可能少，以节省传输频带。

(3) 便于从基带信号中提取位定时信息。在基带传输系统中，位定时信息是接收端再生原始信息所必需的。在某些应用中位定时信息可以用单独的信道与基带信号同时传输，但在远距离传输系统中这往往是不经济的。因而需要从基带信号中提取位定时信息，这就要求能从基带信号或经简单的非线性变换后获取位定时信号。

(4) 码型具有抗误码检测能力。若传输码型具有一定的规律，则可根据这一规律实时监测传输信号的传输质量。对于基带传输系统的维护与使用，基带传输码型具有抗误码检测能力是具有实际意义的。

(5) 码型变换电路尽量简单，易于实现，且耗电少。

下面介绍常用的基带传输码型。

4.1.2　常用的传输码型

1. 单极性非归零码

单极性非归零码用高电平和零电平分别表示二进制信息的“1”和“0”，在整个码元期间电平保持不变，故记为 NRZ(Non-Return-to-Zero)。单极性非归零码的波形及功率谱如图 4-1(a)所示。

2. 单极性归零码

单极性归零码也用高电平和零电平分别表示二进制信息的“1”和“0”，但与单极性非归零码不同的是，单极性归零码发送“1”时在整个码元期间高电平只持续一段时间，在码元的其余时间内则返回到零电平，故记为 RZ(Return-to-Zero)，如图 4-1(b)所示。设码元间隔为 T_s，归零码脉冲宽度为 τ，则$\frac{\tau}{T_s}$称为占空比。图 4-1(b)中 RZ 码占空比为 50%。

从图 4-1 中可以看出，单极性码存在直流分量，且信号功率主要集中在低频部分，因此，不适宜作为信道传输码型。但由于 RZ 码中含有信号脉冲的重复频率，即信号功率谱在 $f=f_s$ 处存在着离散的谱线，通过窄带滤波即可提取位定时分量，因此单极性归零码是其他码型提取同步信息时采用的一种过渡码型。即对于适合信道传输但不能直接提取同步信息的码型，可将其变成单极性归零码后提取同步信息。在 PCM(脉冲编码调制)设备内部，通常是从 RZ 码中提取时钟。

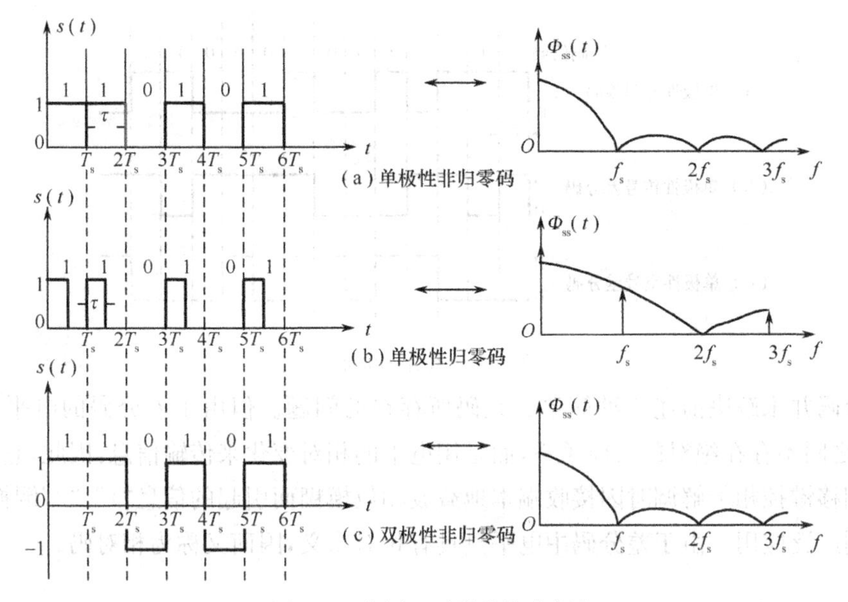

图 4-1　常用二元码及其功率谱

3. 双极性非归零码

双极性非归零码用正电平和负电平分别表示“1”和“0”。与单极性非归零码相同的是，整个码元期间电平保持不变，因而在这种码型中不存在零电平。双极性非归零码的波形及功率谱如图 4-1(c)所示。

如图 4-1 所示，上述三种最简单的二元码的功率谱中有丰富的低频乃至直流分量，这对于大多数采用交流耦合的有线信道来说是不适合的。此外，当信息中出现长串的连续“1”或“0”时，非归零码呈现连续的固定电平。由于信号中不出现电平跃变，因而无法提取定时信息。单极性归零码在传送连续“0”时，也存在同样的问题。这三种码型存在的另一个问题是，信息“1”和“0”分别独立地对应于某个传输电平，相邻信号之间不存在任何制约，因此基带信号不具有检测错误的能力。由于以上这些问题，这三种码型通常只用于设备内部或近距离的信息传输。

4. 差分码

在差分码中，“1”、“0”分别用相邻码元之间发生电平跳变或不变来表示。若用电平跳变来表示“1”，则称为传号差分码(在电报通信中常把“1”称为传号，把“0”称为空号)。若用电平跳变来表示“0”，则称为空号差分码。图 4-2 中分别画出传号差分码和空号差分码的波形。二元差分码的编码规则如下：

传号差分　$d_k = a_k \oplus d_{k-1}$

空号差分　$d_k = \bar{a}_k \oplus d_{k-1}$

式中，$\{d_k\}$为差分码序列，$\{a_k\}$为二进制信码序列。

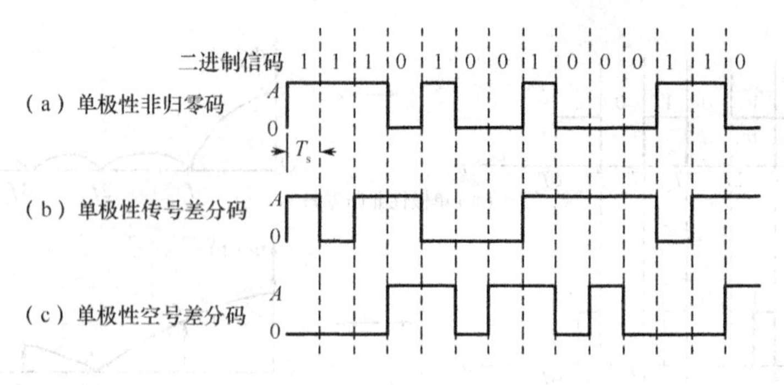

图 4-2 差分码波形

差分码并未解决前述三种简单二元码所存在的问题。但由于差分码的电平与信码“1”、“0”之间不存在绝对的对应关系，而是用电平的相对变化来传输信息，因此，它可以用来解决相移键控相干解调时因接收端本地载波相位模糊而引起的信息“1”、“0”倒换问题，所以得到广泛应用。由于差分码中电平只具有相对意义，因而又称为相对码。

5. AMI 码

AMI(Alternate Mark Inversion)码即传号交替反转码。它将信码(NRZ 码)中的“0”仍编为“0”，而信码(NRZ 码)中的“1”码编为“+1”或“−1”极性交替的归零码。例如：

NRZ 码　1 0 1　1 0 0 0 0 0 0 0　1　1 0 0 0 0 0 0　1

AMI 码 +1 0 −1 +1 0 0 0 0 0 0 0 −1 +1 0 0 0 0 0 0 −1

上述 AMI 码的波形如图 4-3(a)所示。

AMI 码的功率谱如图 4-4 所示。

AMI 码的优点如下：

(1) 无直流分量，且低、高频分量少，传输频带窄，可提高信道的利用率；

(2) 具有一定的检错能力，因为在 AMI 码流中，传号“1”码的极性是交替反转的，利用这一特点可检测部分误码；

(3) 通过对 AMI 码进行全波整流使之变为 RZ 码，可实现定时时钟提取的目的。

AMI 码的主要缺点是当原二进制信码序列中出现长连“0”串时，信号的电平长时间不跳变，造成提取定时信号困难。解决连“0”码问题的有效方法之一是将二进制信息先进行随机化处理，变为伪随机序列，然后再进行 AMI 编码。ITU 建议的北美系列的一、二、三次群接口码都使用经扰码后的 AMI 码。解决连“0”码问题的另一类有效办法是采用 AMI 码的改进码型——HDB_3 码。

6. HDB_3 码

HDB_3(High Density Bipolar)即三阶高密度双极性码，它是 AMI 码的一种改进型。HDB_3 码为连“0”抑制码。其编码规则如下：

(1) 当二进制序列中的连“0”码个数不大于 3 时，其编码方法同 AMI 码。

(2) 当连“0”码个数超过 3 时，则以每 4 个连“0”码分为一节，分别用“000V”或“B00V”的取代节代替。其中 B 表示符合极性交替规律的传号，V 表示破坏极性交替规律的传号。HDB_3 码的取代原则如下：

① 出现 4 个连“0”码时，用取代节“000V”或“B00V”取代；

② 如果两个相邻破坏点(V 码)中间有奇数个原始传号(B 码除外)，用“000V”代替，且 V 码的极性与其前一传号的极性相同；

③ 如果两个相邻破坏点中间有偶数个原始传号(B 码除外)，用“B00V”代替，且 B 码和 V 码与其前一传号的极性相反(V 码和 B 码极性相同)。

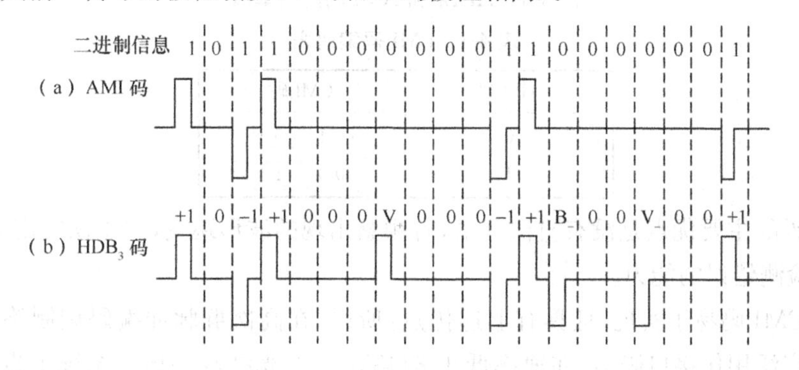

图 4-3　AMI 码、HDB_3 码波形

【例 4-1】 设前一破坏点的极性为负(记为 V_-)，求 NRZ 码所对应的 HDB_3 码。

NRZ 码：　　　1 0　1　1 0 0 0　0　0 0 0　1　1　0 0 0 0　0　0 0

HDB_3 码：V_-　+1 0　−1　+1 0 0 0 V_+　0 0 0　−1　+1 B_-　0 0 V_-　0 0

从 HDB_3 码中可以看出 V 码的极性正好交替反转，因而整个信号仍保持无直流分量。上述 HDB_3 码的波形示于图 4-3(b)中。

虽然 HDB_3 码的编码规则比较复杂，但译码却比较简单。从上述原理可以看出，由于 HDB_3 码在编码时 V 码破坏了极性交替原则，因此译码时 V 码很容易识别，一经发现两个传号的极性一致，后一传号与其前三位码全部变为“0”码，从而恢复 4 个连“0”码。再将+1、−1 变成“1”后便得到原信息代码。

HDB_3 码的功率谱密度如图 4-4 所示。HDB_3 码除保持了 AMI 码的优点外，还将连“0”码限制在三个以内，故有利于位定时信号的提取。因此，HDB_3 码是应用最为广泛的码型，ITU 建议 HDB_3 码作为欧洲系列 PCM 一、二、三次群的传输码型。

7. CMI 码

CMI(Coded Mark Inversion)码即传号反转码，它是一种二电平非归零码。表 4-1 给出其编码规则。用“01”代表输入二元码的空号“0”；用“00”或“11”代表输入原码的传号“1”，若一个传号编为“00”，则下一个传号必须编为“11”。其波形如图 4-5(a)所示。

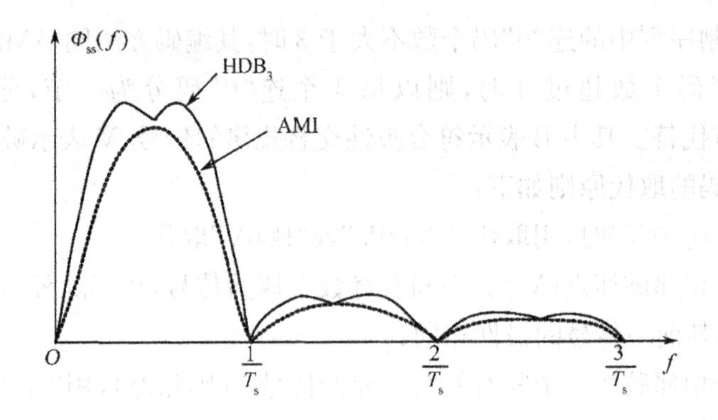

图 4-4　HDB$_3$ 和 AMI 码的功率谱

表 4-1　CMI 码编码表

NRZ 码	CMI 码
0	0 1　0 1
1	0 0　1 1

CMI 码的主要优点是没有直流分量，有频繁出现的波形跳变，便于恢复定时信号，具有一定的检测错误的能力。

由于 CMI 码易于实现，且具有上述优点，所以，在高次群脉冲编码调制终端设备中 CMI 码被广泛用作接口码型，在速率低于 8448kb/s 的光纤数字传输系统中也被推荐为线路传输码型。ITU 的 G. 703 建议中，将其作为 PCM 四次群的接口码型。

8. 数字双相码

数字双相码（Digital Biphase）又称为分相码（Biphase，Split-phase）或曼彻斯特码（Manchester）。它用一个周期的方波表示"1"，而用它的反相波形表示"0"。如"0"码用 01（零相位的一个周期的方波）表示，则"1"码用 10（π 相位的一个周期的方波）表示。其波形如图 4-5（b）所示。

【例 4-2】

消息代码：　1　1　0　0　1　0　1

双相码：　10　10　01　01　10　01　10

由于双相码在每个码元间隔的中心都存在电平跳变，因此频谱中存在很强的定时分量。此外，由于方波周期内正、负电平各占一半，因而不存在直流分量。显然，上述优点是用频带加倍来换取的。

数字双相码适用于数据终端设备在中速短距离上的传输，如由 Xerox、DEC 和 Intel 公司共同开发的 10Base-T Ethernet 网中采用了数字双相码作为线路传输码型。

在数字双相码和 CMI 码中，原始的二元信息在编码后都用一组两位的二元码来表示，因此这类码又称为 1B2B 码型。

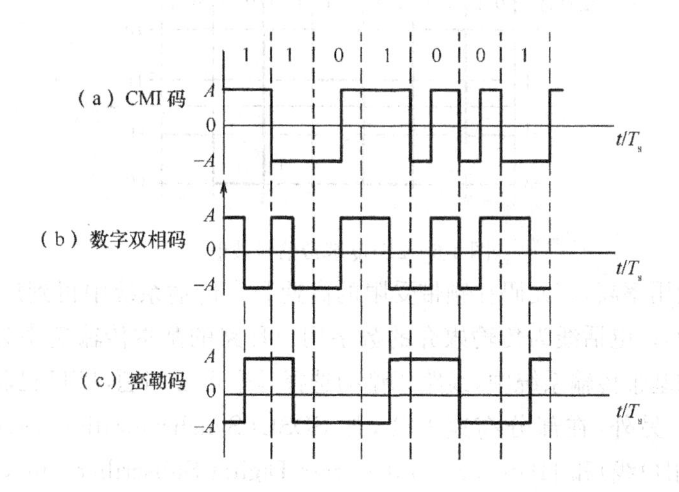

图 4-5　CMI 码、数字双相码和密勒码的波形

9. 密勒码

密勒(Miller)码又称延迟调制码，它是数字双相码的一种变形。编码规则如下："1"码要求码元起点电平与其前一个相邻码元的末相电平一致、并且在码元间隔中心点出现电平跃变来表示(即根据具体情况选用"10"或"01"表示)。"0"码有两种情况：单个"0"时，在码元周期内不出现电平跃变，且与相邻码元的边界处也不跃变；连"0"时，则在前一个"0"结束(也就是后一个"0"开始)时出现电平跃变。

为了便于理解，图 4-5(b)和(c)示出了代码序列为 11010010 时，数字双相码和密勒码的波形。由图 4-5(c)可见，若两个"1"码中间有一个"0"时，密勒码流中出现最大宽度，即两个码元周期。这一性质可用来进行宏观检错。

比较图 4-5 中的(b)和(c)两个波形可以看出，数字双相码的下降沿正好对应于密勒码的跃变沿。因此，用数字双相码的下降沿去触发双稳电路，即可输出密勒码。密勒码主要应用于磁带记录。

10. 多元码

为了进一步提高频带利用率，可以采用信号幅度具有更多取值的数字基带信号，即多元码。在多元码中，每个符号可以表示一个二进制码组，因而成倍地提高了频带利用率。对于 k 位二进制码组来说，可以用 $M=2^k$ 元码来传输。在信息速率一定的情况下，与二元码传输相比，M 元码传输时所需要的信号频带可降为 $1/k$，即频带利用率提高为 k 倍。

2B1Q 中，两个二进制码元用 1 个四元码表示，如图 4-6 所示。为了减小在接收时因错误判定幅度电平而引起的误比特率，通常采用格雷码表示，此时相邻幅度电平所对应的码组之间只发生 1 个比特错误。

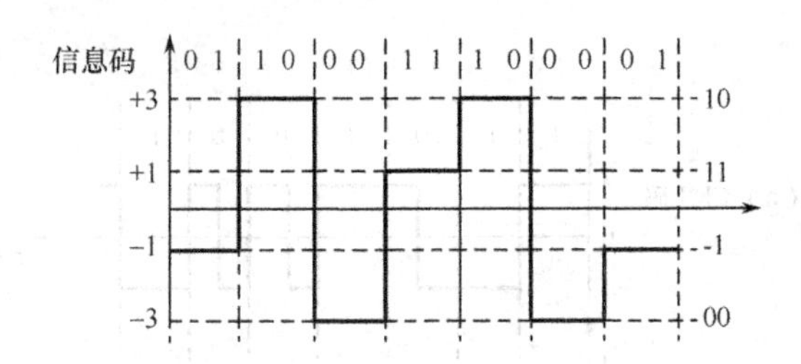

图 4-6 2B1Q 基带信号波形

由于频带利用率高，多元码在频带受限的高速数字传输系统中得到广泛应用。在综合业务数字网中，以电话线为传输媒介的数字用户环路的基本传输速率为 144kb/s。在这种频带受限的基带传输系统中，线路码型的选择是个重要问题，ITU 已将四元码 2B1Q 列为建议标准。另外，在部分高速 DSL，如 SDSL（Synchronization Digital Subscriber Line，对称数字用户线）和 HDSL（High-data-rate Digital Subscriber Line，高速率数字用户线）中也采用了 2B1Q 编码方式。

多元码不仅用于基带传输，而且更广泛地应用于调制传输中，关于这方面的问题将在第 5 章中讲述。

4.2 数字基带信号的频谱分析

研究数字基带信号的频谱是非常有用的，通过频谱分析可以弄清信号传输中一些很重要的问题，如信号中有无直流成分、有无可供提取同步信号的离散线谱和信号的带宽大小等。

在通信中，数字基带信号通常是随机信号，因此不能用求确定信号频谱函数的方法来分析它的频谱特性。随机信号的频谱特性必须用功率谱密度来描述。

现设 $s(t)$ 是一个 M 进制的数字基带信号

$$s(t)=\sum_{n} a_{n} g(t-nT_{s}) \tag{4.2-1}$$

式中，$\{a_n\}$ 代表速率为 $1/T_s$ 的符号序列，$g(t)$ 是宽度为 T_s 的脉冲。这里应用功率谱密度与自相关函数的关系来计算基带信号的功率谱密度。$s(t)$ 的自相关函数为

$$\begin{aligned}\varphi_{ss}(t+\tau,t)&=E[s^{*}(t)\cdot s(t+\tau)]\\&=\sum_{n=-\infty}^{+\infty}\sum_{m=-\infty}^{+\infty}E[a_{n}^{*}\cdot a_{m}]\cdot g^{*}(t-nT_{s})\cdot g(t+\tau-mT_{s})\end{aligned} \tag{4.2-2}$$

设 $\{a_n\}$ 所组成的离散随机过程是广义平稳的，其均值为 m_a，自相关函数为

$$\varphi_{aa}(m)=E[a_{n}^{*}a_{n+m}]$$

则有

$$\begin{aligned}\varphi_{ss}(t+\tau,t) &= \sum_{n=-\infty}^{+\infty}\sum_{m=-\infty}^{+\infty}\varphi_{aa}(m-n)g^*(t-nT_s)g(t+\tau-mT_s)\\ &= \sum_{m=-\infty}^{+\infty}\varphi_{aa}(m)\sum_{n=-\infty}^{+\infty}g^*(t-nT_s)g(t+\tau-nT_s-mT_s)\end{aligned} \tag{4.2-3}$$

上式中的第二个和项

$$\sum_{n=-\infty}^{+\infty}g^*(t-nT_s)g(t+\tau-nT_s-mT_s)$$

对于变量t来说是周期性的，且周期为T_s，因此$\varphi_{ss}(t+\tau,t)$也是周期性的，其周期为T_s即

$$\varphi_{ss}(t+T_s+\tau,t+T_s)=\varphi_{ss}(t+\tau,t) \tag{4.2-4}$$

此外，$s(t)$的均值

$$E[s(t)] = m_a\sum_{n=-\infty}^{+\infty}g(t-nT_s) \tag{4.2-5}$$

也是周期为T_s的周期函数。

因此，$s(t)$是一个具有周期性均值和自相关函数的随机过程，这样的过程称为广义周期性平稳随机过程。此时可先求自相关函数$\varphi_{ss}(t+\tau,t)$在单个周期内的时间平均，然后进行傅里叶变换，即可得到$s(t)$的功率谱密度。

$$\begin{aligned}\varphi_{ss}(\tau) &= \frac{1}{T_s}\int_{-T_s/2}^{T_s/2}\varphi_{ss}(t+\tau,t)\mathrm{d}t\\ &= \sum_{m=-\infty}^{+\infty}\varphi_{aa}(m)\sum_{n=-\infty}^{+\infty}\frac{1}{T_s}\int_{-T_s/2}^{T_s/2}g^*(t-nT_s)g(t+\tau-nT_s-mT_s)\mathrm{d}t\\ &= \sum_{m=-\infty}^{+\infty}\varphi_{aa}(m)\sum_{n=-\infty}^{+\infty}\frac{1}{T_s}\int_{-T_s/2-nT_s}^{T_s/2-nT_s}g^*(t)g(t+\tau-mT_s)\mathrm{d}t\end{aligned} \tag{4.2-6}$$

令

$$\varphi_{gg}(\tau) = \int_{-\infty}^{+\infty}g^*(t)g(t+\tau)\mathrm{d}t \tag{4.2-7}$$

从而

$$\varphi_{ss}(\tau) = \frac{1}{T_s}\sum_{m=-\infty}^{+\infty}\varphi_{aa}(m)\varphi_{gg}(\tau-mT_s) \tag{4.2-8}$$

对式(4.2-8)进行傅里叶变换，得到$s(t)$的平均功率谱密度

$$\Phi_{ss}(f)=\frac{1}{T_s}|G(f)|^2\cdot\Phi_{aa}(f) \tag{4.2-9}$$

式中，$G(f)$是$g(t)$的傅里叶变换，$\Phi_{aa}(f)$表示信息序列的功率谱密度，其定义为

$$\Phi_{aa}(f) = \sum_{m=-\infty}^{+\infty}\varphi_{aa}(m)\mathrm{e}^{-\mathrm{j}2\pi fmT_s} \tag{4.2-10}$$

式(4.2-9)说明了$s(t)$的功率谱密度与$g(t)$脉冲的频谱特性和信息序列$\{a_n\}$的关系，因此可以通过设计$g(t)$脉冲的形状和信息序列的相关特性来限制$s(t)$的频谱特性。

下面我们具体讨论信息序列$\{a_n\}$的相关性对$\Phi_{ss}(f)$产生的影响。首先，对于任意的自相关函数$\varphi_{aa}(m)$，其对应的功率谱密度$\Phi_{aa}(f)$在频域上是周期性的，周期为$1/T_s$。实际上，式(4.2-10)可以看作是系数为$\varphi_{aa}(m)$的傅里叶级数。因此有

$$\varphi_{aa}(m) = T_s\int_{-1/(2T_s)}^{1/(2T_s)} \Phi_{aa}(f)e^{j2\pi fmT_s}df$$

其次，我们研究序列中的信息符号是实的且互不相关的情况。在这种情况下，自相关函数$\varphi_{aa}(m)$可以表示成

$$\varphi_{aa}(m)=\begin{cases}\sigma_a^2+m_a^2 & (m=0)\\ m_a^2 & (m\neq 0)\end{cases} \tag{4.2-11}$$

式中，σ_a^2表示信息序列的方差，m_a表示信息序列的均值。将式(4.2-11)代入式(4.2-10)，得到

$$\Phi_{aa}(f) = \sigma_a^2 + m_a^2\sum_{m=-\infty}^{+\infty} e^{-j2\pi fmT_s} \tag{4.2-12}$$

式(4.2-12)中的和式项是频率周期为$1/T_s$的周期函数，它可以看作是周期冲激序列的指数傅里叶级数，每个冲激的面积为$1/T_s$。因此，式(4.2-12)也可以写成

$$\Phi_{aa}(f) = \sigma_a^2 + m_a^2\sum_{m=-\infty}^{+\infty}\frac{1}{T_s}\delta\left(f-\frac{m}{T_s}\right) \tag{4.2-13}$$

将式(4.2-13)代入式(4.2-9)，可得到在实信息符号序列不相关的情况下$s(t)$的功率谱密度，即

$$\Phi_{ss}(f) = \frac{\sigma_a^2}{T_s}|G(f)|^2 + \frac{m_a^2}{T_s^2}\sum_{m=-\infty}^{+\infty}\left|G\left(\frac{m}{T_s}\right)\right|^2\delta\left(f-\frac{m}{T_s}\right) \tag{4.2-14}$$

由式(4.2-14)可以看出，基带信号的功率谱由连续谱和离散谱两个部分组成：

(1) 第一项是连续谱

① 连续谱的形状取决于信号脉冲$g(t)$的频谱特性，可以通过设计$g(t)$脉冲的形状来限制$s(t)$的频谱特性。因此，在数字通信系统中，基带成型滤波器的设计是一个重要的问题。

② 连续谱的分布规律决定了它的能量主要集中在哪一个频率范围，并由此确定信号的带宽。

(2)第二项是离散谱，由频率间隔为$1/T_s$的离散频率分量组成，每一根谱线功率都与在$f=\frac{m}{T_s}$处的$|G(f)|^2$值成正比。当$m_a\neq 0$且$G\left(\frac{m}{T_s}\right)\neq 0$时，离散线谱一定存在。我们可以根据离散线谱是否存在，来决定能否从中提取位同步信号。

下面以矩形脉冲构成的基带信号为例，对式(4.2-14)的应用做进一步说明，其结果对后续问题的研究具有实用价值。

【例 4-3】 求单极性非归零信号的功率谱密度，假定 0，1 等概分布且互不相关。

【解】　设单极性非归零信号为图 4-1(a)所示的高度为 1,脉宽为 T_s 的矩形脉冲。

$$m_a=E[a_n]=\frac{1}{2}$$

$$\sigma_a^2=E[(a_n-m_a)^2]=\frac{1}{4}$$

$$G(f)=T_s\cdot\frac{\sin(\pi fT_s)}{\pi fT_s}=T_s\cdot Sa(\pi fT_s)$$

功率谱密度为

$$\Phi_{ss}(f)=\frac{1}{4T_s}|G(f)|^2+\frac{1}{4T_s^2}\sum_m|G(mf_s)|^2\cdot\delta(f-mf_s)$$

式中,$f_s=\frac{1}{T_s}$为码元速率。

(1) 当 $m=0$ 时,$G(mf_s)=T_s\cdot Sa(0)=T_s$;

(2) 当 $m\neq0$ 时,$G(mf_s)=T_s\cdot Sa(\pi mf_sT_s)=T_s\cdot Sa(m\pi)=0$;

故可得单极性非归零信号的功率谱密度为

$$\begin{aligned}\Phi_{ss}(f)&=\frac{1}{4T_s}\cdot T_s^2\cdot Sa^2(\pi fT_s)+\frac{1}{4T_s^2}\cdot T_s^2\cdot\delta(f)\\&=\frac{1}{4}T_sSa^2(\pi fT_s)+\frac{1}{4}\delta(f)\end{aligned}$$

单极性非归零信号的功率谱如图 4-1(a)所示。

由以上分析可见,单极性非归零信号的功率谱只有连续谱和直流分量,不含有可用于提取同步信息的位于 f_s 处的离散线谱。由连续谱可方便地求出单极性非归零信号功率谱的近似带宽(谱零点带宽)为 $B=\frac{1}{T_s}$。

【例 4-4】　求占空比为 0.5 的单极性归零信号的功率谱密度,假定 0,1 等概分布且互不相关。

【解】　设单极性归零信号为图 4-1(b)所示的高度为 1,脉宽为 $\tau(\tau=T_s/2)$的矩形脉冲。

$$m_a=E[a_n]=\frac{1}{2}$$

$$\sigma_a^2=E[(a_n-ma)^2]=\frac{1}{4}$$

$$G(f)=\frac{T_s}{2}\cdot Sa\left(\frac{\pi fT_s}{2}\right)$$

功率谱密度为

$$\Phi_{ss}(f)=\frac{1}{4T_s}|G(f)|^2+\frac{1}{4T_s^2}\sum_m|G(mf_s)|^2\cdot\delta(f-mf_s)$$

(1) 当 $m=0$ 时,$G(mf_s)=\frac{T_s}{2}\cdot Sa(0)=\frac{T_s}{2}$;

(2) 当 m 为奇数时,$G(mf_s)=\frac{T_s}{2}\cdot Sa\left(\frac{\pi mf_sT_s}{2}\right)=\frac{T_s}{2}\cdot Sa\left(\frac{m\pi}{2}\right)\neq0$;

(3) 当 m 为非零偶数时，$G(mf_s)=\frac{T_s}{2}\cdot Sa\left(\frac{\pi mf_sT_s}{2}\right)=\frac{T_s}{2}\cdot Sa\left(\frac{m\pi}{2}\right)=0$。

故可得单极性归零信号的功率谱密度为

$$\begin{aligned}\Phi_{ss}(f)&=\frac{1}{4T_s}\cdot\frac{T_s^2}{4}\cdot Sa^2\left(\frac{\pi fT_s}{2}\right)+\frac{1}{4T_s^2}\cdot\frac{T_s^2}{4}\cdot\sum_{m=-\infty}^{+\infty}Sa^2\left(\frac{m\pi}{2}\right)\cdot\delta(f-mf_s)\\&=\frac{T_s}{16}\cdot Sa^2\left(\frac{\pi fT_s}{2}\right)+\frac{1}{16}\sum_{m=-\infty}^{+\infty}Sa^2\left(\frac{m\pi}{2}\right)\cdot\delta(f-mf_s)\end{aligned}$$

单极性归零信号的功率谱如图 4-1(b)所示。

由以上分析可见，占空比为 0.5 的单极性归零信号的功率谱不但有连续谱，而且在 $f=0$、$\pm f_s$、$\pm 3f_s$、…等处还存在离散谱，含有可用于提取同步信息的 f_s 离散分量。由连续谱可方便地求出单极性归零信号功率谱的近似带宽为 $B=\frac{1}{\tau}$。

【例 4-5】 求双极性非归零信号的功率谱密度，假定 0,1 等概分布且互不相关。

【解】 设双极性非归零信号为图 4-1(c)所示的高度为 ± 1，脉宽为 T_s 的矩形脉冲。当 0,1 等概分布时，双极性信号的均值为 0，方差为 1，故双极性信号没有直流分量和离散谱。双极性非归零信号的功率谱为

$$\Phi_{ss}(f)=\frac{1}{T_s}\cdot|G(f)|^2=\frac{1}{T_s}\cdot T_s^2\cdot Sa^2(\pi fT_s)=T_s\cdot Sa^2(\pi fT_s)$$

双极性非归零信号的功率谱如图 4-1(c)所示。

4.3 无码间干扰的基带传输系统

4.3.1 数字基带传输系统

数字基带传输系统的结构，可简化为由发送滤波器、信道、接收滤波器和抽样判决电路组成，如图 4-7 所示。

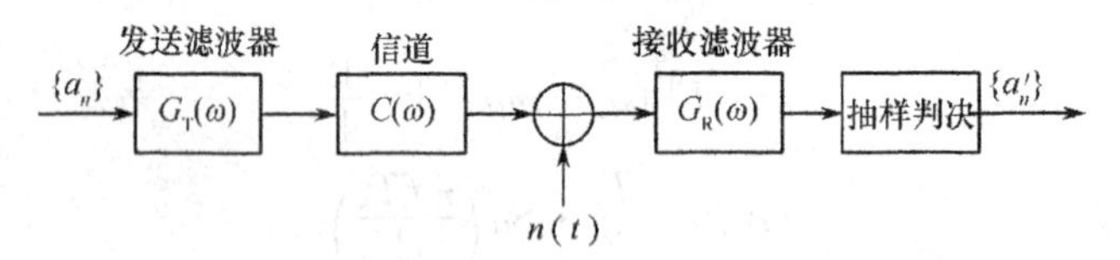

图 4-7 数字基带传输系统的模型

研究数字基带传输系统具体说来就是设法使得原始数字信号$\{a_n\}$经过发送滤波器$G_T(\omega)$、信道 $C(\omega)$和接收滤波器 $G_R(\omega)$传输后，再经收端抽样判决后恢复的$\{a'_n\}$数据序列与原始序列$\{a_n\}$差距越小越好，即接收者能准确恢复信息。

数据信号经传输网络传输后，由于传输网络的传递函数不理想，频带受限，幅频和相频特性失真，从而使基带数据信号之间存在着相互干扰(时域波形出现拖尾，抽样后的样

值间存在相互影响而造成的），称为码间干扰或符号间干扰（InterSymbol Interference，ISI）。这种干扰是由于传递函数不理想而造成的，所以是一种乘性干扰。

在图 4-7 中，$\{a_n\}$为发送滤波器的输入符号序列，在二进制情况下$\{a_n\}$取值为 0，1 或者＋1，－1。对应的信号波形可表示成

$$s_i(t) = \sum_{n=-\infty}^{+\infty} a_n \delta(t - nT_s) \tag{4.3-1}$$

这个信号是由时间间隔为 T_s 的一系列冲激脉冲 $\delta(t)$所组成，而每一 $\delta(t)$的强度则由 a_n 决定。当用 $s_i(t)$激励发送滤波器时，发送滤波器的输出信号为

$$s(t) = s_i(t) * g_T(t) = \sum_{n=-\infty}^{+\infty} a_n g_T(t - nT_s) \tag{4.3-2}$$

其中 $g_T(t)$为发送码元波形，它是在单个 $\delta(t)$的作用下形成的发送基带波形。设发送滤波器的传输函数为 $G_T(\omega)$，则 $g_T(t)$由下式确定。

$$g_T(t) = \frac{1}{2\pi}\int_{-\infty}^{\infty} G_T(\omega) e^{j\omega t} d\omega \tag{4.3-3}$$

当信号 $s(t)$通过信道时，由于信道响应特性的影响，会使波形畸变，同时还要叠加噪声 $n(t)$。因此，若信道的传输函数为 $C(\omega)$，接收滤波器的传输函数为 $G_R(\omega)$，则接收滤波器的输出为

$$y(t) = \sum_{n=-\infty}^{\infty} a_n h(t - nT_s) + n_R(t) \tag{4.3-4}$$

式中

$$h(t) = \frac{1}{2\pi}\int_{-\infty}^{\infty} G_T(\omega) C(\omega) G_R(\omega) e^{j\omega t} d\omega \tag{4.3-5}$$

$$n_R(t) = n(t) * g_R(t)$$

显然，$h(t)$就是 $\delta(t)$作用在发送滤波器的输入端时，在接收滤波器输出端所产生的响应，也即整个基带传输系统的单位冲激响应。因此式(4.3-5)可以表示为

$$h(t) = \frac{1}{2\pi}\int_{-\infty}^{\infty} H(\omega) e^{j\omega t} d\omega \tag{4.3-6}$$

式中，$H(\omega) = G_T(\omega)C(\omega)G_R(\omega)$是从发送滤波器输入端至接收滤波器输出端的整个基带传输系统的传输函数。$n_R(t)$是加性噪声 $n(t)$通过接收滤波器后所产生的输出噪声。

$y(t)$被送入抽样判决电路，并由该电路确定 a_n 的值。假定抽样判决电路对信号的抽样时刻在$(kT_s + t_0)$，其中 k 是相应的第 k 个时刻（即第 k 个码元），t_0 是时延，通常取决于系统的传输函数 $H(\omega)$。因而为了确定第 k 个码元 a_k 的取值，需根据式(4.3-4)决定 $y(t)$在该样点上的值，此时有

$$y(kT_s+t_0)=\sum_n a_n h(kT_s+t_0-nT_s)+n_R(kT_s+t_0)$$
$$=a_k h(t_0)+\sum_{n\neq k}a_n h[(k-n)T_s+t_0]+n_R(kT_s+t_0) \tag{4.3-7}$$

式中，第一项 $a_k h(t_0)$ 是输出基带信号的第 k 个码元在抽样瞬间 $t=kT_s+t_0$ 所取的值，它是确定 a_k 的依据；第二项 $\sum_{n\neq k}a_n h[(k-n)T_s+t_0]$ 是接收信号中除第 k 个码元以外的所有其他码元在第 k 个抽样时刻所取值的总和（为代数和），它对 a_k 的判决起着干扰的作用，所以称此值为码间干扰。码间干扰值一般是一个随机变量，通常与第 k 个码元相近的码元产生的干扰大，反之干扰小；第三项 $n_R(kT_s+t_0)$ 是输出噪声在抽样瞬间的值，它显然是一个随机变量，也要影响第 k 个码元的正确判决。由于随机性的码间干扰值和噪声的存在，当 $y(kT_s+t_0)$ 加到判决电路时，对 a_k 取值的判决就可能发生差错。例如，在二进制数字通信中，码元 a_k 的可能取值为“0”或“1”，若判决电路的判决门限为 V_0，且判决规则为

$$y(kT_s+t_0)>V_0\ \text{时，判}\ a_k\ \text{为“1”}$$
$$y(kT_s+t_0)<V_0\ \text{时，判}\ a_k\ \text{为“0”}$$

显而易见，当码间干扰值和噪声很小时，才能基本保证上述判决的正确；当码间干扰和噪声较大时，就可能发生错判。码间干扰值和噪声越大，错判的可能性就越大。

由此可见，为了使基带脉冲传输获得足够小的误码率，必须最大限度地减小码间干扰和随机噪声的影响。从式(4.3-7)可以看出，只要 $\sum_{n\neq k}a_n h[(k-n)T_s+t_0]=0$，就可以消除码间干扰。从码间干扰的各项影响来说，前一码元的影响最大，因此最好让前一码元的波形在到达后一码元抽样判决时刻已经衰减到 0，如图 4-8(a)所示的波形。但这样的波形不易实现，比较合理的是采用如图 4-8(b)所示的波形。

在图 4-8(b)中，虽然到达 t_0+T_s 以前没有衰减到 0，但可以让它在 t_0+T_s、t_0+2T_s、t_0+3T_s 时刻取样，码元样值正好为 0。由于实际应用时，定时抽样判决时刻不一定非常准确，因此除了要求 $h[(k-n)T_s+t_0]=0$ 以外，还要求 $h(t)$ 适当衰减快一些，即拖尾不要太长。这样，可以使由于抽样定时偏差所带来的码间干扰尽可能地减小，从而使基带系统获得足够小的误码率。

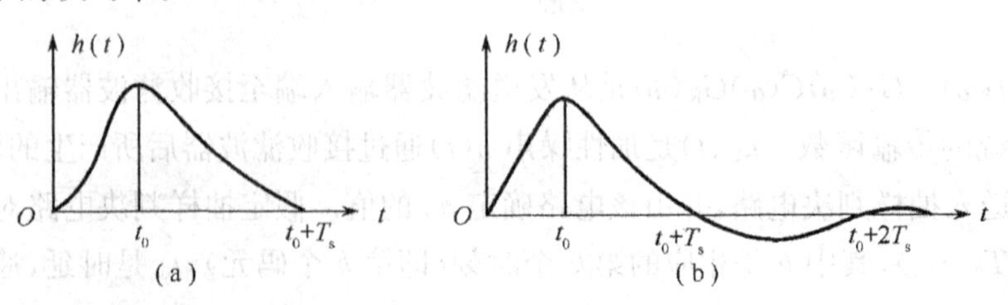

图 4-8 无码间干扰的波形

4.3.2　无码间干扰的基带传输准则

我们已经知道，码间干扰的大小取决于系统输出波形 $h(t)$ 在抽样时刻上的取值。而由式(4.3-6)可知，系统响应 $h(t)$ 由发送滤波器至接收滤波器的传输特性 $H(\omega)$ 决定，即

$$H(\omega)=G_{\mathrm{T}}(\omega)C(\omega)G_{\mathrm{R}}(\omega) \tag{4.3-8}$$

下面暂时先不考虑噪声的影响(即认为无噪声)，而仅从抗码间干扰的角度来研究基带传输特性。图 4-9 给出了基带传输特性的分析模型。图中，输入基带信号为

$$s_i(t)=\sum_n a_n\delta(t-nT_s) \tag{4.3-9}$$

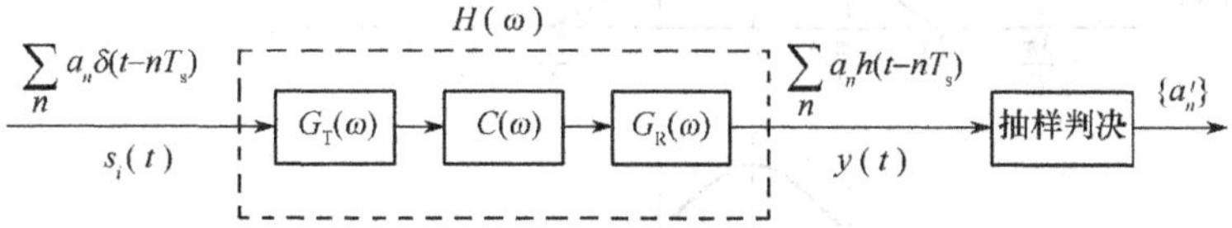

图 4-9　基带传输特性的分析模型

数字基带传输系统 $H(\omega)$ 的时域冲激响应为 $h(t)$，故基带传输系统输出的信号为

$$y(t)=\sum_n a_n h(t-nT_s) \tag{4.3-10}$$

式中，$h(t)=\dfrac{1}{2\pi}\displaystyle\int_{-\infty}^{+\infty}H(\omega)\mathrm{e}^{\mathrm{j}\omega t}d\omega$。

要实现无码间干扰，则冲激响应 $h(t)$ 的波形应满足如下关系

$$h(kT_s)=\begin{cases}1, & k=0\\ 0, & k\text{ 为其他整数}\end{cases} \tag{4.3-11}$$

这就是说，冲激响应 $h(t)$ 的值除了在抽样时刻($t=0$)不为 0 外，在所有其他码元抽样时刻($t=kT_s, k\neq 0$)均为 0。$h(t)$ 的典型波形见图 4-10。由图可见，虽然 $h(t)$ 的整个波形延迟到其他码元，但由于在其他码元的抽样判决时刻，其值为 0，因此不存在码间干扰。

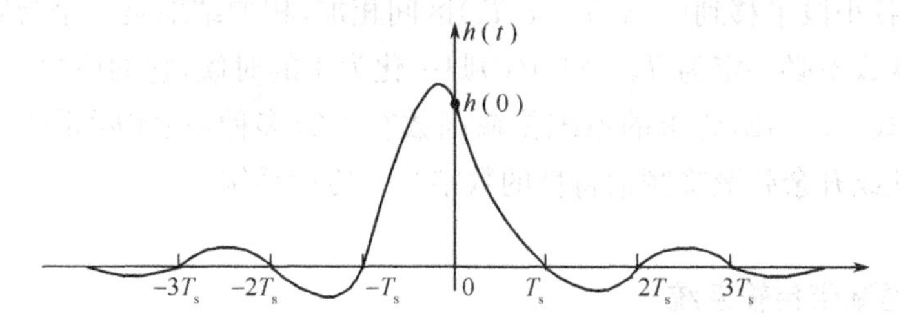

图 4-10　无码间干扰波形

但需要注意的是，为了分析方便起见，在式(4.3-11)中对系统传递函数 $H(\omega)$ 做了两点简化：一是将 $t=0$ 时刻的抽样值 $h(0)$ 归一化为 1；二是设 $H(\omega)$ 的时延 t_0 为零。

可以证明，$H(\omega)$ 的冲激响应要满足式(4.3-11)时，系统传递函数 $H(\omega)$ 应满足下式

$$H_{eq}(\omega)=\sum_{n}H\left(\omega+\frac{2\pi n}{T_s}\right)=T_s \qquad |\omega|\leqslant\frac{\pi}{T_s} \tag{4.3-12}$$

若基带系统的总特性 $H(\omega)$ 能符合 $H_{eq}(\omega)$ 的要求，即不存在码间干扰。这就为检测一个给定的系统特性 $H(\omega)$ 是否会引起码间干扰提供了一种准则。该准则我们称之为奈奎斯特(Nyquist)第一准则。

为了能利用上述方法，必须了解式(4.3-12)的物理意义。该式的含义可用图 4-11 表示。

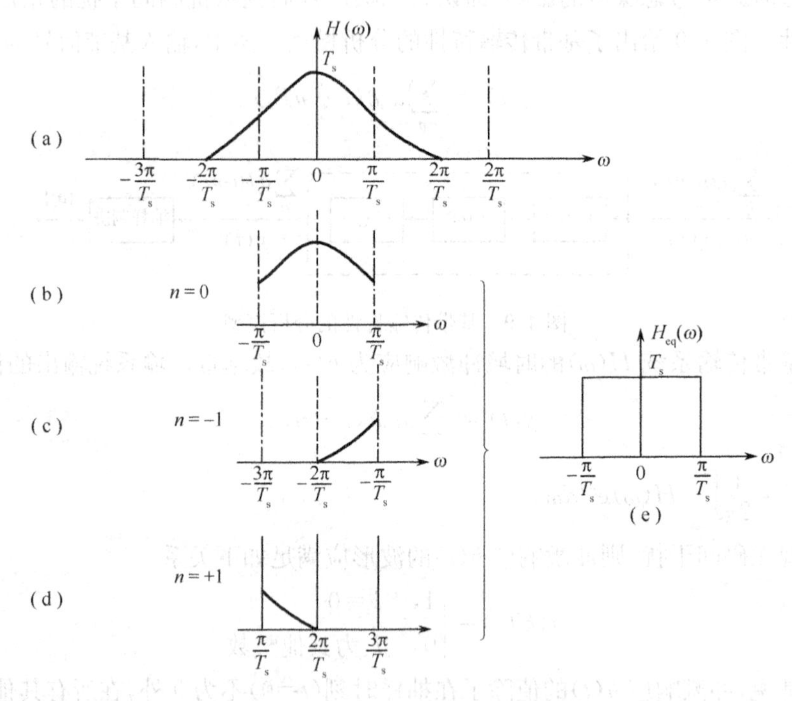

图 4-11　$H(\omega)$ 的分段平移相加

由图可以看出，把 $H(\omega)$ 分为以 $2n\pi/T_s(n=0,\pm1,\pm2,\cdots)$ 为中心，频宽为 $2\pi/T_s$ 的不同小段，并将各小段平移到 $(-\pi/T_s,\pi/T_s)$ 区间相加，相加结果是一个与频率 ω 无关的实常数。这个常数不必一定为 T_s。将 $h(0)$ 归一化为 1 的时候，它的值为 T_s。

显然，满足式(4.3-12)要求的系统传输函数有无穷多种，在实际系统中通常选择具有理想低通特性或升余弦滚降频谱特性的数字基带传输系统。

1. 理想低通基带传输系统

容易想到一种，就是 $H(\omega)$ 为理想低通型。这时有

$$H(\omega)=H_{eq}(\omega)=\begin{cases}T_s, & |\omega|\leqslant\dfrac{\pi}{T_s}\\ 0, & |\omega|>\dfrac{\pi}{T_s}\end{cases} \tag{4.3-13}$$

理想低通基带传输系统的频谱和冲激响应波形如图 4-12 所示。冲激响应 $h(t)$ 可以通过 $H(\omega)$ 的傅里叶反变换求得

$$h(t)=\frac{\sin\omega_c t}{\omega_c t} \tag{4.3-14}$$

其中，$\omega_c=\frac{\pi}{T_s}$。无疑，理想低通的传输函数及响应波形是符合无码间干扰条件的。从图 4-12的理想低通冲激脉冲响应波形中可以看出，$h(t)=\pm kT_s(k\neq0)$ 时有零点，当发送码元波形的时间间隔为 T_s，接收端在 $h(t)=kT_s$ 时抽样，就能实现无码间干扰传输。图 4-13描述了这种情况下无码间干扰的示意图。

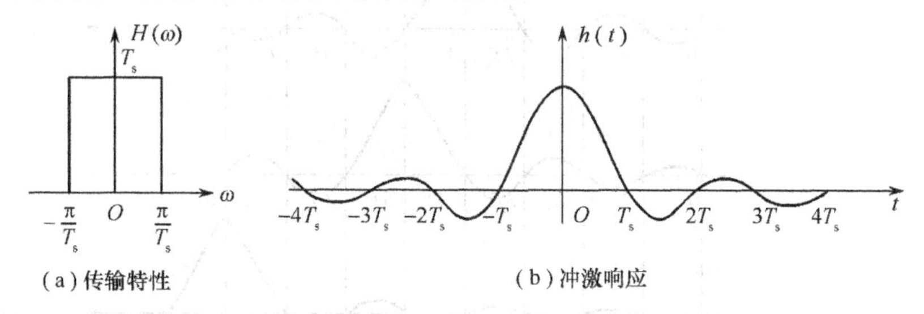

图 4-12　理想低通基带传输系统及其时域冲激响应

在图 4-12 所示的理想低通基带传输系统中，称截止频率

$$f_c=\frac{\omega_c}{2\pi}=\frac{1}{2T_s} \tag{4.3-15}$$

为奈奎斯特带宽。称 $T_s=1/(2f_c)$ 为系统传输无码间干扰的最小码元间隔，即奈奎斯特间隔。相应地，$R_s=1/T_s=2f_c$ 称为奈奎斯特速率，它是系统无码间干扰传输时的最大码元传输速率。

反过来说，输入序列若以 $1/T_s$ Baud 的速率进行无码间干扰传输时，所需的最小传输带宽为 $1/(2T_s)$Hz。这是在抽样值无干扰条件下，基带系统传输所能达到的极限情况。

下面再讨论频带利用率的问题。该理想基带系统的频带利用率 η 为

$$\eta=\frac{R_s}{B}=2(\text{Baud/Hz}) \tag{4.3-16}$$

也就是说，基带系统所能提供的最大频带利用率是单位频带内每秒传 2 个码元。

从上面的讨论可知，理想低通传输特性的基带系统具有 2 Baud/Hz 的极限频带利用率，但理想低通基带传输系统要求收端定时准确度极高。这是因为理想低通冲激响应波形的尾部衰减特性很差，仅按 $1/t$ 的速度衰减，这就要求收端必须准确定时，如果存在定时偏差，将会引入显著的码间干扰，极易造成判决错误。

2. 升余弦滚降频谱特性的基带传输系统

理想低通冲激响应的拖尾振荡幅度较大，这是由于它的频谱函数在截止频率 f_c 处的锐截止带来的。这个问题可以用把频谱函数的幅度特性匀滑一下的方法来克服。这个匀

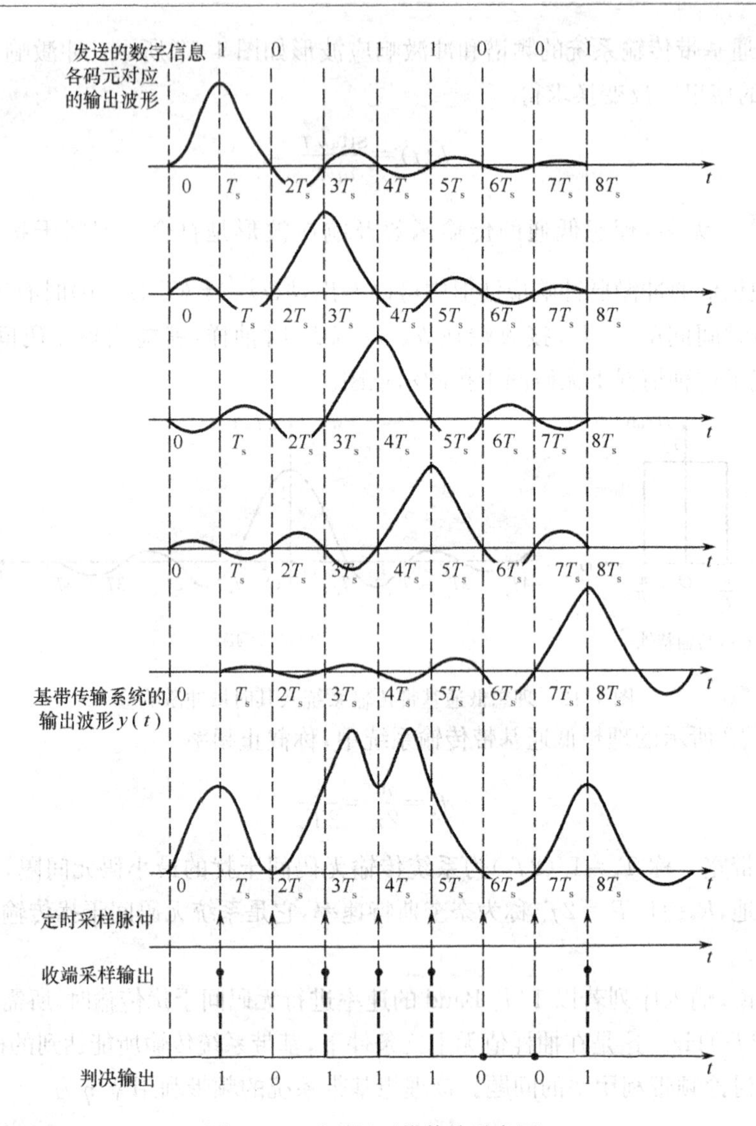

图 4-13　无码间干扰传输示意图

滑习惯上叫滚降(roll-off)。滚降的方法是在原来理想低通的幅度特性上叠加一个对 f_c 这一点奇对称的特性 $Y(f)$，如图 4-14 所示，那么其频谱函数仍能满足式(4.3-12)的要求，即满足奈奎斯特第一准则。

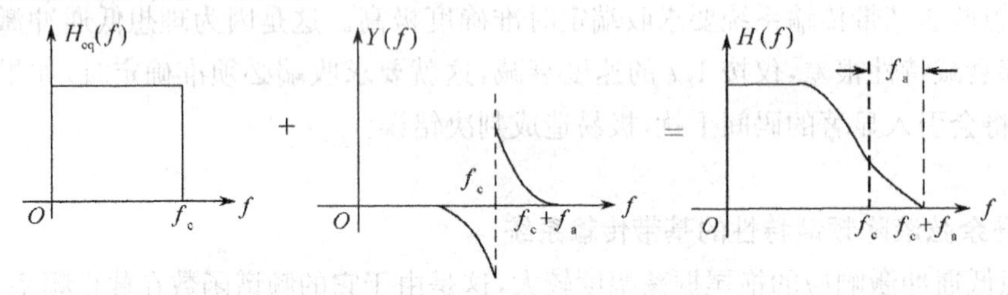

图 4-14　幅度特性的奇对称滚降

定义滚降系数为

$$\alpha=\frac{f_{\mathrm{a}}}{f_{\mathrm{c}}} \tag{4.3-17}$$

式中，f_{c} 是无滚降时的截止频率，$f_{\mathrm{c}}+f_{\mathrm{a}}$ 是有滚降时的截止频率。显然，$0\leqslant\alpha\leqslant1$。

奇对称滚降的方法很多，常用的是升余弦滚降，其频谱函数为

$$H(\omega)=\begin{cases}T_{\mathrm{s}}, & 0\leqslant|\omega|\leqslant\dfrac{\pi(1-\alpha)}{T_{\mathrm{s}}}\\ \dfrac{T_{\mathrm{s}}}{2}\left\{1-\sin\left[\dfrac{T_{\mathrm{s}}}{2\alpha}\left(\omega-\dfrac{\pi}{T_{\mathrm{s}}}\right)\right]\right\}, & \dfrac{\pi(1-\alpha)}{T_{\mathrm{s}}}\leqslant|\omega|\leqslant\dfrac{\pi(1+\alpha)}{T_{\mathrm{s}}}\\ 0, & |\omega|\geqslant\dfrac{\pi(1+\alpha)}{T_{\mathrm{s}}}\end{cases} \tag{4.3-18}$$

对上式进行傅里叶逆变换，也可求得它的时域表达式，即

$$h(t)=\frac{\sin(\pi t/T_{\mathrm{s}})}{\pi t/T_{\mathrm{s}}}\cdot\frac{\cos(\alpha\pi t/T_{\mathrm{s}})}{1-(4\alpha^2t^2/T_{\mathrm{s}}^2)} \tag{4.3-19}$$

由式(4.3-18)可以看出，升余弦滚降频谱函数是按余弦函数对理想低通频谱函数的幅度进行滚降处理的，所以称为升余弦滚降频谱。图4-15示出不同 α 值升余弦滚降频谱 $H(\omega)$ 及其对应的冲激响应 $h(t)$。

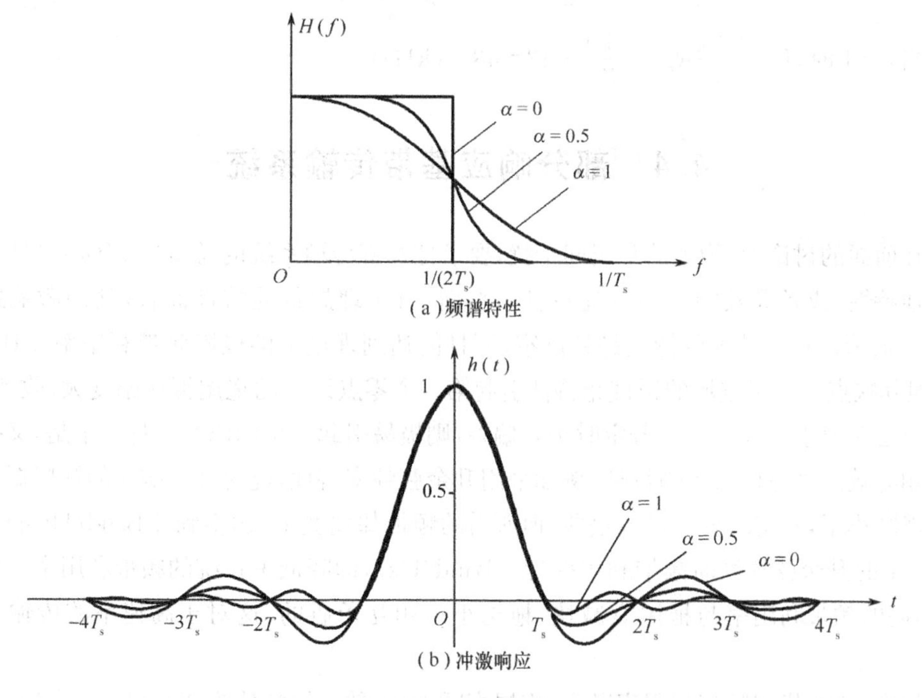

图4-15　不同 α 值的升余弦滚降基带传输系统

由图可见，升余弦滚降信号在前后抽样值处的码间干扰始终为0，因而满足抽样值无干扰的传输条件。滚降系数 α 越小，系统占用的带宽越窄，但波形 $h(t)$ 前后拖尾的振荡幅

度却越大;反之,α 越大,系统占用的带宽越宽,但其冲激响应拖尾的振荡幅度较小。当 $\alpha=0$时,即得到理想低通波形。由图 4-15(b)可见,$\alpha=1$ 时升余弦频谱的冲激响应 $h(t)$不仅保持理想低通响应的所有零点,而且还在理想低通响应的两个零点之间增加了新的零点。此外,它的前后拖尾衰减也比理想低通来得快。这样,对减少码间干扰和降低对定时的要求都有好处。当然,这些优点是用增加系统带宽,牺牲频带利用率换取的。

下面讨论频带利用率的问题。引入滚降系数 α 后,系统的最高传码率不变,但是此时系统的带宽扩展为

$$B=f_c+f_a=(1+\alpha)f_c \tag{4.3-20}$$

系统的频带利用率为

$$\eta=\frac{R_s}{B}=\frac{2}{1+\alpha}\quad(\text{Baud/Hz}) \tag{4.3-21}$$

升余弦滚降频谱特性的基带传输系统在实际工程中具有十分广泛的应用。

【例 4-6】 数字基带传输系统以 48kb/s 的速率传输二进制信号,传输系统具有升余弦滚降特性。计算滚降系数分别等于 0.5 和 1 时所要求系统的传输带宽。

【解】 二进制信号 $R_b=R_s$。

当 $\alpha=0.5$ 时,$B=\frac{1+\alpha}{2}R_s=\frac{1+0.5}{2}\times48=36\quad(\text{kHz})$

当 $\alpha=1$ 时,$B=\frac{1+\alpha}{2}R_s=\frac{1+1}{2}\times48=48\quad(\text{kHz})$

4.4 部分响应基带传输系统

在前面的讨论中,为了消除码间干扰,要求把基带传输系统的总特性 $H(\omega)$设计成理想低通特性,或者等效的理想低通特性。然而,对于理想低通特性而言,其冲激响应为 $\sin x/x$ 波形。这个波形的特点是频谱窄,而且能达到理论上的极限频带利用率 2 Baud/Hz,但其缺点是由于频域的锐截止特性引起第一个零点以后的拖尾振荡幅度大、收敛慢,从而对定时要求十分严格。若定时稍有偏差,则极易引起严重的码间干扰。于是,又提出了采用等效的理想低通传输特性,例如采用升余弦频率特性,此时冲激响应的拖尾振荡幅度虽然减小了,对定时要求可放松些,但所需的频带却加宽了,达不到 2 Baud/Hz 的利用率($\alpha=1$ 的升余弦特性时频带利用率为 1 Baud/Hz),即降低了系统的频带利用率。由此可见,高的频带利用率与拖尾衰减快、拖尾小是相互矛盾的,这对于高速率的传输尤其不利。

那么,能否找到频带利用率既高、拖尾衰减大、收敛又快的传输波形呢?事实证明,部分响应波形是满足这个条件的传输波形。通常把利用这种波形进行传送的基带传输系统称为部分响应基带传输系统。

4.4.1 第Ⅰ类部分响应波形

下面通过一种最简单的部分响应波形来说明部分响应波形的一般特性。

将两个时间上相隔一个码元间隔 T_s 的 $\sin x/x$ 波形相加，如图 4-16(a)所示，则相加后的波形 $h_p(t)$为

$$h_p(t)=\frac{\sin\frac{\pi}{T_s}t}{\frac{\pi}{T_s}t}+\frac{\sin\frac{\pi}{T_s}(t-T_s)}{\frac{\pi}{T_s}(t-T_s)}$$

经化简得

$$h_p(t)=\frac{T_s^2\sin\frac{\pi t}{T_s}}{\pi t(T_s-t)} \tag{4.4-1}$$

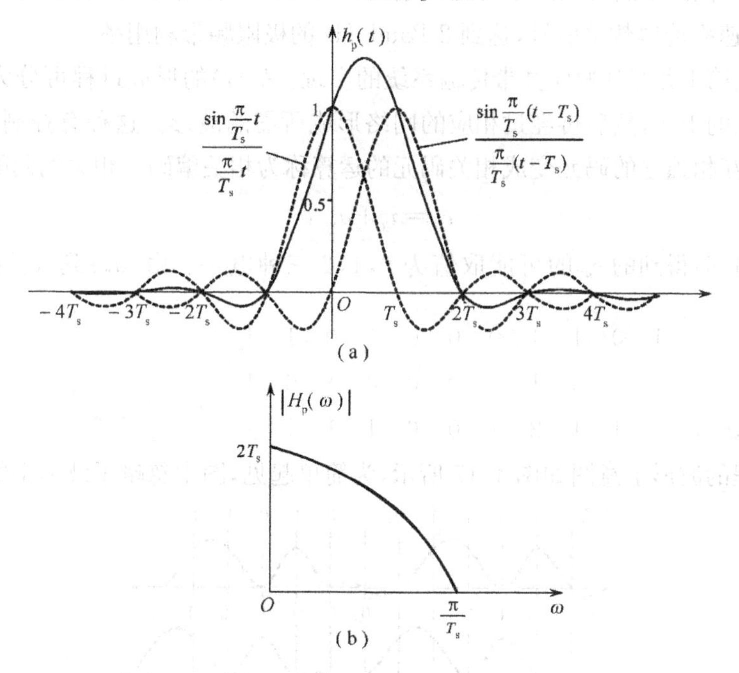

图 4-16 $h_p(t)$及其频谱

我们称图 4-16 中的 $h_p(t)$为第Ⅰ类部分响应波形。由式(4.4-1)可知，$h_p(t)$波形衰减快(按照 $1/t^2$ 的速度衰减)，拖尾起伏小。从图 4-16(a)也可以看到，相距一个码元间隔的 $\sin x/x$ 波形的拖尾正负相反而相互抵消，从而使得合成波形的拖尾迅速衰减。

对式(4.4-1)进行傅氏变换，可得 $h_p(t)$的频谱函数为

$$H_p(\omega)=\begin{cases}2T_s\cos\frac{\omega T_s}{2}e^{-j\frac{T_s}{2}}, & |\omega|\leqslant\frac{T}{T_s}\\0, & |\omega|>\frac{\pi}{T_s}\end{cases} \tag{4.4-2}$$

由式(4.4-2)画出的频谱函数如图 4-16(b)所示。由图可见,$h_p(t)$的频谱限制在$(-\pi/T_s,\pi/T_s)$内,且呈余弦型。这种缓变的滚降过渡特性与陡峭衰减的理想低通特性有明显的不同。这时的传输带宽为

$$B=\frac{1}{2\pi}\frac{\pi}{T_s}=\frac{1}{2T_s} \tag{4.4-3}$$

频带利用率为

$$\eta=\frac{R_s}{B}=\frac{1/T_s}{1/2T_s}=2 \quad (\text{Baud/Hz}) \tag{4.4-4}$$

达到基带传输系统在传输时的理论极限值。

如果用$h_p(t)$作为传输信号的波形,在抽样时刻上,发送码元的样值将受到前一个发送码元的干扰,而与其他码元不发生干扰。从表面上看,此系统似乎无法按 $1/T_s$ 的速率传送数字信号,但由于这种码间干扰是确定的、可控的,在收端可以消除掉,故此系统仍可按 $1/T_s$ 传输速率传送数字信号,达到 2 Baud/Hz 的极限频带利用率。

下面讨论第Ⅰ类部分响应基带传输系统的实现。$h_p(t)$的形成过程可分为两步,首先形成相邻码元的干扰,然后再经过相应的网络形成所需的波形。这种有控制地引入码间干扰,使原先互相独立的码元变成相关码元的运算称为相关编码。相关编码的规则为

$$c_n=a_n+a_{n-1} \tag{4.4-5}$$

据式(4.4-5)得到的 c_n 的可能取值为 0,1,2 三种电平。由$\{a_n\}$到$\{c_n\}$的形成过程如下:

a_n	1	0	1	1	0	0	0	1	0	1	1
a_{n-1}		1	0	1	1	0	0	0	1	0	1
$c_n=a_n+a_{n-1}$		1	1	2	1	0	0	1	1	1	2

上述过程的波形示意图如图 4-17 所示,为简单起见,图中忽略了波形中的振荡部分。

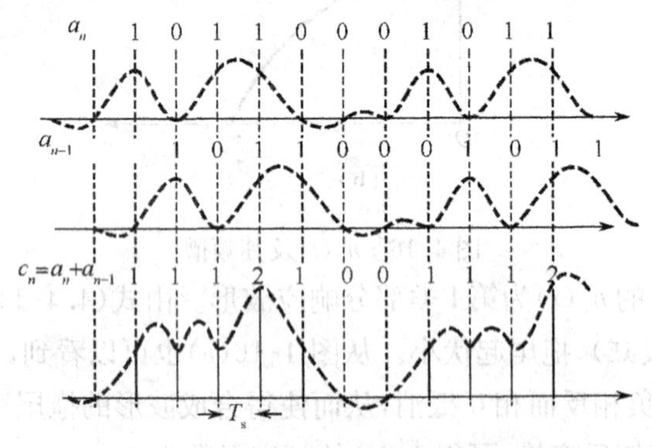

图 4-17　第Ⅰ类部分响应信号波形示意图

在接收端,经抽样判决得到 $\hat{c}_n$,再用反变换得到 a_n 的估计值 $\hat{a}_n$,即 $a_n=\hat{c}_n-\hat{a}_{n-1}$,其中 $\hat{a}_{n-1}$是前一码元的估计值,然后不断递推运算下去。但递推运算会带来严重的差错扩散问题。如果在传输过程中,$\{c_n\}$序列中某个抽样值因干扰而发生差错,则不但会造成当

前恢复的 $\hat{a}_n$ 值错误，而且会影响到以后所有的 $\hat{a}_{n+1}, \hat{a}_{n+2}, \cdots$。这种现象就称为部分响应的差错传播。

为了解决差错传播问题，可在发送端相关编码之前进行预编码。预编码规则为

$$a_n = b_n \oplus b_{n-1}$$

即

$$b_n = a_n \oplus b_{n-1} \tag{4.4-6}$$

然后再按如下规则对 b_n 进行相关编码，即

$$c_n = b_n + b_{n-1} \tag{4.4-7}$$

由式(4.4-6)和式(4.4-7)可知，在接收端对 $\hat{c}_n$ 进行模 2 处理，便可直接得到 $\hat{a}_n$。

$$\hat{a}_n = \hat{c}_n \quad (\text{mod } 2) \tag{4.4-8}$$

这正是我们所希望的结果。其物理意义是：预编码后的部分响应信号各抽样值之间已解除了相关性，由当前 c_n 值可直接得到当前的 a_n 值。

【例 4-7】

a_n		1	0	1	1	0	0	0	1	0	1	1
b_n	0	1	1	0	1	1	1	1	0	0	1	0
c_n		1	+2	1	1	+2	+2	+2	1	0	1	1
$\hat{c}_n$		1	+2	1	1	+2	+2	+2	1	1	1	1
$\hat{a}_n$		1	0	1	1	0	0	0	1	1	1	1

由此例可知，当接收到的$\{\hat{c}_n\}$有错误时，恢复出来的$\{\hat{a}_n\}$中不发生差错传播现象，而只影响发生错误的这些位。

上面讨论的第Ⅰ类部分响应基带传输系统组成方框如图 4-18(a)所示，事实上预编码器和相关编码器可以合并简化，如图 4-18(b)所示。

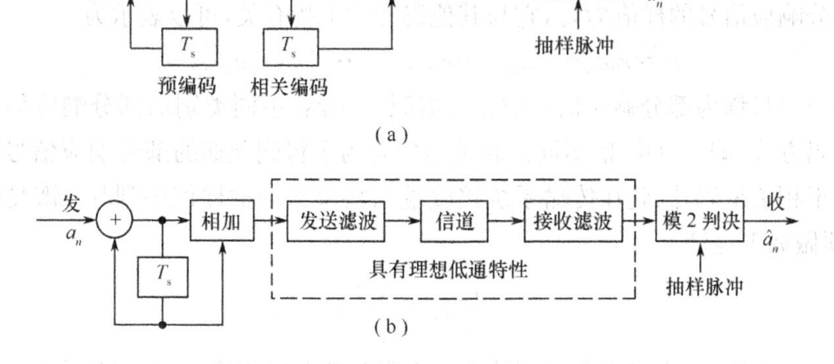

图 4-18　第Ⅰ类部分响应基带传输系统组成框图

4.4.2 部分响应基带传输系统的一般形式

部分响应波形的一般形式可以是 N 个 $\sin x/x$ 波形之和，其表达式

$$h_p(t)=r_0\frac{\sin\frac{\pi}{T_s}t}{\frac{\pi}{T_s}t}+r_1\frac{\sin\frac{\pi}{T_s}(t-T_s)}{\frac{\pi}{T_s}(t-T_s)}+r_2\frac{\sin\frac{\pi}{T_s}(t-2T_s)}{\frac{\pi}{T_s}(t-2T_s)}+\cdots+$$

$$r_{N-1}\frac{\sin\frac{\pi}{T_s}[t-(N-1)T_s]}{\frac{\pi}{T_s}[t-(N-1)T_s]} \tag{4.4-9}$$

式中加权系数 $r_0,r_1,\cdots,r_{N-1}$ 为整数。式(4.4-9)所示部分响应波形的频谱函数为

$$H_p(\omega)=\begin{cases}T_s\sum\limits_{k=0}^{N-1}r_k e^{-j\omega T_s k} & |\omega|\leqslant\frac{\pi}{T_s}\\ 0 & |\omega|>\frac{\pi}{T_s}\end{cases} \tag{4.4-10}$$

按干扰的规则，部分响应信号共分 5 类，分别命名为第Ⅰ，Ⅱ，Ⅲ，Ⅳ，Ⅴ类部分响应信号，表 4-2 中给出了 5 类部分响应信号的波形、频谱特性及加权系数 r_k。各类部分响应信号的频谱在 π/T_s 处均为 0，有的在 $\omega=0$ 处也出现零点，其带宽都不超过理想低通信号的带宽。但是它们的频谱结构以及对相邻码元抽样时刻的干扰情况不同。目前应用最广泛的是第Ⅰ类和第Ⅳ类部分响应信号。第Ⅰ类部分响应信号的频谱能量主要集中在低频段，适用于传输系统中信道频带高端受限的情况，这种信号又称为双二进制编码信号。第Ⅳ类部分响应信号具有无直流分量且低频分量很小的特点。以上两类部分响应信号的抽样值电平数比其他类别的少，这也是它们得到广泛应用的原因之一。当输入为 M 进制信号时，经部分响应系统得到的第Ⅰ、Ⅳ类部分响应信号的电平数为 $2M-1$。

对于一般形式的部分响应信号，如果输入的数字序列为 $\{a_n\}$，当抽样时刻 $t=nT_s$ 时，对应的部分响应信号的样值为 c_n，它与其他码元的干扰有关，可以表示为

$$c_n=r_0a_n+r_1a_{n-1}+r_2a_{n-2}+\cdots+r_{N-1}a_{n-(N-1)} \tag{4.4-11}$$

式(4.4-11)称为部分响应信号的相关编码。显然，不同类别的部分响应信号有不同的相关编码方式，即 r_k 的取值不同。相关编码是为了得到预期的部分响应信号频谱所必需的。由于相关编码，因此在传输系统接收端由接收到的抽样值序列 $\{c_n\}$ 恢复出原来的 $\{a_n\}$，必须做如下运算：

$$a_n=\frac{1}{r_0}\left[c_n-\sum_{i=1}^{N-1}a_{n-i}r_i\right] \tag{4.4-12}$$

如 4.4.1 节所述，为了避免因相关编码而引起的差错传播，应在相关编码之前进行预编码，即

$$a_n = r_0 b_n + r_1 b_{n-1} + \cdots + r_{N-1} b_{n-(N-1)} \pmod M \tag{4.4-13}$$

这里，设$\{a_n\}$为M进制序列，$\{b_n\}$为预编码后得到的新序列，(mod M)表示按模M相加。

将预编码后的$\{b_n\}$序列进行相关编码，由式(4.4-11)可知

$$c_n = r_0 b_n + r_1 b_{n-1} + r_2 b_{n-2} + \cdots + r_{N-1} b_{n-(N-1)} \tag{4.4-14}$$

表 4-2　常见的部分响应波形

类别	r_0	r_1	r_2	r_3	r_4	$h_p(t)$	$\|H_p(\omega)\|$	二进制输入时抽样值电平数
二进制	1						T_s；O　π/T_s　ω	2
Ⅰ	1	1					$2T_s\cos\frac{\omega T_s}{2}$；$O$　π/T_s　ω	3
Ⅱ	1	2	1				$4T_s\cos^2\frac{\omega T_s}{2}$；$O$　π/T_s　ω	5
Ⅲ	2	1	−1				$2T_s\cos^2\frac{\omega T_s}{2}\sqrt{5-4\cos\omega T_s}$；$O$　π/T_s　ω	5
Ⅳ	1	0	−1				$2T_s\sin^2\omega T_s$；O　π/T_s　ω	3
Ⅴ	−1	0	2	0	−1		$4T_s\sin^2\omega T_s$；O　π/T_s　ω	5

将式(4.4-13)和式(4.4-14)进行比较可得

$$a_n = c_n \pmod M \tag{4.4-15}$$

以第Ⅳ类部分响应信号为例，第Ⅳ类部分响应基带传输系统的组成框图如图 4-19 所示，假设输入信号为四进制，a_n 的取值为 0、1、2、3，由表 4-2 可知，第Ⅳ类部分响应信号时，$r_0=1$、$r_1=0$、$r_2=-1$。因此由式(4.4-13)可得预编码规律为

$$\begin{aligned} a_n &= r_0 b_n + r_1 b_{n-1} + r_2 b_{n-2} \pmod 4 \\ &= b_n - b_{n-2} \pmod 4 \end{aligned} \tag{4.4-16}$$

即

$$b_n = a_n + b_{n-2} \pmod 4 \tag{4.4-17}$$

由式(4.4-14)得相关编码规律为

$$c_n = b_n - b_{n-2} \tag{4.4-18}$$

由式(4.4-15)得接收端解码规律为

$$\hat{a}_n = \hat{c}_n \pmod 4 \tag{4.4-19}$$

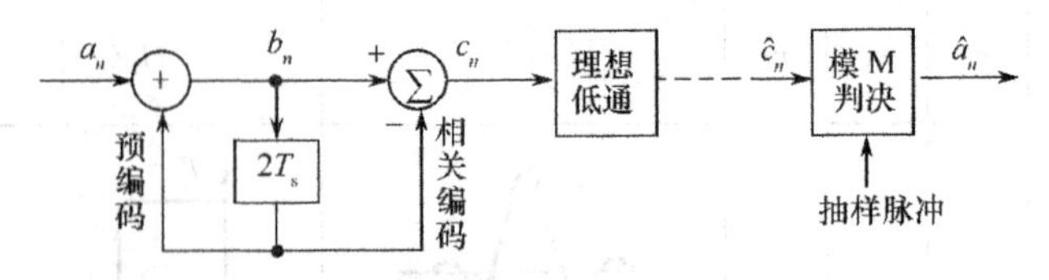

图 4-19 第Ⅳ类部分响应基带传输系统组成框图

图 4-20 为一假设输入信号为四进制的示例，其中各序列值是由式(4.4-17)和式(4.4-18)，以及式(4.4-19)计算得到的。

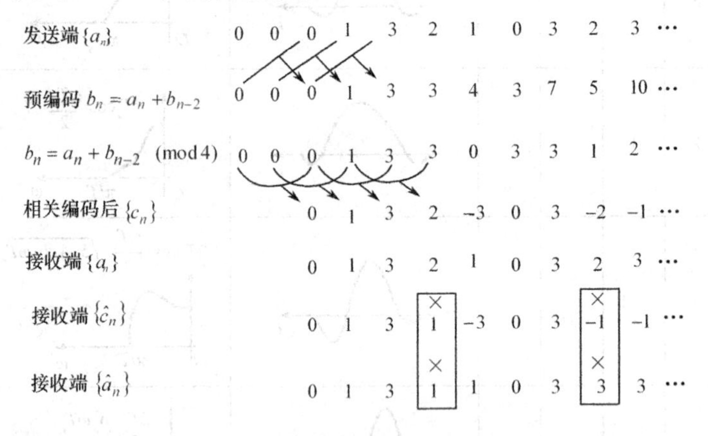

图 4-20 第Ⅳ部分响应信号编解码过程

【例 4-8】 设采用预编码的第Ⅳ类部分响应基带传输系统的输入为二进制序列$\{a_n\}$=1011101100，试求出预编码后的序列$\{b_n\}$和相关编码输出序列$\{c_n\}$。设该序列前的数码均为0。

【解】 第Ⅳ类部分响应信号的预编码和相关编码规则分别为：

预编码规则 $b_n = a_n + b_{n-2} \pmod 2$

相关编码规则 $c_n = b_n - b_{n-2}$

根据相应规则，可知预编码后的序列$\{b_n\}$和相关编码输出序列$\{c_n\}$如下所示：

a_n			1	0	1	1	1	0	1	1	0	0
b_n	0	0	1	0	0	1	1	1	0	0	0	0
c_n			1	0	−1	1	1	0	−1	−1	0	0

需要指出的是，部分响应基带传输系统是由预编码器、相关编码器、发送滤波器、信道和接收滤波器共同形成的。由于部分响应信号的频谱是平滑滚降的，因此对理想低通传

输特性的要求可略有降低。但在多电平传输时，部分响应的电平数进一步增加，为防止干扰造成的接收错误，对传输特性仍有较高的要求。在工程上通常用部分响应信号与波形无干扰传输准则相结合的方法，使基带系统具有升余弦滚降形式的传输函数，以避免人为的固定干扰以外的干扰。

4.5　最佳基带传输系统

根据数字基带系统传输模型，如图 4-21 所示，数字信号在基带系统传输中要受到两方面的影响：一是由于系统的传输特性不理想，码元之间会发生干扰；二是系统中存在的噪声会使信号产生失真。其最终结果是导致码元的判决发生错误。

若要获得良好的基带传输系统，则必须使码间干扰和加性噪声的综合影响足够小，使系统的总误码率达到规定要求。码间干扰值的大小取决于 a_n 和系统输出波形 $h(t)$ 在抽样时刻上的取值。a_n 总是以某种概率随机地取值，而 $h(t)$ 依赖于发送滤波器至接收滤波器的传输特性 $H(\omega)=G_T(\omega)C(\omega)G_R(\omega)$。如果一基带传输系统能够在具有噪声和码间干扰的具体信道中以最小的差错概率传送信息，则该系统就称为最佳基带传输系统。

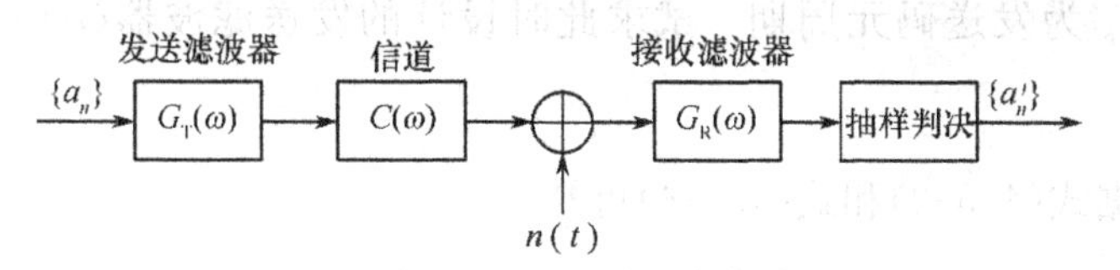

图 4-21　基带传输系统模型

4.5.1　理想信道下的最佳基带传输系统

1. 理想信道下最佳基带传输系统的设计

所谓理想信道，是指 $C(\omega)=1$ 的信道。在实际中只要信道带宽比信号频谱宽得多，就可以认为是理想信道。这时，基带传输系统的频谱特性为：$H(\omega)=G_T(\omega)G_R(\omega)$，若 $H(\omega)$ 满足奈奎斯特准则，就能保证消除码间干扰。通常可根据传输速率要求和允许的带宽，选择某一特定的升余弦特性，使其满足奈奎斯特准则。

但是，这时只确定了发送和接收滤波器的总传输特性 $H(\omega)=G_T(\omega)G_R(\omega)$，尚有自由选择 $G_T(\omega)$ 或 $G_R(\omega)$ 的余地。这个问题就由加性噪声的影响最小来解决。

在加性噪声下，要使误码率最小，也就是要使接收滤波器输出信噪比最大。为了满足这一条件，滤波器的频率响应应与输入信号的频谱共轭匹配。由这两个条件，可写出如下联立方程，即

$$\begin{cases} H(\omega)=G_T(\omega)G_R(\omega) \\ G_R(\omega)=G_T^*(\omega)e^{-j\omega t_0} \end{cases} \tag{4.5-1}$$

可以得出

$$|G_T(\omega)|=\sqrt{|H(\omega)e^{j\omega t_0}|}=\sqrt{|H(\omega)|} \tag{4.5-2}$$

上式表示使输出信噪比最大时的发送滤波器应满足的条件。可以选择相位特性使其满足

$$G_T(\omega)=H^{1/2}(\omega) \tag{4.5-3}$$

将上式代入式(4.5-1)，则可得

$$G_R(\omega)=H(\omega)/H^{1/2}(\omega)=H^{1/2}(\omega) \tag{4.5-4}$$

式(4.5-3)和式(4.5-4)即为所要求的最佳发送和接收滤波特性。这时，所选择的相位特性使两个滤波器具有相同的频谱特性，从而可简化设计制造。

【例 4-9】 设计一个理想信道条件下的最佳基带传输系统，要求基带传输系统的频谱满足 100%的升余弦滚降特性，即

$$H(\omega)=\begin{cases}T_s\left(1+\cos\dfrac{\pi\omega}{2\omega_c}\right), & 0<\omega<2\omega_c\\ 0 & \text{else}\end{cases}$$

式中 $\omega_c=\dfrac{\pi}{T_s}$，$T_s$ 为发送码元周期。试求此时设计的发送滤波器$G_T(\omega)$和接收滤波器$G_R(\omega)$的频谱。

【解】 根据式(4.5-3)和式(4.5-4)可知

$$G_T(\omega)=G_R(\omega)=\sqrt{H(\omega)}$$

将 $H(\omega)$代入上式，可得

$$G_T(\omega)=G_R(\omega)=\sqrt{2T_s}\cdot\cos\left(\frac{\pi\omega}{4\omega_c}\right)\quad 0<\omega<2\omega_c$$

可见，发送滤波器和接收滤波器均为平方根升余弦频谱特性。

例如，在话带调制解调器的 V.29 标准中，需要在话带内传输 9600b/s 的信息，为减小码间干扰和约束发送信号的频谱，并使由信道噪声引起的差错概率最小，发送端的成型滤波器和接收滤波器都采用了滚降系数 $\alpha=0.25$ 左右的平方根升余弦频谱特性。

2. 理想信道下最佳基带传输系统的差错性能

取整个基带系统的传递函数 $H(\omega)$为升余弦滚降特性，即有

$$\frac{1}{2\pi}\int_{-\infty}^{\infty}|H(\omega)|\,d\omega=1 \tag{4.5-5}$$

假设基带系统所传输的数字序列$\{a_n\}$共有 M 种电平，各种电平出现的概率相等，序列符号统计独立。如果令 M 种电平为$\pm d,\pm 3d,\cdots,\pm(M-1)d$，$d$ 为相邻两电平差值之半，且假设 M 为 2 的幂。

设信道输入端的信号表示式为

$$s(t)=\sum_n a_n g_T(t-nT_s) \tag{4.5-6}$$

其中振幅为 a_n，每个码元占用时间为 T_s 秒，码元波形 $g_T(t)$ 决定于发送滤波器的传递函数 $G_T(\omega)$。

信号通过信道传输时，波形受信道频率响应 $C(\omega)$ 的影响可能产生失真，同时还叠加了噪声干扰。现在仅考虑白噪声 $n(t)$，假定其双边功率谱密度等于 $\frac{n_0}{2}$ W/Hz，统计特性服从高斯分布。

在接收端，接收滤波器 $G_R(\omega)$ 对于信号波形和噪声均有影响。我们用 $h(t-nT_s)$ 表示接收滤波器输出的第 n 个码元的响应波形，用 $n_R(t)$ 表示同处的噪声波形。因此该处输出的总波形为

$$y(t)=\sum_n a_n h(t-nT_s)+n_R(t)$$

其中单个信号码元的波形 $h(t)$ 决定于下式，即

$$h(t)=\frac{1}{2\pi}\int_{-\infty}^{+\infty} G_T(\omega)C(\omega)G_R(\omega)e^{j\omega t}\,d\omega$$

若接收判决门限选择在 $0,\pm 2d,\cdots,\pm(M-2)d$，当取样时刻的噪声抽样值超过判决距离 d，就将发生判决错误。不过，应当注意，对于 M 个电平来说，最外边的两个电平，即绝对值最大、极性相反的两个电平，只能各在一个方向上出现错误。也就是说，对于最外边的两个电平，错误概率只有中间电平的一半。考虑到 M 种电平等概率出现，所以每种电平出现的概率都是 $\frac{1}{M}$。这样，误码率即为

$$\begin{aligned}P_e&=\frac{M-2}{M}P(|N_k|>d)+\frac{2}{M}\frac{1}{2}P(|N_k|>d)\\&=\left(1-\frac{1}{M}\right)P(|N_k|>d)\end{aligned} \tag{4.5-7}$$

式中，N_k 是第 k 个码元采样时刻的噪声值，而式中的 $P(|N_k|>d)$ 即为 $|N_k|>d$ 的概率。已知信道噪声是双边功率谱密度等于 $n_0/2$ 的加性高斯白噪声，所以经过接收滤波器(线性系统)后，输出噪声仍为高斯分布，其方差为

$$\begin{aligned}\sigma^2&=\frac{1}{2\pi}\int_{-\infty}^{+\infty}\frac{n_0}{2}|G_R(\omega)|^2 d\omega=\frac{n_0}{4\pi}\int_{-\infty}^{+\infty}|H^{1/2}(\omega)|^2 d\omega\\&=n_0/2\end{aligned} \tag{4.5-8}$$

因此，噪声 N_k 的概率密度函数为

$$p(N_k)=\frac{1}{\sqrt{2\pi}\sigma}e^{-\frac{N_k^2}{2\sigma^2}}$$

所以

$$P(|N_k| > d) = 2\int_d^{\infty} p(N_k)\mathrm{d}N_k \tag{4.5-9}$$

将式(4.5-9)代入式(4.5-7)得

$$P_e = 2\left(1-\frac{1}{M}\right)\left[\frac{1}{2}-\int_0^d p(N_k)\mathrm{d}N_k\right]$$
$$= \left(1-\frac{1}{M}\right)\left[1-\mathrm{erf}\left(\frac{d}{\sqrt{2}\sigma}\right)\right] \tag{4.5-10}$$

式中

$$\mathrm{erf}(y) = \frac{2}{\sqrt{\pi}}\int_0^y \mathrm{e}^{-u^2}\,\mathrm{d}u$$

称为误差函数。

为了找到 P_e 与信噪比的关系,可以找到 d 和信号功率 P_s 的关系。已知输入序列

$$s(t) = \sum_n a_n g_T(t-nT_s) \tag{4.5-11}$$

式中 a_n 代表信息的信号振幅,是一随机变量;$g_T(t)$表示每个码元的波形,是一确定的函数。所以任意码元的功率等于

$$\frac{1}{T_s}\int_{-\infty}^{+\infty} a_n^2 g_T^2(t)\mathrm{d}t \tag{4.5-12}$$

则信号功率 P_s 可由上式对 a_n^2 求统计平均值,$\overline{a_n^2}$与 t 无关,可提到积分号外,即

$$P_s = \frac{1}{T_s}\overline{a_n^2}\int_{-\infty}^{+\infty} g_T^2(t)\mathrm{d}t \tag{4.5-13}$$

式中$\overline{a_n^2}$为任意码元电平平方的统计平均值,所以可把下标略去,则式(4.5-13)写成

$$P_s = \frac{\overline{a^2}}{T_s}\int_{-\infty}^{+\infty} g_T^2(t)\mathrm{d}t \tag{4.5-14}$$

为了用频率域来表示信号平均功率,利用帕塞瓦尔关系式

$$\int_{-\infty}^{+\infty} g_T^2(t)\mathrm{d}t = \frac{1}{2\pi}\int_{-\infty}^{+\infty} |G_T(\omega)|^2\mathrm{d}\omega \tag{4.5-15}$$

因此,输入信号平均功率为

$$P_s = \frac{\overline{a^2}}{2\pi T_s}\int_{-\infty}^{+\infty} |G_T(\omega)|^2\mathrm{d}\omega \tag{4.5-16}$$

由式(4.5-3)得

$$P_s = \frac{\overline{a^2}}{2\pi T_s}\int_{-\infty}^{+\infty} |H^{1/2}(\omega)|^2\mathrm{d}\omega \tag{4.5-17}$$

因 $H(\omega)$为升余弦滚降特性,所以

$$P_s = \frac{\overline{a^2}}{T_s} \tag{4.5-18}$$

通常认为发送 M 个电平是等概率的，即发送每一电平的概率都是 $1/M$，所以码元电平的统计平均为

$$\overline{a^2}=2\times\frac{1}{M}\sum_{i=1}^{M/2}[d(2i-1)]^2$$

利用二阶算术级数求和公式 $1^2+3^2+\cdots+(2n-1)^2=\frac{n}{3}(2n-1)(2n+1)$，这里 $n=M/2$，可得

$$\overline{a^2}=\frac{d^2}{3}(M^2-1) \qquad (4.5\text{-}19)$$

把上式代入式(4.5-18)，得到输入信号平均功率为

$$P_s=\frac{1}{T_s}\frac{d^2}{3}(M^2-1) \qquad (4.5\text{-}20)$$

故有

$$d^2=\frac{3P_sT_s}{M^2-1} \qquad (4.5\text{-}21)$$

将式(4.5-21)和式(4.5-8)代入式(4.5-10)得

$$P_e=\left(1-\frac{1}{M}\right)\left[1-\text{erf}\left[\sqrt{\frac{d^2}{2\sigma^2}}\right]^{1/2}\right]$$

$$=\left(1-\frac{1}{M}\right)\left[1-\text{erf}\left(\sqrt{\frac{3\cdot P_s\cdot T_s}{(M^2-1)n_0}}\right)^{1/2}\right]$$

若用码元能量 $E_s=P_sT_s$ 及噪声单边功率谱密度 n_0 来表示，则上式变为

$$P_e=\left(1-\frac{1}{M}\right)\left[1-\text{erf}\left[\sqrt{\frac{3}{M^2-1}\cdot\frac{E_s}{n_0}}\right]^{1/2}\right]$$

若用 E_b 表示单位比特的平均信号能量，则码元能量 $E_s=E_b\log_2 M$，上式变为

$$P_e=\left(1-\frac{1}{M}\right)\left[1-\text{erf}\left[\sqrt{\frac{3\log_2 M}{M^2-1}\cdot\frac{E_b}{n_0}}\right]^{1/2}\right] \qquad (4.5\text{-}22)$$

式中$\frac{E_b}{n_0}$为每比特信号能量与单位带宽内的噪声功率之比，即为归一化输入信噪比，所以式(4.5-22)表示出了误码率和归一化输入信噪比的关系。

图 4-22 中给出了最佳基带系统误码率与$\frac{E_b}{n_0}$的关系曲线。由图可以看出，对 M 元制系统，信噪比要用因子$\frac{3\log_2 M}{M^2-1}$作修正，因此在同样的噪声干扰下，四元制系统的信号功率要比二元制系统大 2.5 倍(约 4dB)，才能获得与二元制系统相同的误码率。随着 M 的增

加，保持相同的误码率所需的信号功率也越大。由此可见，多元制系统传输速率的提高是用增加信号功率来换取的，否则误码率就要增加，传输可靠性将下降。

图 4-22 中的曲线均是采用双极性脉冲得出的，在图 4-23 中，给出了二元制系统采用双极性脉冲和单极性脉冲两种情况的误码率曲线。当采用单极性脉冲时，由于单极性信号的平均功率是双极性信号的二倍，因此若要得到与双极性情况相同的误码率，单极性情况时的$\frac{E_b}{n_0}$都要比双极性情况高 3dB。

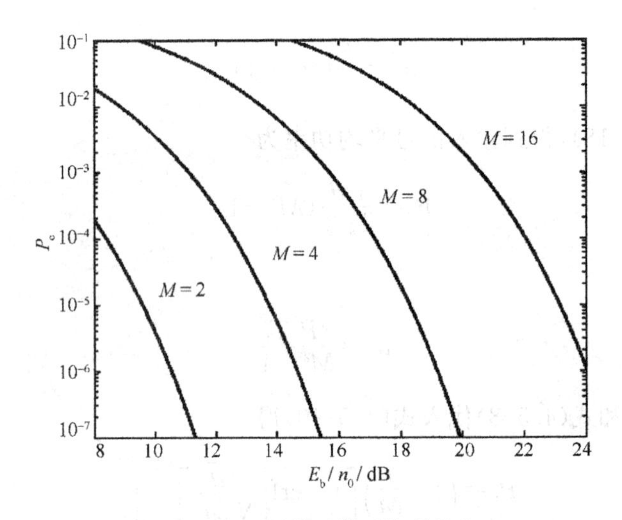

图 4-22　最佳基带系统误码率

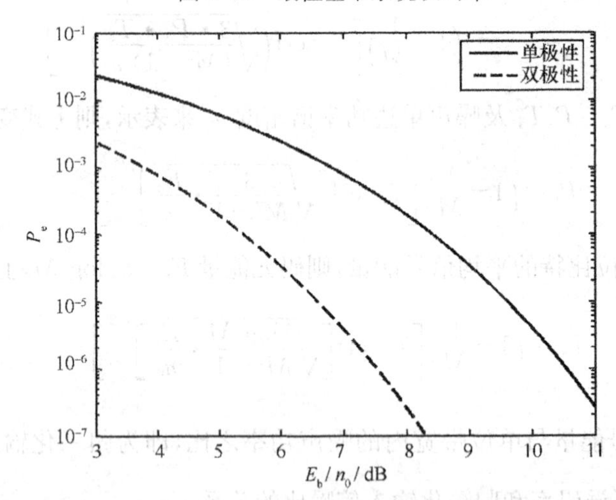

图 4-23　二元制系统误码率

当接收信号电平随时间发生变化时，单极性信号还需要动态地改变判决门限，而采用双极性信号传输不仅具有更好的误码性能，而且接收端判决门限取为零，因此双极性信号在实际系统中获得了十分广泛的应用。

4.5.2 非理想信道下的最佳基带传输系统

当信号通过非理想信道，即$C(\omega)$为非平均特性时，一方面要受到噪声的干扰，另一方面还将产生码间干扰，结果势必会造成系统误码率的增大。如果确知信道特性$C(\omega)$，那么选择合适的发送滤波器和接收滤波器，使其输出信号在取样时刻无码间干扰以及由噪声引起的误码率达到最小值。这样构成的基带传输系统就称为非理想信道下的最佳基带传输系统。

在非理想信道情况下，假定$C(\omega)$已知或可以测得，并先选定发送滤波器的频率响应$G_T(\omega)$，则可求出最佳接收滤波器的频率响应为

$$G_R(\omega)=[G_T(\omega)C(\omega)]^* E(\omega) \tag{4.5-23}$$

相应的最佳基带传输系统方框图如图4-24所示。由图可见，这时的接收滤波器可看作是由两个滤波器组成：一个是与输入信号频谱$[G_T(\omega)C(\omega)]$共轭匹配的滤波器，它的频率响应为$G_T^*(\omega)C^*(\omega)$，它能在白噪声情况下获得最大的输出信噪比；另一个是频率响应为$E(\omega)$的均衡滤波器，它用来消除码间干扰（均衡器将在本章4.7节介绍）。因此，二者组成了最佳接收滤波器。

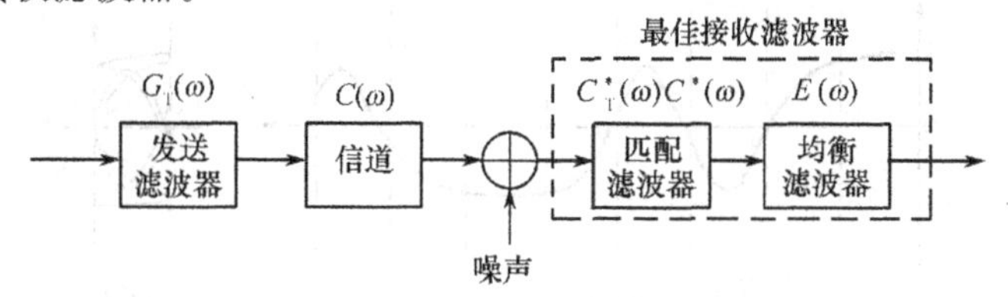

图4-24 非理想信道最佳基带系统

这样的最佳系统的误码率仍可用公式(4.5-22)来计算，只需把非理想信道的频率响应$C(\omega)$合并在发送滤波器的频率响应$G_T(\omega)$中即可，结果使发送功率受$C(\omega)$的影响降低了一些，这一影响用因子λ表示，非理想信道最佳系统的误码率为

$$P_e=\left(1-\frac{1}{M}\right)\left[1-\mathrm{erf}\left(\sqrt{\frac{3\log_2 M}{M^2-1}}\cdot\lambda\cdot\frac{E_b}{n_0}\right)^{1/2}\right] \tag{4.5-24}$$

式中，λ为信道特性$C(\omega)$不理想引起的信噪比下降因子，λ可由下式计算

$$\lambda=\frac{\int_{-\infty}^{\infty}|C(\omega)|^2\cdot|G_T(\omega)|^2\mathrm{d}\omega}{\int_{-\infty}^{\infty}|G_T(\omega)|^2\mathrm{d}\omega} \tag{4.5-25}$$

4.6 眼 图

在实际工程中，由于信道特性可能会随时间发生变化，从而产生码间干扰。此外，噪声也会对接收判决造成影响。除了用专用精密仪器进行定量的测量以外，还通常用示波器观

察接收信号波形的方法来分析码间干扰和噪声对系统性能的影响，这就是眼图分析法。

观察眼图的方法是：用一个示波器接在接收滤波器的输出端，然后调整示波器扫描周期，使示波器水平扫描周期与接收码元的周期同步，这时示波器屏幕上看到的图形很像人的眼睛，故称为"眼图"。

观察图 4-25 可以了解双极性二元码的眼图形成情况。图(a)为没有失真的波形，示波器将此波形每隔 T_s 秒重复扫描一次，利用示波器的余辉效应，扫描所得的波形重叠在一起，结果形成图(b)所示的"开启"的眼图。图(c)是有失真的基带信号的波形，重叠后的波形会聚变差，张开程度变小，如图(d)所示。基带波形的失真通常是由噪声和信道特性造成的，所以眼图的形状能定性地反映基带传输系统的性能。

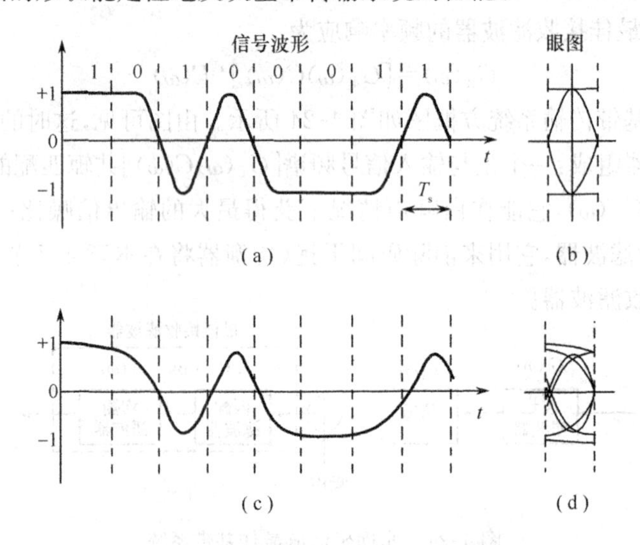

图 4-25 双极性二元码的波形及眼图

为了解释眼图与基带传输系统性能之间的关系，可把眼图抽象为一个模型，如图 4-26所示。

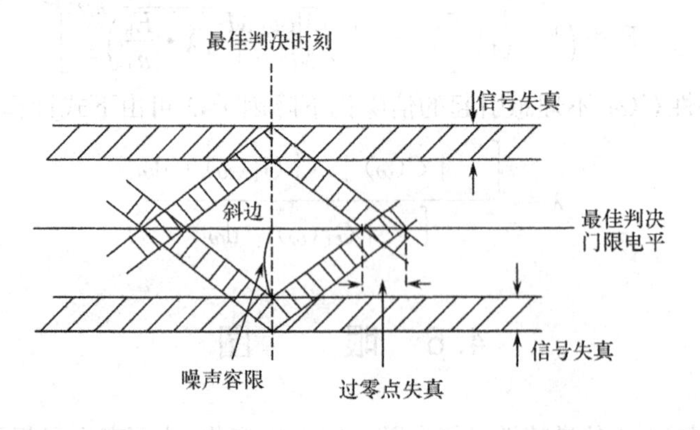

图 4-26 眼图模型

由该图可以获得以下信息：

(1) 最佳抽样时刻应选在“眼睛”张开最大的时刻。

(2) 眼图斜边的斜率决定了系统对抽样定时误差的灵敏度，斜边越陡，对定时误差越灵敏，对定时稳定度要求越高。

(3) 在抽样时刻，上下两个阴影区的高度称为信号失真量。它反映了码间干扰的大小。

(4) 眼图中央的横轴位置对应于判决门限电平。

(5) 抽样时刻上、下两阴影区的间隔距离之半称为噪声容限，如果噪声瞬时值超过它，则有可能发生错误判决。

在图 4-27 中给出了示波器上两张眼图的照片。其中图(a)是噪声较小的情况下的照片，图(b)则示出有较大的噪声。

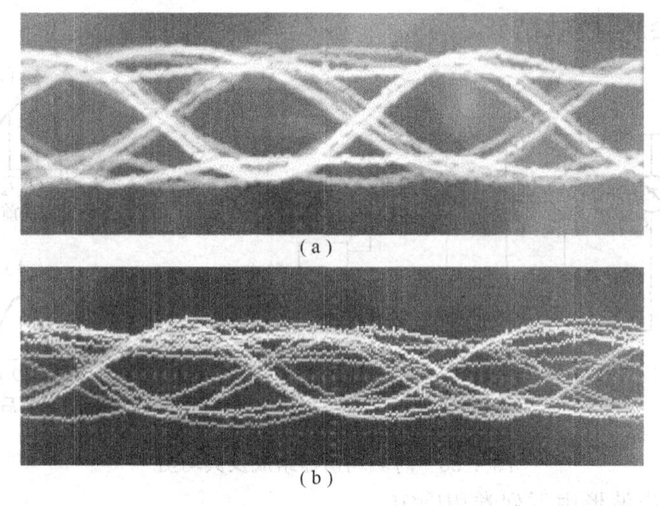

(a)

(b)

图 4-27　眼图照片

4.7　均　　衡

一个实际的基带传输系统不可能完全满足无码间干扰的传输条件，因而码间干扰几乎是不可避免的。当码间干扰造成严重影响时，必须对整个系统的传递函数进行校正，使其尽可能满足无码间干扰的条件。为了减小码间干扰的影响，通常需要在系统中插入一个可调的滤波器，用以校正(或补偿)系统特性。这个对系统特性进行校正的过程称为均衡。

均衡分为频域均衡与时域均衡。频域均衡是使整个系统总的传输特性满足无失真的传输条件，往往用来校正幅频特性和相频特性。时域均衡是直接从时域响应出发，使包括均衡器在内的整个系统的冲激响应满足无码间干扰的条件。随着数字信号处理理论和超大规模集成电路技术的发展，时域均衡已成为如今高速数据传输中所使用的主要方法。

4.7.1　时域均衡原理

在时域均衡中，通常是利用具有可变增益的多抽头横向滤波器来减少接收波形的码间干扰。该横向滤波器也称时域均衡器，它是由一组有抽头的时延线、系数相乘器（或称可变增益电路）及相加器组成，如图 4-28(a)所示。图中，T_s 是每两个抽头之间的延时，它等于码元间隔，$x(t)$表示单个冲激脉冲通过基带传输后在接收端所得到的冲激响应。因为系统有畸变，接收的基带波形 $x(t)$有码间干扰，此时每隔时间 T_s 的取样点不等于零，如图 4-28(b)所示。当 $x(t)$加入到时域均衡器，使其脉冲响应与接收的脉冲波形叠加，使叠加后的冲激响应即横向滤波器的输出 $y(t)$在取样时刻为零。这样，消除（或减弱）了码间干扰，从而不会影响判决结果。

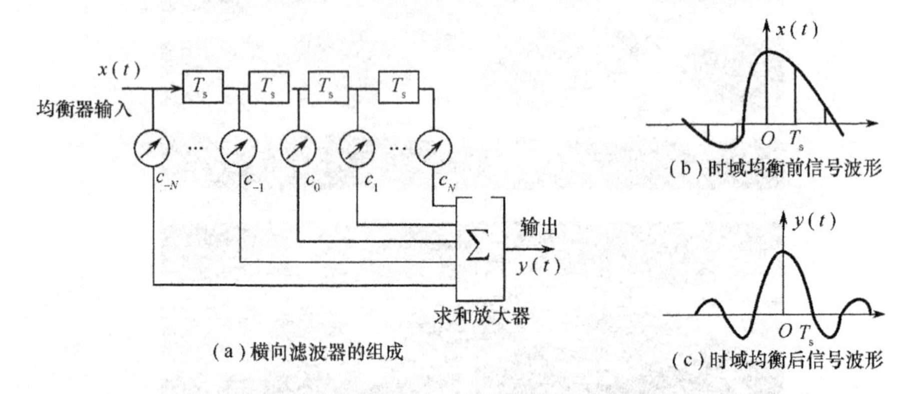

图 4-28　时域均衡器组成及其均衡

均衡器的输出波形由下列卷积确定

$$y(t)=x(t)*e(t) \tag{4.7-1}$$

式中，$e(t)$为均衡器的时域冲激响应。

由图 4-28(a)可知，均衡器的时域冲激响应为

$$e(t)=\sum_{i=-N}^{N}c_i\delta(t-iT_s) \tag{4.7-2}$$

式中，c_i 为图示有$(2N+1)$个抽头的横向滤波器的某一抽头的增益（$i=-N,-N+1,\cdots,-1,0,1,\cdots,N-1,N$）。

由式(4.7-2)可得均衡器的传输函数 $E(\omega)$为

$$E(\omega)=\sum_{i=-N}^{N}c_i\mathrm{e}^{-\mathrm{j}i\omega T_s} \tag{4.7-3}$$

可以看出，不同的 c_i 将对应于不同的 $E(\omega)$，它被$(2N+1)$个 c_i 所确定。由式(4.7-1)和式(4.7-2)可得到均衡器的输出为

$$y(t)=\sum_{i=-N}^{N}c_i x(t-iT_s) \tag{4.7-4}$$

于是在抽样时刻 kT_s+t_0 有

$$\begin{aligned}y(kT_s+t_0)&=\sum_{i=-N}^{N}c_i x(kT_s+t_0-iT_s)\\&=\sum_{i=-N}^{N}c_i x[(k-i)T_s+t_0]\end{aligned} \tag{4.7-5}$$

可简写为

$$y_k=\sum_{i=-N}^{N}c_i x_{k-i} \tag{4.7-6}$$

上式说明，均衡器在第 k 个抽样时刻上得到的样值 y_k 将由 $(2N+1)$ 个 c_i 与 x_{k-i} 乘积之和来确定。当输入波形 $x(t)$ 给定，通过调整 c_i 可使指定 y_k 等于零，但要同时使除 $k=0$ 外的所有 y_k 都等于零不易办到。当 N 值有限时不可能完全消除码间干扰，而当 $N\to\infty$ 时消除码间干扰在理论上是可能的。然而，N 不可能无穷大，由于抽头越多成本越高，而且各抽头调节误差的积累，可能反而影响调节精度。因此，应寻求合适的抽头数及抽头增益 c_i，使码间干扰尽量地小。

4.7.2 均衡准则与实现

横向滤波器的特性完全取决于各抽头系数，而抽头系数的确定则依据均衡的效果。为此，首先要建立度量均衡效果的标准。通常采用的度量标准为峰值畸变准则和均方畸变准则。

1. 最小峰值畸变准则

峰值畸变被定义为

$$D=\frac{1}{y_0}\sum_{\substack{k=-\infty\\k\neq 0}}^{\infty}|y_k| \tag{4.7-7}$$

由该式可以看出，峰值畸变 D 表示码间干扰的最大可能值（峰值）与 $k=0$ 时刻上的样值之比。显然，对于完全消除码间干扰的均衡器，$D=0$；对于码间干扰不为零的场合，希望 D 有最小值。

均衡器的输入的峰值失真称为初始失真，它可以表示为

$$D_0=\frac{1}{x_0}\sum_{\substack{k=-\infty\\k\neq 0}}^{+\infty}|x_k| \tag{4.7-8}$$

均衡的目的是选择 c_i 使 D 最小。理论证明，当初始失真 $D_0\leqslant 1$ 时，调整 $2N+1$ 个抽头增益（系数）c_i，使 $2N$ 个抽头的样值 $y_k=0$（除 $k=0$ 外）时，有最小失真 D。这就是说，

如果均衡器前的二进制眼图不闭合，调整均衡器的抽头系数使输出冲激响应在相应的位置上迫零，此时的峰值畸变最小。从数学意义来说，抽头增益$\{c_i\}$应该是

$$y_k=\begin{cases}0, & 1\leqslant|k|\leqslant N\\1, & k=0\end{cases} \tag{4.7-9}$$

的$2N+1$个联立方程的解。按照这一准则去调整抽头增益的均衡器称为迫零均衡器。它能保证y_0前后N个取样点上无码间干扰，但不能消除所有取样时刻上的码间干扰。式(4.7-9)又可写成

$$\sum_{i=-N}^{+N}c_i x_{k-i}=\begin{cases}0, & 1\leqslant|k|\leqslant N\\1, & k=0\end{cases} \tag{4.7-10}$$

上式写成矩阵形式，则有

$$\begin{bmatrix}x_0 & x_{-1} & \cdots & x_{-2N}\\x_1 & x_0 & \cdots & x_{-2N+1}\\x_2 & x_1 & \cdots & x_{-2N+2}\\ & & \vdots & \\x_{2N} & & \cdots & x_0\end{bmatrix}\begin{bmatrix}c_{-N}\\c_{-N+1}\\\vdots\\c_0\\\vdots\\c_{N-1}\\c_N\end{bmatrix}=\begin{bmatrix}0\\\vdots\\0\\1\\0\\\vdots\\0\end{bmatrix}\begin{matrix}\left.\begin{matrix}\\\\\end{matrix}\right\}N\text{个}\\\\\left.\begin{matrix}\\\\\end{matrix}\right\}N\text{个}\end{matrix} \tag{4.7-11}$$

或简写成

$$\boldsymbol{XC}=\boldsymbol{I} \tag{4.7-12}$$

如果$x_{-2N},\cdots,x_0,x_{2N}$已知，则求解上式线性方程组可以得到$c_{-N},\cdots,c_0,\cdots,c_N$等$2N+1$个抽头增益值。

【例4-10】 已知输入信号$x(t)$的样值为$x_{-1}=0.2$，$x_0=1$，$x_1=-0.3$，$x_2=0.1$，其他$x_k=0$。设计一个三抽头的迫零均衡器，求三个抽头的系数，并计算均衡前后的峰值失真。

【解】 因为$2N+1=3$，根据式(4.7-11)列写方程组为

$$\begin{cases}c_{-1}+0.2c_0=0\\-0.3c_{-1}+c_0+0.2c_1=1\\0.1c_{-1}-0.3c_0+c_1=0\end{cases}$$

解联立方程可得

$$c_{-1}=-0.1779,\ c_0=0.8897,\ c_1=0.2847$$

再利用式(4.7-6)可计算得到均衡器的输出响应为

$$y_{-3}=0,\quad y_{-2}=-0.0356,\quad y_{-1}=0,\quad y_0=1,$$
$$y_1=0,\quad y_2=0.00356,\quad y_3=0.0285,\quad y_4=0$$

初始失真(输入峰值失真)D_0为

$$D_0=\frac{1}{x_0}\sum_{\substack{k=-\infty\\k\neq 0}}^{+\infty}|x_k|=0.6$$

输出峰值失真为

$$D=\frac{1}{y_0}\sum_{\substack{k=-\infty\\k\neq 0}}^{+\infty}|y_k|=0.0679$$

均衡后的峰值失真减小为未均衡前的1/8.8。

可见,三抽头均衡器可以使y_0两侧各有一个零点,但在远离y_0的一些抽样点上仍会有码间干扰。此例形象地说明了若用抽头数有限的横向滤波器作为均衡器,已有干扰的各个码元信号经过均衡后确实可以减小码间干扰值,但不能完全消除码间干扰,适当增加抽头数可以将码间干扰减小到相当小的程度。

2. 最小均方畸变准则

均方畸变被定义为

$$D_M=\frac{1}{y_0^2}\sum_{\substack{k=-\infty\\k\neq 0}}^{\infty}y_k^2 \tag{4.7-13}$$

式中

$$y_k=\sum_{i=-N}^{+N}c_ix_{k-i} \tag{4.7-14}$$

设发送序列为$\{a_n\}$,则每个a_n的取值是随机的。该序列通过基带系统后,在均衡器的输入端为$\{x_k\}$序列,在均衡器的输出端将获得输出样值序列$\{y_k\}$。此时对任意的k有

$$\overline{\mu^2}=E[(y_k-a_k)^2] \tag{4.7-15}$$

式中,$E[\cdot]$表示求统计平均。

$\overline{\mu^2}$为均方误差,若$\overline{\mu^2}$最小,则表明均衡效果最好。将式(4.7-14)代入式(4.7-15)得

$$\overline{\mu^2}=E\left[\left(\sum_{i=-N}^{N}c_ix_{k-i}-a_k\right)^2\right] \tag{4.7-16}$$

可见,$\overline{\mu^2}$是各抽头增益的函数。

$$Q(c)=\frac{\partial\overline{\mu^2}}{\partial c_i} \tag{4.7-17}$$

为$\overline{\mu^2}$对第i个抽头增益c_i的偏导数,代入上式有

$$Q(c)=2E[e_kx_{k-i}] \tag{4.7-18}$$

式中

$$e_k=y_k-a_k=\sum_{i=-N}^{N}c_ix_{k-i}-a_k \tag{4.7-19}$$

要使$\overline{\mu^2}$为最小，就应使式(4.7-18)给出的$Q(c)=0$。由式(4.7-18)可知，只有在e_k与x_{k-i}互不相关时才有$E[e_k x_{k-i}]=0$。因而可得到下述重要概念：若要使$\overline{\mu^2}$为最小，误差e_k与均衡器输入样值x_{k-i}($|i|\leqslant N$)应互不相关。这就说明，抽头增益的调整可以借助于误差e_k和样值x_{k-i}乘积的统计平均值。若这个平均值不等于零，则应通过增益调整使其向零值变化，直至等于零为止。图4-29所示为利用这种原理构成的一种自适应均衡器。图中，统计平均器可以是一个求算术平均的部件。

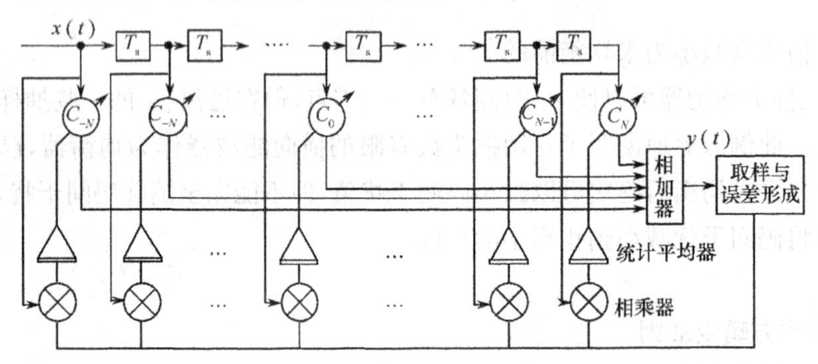

图4-29 自适应均衡器原理框图

4.8 数据序列的扰码与解扰

在设计数字通信系统时，通常假设信源序列是随机序列，而实际信源发出的序列通常存在一定的相关性，特别是出现长0串时，将会给接收端提取定时信号带来一定困难。解决这个问题的办法，除了前面4.1节的码型编码方法以外，也常用m序列对信源序列作"随机化"处理，变为伪随机序列，限制连"0"码的长度，称为"扰码"。

扰码将"扰乱"数字信息的原有结构形式，但这种"扰乱"是有人为规律的，因而也是可以解除的。在接收端解除这种"扰乱"，还原原有数字信息的过程称为"解扰"。完成"扰码"和"解扰"的电路相应称为扰码器和解扰器。

从更广泛的意义上说，扰码能改善位定时恢复的质量，保证稳定的定时提取；能改善帧同步和自适应时域均衡等子系统的性能，这是由于扰码改善了数据信号的随机性，从而改善自适应均衡器所需抽头增益调节信息的提取，使均衡器总处于最佳工作状态。扰码可以避免交互调制的影响，避免和载波或调制信号可能发生的交调，从而减少了对邻路信号的干扰。

扰码原理是以线性反馈移位寄存器理论为基础的，将输入的二进制数字序列逐位与一个最长线性移位寄存器序列(即m序列)产生器的反馈数字模2相加，输入数字就被扰乱。图4-30表示这种扰码器的方框图。

从图4-30中可以看出，信道序列$\{L_k\}$的任一码元可以表示为

$$L_k=a_k\oplus c_1L_{k-1}\oplus c_2L_{k-2}\oplus c_3L_{k-3}\oplus\cdots\oplus c_mL_{k-m} \tag{4.8-1}$$

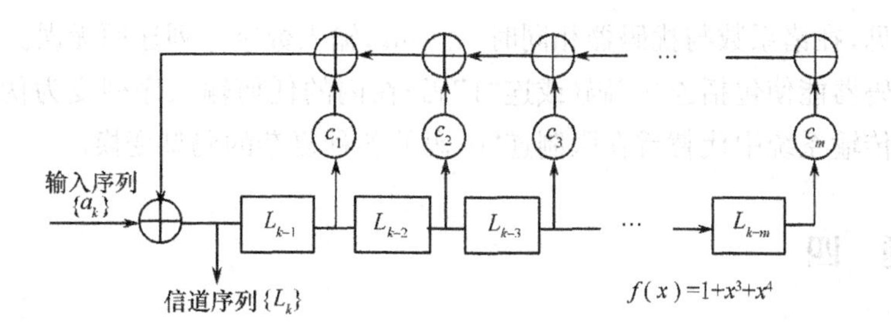

图 4-30　基本扰乱器框图

式中，$\{a_k\}$为输入数字序列；

$c_i(i=1,2,\cdots,m)$为某一本原多项式 $f(t)$的系数，它们取 0 或 1。

以 4 级移位寄存器构成的扰码器为例(即 $m=4$)，在图 4-30 中，若 $c_1=c_2=0$，$c_3=c_4=1$，则 $L_k=a_k \oplus L_{k-3} \oplus L_{k-4}$。并假设各级移位寄存器的初始状态为全 0，输入序列$\{a_k\}$为周期性的 101010…。

$$
\begin{array}{lcccccccccccccc}
\{a_k\} & 1 & 0 & 1 & 0 & 1 & 0 & 1 & 0 & 1 & 0 & 1 & 0 & 1 & 0 \\
L_{k-3} & 0 & 0 & 0 & 1 & 0 & 1 & 1 & 0 & 1 & 1 & 1 & 0 & 0 & 1 \\
L_{k-4} & 0 & 0 & 0 & 0 & 1 & 0 & 1 & 1 & 0 & 1 & 1 & 1 & 0 & 0
\end{array}
$$

输出序列

$$
\begin{array}{lcccccccccccccc}
\{L_k\} & 1 & 0 & 1 & 1 & 0 & 1 & 1 & 1 & 0 & 0 & 1 & 1 & 1 & 1
\end{array}
$$

由该例可知，输入周期性序列经扰码器后变为周期较长的伪随机序列。不难验证，输入序列中有连"1"或连"0"串时，输出序列也将会呈现出伪随机性。显然，只要移位寄存器初始状态不为全 0，则当输入序列为全 0 时(即无数据输入)，扰码器就是一个线性反馈移位寄存器 m 序列发生器，选择合适的反馈逻辑，即可得到伪随机码 m 序列。

接收端可以采用图 4-31 所示的解扰器，其反馈线抽头完全与扰码器相同，采用此结构可自动地将扰码后的序列恢复为原始的数字序列。

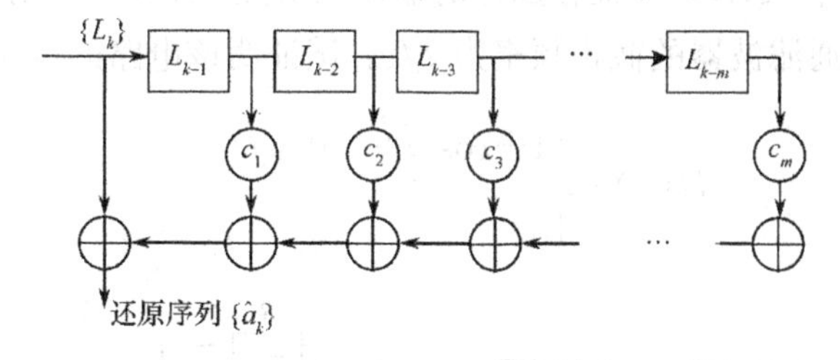

图 4-31　解扰器

该解扰器可得到如下关系

$$\hat{a}_k=L_k \oplus c_1L_{k-1} \oplus c_2L_{k-2} \oplus c_3L_{k-3} \oplus \cdots \oplus c_mL_{k-m} \tag{4.8-2}$$

由式(4.8-1)可以得到

$$a_k=L_k \oplus c_1L_{k-1} \oplus c_2L_{k-2} \oplus c_3L_{k-3} \oplus \cdots \oplus c_mL_{k-m} \tag{4.8-3}$$

由此可见，在诸系数与扰码器相同时，$\hat{a}_k=a_k$，输入数字序列还原无误。

由于扰码器能使包括连“0”码（或连“1”码）在内的任何输入序列变为伪随机码，因而可以在基带传输系统中代替旨在限制连“0”码的各种复杂的码型变换。

习　题　四

4-1　已知二元信息序列为10100110。(1)画出单极性NRZ波形和RZ波形（占空比0.5）；(2)画出双极性NRZ波形和RZ波形（占空比0.5）。

4-2　已知二元信息序列为10011000001100000101，试以矩形脉冲为例，(1)画出AMI码波形；(2)画出HDB_3码波形（设序列前面的第一个码为负极性的V码）。

4-3　数字基带信号的功率谱有什么特点？它的带宽主要取决于什么？

4-4　设数字基带传输系统的发送滤波器、信道及接收滤波器组成的总特性为$H(\omega)$，若要求以$2/T_s$波特的速率进行数据传输，试检验题图4-4中各种$H(\omega)$是否满足消除抽样点上码间干扰的条件。

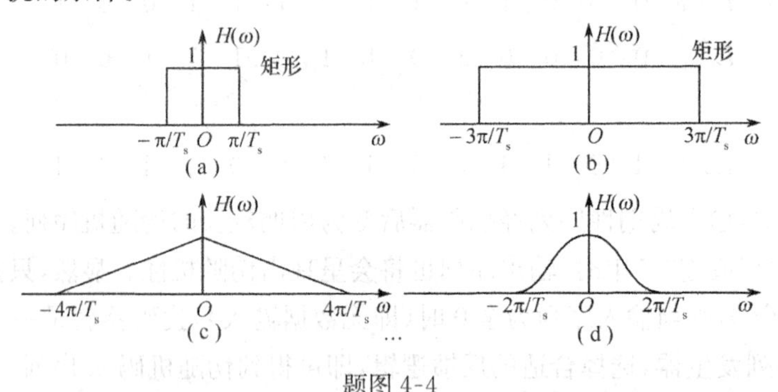

题图4-4

4-5　具有升余弦频谱特性的信号可用题图4-5所示电路产生。图中的运算放大器起相加的作用。使$R_1=2R$，以保证相加器的输出点对点a，b，c三个分量的加权值分别为1/2，1，1/2。图中低通滤波器的截止频率为$2f_s$。试证明该电路的传递函数为

$$H(f)=\begin{cases}1+\cos\dfrac{\pi f}{2f_s} & 0\leqslant f\leqslant 2f_s\\ 0 & f>2f_s\end{cases}$$

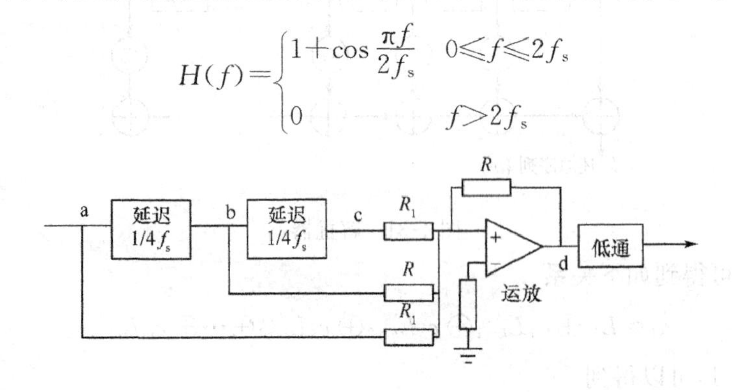

题图4-5

4-6 设某数字基带传输系统的传输特性 $H(\omega)$ 如题图 4-6 所示。其中 α 为某个常数($0\leqslant\alpha\leqslant1$)。

(1) 试检验该系统能否实现无码间干扰传输?

(2) 试求该系统的最大码元传输速率为多少?这时的系统频带利用率为多大?

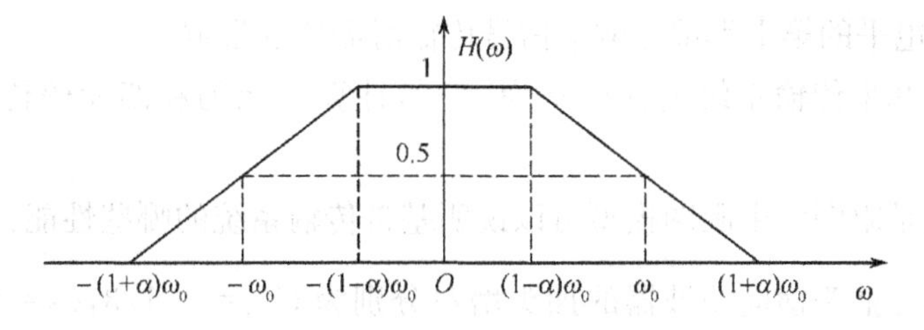

题图 4-6

4-7 某数字基带传输系统的码元速率为 4800 Baud,码型为 2B1Q 码。

(1) 求系统的信息速率;

(2) 若系统的传输特性为无码间干扰的升余弦滚降特性,滚降系数为 0.5,此基带传输系统的带宽应是多少?

4-8 某数字基带传输系统的频率特性是截止频率为 1MHz、幅度为 1 的理想低通特性。

(1) 试根据系统无码间干扰的时域条件求此基带系统无码间干扰的码速率;

(2) 设此系统的信息传输速率为 6Mb/s,能否实现无码间干扰?

4-9 设一个数字基带传输系统的单位冲激响应 $h(t)$ 的波形如题图 4-9 所示。

(1) 试求该基带传输系统的传递函数 $H(\omega)$;

(2) 假设信道的传递函数 $C(\omega)=1$,且发送滤波器和接收滤波器具有相同的传递函数,即 $G_T(\omega)=G_R(\omega)$,试求此时的 $G_T(\omega)$ 和 $G_R(\omega)$ 表达式。

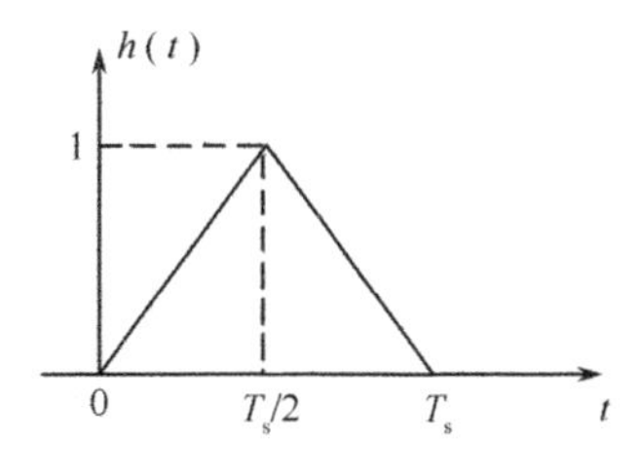

题图 4-9

4-10 设采用预编码的第Ⅳ类部分响应形成网络的输入序列 $\{a_k\}$ 为 00011110101001011,试求预编码后序列 $\{b_k\}$ 和输出序列 $\{c_k\}$。

4-11 设部分响应系统的输入信号为四电平(0,1,2,3),相关编码采用第Ⅳ类部分响应。当输入序列 $\{a_k\}$ 为 21303001032021…时,试求出相对应的预编码输出 $\{b_k\}$ 及相关编码输出 $\{c_k\}$,并从中确定解码方案。

4-12 数字基带传输系统的信息传输速率为 240kb/s,为了保证无码间干扰,问下列情况下所需的传输带宽。

(1) 采用二进制基带传输至少需要占据的带宽;

(2) 采用八进制基带传输至少需要占据的带宽;

(3) 采用 $\alpha=1$ 的二进制升余弦滚降数字基带传输系统传输所需要的带宽;

(4) 采用 7 电平的第 I 类部分响应信号传输所需要的带宽。

4-13 要求基带传输系统的误码率为 10^{-6},计算二元码和四元码传输所需要的信噪比。

4-14 什么是眼图?由眼图模型可以说明基带传输系统的哪些性能?

4-15 已知三抽头横向滤波器的抽头增益分别为 $C_{\pm1}=-1/3, C_0=1\ \frac{1}{5}$,输入信号的样值为 $x_1=1/3, x_0=1, x_{-1}=1/5$,其他 x 值为 0,试求均衡输出信号 y 的样值。

4-16 输入波形 $x(t)$ 的样值序列 $x_{-2}=1/8, x_{-1}=1/3, x_0=1, x_1=1/16$,其他样点值为 0,三抽头的增益值为 $c_{-1}=-1/3, c_0=1, c_1=-1/4$,求输出序列 $y(t)$,并利用峰值畸变准则评价均衡效果。

4-17 请说明扰码的作用。

第5章　数字频带传输

在第4章我们讨论了数字信号的基带传输原理。然而，实际通信中不少信道(如无线信道)不能直接传送基带信号，必须利用调制器将数字信息映射成与信道特性相匹配的信号波形。映射一般是这样进行的：先从信息序列$\{a_n\}$中一次提取$k=\log_2 M$个二进制数字形成分组，再从M个确定的信号波形$\{s_m(t),m=1,2,\cdots,M\}$中选择一个送往信道传输。从原理上来说，信号波形的选择只要适合于信道传输即可。实际数字通信系统中，大多数采用正弦信号作为载波，原因是正弦信号形式简单，便于产生和接收。

以正弦信号为载波的数字调制就是用数字基带信号改变正弦型载波的幅度、频率或相位，或这些参数中的两个或多个的组合，分别称为数字幅度调制(幅移键控)、数字频率调制(频移键控)、数字相位调制(相移键控)以及派生出的多种其他数字调制方式。

本章着重讨论二进制数字调制的原理、已调信号的频谱特性和数字信号的最佳接收，介绍多进制数字调制和几种恒包络调制的原理。

5.1　二进制数字调制

最常见的二进制数字调制方式有二进制幅移键控、频移键控、相移键控和差分相移键控。下面分别讨论这几种二进制数字调制的原理。

5.1.1　二进制幅移键控

幅移键控(Amplitude Shift Keying，ASK)是载波的振幅随着数字基带信号而变化的数字调制。当数字基带信号为二进制时，则为二进制幅移键控(2ASK)。

1. 2ASK信号及其调制方法

2ASK信号可以表示成具有一定波形形状的二进制序列(二进制数字基带信号)与正弦型载波(不失一般性，令其初相为0)的乘积，即

$$s_{2\mathrm{ASK}}(t)=\left[\sum_n a_n g(t-nT_\mathrm{b})\right]\cos 2\pi f_\mathrm{c} t \tag{5.1-1}$$

式中，$g(t)$是脉冲波形，T_b为二进制码元间隔。a_n的取值满足

$$a_n=\begin{cases}0, & \text{概率 } P\\ 1, & \text{概率 } 1-P\end{cases} \tag{5.1-2}$$

二进制数字基带信号用 $B(t)$ 表示，则

$$B(t)=\sum_{n}a_{n}g(t-nT_{\mathrm{b}}) \tag{5.1-3}$$

式(5.1-1)变为

$$s_{2\mathrm{ASK}}(t)=B(t)\cos 2\pi f_{c}t \tag{5.1-4}$$

通常，二进制幅移键控信号的调制方法有两种，如图 5-1 所示。图 5-1(a)就是一般的模拟幅度调制方法，不过这里的 $B(t)$ 是由式(5.1-3)得到的；图 5-1(b)就是采用数字键控方法实现的，这里的开关电路受 $B(t)$ 的控制；图 5-1(c)为 $B(t)$ 和 $s_{2\mathrm{ASK}}(t)$ 的波形示例，2ASK 信号的波形 $s_{2\mathrm{ASK}}(t)$ 随着 $B(t)$ 的通断变化，所以又称为通断键控信号(On Off Keying，OOK)。

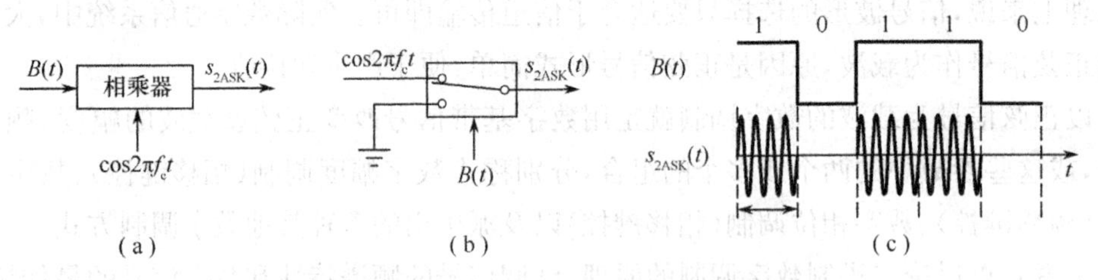

图 5-1　2ASK 信号的调制框图及其波形示例

2. **2ASK 信号的解调方法**

2ASK 信号有两种基本的解调方法：相干解调和非相干解调。

(1) 相干解调

2ASK 信号的相干解调如图 5-2 所示。相干解调要求在接收端产生一个与发射端同频同相的信号，这个信号称为本地载波信号，它加在相乘器的输入端。

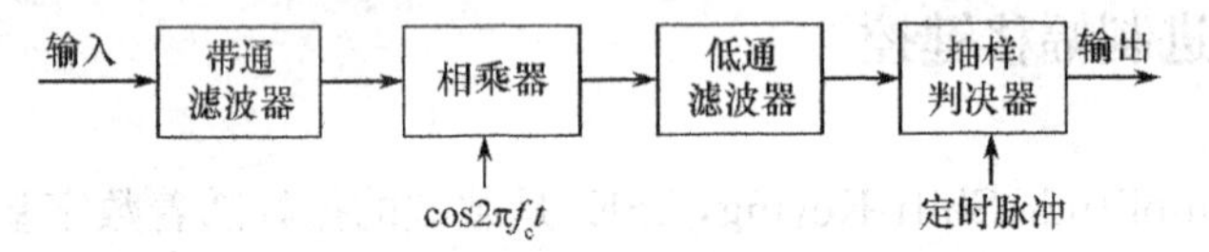

图 5-2　2ASK 信号的相干解调

接收端接收已调信号和信道引入的噪声。带通滤波器的作用是让已调信号几乎无失真地通过同时尽可能抑制带外噪声。通常，带通滤波器的中心频率为 f_c，带宽为已调信号的带宽。

带通滤波器的输出经过与本地载波信号相乘后，输出到低通滤波器。低通滤波器的带宽为基带信号的带宽，这样低通滤波器就可以滤除相乘器输出信号中的高频分量，让基带信号的主瓣能量通过。

抽样判决器在定时脉冲的作用下，对低通滤波器的输出信号进行抽样，并与设定的门限值相比较，得到判决输出。

(2) 非相干解调

2ASK信号的非相干解调如图5-3所示。半波或全波整流器和低通滤波器一起构成了包络检波器，这种非相干解调方法也称为包络检波法，其原理和AM的包络检波类似。

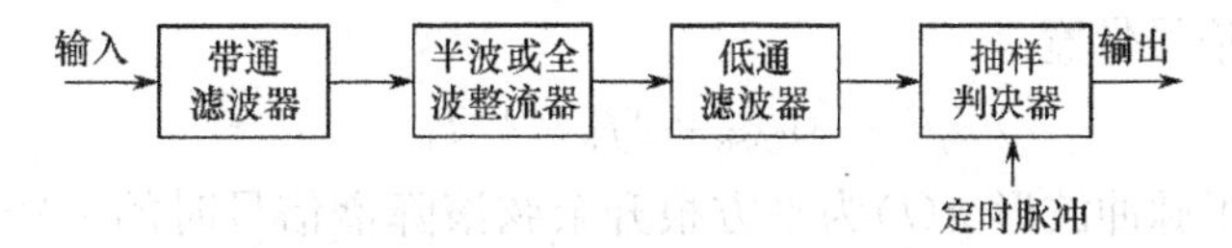

图5-3 2ASK信号的非相干解调

带通滤波器的作用与相干解调中的带通滤波器作用相同。同样，低通滤波器的输出也需要经过抽样判决器进行处理得到输出信号。

3. 功率谱密度与带宽

设$s_{2ASK}(t)$和$B(t)$的功率谱密度分别为$\Phi_{2ASK}(f)$和$\Phi_B(f)$，由式(5.1-4)可得到（假设$\Phi_B(f+f_c)$和$\Phi_B(f-f_c)$在频率轴上没有重叠部分）

$$\Phi_{2ASK}(f)=\frac{1}{4}[\Phi_B(f-f_c)+\Phi_B(f+f_c)] \tag{5.1-5}$$

当"1"和"0"出现的概率相等，$B(t)$是单极性随机不归零矩形脉冲序列且不相关时，利用4.2节基带信号频谱的计算方法求得$\Phi_B(f)$，代入式(5.1-5)可得到

$$\Phi_{2ASK}(f)=\frac{T_b}{16}\left[\left|\frac{\sin\pi(f+f_c)T_b}{\pi(f+f_c)T_b}\right|^2+\left|\frac{\sin\pi(f-f_c)T_b}{\pi(f-f_c)T_b}\right|^2\right]+\frac{1}{16}[\delta(f+f_c)+\delta(f-f_c)] \tag{5.1-6}$$

根据式(5.1-6)可画出该单极性不归零矩形脉冲信号及其对应的2ASK信号的功率谱密度示意图，如图5-4所示。

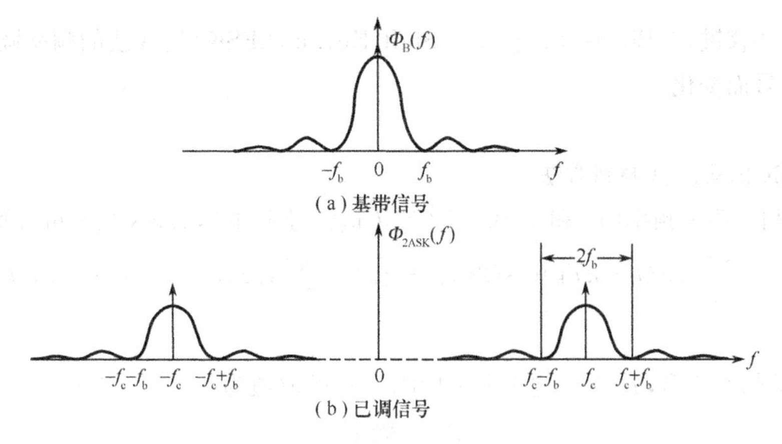

图5-4 单极性不归零矩形脉冲信号及其2ASK信号的功率谱密度

由图 5-4 可以看出，2ASK 信号的功率谱由连续谱和离散谱两部分组成，连续谱取决于 $g(t)$ 经线性调制后的双边带谱，而离散谱由载波分量确定；2ASK 信号的带宽是基带信号带宽的 2 倍，若只计功率谱密度的主瓣宽度（谱零点带宽），则单极性不归零矩形脉冲信号对应的 2ASK 信号带宽

$$B_{2ASK}=2f_b=2/T_b \tag{5.1-7}$$

图 5-5 给出了脉冲波形 $g(t)$ 为平方根升余弦滚降谱信号时的 2ASK 信号功率谱密度示意图。此时，基带信号带宽为 $B=(\alpha+1)f_b/2$，对应的 2ASK 信号带宽

$$B_{2ASK}=2B=(\alpha+1)f_b=(\alpha+1)/T_b \tag{5.1-8}$$

式中，α 为滚降系数。

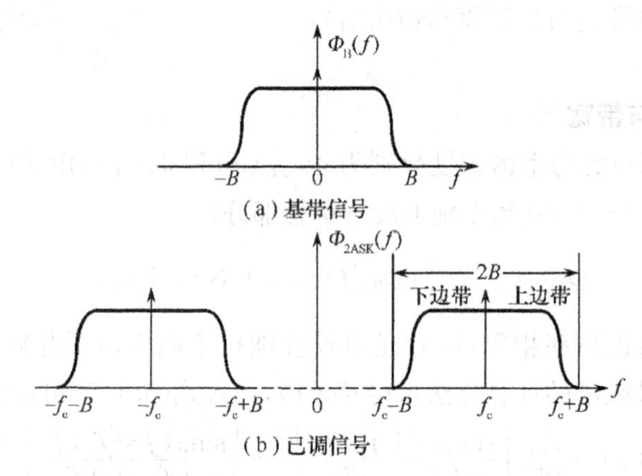

图 5-5 平方根升余弦滚降谱信号及其 2ASK 信号的功率谱密度

5.1.2 二进制频移键控

二进制频移键控（Binary Frequency Shift Keying，2FSK）是载波的频率随着二进制数字基带信号而变化。

1. 2FSK 信号及其调制方法

2FSK 利用两个频率（f_1 和 f_2）的正弦波传送符号 1 和 0，2FSK 信号可表示为

$$s_{2FSK}(t)=\sum_n a_n g(t-nT_b)\cos(2\pi f_1 t+\varphi_n)+\sum_n \bar{a}_n g(t-nT_b)\cos(2\pi f_2 t+\theta_n) \tag{5.1-9}$$

式中，$g(t)$ 是脉冲波形，T_b 为二进制码元间隔。a_n 的取值为

$$a_n=\begin{cases}0, & \text{概率 } P\\ 1, & \text{概率 } 1-P\end{cases} \tag{5.1-10}$$

$\bar{a}_n$ 是 a_n 的反码，若 $a_n=0$，则 $\bar{a}_n=1$；若 $a_n=1$，则 $\bar{a}_n=0$。φ_n，θ_n 表示第 n 个码元间隔上的

载波初相。

2FSK 信号的调制方法主要有两种：一种是利用模拟信号调频电路来实现，即模拟调频法；另一种是利用不归零矩形脉冲序列控制的开关电路对两个独立的载波发生器进行选通，称为键控法。这两种调制方法及其波形示例如图 5-6 所示。采用键控法(如图 5-6(b)所示得到的 2FSK 信号相邻码元之间的相位一般是不连续的。利用二进制数字基带信号 $B(t)$ 对载波振荡器进行调频(如图 5-6(a)所示，可以得到相位连续的 2FSK 信号，如图 5-6(c)所示。

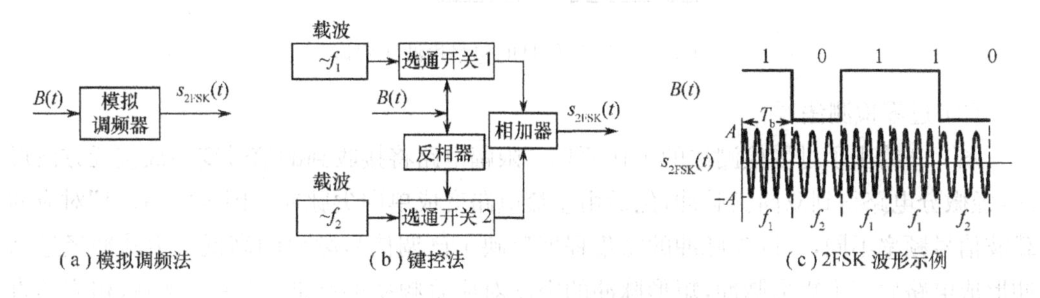

图 5-6　2FSK 信号的调制框图及其波形示例

2. 2FSK 信号的解调方法

2FSK 信号的常用解调方法分为相干解调和非相干解调。非相干解调方法又可分为包络检波法、过零检测法、差分检测法和鉴频法等。这里主要介绍相干解调法、包络检测法和过零检测法。

(1) 相干解调

相干解调的原理如图 5-7 所示，将 2FSK 信号分解为上下两路 2ASK 信号，并分别进行相干解调，然后进行抽样判决，直接比较两路信号抽样值的大小。判决规则与调制规则相对应，调制时若规定“1”符号对应载波频率 f_1，则接收时上支路的抽样值较大，应判为“1”；反之则判为“0”。

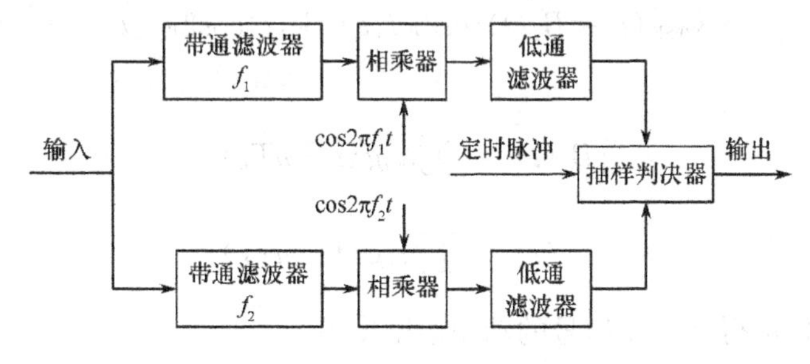

图 5-7　2FSK 信号的相干解调

(2) 包络检波法

包络检波法的解调原理如图 5-8 所示。与相干解调类似，将 2FSK 信号分解为上下两路 2ASK 信号，并分别进行包络检波，然后进行抽样判决，恢复出数字基带信号。

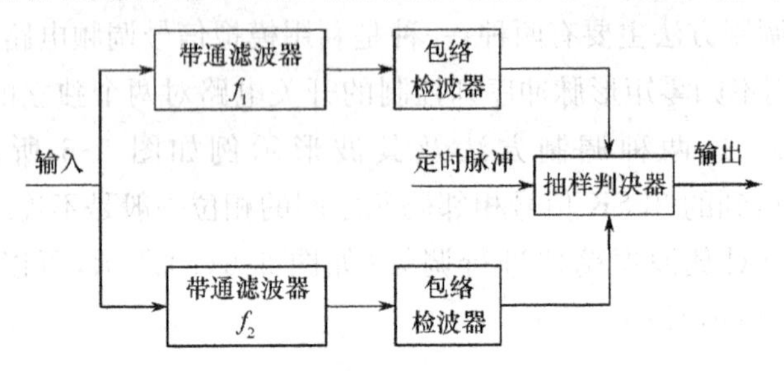

图 5-8　2FSK 信号的包络检波法解调

(3) 过零检测法*

图 5-9 给出了过零检测法的工作原理。限幅电路将接收到的信号变换成接近方波形式，经微分电路得到双向尖脉冲，然后由整流电路变成单向尖脉冲。因为"0"和"1"对应的载波信号频率不同，所以尖脉冲的密集程度反映了已调信号频率的高低。尖脉冲经过脉冲形成电路后产生矩形脉冲，矩形脉冲的密度对应着频率的高低，且密度越高，相应的直流分量越多。经过低通滤波器就可以将反映频率高低的直流分量检测出来，从而经过抽样判决器判决输出所传送的数字基带信号。

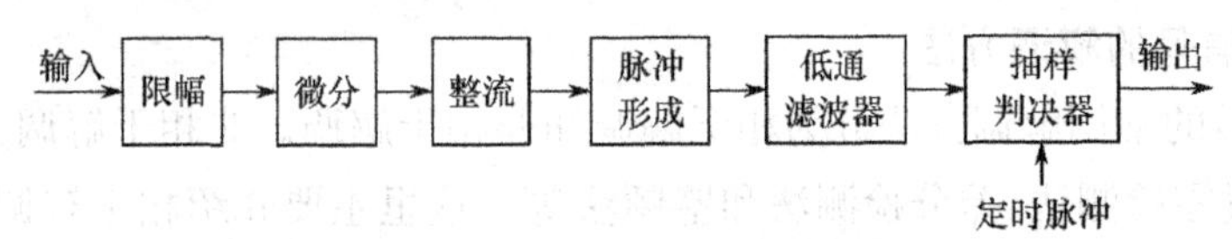

图 5-9　过零检测法解调

3. 功率谱密度与带宽

对于相位不连续的 2FSK 信号，可以看成由两个不同频率载波的二进制幅移键控信号的叠加，因此 2FSK 信号的功率谱密度可以近似表示成两个不同载波的 2ASK 信号功率谱密度的叠加。不考虑初始相位的影响，由式(5.1-9)可得

$$s_{2FSK}(t)=B_1(t)\cos 2\pi f_1 t+B_2(t)\cos 2\pi f_2 t \tag{5.1-11}$$

式中

$$\begin{cases} B_1(t)=\sum_n a_n g(t-nT_b) \\ B_2(t)=\sum_n \bar{a}_n g(t-nT_b) \end{cases} \tag{5.1-12}$$

由式(5.1-11)可得 2FSK 信号的功率谱密度为

$$\Phi_{2FSK}(f)=\frac{1}{4}[\Phi_{B_1}(f-f_1)+\Phi_{B_1}(f+f_1)+\Phi_{B_2}(f-f_2)+\Phi_{B_2}(f+f_2)] \tag{5.1-13}$$

式中，$\Phi_{B_1}(f)$和 $\Phi_{B_2}(f)$分别表示 $B_1(t)$和 $B_2(t)$的功率谱密度。

当"1"和"0"出现的概率相等，$g(t)$是不归零矩形脉冲时，可推导得到

$$\Phi_{2FSK}(f)=\frac{T_b}{16}\left[\left|\frac{\sin\pi(f+f_1)T_b}{\pi(f+f_1)T_b}\right|^2+\left|\frac{\sin\pi(f-f_1)T_b}{\pi(f-f_1)T_b}\right|^2+\right.$$
$$\left.\left|\frac{\sin\pi(f+f_2)T_b}{\pi(f+f_2)T_b}\right|^2+\left|\frac{\sin\pi(f-f_2)T_b}{\pi(f-f_2)T_b}\right|^2\right]+$$
$$\frac{1}{16}[\delta(f+f_1)+\delta(f-f_1)+\delta(f+f_2)+\delta(f-f_2)] \tag{5.1-14}$$

根据式(5.1-14)可得到不同载波频差下的功率谱密度示意图，如图 5-10 所示。由式(5.1-14)和图 5-10 可以看出，相位不连续的二进制频移键控信号的功率谱密度由离散谱和连续谱组成。其中，离散谱位于两个载频 f_1 和 f_2 处；连续谱由两个中心位于 f_1 和 f_2 处的双边谱叠加形成。若以谱零点带宽来计算，$g(t)$是不归零矩形脉冲时 2FSK 信号的带宽，可近似为

$$B_{2FSK}\approx|f_2-f_1|+2f_b \tag{5.1-15}$$

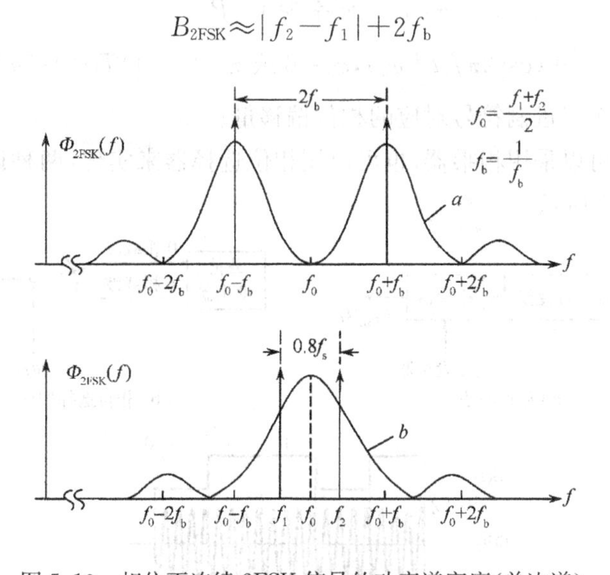

图 5-10　相位不连续 2FSK 信号的功率谱密度(单边谱)

图 5-10 给出的功率谱密度图中的谱高度是示意的，而且是单边的。曲线 a 对应的 $f_1=f_0-f_b$，$f_2=f_0+f_b$。曲线 b 对应的 $f_1=f_0-0.4f_b$，$f_2=f_0+0.4f_b$。

5.1.3　二进制相移键控和二进制差分相移键控

二进制相移键控(Binary Phase Shift Keying，2PSK)是载波的相位随着二进制数字基带信号而变化，而振幅和频率保持不变。这种以载波的不同相位直接表示相应二进制数字信号的调制方式，通常称为绝对相移键控。二进制差分相移键控(2DPSK)是利用前后相邻码元的相位变化来表示数字信息，又称为相对相移键控。

1. 2PSK 信号及其调制方法

2PSK 信号的时域表达式可表示为

$$s_{2PSK}(t)=\Big[\sum_n a_n g(t-nT_b)\Big]\cos(2\pi f_c t+\varphi_0) \tag{5.1-16}$$

式中，φ_0 为载波初相。不失一般性，在下面的讨论中令 $\varphi_0=0$。a_n 的取值满足

$$a_n=\begin{cases}-1, & 概率为 P\\ 1, & 概率为 1-P\end{cases} \tag{5.1-17}$$

若 $g(t)$ 是幅度为 1，持续时间为 T_b 的矩形脉冲，则在一个码元间隔内有

$$s_{2PSK}(t)=\begin{cases}\cos 2\pi f_c t, & 概率为 P\\ -\cos 2\pi f_c t, & 概率为 1-P\end{cases} \quad (n-1)T_b<t<nT_b$$

$$=\cos(2\pi f_c t+\varphi_n),\varphi_n=0 或 \pi \quad (n-1)T_b<t<nT_b \tag{5.1-18}$$

式中，φ_n 表示第 n 个二进制符号对应的相位偏移量。

2PSK 调制器可以采用相乘器，也可以用相位选择器来实现，两种调制方法及其信号波形示例如图 5-11 所示。

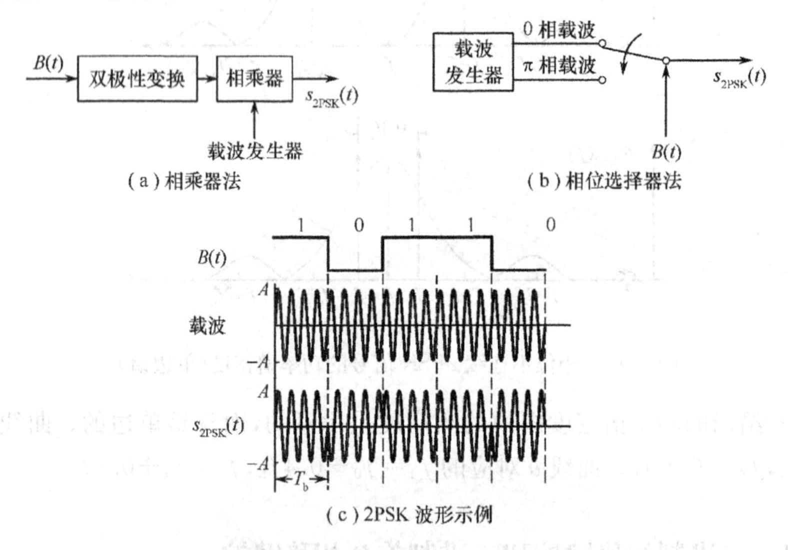

图 5-11 2PSK 信号的调制方法及其波形示例

2. 2PSK 信号的解调方法

2PSK 信号的解调需要采用相干解调法。相干解调的原理框图和各点时间波形如图 5-12所示。在相干解调过程中，如何得到与接收到的 2PSK 信号同频同相的相干载波是问题的关键。这一问题将在第 6 章讨论载波同步问题时介绍。

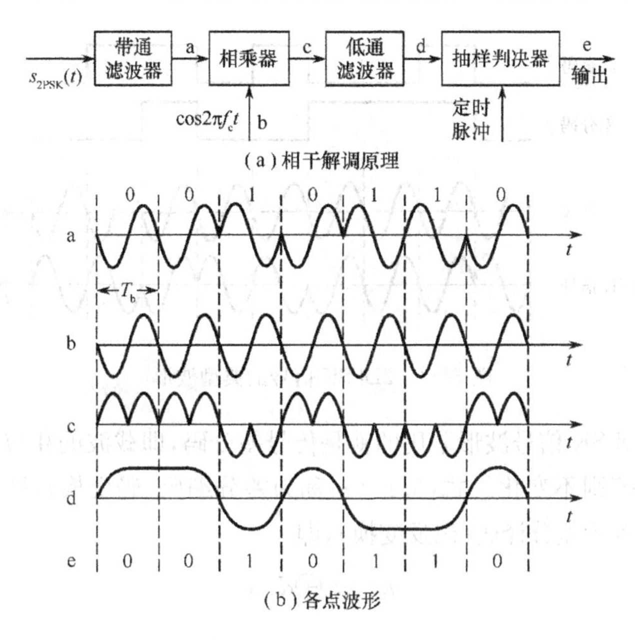

图 5-12　2PSK 信号的相干解调框图和各点波形

图 5-12 中，正确解调的前提是假设相干载波与 2PSK 信号的调制载波同频同相。但是，由于在 2PSK 信号的载波恢复过程中存在着 π 的相位模糊(phase ambiguity)(原因详见第 6 章)，即恢复的本地载波和所需的相干载波可能同相，也可能反相，这种相位关系的不确定性将会造成解调出的数字基带信号和发送的数字基带信号可能正好相反，即"0"变为"1"，"1"变为"0"，从而导致错误的恢复。这种现象常称为"倒 π"现象或"反向工作"现象。

克服相位模糊对相干解调影响的最常用而又有效的方法是在调制器输入的数字基带信号中采用差分编码，即采用二进制差分相移键控(Binary Differential Shift Keying，2DPSK)方式。

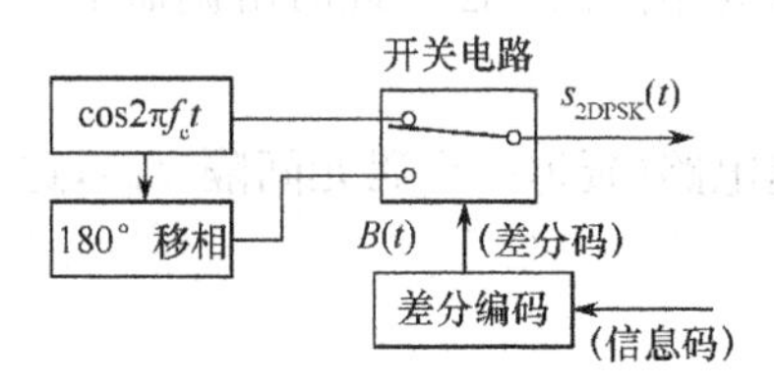

图 5-13　2DPSK 信号的调制原理

3. 2DPSK 信号的调制方法

2DPSK 信号的实现可以采用以下方法：首先对二进制数字基带信号进行差分编码，将信息码变换为差分码，然后再对差分码进行绝对调相，从而产生二进制差分相移键控信号，如图 5-13 所示。图 5-14 给出了 2DPSK 信号的典型波形。

差分码可取传号差分码或空号差分码。其中，传号差分码的编码规则为

$$d_n = a_n \oplus d_{n-1} \tag{5.1-19}$$

式中，$\oplus$为模 2 加，d_{n-1}为 d_n 的前一码元。

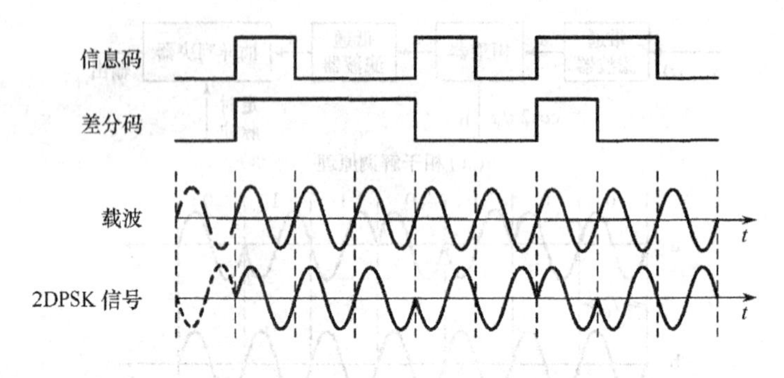

图 5-14 2DPSK 信号的典型波形

图 5-14 中 2DPSK 信号波形采用的就是传号差分码，即载波的相位遇原始数字基带信号"1"变化，遇"0"则不变化。式(5.1-19)称为差分编码(码变换)，即把信息码变换为差分码；其逆过程称为差分译码(码反变换)，即

$$a_n = d_n \oplus d_{n-1} \tag{5.1-20}$$

4. 2DPSK 信号的解调方法

2DPSK 信号可以采用相干解调加码反变换法解调，也可以采用差分相干解调法解调。

(1) 相干解调加码变换法

相干解调加码变换法的基本原理和各点波形如图 5-15 所示。首先对 2DPSK 信号进行相干解调，恢复出差分码，再变换成信息码，从而恢复出发送的二进制数字信息。解调中，即使出现"反向工作"现象，解调得到的差分码完全是 0、1 倒置，但经差分译码(码反变换)得到的信息码不会发生任何倒置现象，从而克服了相位模糊问题。

(2) 差分相干解调法

差分相干解调法的原理框图和解调过程各点时间波形如图 5-16 所示。直接比较前后码元的相位差，从而恢复发送的二进制数字信息，又称为相位比较法。此时解调器中不需要码反变换器。

从图 5-16 可以看出，差分相干解调法需要一个延迟电路(延迟一个码元间隔 T_b)，这是具体实现中的代价。

5. 功率谱密度与带宽

比较式(5.1-16)和式(5.1-1)可以发现，2PSK 信号和 2ASK 信号的形式完全相同，不同的只是 a_n 的取值不同。因而，可以采用求 2ASK 信号功率谱密度的方法求得 2PSK 信号的功率谱密度。当"0"和"1"等概率($P=1/2$)出现，$g(t)$为不归零矩形脉冲时，可推导得到 2PSK 信号功率谱密度为

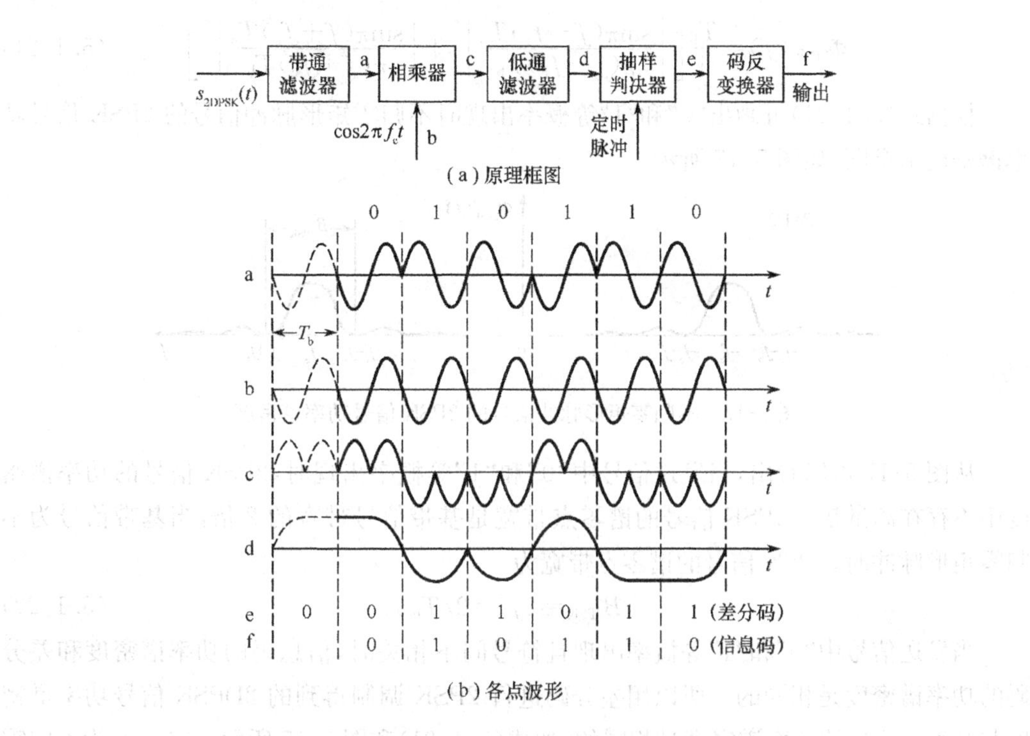

图 5-15　2DPSK 信号相干解调原理框图和各点波形

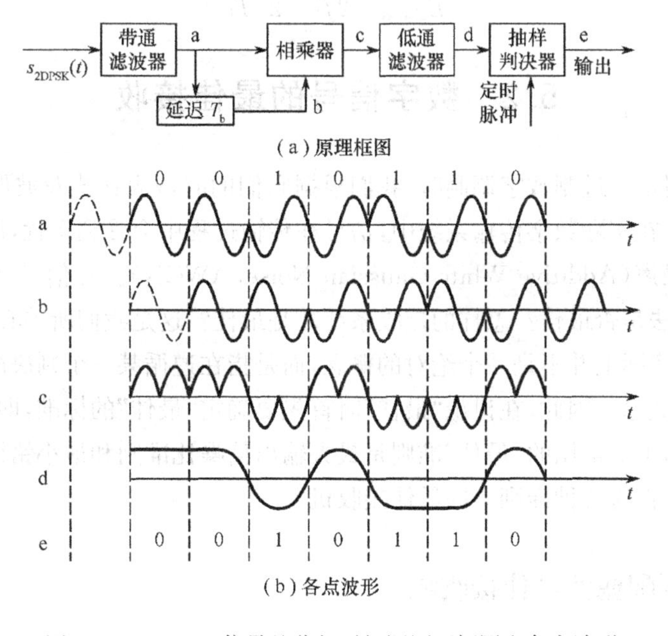

图 5-16　2DPSK 信号差分相干解调原理框图和各点波形

$$\Phi_{2PSK}(f)=\frac{T_b}{4}\left[\left|\frac{\sin\pi(f-f_c)T_b}{\pi(f-f_c)T_b}\right|^2+\left|\frac{\sin\pi(f+f_c)T_b}{\pi(f+f_c)T_b}\right|^2\right] \tag{5.1-21}$$

根据式(5.1-21)可画出“0”和“1”等概率出现时不归零矩形脉冲信号的2PSK信号功率谱密度示意图，如图5-17所示。

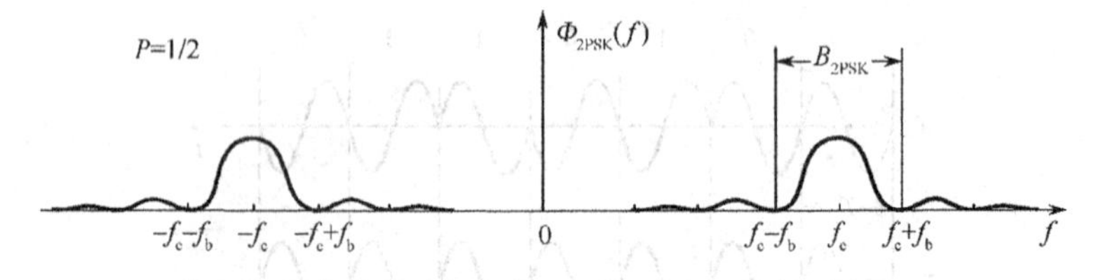

图5-17　不归零矩形脉冲信号的2PSK信号功率谱密度

从图5-17可以看出，当发送信号中“0”和“1”等概率出现时，2PSK信号的功率谱密度中不存在离散谱。2PSK信号的谱零点带宽是基带信号带宽的2倍，当基带信号为不归零矩形脉冲时，2PSK信号的谱零点带宽为

$$B_{2PSK}=2f_b=2/T_b \tag{5.1-22}$$

当发送信号中“0”和“1”等概率出现且符号间不相关时，信息码的功率谱密度和差分码的功率谱密度是相同的。所以用差分码进行2PSK调制得到的2DPSK信号功率谱密度与2PSK信号的功率谱密度是相同的，如式(5.1-21)和图5-17所示。在$g(t)$为不归零矩形脉冲时，2DPSK信号的谱零点带宽为

$$B_{2DPSK}=2f_b=2/T_b \tag{5.1-23}$$

5.2　数字信号的最佳接收

在5.1节讨论二进制数字调制时，我们根据它们的时域表达式及波形可以直接得到一些解调方法。在实际数字传输系统中，信号在传输过程中会受到干扰，最常见的干扰是加性白色高斯噪声(Additive White Gaussian Noise，AWGN)。在信号和噪声共同作用下，这些解调方法是否最佳？怎样的接收系统才是最佳？这是我们所关心的问题。

所谓最佳，实际上并不是一个绝对的概念，而是指在遵循某一个判决准则条件下的最佳，是一个相对概念。因此，在讨论“最佳”时首先要确定“最佳”的标准，即准则。

在数字通信中最常用的“最佳”准则是最大输出信噪比准则和最小错误概率准则。下面我们分别讨论在这两种准则下的最佳接收机。

5.2.1　匹配滤波最佳接收机

在数字传输系统中，滤波器是不可缺少的。滤波器的一个作用是使基带信号频谱成型；另一个重要作用是限制噪声，即滤除信号频带外的噪声，减小它对信号正确判决的影

响。因此，如何设计最佳的接收滤波器是一个重要问题。

1. 最大输出信噪比准则

在数字传输中，我们最关心的是能否在背景噪声下正确地恢复出原始信号。理论和实践表明，在判决时刻的信噪比越高，越有利于得到正确的判决。在输入信噪比相同的情况下，接收机的输出信噪比最大，从而实现最佳接收。这就是最大输出信噪比准则。

若一种接收滤波器能够在某一特定时刻上使输出信号的瞬时功率与噪声平均功率之比达到最大，这种滤波器称为匹配滤波器。由匹配滤波器可构成在最大输出信噪比准则下的最佳接收机。

2. 匹配滤波器的冲激响应

假设输出信噪比最大的最佳滤波器的频域传递函数为 $H(f)$，时域冲激响应为 $h(t)$。滤波器输入为发送信号与噪声的叠加，即

$$x(t)=s(t)+n(t) \tag{5.2-1}$$

式中，$s(t)$为发送信号，它的频谱函数为 $S(f)$。$n(t)$为白色高斯噪声，其双边功率谱密度为 $\Phi_{\mathrm{n}}(f)=n_0/2$。滤波器输出为

$$y(t)=y_{\mathrm{s}}(t)+n_0(t) \tag{5.2-2}$$

式中，信号部分为

$$y_{\mathrm{s}}(t)=\int_{-\infty}^{\infty} S(f)H(f)\mathrm{e}^{\mathrm{j}2\pi ft}\mathrm{d}f \tag{5.2-3}$$

在 $t=T_{\mathrm{s}}$ 时刻输出的信号抽样值为

$$y_{\mathrm{s}}(T_{\mathrm{s}})=\int_{-\infty}^{\infty} S(f)H(f)\mathrm{e}^{\mathrm{j}2\pi fT_{\mathrm{s}}}\mathrm{d}f \tag{5.2-4}$$

滤波器输出噪声的功率谱密度为

$$\Phi_{\mathrm{n}_0}(f)=\Phi_{\mathrm{n}}(f)|H(f)|^2 \tag{5.2-5}$$

输出噪声功率为

$$N_{\mathrm{o}}=\int_{-\infty}^{\infty}\Phi_{\mathrm{n}_0}(f)\mathrm{d}f=\int_{-\infty}^{\infty}\Phi_{\mathrm{n}}(f)\mid H(f)\mid^2\mathrm{d}f \tag{5.2-6}$$

因此，$t=T_{\mathrm{s}}$ 时刻的输出信噪比为

$$\mathrm{SNR}=\frac{y_{\mathrm{s}}^2(T_{\mathrm{s}})}{N_{\mathrm{o}}}=\frac{\left|\int_{-\infty}^{\infty}H(f)S(f)\mathrm{e}^{\mathrm{j}2\pi fT_{\mathrm{s}}}\mathrm{d}f\right|^2}{\int_{-\infty}^{\infty}\Phi_{\mathrm{n}}(f)\mid H(f)\mid^2\mathrm{d}f} \tag{5.2-7}$$

使 SNR 达到最大的 $H(f)$是我们所要求的最佳滤波器的传递函数。一般来说，这是

一个泛函求极值的问题。但这里可以利用施瓦兹(Schwartz)不等式来求解。施瓦兹(Schwartz)不等式告诉我们,两个函数乘积的积分有如下性质:

$$\left|\int_{-\infty}^{\infty} X(f)Y(f)\mathrm{d}f\right|^2 \leqslant \int_{-\infty}^{\infty} |X(f)|^2\mathrm{d}f \int_{-\infty}^{\infty} |Y(f)|^2\mathrm{d}f \tag{5.2-8}$$

若 $Y(f)=kX^*(f)$,其中 k 为任意常数,$[\,]^*$ 表示复共轭,则式(5.2-8)等号成立。

将式(5.2-8)应用于式(5.2-7),经整理可得

$$\mathrm{SNR}=\frac{\left|\int_{-\infty}^{\infty}\frac{S(f)\mathrm{e}^{\mathrm{j}2\pi fT_s}}{\sqrt{\Phi_n(f)}}\sqrt{\Phi_n(f)}H(f)\mathrm{d}f\right|^2}{\int_{-\infty}^{\infty}\Phi_n(f)\,|H(f)|^2\mathrm{d}f}$$

$$\leqslant\frac{\int_{-\infty}^{\infty}\frac{|S(f)|^2}{\Phi_n(f)}\mathrm{d}f\int_{-\infty}^{\infty}\Phi_n(f)\,|H(f)|^2\mathrm{d}f}{\int_{-\infty}^{\infty}\Phi_n(f)\,|H(f)|^2\mathrm{d}f} \tag{5.2-9}$$

即

$$\mathrm{SNR}\leqslant\int_{-\infty}^{\infty}\frac{|S(f)|^2}{\Phi_n(f)}\mathrm{d}f \tag{5.2-10}$$

要使上式中的等号成立,必须满足

$$k\frac{S^*(f)\mathrm{e}^{-\mathrm{j}2\pi fT_s}}{\sqrt{\Phi_n(f)}}=\sqrt{\Phi_n(f)}H(f) \tag{5.2-11}$$

即

$$H(f)=\frac{kS^*(f)\mathrm{e}^{-\mathrm{j}2\pi fT_s}}{\Phi_n(f)} \tag{5.2-12}$$

将 $\Phi_n(f)=n_0/2$ 代入上式,得到

$$H(f)=KS^*(f)\mathrm{e}^{-\mathrm{j}2\pi fT_s} \tag{5.2-13}$$

式中,$K=2k/n_0=$常数,由式(5.2-13)可知,输出信噪比最大的滤波器,其传递函数与信号频谱的复共轭成正比,故称为匹配滤波器。

匹配滤波器的冲激响应为

$$h(t)=\int_{-\infty}^{\infty}KS^*(f)\mathrm{e}^{-\mathrm{j}2\pi f(T_s-t)}\mathrm{d}f \tag{5.2-14}$$

对于实信号 $s(t)$,有 $S^*(f)=S(-f)$。因此

$$h(t)=\int_{-\infty}^{\infty}KS(-f)\mathrm{e}^{-\mathrm{j}2\pi(T_s-t)}\mathrm{d}f=Ks(T_s-t) \tag{5.2-15}$$

由上式可知,匹配滤波器的冲激响应是输入信号 $s(t)$ 的镜像及平移。

3. 匹配滤波器的输出信号波形

匹配滤波器输出的信号波形可计算如下:

$$y_s(t)=s(t)*h(t)=\int_{-\infty}^{\infty}s(t-\tau)h(\tau)\mathrm{d}\tau$$

$$=\int_{-\infty}^{\infty}s(t-\tau)s(T_s-\tau)\mathrm{d}\tau=KR_s(t-T_s) \tag{5.2-16}$$

式中，$R_s(t)$为 $s(t)$的自相关函数。由此可见，匹配滤波器的输出信号波形与输入信号的自相关函数成比例。

匹配滤波器的最大输出信噪比为

$$\mathrm{SNR}=\frac{\int_{-\infty}^{\infty}|S(f)|^2\mathrm{d}f}{n_0/2}=\frac{2E_s}{n_0} \tag{5.2-17}$$

式中，E_s 为观察间隔内的信号能量。

【例 5-1】 图 5-18(a)为一矩形波调制信号，试求接收该信号的匹配滤波器的冲激响应及输出波形。

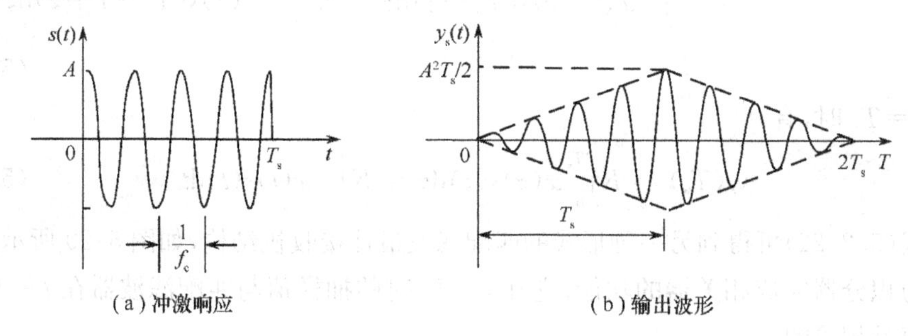

图 5-18 匹配滤波器举例

【解】 矩形波调制信号可表示为

$$s(t)=\begin{cases}A\cos 2\pi f_c t, & 0\leqslant t\leqslant T_s\\ 0, & 其他\end{cases} \tag{5.2-18}$$

这里，$T_s=4T_c=\frac{4}{f_c}$。

匹配滤波器的冲激响应为

$$h(t)=s(T_s-t)=\begin{cases}A\cos 2\pi f_c(T_s-t), & 0\leqslant t\leqslant T_s\\ 0, & 其他\end{cases} \tag{5.2-19}$$

即冲激响应与输入波形相同。

输出波形可由 $s(t)$与 $h(t)$卷积求得，即有

$$y_s(t)=s(t)*h(t)=\begin{cases}(A^2t/2)\cos 2\pi f_c t+\dfrac{A^2}{2\omega_c}\sin 2\pi f_c t, & 0\leqslant t\leqslant T_s\\ [A^2(2T-t)/2]\cos 2\pi f_c t-\dfrac{A^2}{2\omega_c}\sin 2\pi f_c t, & T_s\leqslant t\leqslant 2T_s\\ 0, & 其他\end{cases}$$

(5.2-20)

输出波形如图 5-18(b)所示,输出波形在 $t=T_s$ 时刻达到最大值。

4. 匹配滤波器最佳接收机结构

根据匹配滤波器原理构成的二进制数字信号的最佳接收机方框图如图 5-19 所示。图中有两个匹配滤波器,分别与信号 $s_1(t)$、$s_2(t)$ 匹配,滤波器输出在 $t=T_s$ 时刻抽样后,再进行比较,选择其中最大的信号作为判决结果。该匹配滤波接收机结构可推广到 M 进制的情况。

在数字通信中,通常发送信号 $s(t)$ 只在 $(0,T_s)$ 时间内出现,因而当 $s(t)$ 的匹配滤波器的输入为 $x(t)$ 时,其输出的信号部分可表达为

$$\begin{aligned} y_s(t) &= x(t) * h(t) = K\int_0^{T_s} x(t-\tau)h(\tau)\mathrm{d}\tau \\ &= K\int_0^{T_s} x(t-\tau)s(T_s-\tau)\mathrm{d}\tau = K\int_{t-T_s}^{t} x(z)s(T_s-t+z)\mathrm{d}z \end{aligned} \tag{5.2-21}$$

当 $t=T_s$ 时,有

$$y_s(T_s) = K\int_0^{T_s} x(z)s(z)\mathrm{d}z = K\int_0^{T_s} x(t)s(t)\mathrm{d}t \tag{5.2-22}$$

由式(5.2-22)可得到另一种形式的匹配滤波最佳接收机结构,如图 5-20 所示。图中相乘器与积分器完成相关器的功能,它在 $t=T_s$ 时的抽样值与匹配滤波器在 $t=T_s$ 时刻的输出值是相等的。

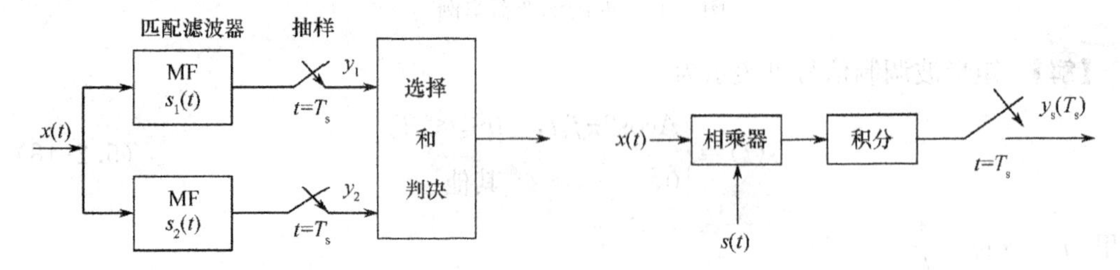

图 5-19 二进制信号的匹配滤波接收机　　图 5-20 与匹配滤波器等效的最佳接收机结构

5.2.2 最小错误概率最佳接收机

由于信道噪声的存在,接收端抽样判决时会出现错误。在数字通信中最直接又最合理的最佳接收准则是最小错误概率准则。

1. 最大似然准则

在二进制数字调制中,设接收信号 $x(t)$ 为发送信号 $s(t)$ 与噪声 $n(t)$ 之和,即

$$x(t)=s_i(t)+n(t) \quad i=1,2 \tag{5.2-23}$$

在发送信号 $s_i(t)$ 确定之后，接收信号 $x(t)$ 的随机性将完全由噪声决定。假设 $n(t)$ 为高斯白噪声，则 $x(t)$ 服从高斯分布，其方差为 σ_n^2，均值为 $s_i(t)$ 在观测时刻的取值。假设所对应的发送信号 $s_1(t)$ 和 $s_2(t)$ 的先验概率分别为 $P(s_1)$ 和 $P(s_2)$。$s_1(t)$ 和 $s_2(t)$ 在观察时刻的取值为 a_1 和 a_2，则接收信号 $x(t)$ 的条件概率密度函数分别为

$$f_{s_1}(x)=\frac{1}{(\sqrt{2\pi}\sigma_n)^k}\exp\left\{-\frac{1}{n_0}\int_0^{T_s}[x(t)-a_1]^2\mathrm{d}t\right\} \tag{5.2-24}$$

$$f_{s_2}(x)=\frac{1}{(\sqrt{2\pi}\sigma_n)^k}\exp\left\{-\frac{1}{n_0}\int_0^{T_s}[x(t)-a_2]^2\mathrm{d}t\right\} \tag{5.2-25}$$

式中，k 为一个码元内噪声的抽样次数(详细解释请参考文献[1])。

$f_{s_1}(x)$ 和 $f_{s_2}(x)$ 的分布曲线如图 5-21 所示。

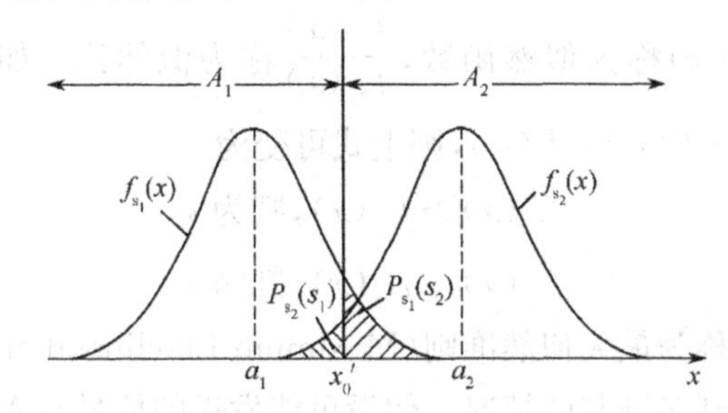

图 5-21　二进制调制时的条件概率密度函数 $f_{s_1}(x)$ 和 $f_{s_2}(x)$ 的分布曲线

图中，a_1 和 a_2 为 $s_1(t)$ 和 $s_2(t)$ 在观测时刻的取值，不失一般性，令 $a_1<a_2$。由图 5-21 可知，将空间划分为 A_1 或 A_2 两个区域，其边界为 x'_0(又称为判决门限)，并将判决规则定为：

若接收信号观测值 x 落在区域 A_1 内，则判发送信号为 $s_1(t)$(简称“判为 s_1”)；

若接收信号观测值 x 落在区域 A_2 内，则判发送信号为 $s_2(t)$(简称“判为 s_2”)。

判决门限 x'_0 确定后，错误概率也随之确定。发送信号 $s_1(t)$ 和 $s_2(t)$ 时的判决错误概率分别为

$$P_{s_1}(s_2)=\int_{x'_0}^{\infty}f_{s_1}(x)\mathrm{d}x \tag{5.2-26}$$

$$P_{s_2}(s_1)=\int_{-\infty}^{x'_0}f_{s_2}(x)\mathrm{d}x \tag{5.2-27}$$

式中，$P_{s_1}(s_2)$ 表示发送 $s_1(t)$ 而误判为 $s_2(t)$ 的概率，$P_{s_2}(s_1)$ 表示发送 $s_2(t)$ 而误判为 $s_1(t)$ 的概率。因此，每次判决的平均错误概率为

$$\begin{aligned}P_e&=P(s_1)P_{s_1}(s_2)+P(s_2)P_{s_2}(s_1)\\&=P(s_1)\int_{x'_0}^{\infty}f_{s_1}(x)\mathrm{d}x+P(s_2)\int_{-\infty}^{x'_0}f_{s_2}(x)\mathrm{d}x\end{aligned} \tag{5.2-28}$$

假设先验概率 $P(s_1)$ 和 $P(s_2)$ 是已知的，此时平均错误概率 P_e 仅与 x'_0 有关。为了求出最佳判决门限，只需求解下列方程：

$$\frac{\partial P_e}{\partial x_0'}=-P(s_1)f_{s_1}(x_0')+P(s_2)f_{s_2}(x_0') \tag{5.2-29}$$

由上式可得,最佳判决时必须满足

$$\frac{f_{s_1}(x_0')}{f_{s_2}(x_0')}=\frac{P(s_2)}{P(s_1)} \tag{5.2-30}$$

因此,为了达到最小错误概率,可以按如下规则进行判决:

$$\begin{cases}\dfrac{f_{s_1}(x)}{f_{s_2}(x)}>\dfrac{P(s_2)}{P(s_1)},\text{判为 } s_1\\[2ex] \dfrac{f_{s_1}(x)}{f_{s_2}(x)}<\dfrac{P(s_2)}{P(s_1)},\text{判为 } s_2\end{cases} \tag{5.2-31}$$

通常把 $f_{s_1}(x)$、$f_{s_2}(x)$ 称为似然函数,$\dfrac{f_{s_1}(x)}{f_{s_2}(x)}$ 称为似然比。如果发送信号 $s_1(t)$ 和 $s_2(t)$ 是等概率出现的,即 $P(s_1)=P(s_2)$,则上式可变为

$$\begin{cases}f_{s_1}(x)>f_{s_2}(x),\text{判为 } s_1\\ f_{s_1}(x)<f_{s_2}(x),\text{判为 } s_2\end{cases} \tag{5.2-32}$$

这一判决规则通常称为最大似然准则(Maximum Likelihood criterion)。

以上概念可以推广到多进制的情况。假设可能发送的信号有 M 个,且它们出现概率相等,则最大似然准则可以表示为

$$f_{s_i}(x)>f_{s_j}(x),i=1,2,\cdots,M;j=1,2,\cdots,M,i\neq j,\text{判为 } s_i \tag{5.2-33}$$

2. 最小错误概率最佳接收机结构

根据最大似然准则,可以推导出最小错误概率最佳接收机的结构。由式(5.2-31)可得

$$P(s_1)f_{s_1}(x)>P(s_2)f_{s_2}(x),\text{判为 } s_1 \tag{5.2-34a}$$

$$P(s_1)f_{s_1}(x)<P(s_2)f_{s_2}(x),\text{判为 } s_2 \tag{5.2-34b}$$

将式(5.2-24)、式(5.2-25)代入上式,有

$$P(s_1)\exp\left\{-\frac{1}{n_0}\int_0^{T_s}[x(t)-s_1(t)]^2\mathrm{d}t\right\}>P(s_2)\exp\left\{-\frac{1}{n_0}\int_0^{T_s}[x(t)-s_2(t)]^2\mathrm{d}t\right\},\text{判为 } s_1 \tag{5.2-35a}$$

$$P(s_1)\exp\left\{-\frac{1}{n_0}\int_0^{T_s}[x(t)-s_1(t)]^2\mathrm{d}t\right\}<P(s_2)\exp\left\{-\frac{1}{n_0}\int_0^{T_s}[x(t)-s_2(t)]^2\mathrm{d}t\right\},\text{判为 } s_2 \tag{5.2-35b}$$

对上述不等式两边取自然对数,则有

$$n_0\ln\frac{1}{P(s_1)}+\int_0^{T_s}[x(t)-s_1(t)]^2\mathrm{d}t<n_0\ln\frac{1}{P(s_2)}+\int_0^{T_s}[x(t)-s_2(t)]^2\mathrm{d}t,\text{判为 } s_1 \tag{5.2-36a}$$

$$n_0\ln\frac{1}{P(s_1)}+\int_0^{T_s}[x(t)-s_1(t)]^2\mathrm{d}t>n_0\ln\frac{1}{P(s_2)}+\int_0^{T_s}[x(t)-s_2(t)]^2\mathrm{d}t,\text{判为 } s_2 \tag{5.2-36b}$$

假设发送信号 $s_1(t)$ 和 $s_2(t)$ 有相同的能量，即

$$\int_0^{T_s}s_1^2(t)\mathrm{d}t=\int_0^{T_s}s_2^2(t)\mathrm{d}t=E \tag{5.2-37}$$

令

$$\begin{cases}U_1=\dfrac{n_0}{2}\ln P(s_1)\\[2ex]U_2=\dfrac{n_0}{2}\ln P(s_2)\end{cases} \tag{5.2-38}$$

则式(5.2-36a)和式(5.2-36b)可化简为

$$U_1+\int_0^{T_s}x(t)s_1(t)\mathrm{d}t>U_2+\int_0^{T_s}x(t)s_2(t)\mathrm{d}t,\text{判为 } s_1 \tag{5.2-39a}$$

$$U_1+\int_0^{T_s}x(t)s_1(t)\mathrm{d}t<U_2+\int_0^{T_s}x(t)s_2(t)\mathrm{d}t,\text{判为 } s_2 \tag{5.2-39b}$$

由式(5.2-39)可得到最佳接收机的结构如图5-22(a)所示。若 $P(s_1)=P(s_2)$，即 $s_1(t)$ 和 $s_2(t)$ 等概率出现，则最佳接收机可进一步简化为图5-22(b)所示形式。图中开关表示在 $t=T_s$ 时刻进行抽样，将两路抽样结果进行比较，即可判决发送信号是 $s_1(t)$ 还是 $s_2(t)$。

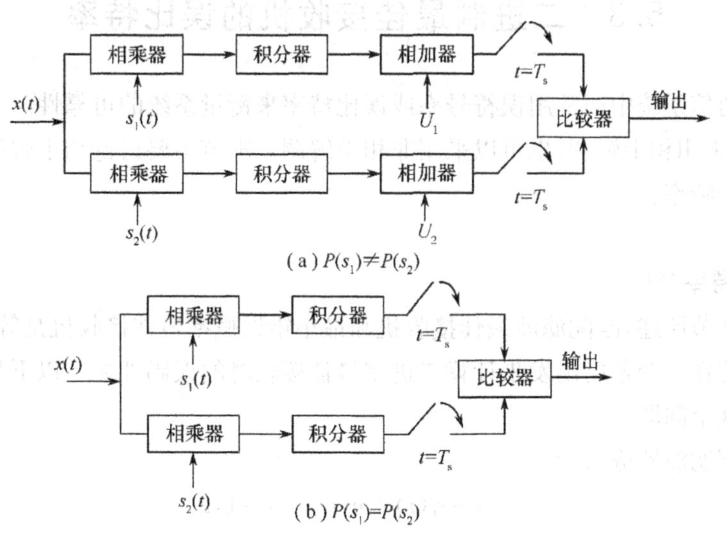

图5-22 最小错误概率准则下的最佳接收机结构

由图5-22可知，由相乘器和积分器构成的相关器是最小错误概率准则下的最佳接收机的核心模块，实质是比较 $x(t)$ 与 $s_1(t)$ 和 $s_2(t)$ 的相关性，与哪一个信号的相关性强则判为该信号。这与图5-20所示的相关器是相同的。所以，最小错误概率最佳接收机和匹配

滤波最佳接收机是等效的。

对于 M 进制调制，匹配滤波器形式的最佳接收机和相关器形式的最佳接收机分别如图 5-23(a)、(b)所示。在匹配滤波器形式最佳接收机中有 M 个匹配滤波器(MF)，每个匹配滤波器与可能出现的 M 种信号中的一种相匹配，M 个滤波器的输出在相同时刻抽样，然后比较、选择其中最大的一个作为判决结果。在相关器式最佳接收机中有 M 个相关器，每个相关器与 M 种信号中的一种相对应，同样选择其中输出最大的一个作为判决结果。

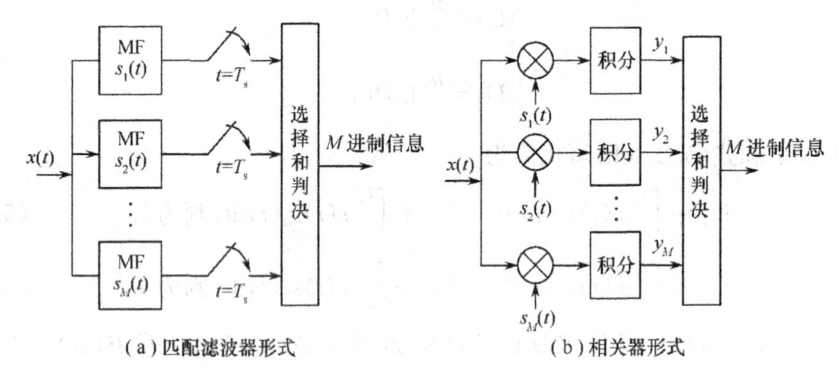

图 5-23 M 进制最佳接收机结构

5.3 二进制最佳接收机的误比特率

在数字通信系统中通常用误符号率或误比特率来衡量系统的可靠性。二进制数字调制时，既可以采用相干解调，也可以采用非相干解调。本节主要讨论相干解调二进制最佳接收机的误比特率。

1. 误比特率分析

如 5.2.2 节所述，匹配滤波最佳接收机和最小错误概率最佳接收机是等效的，因此可以从两者中的任一个角度出发来计算二进制最佳接收时的误码性能。以下从匹配滤波器角度来讨论这个问题。

假设匹配滤波器输入为

$$x(t)=s_i(t)+n(t), \quad i=1,2 \tag{5.3-1}$$

匹配滤波器输出

$$\begin{aligned} y(t) &= x(t) * h(t) = \int_0^{\infty} h(\tau)x(t-\tau)\mathrm{d}\tau \\ &= \int_0^{\infty} h(\tau)s_i(t-\tau)\mathrm{d}\tau + \int_0^{\infty} h(\tau)n(t-\tau)\mathrm{d}\tau \end{aligned} \tag{5.3-2}$$

$y(t)$ 在 $t=T_b$（T_b 为二进制码元间隔）时刻的抽样值为

$$y(T_b)=\int_0^{\infty}h(\tau)s_i(T_b-\tau)d\tau+\int_0^{\infty}h(\tau)n(T_b-\tau)d\tau \tag{5.3-3}$$

其中第一项积分为常数，其值取决于出现的信号是 $s_1(t)$ 还是 $s_2(t)$。第二项积分表示一个高斯随机信号。$y(t)$ 的均值，取决于接收到的信号是 $s_1(t)$ 还是 $s_2(t)$，假设收到 $s_1(t)$ 时 $y(t)$ 的均值为 m_1，收到 $s_2(t)$ 时 $y(t)$ 的均值为 m_2，则

$$m_1=\int_0^{\infty}h(\tau)s_1(T_b-\tau)d\tau \tag{5.3-4}$$

$$m_2=\int_0^{\infty}h(\tau)s_2(T_b-\tau)d\tau \tag{5.3-5}$$

无论是收到 $s_1(t)$ 还是 $s_2(t)$，$y(t)$ 的方差相同，为

$$\sigma_y^2=\frac{1}{2\pi}\int_{-\infty}^{\infty}|H(f)|^2\Phi_n(f)df \tag{5.3-6}$$

式中，$H(f)$ 为匹配滤波器传递函数，$\Phi_n(f)$ 为噪声功率谱密度。

接收机必须根据 $y(T_b)$ 判决发送信号是 $s_1(t)$ 还是 $s_2(t)$，若 $P(s_1)=P(s_2)$，可用最大似然准则进行判决，有

$$\begin{cases}\dfrac{f_{s_1}(y)}{f_{s_2}(y)}>1,\text{判为 } s_1\\[2ex] \dfrac{f_{s_1}(y)}{f_{s_2}(y)}<1,\text{判为 } s_2\end{cases} \tag{5.3-7}$$

其中

$$\begin{cases}f_{s_1}(y)=\dfrac{1}{(\sqrt{2\pi}\sigma_y)^k}\exp\{-[y(T_b)-m_1]^2/2\sigma_y^2\}\\[2ex] f_{s_2}(y)=\dfrac{1}{(\sqrt{2\pi}\sigma_y)^k}\exp\{-[y(T_b)-m_2]^2/2\sigma_y^2\}\end{cases} \tag{5.3-8}$$

代入式(5.3-7)，两边取对数可得

$$\begin{cases}[y(T_b)-m_1]^2-[y(T_b)-m_2]^2<0,\text{判为 } s_1\\ [y(T_b)-m_1]^2-[y(T_b)-m_2]^2>0,\text{判为 } s_2\end{cases} \tag{5.3-9}$$

设 $m_2>m_1$，将上式化简后得

$$\begin{cases}y(T_b)<\dfrac{m_1+m_2}{2},\text{判为 } s_1\\[2ex] y(T_b)>\dfrac{m_1+m_2}{2},\text{判为 } s_2\end{cases} \tag{5.3-10}$$

因此，只要 $y(T_b)$ 超过 m_1 和 m_2 的平均值就判为 s_2，反之判为 s_1。

当收到 $s_2(t)$（或 $s_1(t)$）时，由于噪声影响而不能超过（或低于）门限，则发生判决错误。总的误比特率为

$$P_b=P(s_1)\int_{\frac{m_1+m_2}{2}}^{\infty}f_{s_1}(y)dy+P(s_2)\int_{-\infty}^{\frac{m_1+m_2}{2}}f_{s_2}(y)dy \tag{5.3-11}$$

根据 5.2.1 节匹配滤波器的性质，当 $P(s_1)=P(s_2)=\frac{1}{2}$时，可推导得到二进制最佳接收时系统的误比特率为

$$P_b=\frac{1}{2}\text{erfc}\left[\sqrt{\frac{E_{s_1}+E_{s_2}-2\rho\sqrt{E_{s_1}E_{s_2}}}{4n_0}}\right] \tag{5.3-12}$$

式中，$E_{s_i}(i=1,2)$ 为 $s_i(t)$ 在 $0\leqslant t\leqslant T_b$ 内的能量，$E_{s_i}=\int_0^{T_b}s_i^2(t)\text{d}t$。$\rho$ 为发送信号 $s_1(t)$ 和 $s_2(t)$ 的归一化相关系数，且

$$\rho=\frac{\int_0^{T_b}s_1(t)s_2(t)\text{d}t}{\sqrt{E_{s_1}E_{s_2}}} \tag{5.3-13}$$

式中，ρ 的取值范围为[−1,1]，取决于 $s_1(t)$和 $s_2(t)$的相似程度。erfc(x)称为互补误差函数，定义为

$$\text{erfc}(x)=\frac{2}{\sqrt{\pi}}\int_x^{\infty}\text{e}^{-y^2}\text{d}y \tag{5.3-14}$$

当发送信号 $s_1(t)$和 $s_2(t)$具有相同能量时，即 $E_{s_1}=E_{s_2}=E_b$，则有

$$P_b=\frac{1}{2}\text{erfc}\left[\sqrt{\frac{E_b}{2n_0}(1-\rho)}\right] \tag{5.3-15}$$

2. 不同调制系统的误比特率

(1) 2ASK 系统

对于 2ASK 信号，$s_1(t)=0$，$s_1(t)=A\cos2\pi f_c t$，由于 $E_{s_1}=0$，$E_{s_2}=\int_0^{T_b}s_2^2(t)\text{d}t$，平均比特能量 $E_b=\frac{1}{2}(E_{s_1}+E_{s_2})$。因此必有：$A=2\sqrt{E_b/T_b}$，$\rho=0$。

由式(5.3-12)，有最佳接收时 2ASK 系统的误比特率为

$$P_{b,2ASK}=\frac{1}{2}\text{erfc}(\sqrt{E_b/2n_0}) \tag{5.3-16}$$

(2) 2FSK 系统

对于 2FSK 信号，有

$$\begin{aligned}s_1(t)&=\sqrt{\frac{2E_b}{T_b}}\cos2\pi f_1 t,\quad 0\leqslant t\leqslant T_b\\ s_2(t)&=\sqrt{\frac{2E_b}{T_b}}\cos2\pi f_2 t,\quad 0\leqslant t\leqslant T_b\end{aligned} \tag{5.3-17}$$

其相关系数为

$$\begin{aligned}\rho&=\frac{1}{E_b}\int_0^{T_b}\frac{2E_b}{T_b}\cos2\pi f_2 t\cos2\pi f_1 t\text{d}t\\ &=\frac{1}{T_b}\int_0^{T_b}[\cos2\pi(f_2+f_1)t+\cos2\pi(f_2-f_1)t]\text{d}t\end{aligned} \tag{5.3-18}$$

假设 $f_2+f_1 \gg 1/T_b$（即载波频率远大于所传送信息的速率），则上述积分中第一项可近似为 0，有

$$\rho \approx \frac{\sin 2\pi(f_2-f_1)t}{2\pi(f_2-f_1)T_b}\bigg|_0^{T_b}=\frac{\sin 2\pi(f_2-f_1)T_b}{2\pi(f_2-f_1)T_b} \tag{5.3-19}$$

由此可知，相关系数 ρ 与 $(f_2-f_1)T_s$ 有关，ρ 值不可能达到 -1，其最小值发生在

$$f_2-f_1 \approx 0.7(1/T_b) \tag{5.3-20}$$

此时，$\rho=-0.22$。

此外，当 $f_2-f_1=n/(2T_b)$ 时，$s_1(t)$ 与 $s_2(t)$ 相互正交，$\rho=0$。对于 $\rho=0$ 的 2FSK 信号，最佳接收时的系统误比特率为

$$P_{b,2FSK}=\frac{1}{2}\mathrm{erfc}(\sqrt{E_b/2n_0}) \tag{5.3-21}$$

（3）2PSK 系统

对于 2PSK 信号，有

$$\begin{aligned} s_1(t)&=\sqrt{\frac{2E_b}{T_b}}\cos 2\pi f_c t, 0 \leqslant t \leqslant T_b \\ s_2(t)&=\sqrt{\frac{2E_b}{T_b}}\cos 2\pi f_c t, 0 \leqslant t \leqslant T_b \end{aligned} \tag{5.3-22}$$

可求得 $\rho=-1$，因此最佳接收时 2PSK 系统的误比特率为

$$P_{b,2PSK}=\frac{1}{2}\mathrm{erfc}(\sqrt{E_b/n_0}) \tag{5.3-23}$$

比较式（5.3-16）、式（5.3-21）和式（5.3-23），$\rho=0$ 时的 2FSK 信号的误比特率与 2ASK 信号的误比特率相同。在相同的误比特率下，2PSK 最佳接收时所要求的 E_b/n_0 比 2ASK 和 2FSK（$\rho=0$ 时）低 3dB，即发送信号能量可以降低一半。

在 2DPSK 系统中，由于采用了差分编码，因此若采用相干解调则接收端必须进行差分译码，差分译码会导致错误传播，译码前的一个误码会在译码后造成一对码错误。因此可推导得到在误比特率很小的时候，2DPSK 系统的相干解调误比特率近似等于 2PSK 系统相干解调误比特率的 2 倍。差分相干解调 2DPSK 的误码性能稍差于相干解调 2DPSK。

应当指出，式（5.3-15）、式（5.3-21）和式（5.3-23）所给出的误比特率公式都是在最佳接收条件下得到的。这种最佳接收机可以用匹配滤波器实现，也可以用相关器实现。5.1 节中给出的相干解调方案与最佳接收机结构是一致的，因此常把相干解调与最佳接收混淆。确切地说，只有当相干解调中的滤波器严格按照匹配滤波器的要求来设计，才构成真正的最佳接收机。采用非相干解调方法时，将带通滤波器设计成带通匹配滤波器，就构成了非相干解调最佳接收机，是一种次最佳的接收方法。

3. 信噪比、E_b/n_0 和带宽

在进行数字调制系统性能分析时，E_b/n_0 是十分重要的参数。其中，E_b 为单位比特的平均信号能量，n_0 为噪声的单边功率谱密度。实际应用中，人们能够直接测量的是平

均信号功率 S 和噪声功率 N，并由此得到信噪比 S/N。下面讨论 S/N 和 E_b/n_0 的关系。

假设每隔 T_s 发送一个信道符号，则符号传输速率为 $R_s=1/T_s$(B/s)，对于二进制调制，R_s 与信息传输速率 R_b 相等，即 $R_b=R_s$(b/s)。对于 M 进制调制，则有

$$R_b=\frac{1}{T_s}\log_2 M=R_s\log_2 M \tag{5.3-24}$$

因此，平均信号功率

$$S=\frac{E_s}{T_s}=E_sR_s=E_sR_b/\log_2 M \tag{5.3-25}$$

式中，E_s 是平均信号能量。

对于二进制调制，发送 1 个比特所需要的能量 E_b 与发送一个符号的能量 E_s 相同，即 $E_b=E_s$。对于 M 进制调制，则有

$$E_b=E_s/\log_2 M \tag{5.3-26}$$

每个符号所携带的信息为 $\log_2 M$ 比特，将式(5.3-26)代入式(5.3-25)，可得

$$S=E_sR_b \tag{5.3-27}$$

另外，若接收机带宽为 B，则接收到的噪声功率为

$$N=n_0B$$

因此，信噪比可表示为

$$\frac{S}{N}=\left(\frac{E_b}{n_0}\right)\left(\frac{R_b}{B}\right) \tag{5.3-28}$$

式中，R_b/B 为单位频带的比特率，它表示特定调制方式下的频带利用率，又称频带效率。

式(5.3-28)给出了信噪比与 E_b/n_0 的关系。当信噪比一定时，E_b/n_0 随着不同调制方式的频带效率而变化。当 E_b/n_0 一定时，信噪比与频带效率成正比。

以上讨论中，我们用到了接收机带宽 B 的概念。显然，最佳接收时的接收机带宽与信号带宽是一致的。带宽的定义不是唯一的，可以根据具体使用要求而定义，通常有下列几种定义：

(1) 半功率带宽 B_1

半功率带宽是指信号功率谱密度中比峰值低 3dB 的两个频率之间的间隔，是对信号功率谱密度集中程度的最简单和粗略的描述。

(2) 等效噪声带宽 B_2

这是信号功率谱密度集中程度的一种进一步的度量，以功率谱密度峰值为高度，等效噪声频带为宽度的矩形面积应等于总的信号功率。

(3) 谱零点带宽 B_3

该定义以信号功率谱密度的主瓣宽度为带宽，是最常用的也是最简单的信号带宽度量。它特别适合于主瓣包含信号的大部分功率的情形，大多数数字调制信号属于这种情形。

(4) 功率比例带宽 B_4

这种带宽以带外的信号功率占总功率的某一给定百分比 ε 为标准，也就是说带宽范

围内的信号功率为总功率的 $1-\varepsilon$。

(5) 最低功率谱密度带宽 B_5

这是一种广泛使用的带宽定义，它以最小功率谱密度低于峰值多少分贝（例如 40dB 或 50dB）作为标准来确定带宽。

上述各种定义下的带宽如图 5-24 所示。这些定义各有用处。例如，最低功率谱密度带宽常用于讨论邻近波道的干扰；等效噪声带宽用于计算接收滤波器的输出噪声功率。在比较不同调制方案所需的频带宽度时，通常使用谱零点带宽定义。

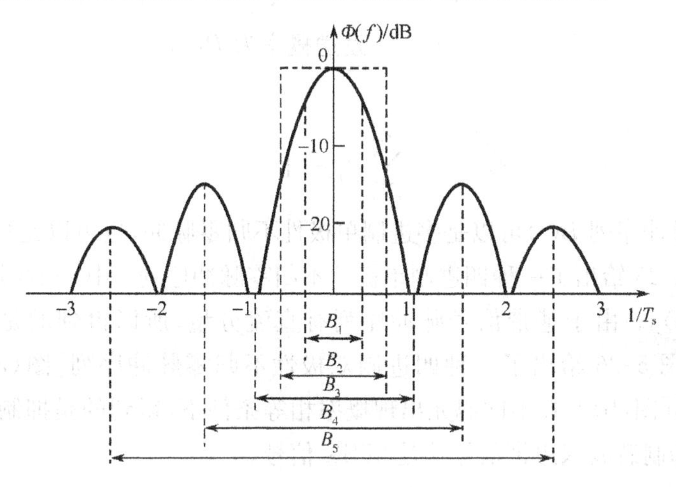

图 5-24　不同定义下的带宽示意

5.4　多进制数字调制

与二进制数字调制不同，多进制数字调制是利用多进制数字基带信号去调制载波的振幅、频率或相位。相应地，有多进制幅移键控（M-ary Amplitude Shift Keying，MASK）、多进制频移键控（M-ary Amplitude Shift Keying，MFSK）以及多进制相移键控（M-ary Amplitude Phase Keying，MPSK）等基本调制方式。下面分别介绍 MASK，MFSK，MPSK，以及幅度和相位组合调制的特殊形式正交幅度调制（QAM）的原理。

5.4.1　多进制幅移键控

MASK 信号的载波振幅有 M 种取值，在每个码元间隔 T_s 内发送振幅为 M 个幅度中的一个的载波信号。

1. MASK 信号及其波形

MASK 信号可表示为

$$s_{\mathrm{MASK}}(t)=\left[\sum_{n}a_{n}g(t-nT_{\mathrm{s}})\right]\cos 2\pi f_{\mathrm{c}}t \tag{5.4-1}$$

式中，$g(t)$为基带信号脉冲波形，T_s 为 M 进制码元间隔(也称为符号间隔)。

$$a_n=\begin{cases} a_0 & 发送概率为\ P_0 \\ a_1 & 发送概率为\ P_1 \\ a_2 & 发送概率为\ P_2 \\ \vdots & \vdots \\ a_{M-1} & 发送概率为\ P_{M-1} \end{cases} \tag{5.4-2}$$

且

$$\sum_{n=0}^{M-1}P_n=1 \tag{5.4-3}$$

基带信号脉冲序列 $B(t)$可以是多进制单极性不归零脉冲，也可以是多进制双极性不归零脉冲。图 5-25 给出了一种四进制单极性不归零脉冲序列[图(a)]及其对应的 4ASK 信号波形[图(b)]。由于基带信号脉冲序列有直流分量，所以得到的是不抑制载波的 MASK 信号。图 5-26 给出了一种四进制双极性不归零脉冲序列[图(a)]及其对应的 4ASK 信号波形[图(b)]，在不同码元出现概率相等条件下，得到的是抑制载波的 MASK 信号。二进制抑制载波双边带信号就是 2PSK 信号。

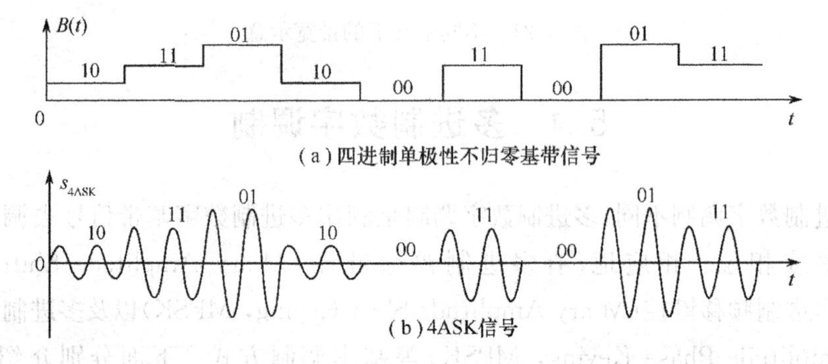

图 5-25 四进制单极性不归零脉冲序列及其对应的 4ASK 信号波形

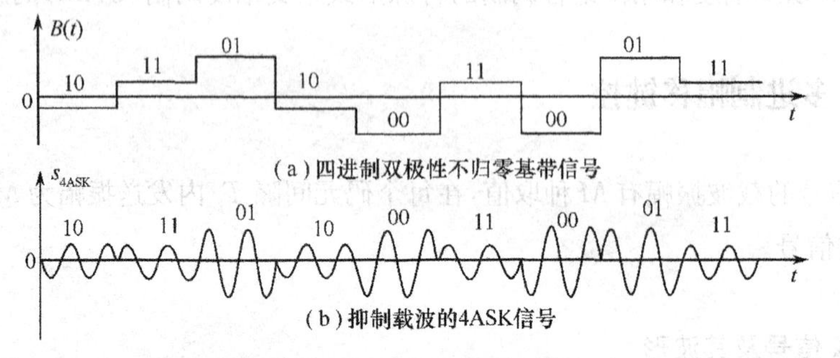

图 5-26 四进制双极性不归零脉冲序列及其对应的 4ASK 信号波形

2. **MASK 信号带宽与频带利用率**

对比式(5.4-1)与式(5.1-1)可以看出,MASK 信号与 2ASK 信号具有相似的形式。在信息传输速率 R_b 相同时,码元传输速率降低为 2ASK 信号码元传输速率的 $1/k$($k=\log_2 M$),此时 MASK 信号的带宽是 2ASK 信号带宽的 $1/k$。当基带信号采用不归零矩形脉冲时,MASK 信号的带宽为

$$B_{\text{MASK}}=\frac{2f_b}{k}=\frac{B_{2\text{ASK}}}{k} \tag{5.4-4}$$

式中,f_b 数值上等于信息传输速率 R_b,单位是 Hz。

在多进制数字调制中,通常定义频带利用率为单位带宽内的信息传输速率。根据该定义,当基带信号采用不归零矩形脉冲时 MASK 系统的频带利用率为

$$\eta_{\text{MASK}}=\frac{R_b}{B_{\text{MASK}}}=\frac{R_b}{2f_b/k}=\frac{k}{2}[(\text{b/s})/\text{Hz}] \tag{5.4-5}$$

可见,MASK 系统的频带利用率是 2ASK 系统的 k 倍。

MASK 系统与 2ASK 的区别在于:发送端输入的二进制数字基带信号需变换为 M 电平的基带脉冲再去调制,而接收端则需要将解调得到的 M 电平基带脉冲变换成二进制基带信号。

MASK 信号可以采用包络检波法解调,也可以采用相干解调法解调。其原理与 2ASK 信号的解调完全相同。

3. **MASK 的误码性能**

对于抑制载波的 MASK 信号,理想情况下 MASK 系统最佳接收的误符号率与 M 电平最佳基带传输系统的误符号率完全相同(见式(4.5-22)),即

$$P_{s,\text{MASK}}=\left(1-\frac{1}{M}\right)\text{erfc}\left[\sqrt{\frac{3k}{M^2-1}\frac{E_b}{n_0}}\right] \tag{5.4-6}$$

式中,E_b 表示平均比特能量,$k=\log_2 M$,$\text{erfc}[x]=1-\text{erf}[x]$。当 E_b/n_0 一定时,随着 M 的增加,误符号率 $P_{s,\text{MASK}}$ 增大。

MASK 系统在将二进制数字基带信号变换成 M 电平基带脉冲时,通常采用格雷码编码,其特点是相邻电平所表示的二进制码组之间只有一个比特不同。由于噪声引起的大多数可能的错误情况是错误地选择了与正确振幅相邻的振幅,所以可以近似认为一个包含 $\log_2 M$ 比特的符号错误仅包含单个比特错误。此时误比特率可以近似为

$$P_{b,\text{MASK}}\approx\frac{P_{s,\text{MASK}}}{\log_2 M}=\frac{M-1}{M\log_2 M}\text{erfc}\left[\sqrt{\frac{3(\log_2 M)}{M^2-1}\frac{E_b}{n_0}}\right] \tag{5.4-7}$$

5.4.2 多进制频移键控

多进制频移键控(MFSK)是 2FSK 的推广。原则上,MFSK 具有多进制调制的一切

特点，但由于 MFSK 要占据较宽的频带，因此它的信道频带利用率不高。

1. MFSK 信号及其波形

MFSK 利用 M 个频率的正弦波传送 M 进制基带信号，MFSK 信号可表示为

$$s_{\mathrm{MFSK}}(t)=\sum_{n}g(t-nT_{\mathrm{s}})\cos(2\pi f_{n}t+\theta_{n}) \tag{5.4-8}$$

式中，$g(t)$ 为脉冲波形，T_{s} 为 M 进制码元间隔，θ_n 表示第 n 个码元间隔的初相，f_n 表示第 n 个码元间隔上的载波频率，具有 M 种可能的取值 $f_1, f_2\cdots, f_M$，相邻载波的频率间隔通常是相等的，用 Δf 表示。

若 $\Delta f=\dfrac{n}{2T_{\mathrm{s}}}$（$n$ 为不等于 0 的整数），则 MFSK 各载波之间相互正交，称此 MFSK 为正交 MFSK。

图 5-27 以 $M=4$ 为例，给出了一种 4FSK 信号的波形。

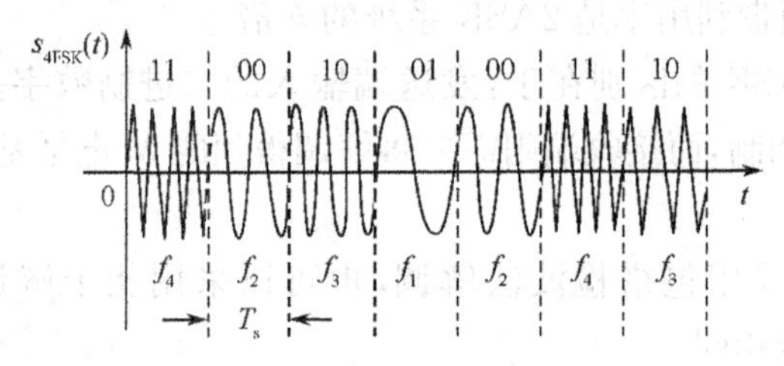

图 5-27　4FSK 信号波形

2. MFSK 信号带宽和频带利用率

当 $g(t)$ 是不归零矩形脉冲时，MFSK 的信号带宽近似为

$$B_{\mathrm{MFSK}}\approx|f_M-f_1|+2f_{\mathrm{s}}=(M-1)\Delta f+2/T_{\mathrm{s}} \tag{5.4-9}$$

其中，f_M 为最高选用载频，f_1 为最低选用载频。

假设 MFSK 各载波之间相互正交，取 $\Delta f=1/(2T_{\mathrm{s}})$，并考虑基带采用理想低通传输[基带脉冲序列的谱零点带宽为 $\Delta f=1/(2T_{\mathrm{s}})$]的极限情况，可得到 MFSK 的最小带宽

$$B_{\mathrm{MFSK}}=(M-1)\frac{1}{2T_{\mathrm{s}}}+\frac{1}{2T_{\mathrm{s}}}+\frac{1}{2T_{\mathrm{s}}}=\frac{M+1}{2}\frac{1}{T_{\mathrm{s}}} \tag{5.4-10}$$

相应的最大频带利用率为

$$\eta_{\mathrm{MFSK}}=\frac{R_{\mathrm{b}}}{B_{\mathrm{MFSK}}}=R_{\mathrm{b}}\frac{2T_{\mathrm{s}}}{M+1}=R_{\mathrm{b}}\frac{2kT_{\mathrm{b}}}{M+1}=\frac{2k}{M+1}[(\mathrm{b/s})/\mathrm{Hz}] \tag{5.4-11}$$

式中，T_{b} 是二进制码元间隔，R_{b} 是信息传输速率，数值上等于 $1/T_{\mathrm{b}}$，$k=\log_2 M$。

与式(5.4-5)相比，MFSK 比 MASK 的频带利用率低，且 MFSK 的频带利用率随着 M 的增大而减小。

3. MFSK 的调制与解调

MFSK 调制器的原理与 2FSK 基本相同，在此不另作讨论。MFSK 的解调器也可分

为相干解调和非相干解调两类。MFSK 非相干解调的原理如图 5-28 所示。图中 M 路带通滤波器用于分离 M 个不同频率的码元。当某个码元输入时，M 个带通滤波器的输出中仅有一个是信号加噪声，其他各路都是只有噪声。通常有信号的一路包络检波器输出电压最大，故在判决时将按照输出电压作判决。

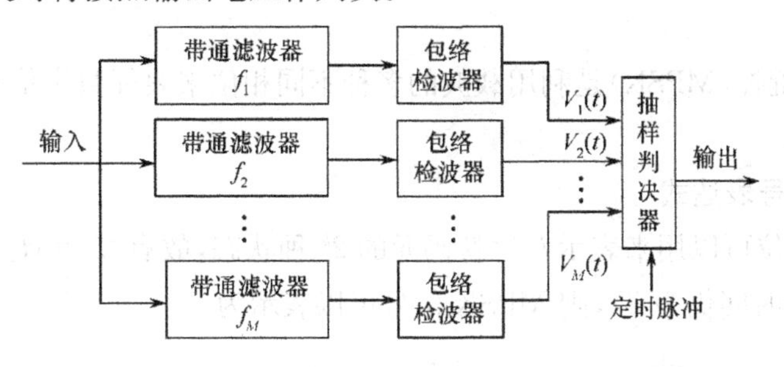

图 5-28 MFSK 非相干解调原理

MFSK 相干解调的原理框图与上述非相干解调的原理框图类似，只是用相乘器加低通滤波器代替图中的包络检波器。相干解调需要提取 M 个严格同步的本地载波，复杂度较高，实际应用中较少采用。

4. MFSK 误码性能

在正交 MFSK 的各信号等概与等能量，且信道为加性高斯白噪信道的情况下，最佳接收时的误符号率为

$$P_{s,\mathrm{MFSK}}=1-\frac{1}{\sqrt{2\pi}}\int_{-\infty}^{\infty}\mathrm{e}^{-\frac{1}{2}\left(x-\sqrt{\frac{2k\cdot E_b}{n_0}}\right)^2}\left(\frac{1}{\sqrt{2\pi}}\int_{-\infty}^{x}\mathrm{e}^{-u^2/2}\mathrm{d}u\right)^{M-1}\mathrm{d}x \qquad (5.4\text{-}12)$$

式中，$k=\log_2 M$。

由式(5.4-12)可得到 $P_{s,\mathrm{MFSK}}$ 与 E_b/n_0 的关系曲线，如图 5-29 所示。

由图 5-29 可见，在误符号率较低时，所要求的 E_b/n_0 随着 M 的增加而减小。在 E_b/n_0 一定的情况下，误符号率随着 M 的增加而减小，这与 MASK 系统不同，事实上这是以增加带宽为代价的。

正交 MFSK 信号的误符号率和误比特率之间的关系与 MASK 不同。由于各信号之间存在正交性，一个符号可能误判为另外 $M-1$ 个符号中的任何一个。推导可得到误比特率与误符号率之间的关系为

$$P_{b,\mathrm{MFSK}}=\frac{M}{2(M-1)}P_{s,\mathrm{MFSK}} \qquad (5.4\text{-}13)$$

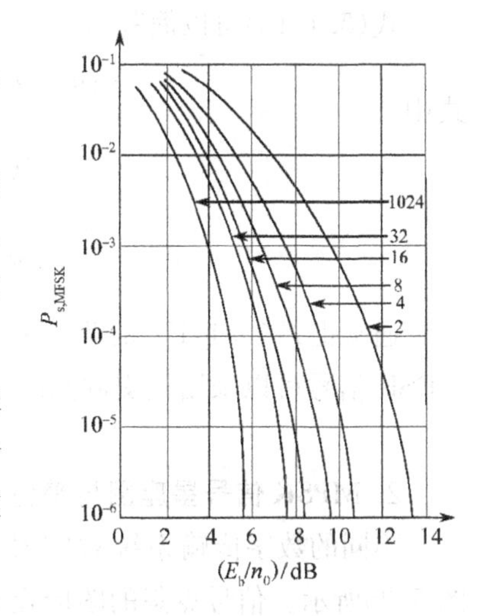

图 5-29 最佳接收时的正交 MFSK 系统误符号率

当 M 很大时

$$P_{b,MFSK} \approx \frac{1}{2} P_{s,MFSK} \tag{5.4-14}$$

5.4.3　多进制相移键控

多进制相移键控(MPSK)是利用载波的多种不同相位来表征数字信息的调制方式。

1. MPSK 信号表达式

由于 M 种相位可以用来表示 k 比特码元的 2^k 种状态，故有 $2^k=M$。假设 k 比特(M 进制)码元的持续时间仍为 T_s，则 MPSK 信号可以表示为

$$\begin{aligned} s_{MPSK}(t) &= \sum_{n=-\infty}^{\infty} a_n g(t-nT_s)\cos[2\pi f_c t+\varphi(n)] \\ &= \left[\sum_{n=-\infty}^{\infty} a_{cn} g(t-nT_s)\right]\cos 2\pi f_c t - \left[\sum_{n=-\infty}^{\infty} a_{sn} g(t-nT_s)\right]\sin 2\pi f_c t \end{aligned} \tag{5.4-15}$$

式中，$g(t)$为基带脉冲波形，a_n 是第 n 个 M 进制码元的幅度值，通常是归一化的。$a_{cn}=a_n\cos\varphi(n)$；$a_{sn}=a_n\sin\varphi(n)$；$\varphi(n)\in\{\varphi_i\}$，$i=0,1,2,\cdots,M-1$，$\varphi(n)$的 M 种取值通常是等间隔的，即

$$\varphi_i=\frac{2\pi i}{M}+\theta,\quad i=0,1,2,\cdots,M-1 \tag{5.4-16}$$

由式(5.4-15)可见，MPSK 的波形可以看作是对两个正交载波进行多电平双边带调制所得信号之和，其码元间隔 $T_s=kT_b$。

式(5.4-15)可以简写为

$$s_{MPSK}(t)=I(t)\cos 2\pi f_c t-Q(t)\sin 2\pi f_c t \tag{5.4-17}$$

式中

$$I(t)=\sum_{n=-\infty}^{\infty} a_{cn} g(t-nT_s) \tag{5.4-18a}$$

$$Q(t)=\sum_{n=-\infty}^{\infty} a_{sn} g(t-nT_s) \tag{5.4-18b}$$

通常把式(5.4-17)的第一项称为同相分量，第二项称为正交分量。由此式可知，MPSK 信号可以采用正交调制的方法产生。

2. MPSK 信号星座图与带宽

不同的数字传输系统对应着不同的信号点集。信号点集可以用几何图形表示，如图 5-30所示。信号点集的图形宛如天空的星座，所以常称为信号星座图(constellation)。星座图中的点到坐标原点的距离表示信号的幅度，点到坐标原点的连线与正 x 轴的夹角表示信号的相位。

图 5-30 给出的是 $M=2$、4、8 时 MPSK 信号星座图。从各星座图可以看出，MPSK 信号是相位不同的等幅度信号。对于 2PSK 信号，相位只有 0 和 π 两种取值，分别对应信息比特"1"和"0"[如图(a)所示]；对于 4PSK 信号，可以有 0、$\pi/2$、π 和 $3\pi/2$ 四种相位，分别对应信息序列"00"、"01"、"11"和"10"[如图(b)所示]。图(c)给出的是 4PSK 信号的另一种星座图，采用 $\pi/4$、$3\pi/4$、$5\pi/4$ 和 $7\pi/4$ 四种相位。对于 8PSK 信号，8 种相位可以是 0、$\pi/4$、$\pi/2$、$3\pi/4$、π、$5\pi/4$、$3\pi/2$ 和 $7\pi/4$[如图(d)所示]，也可以是 $\pi/8$、$3\pi/8$、$5\pi/8$、$7\pi/8$、$9\pi/8$、$11\pi/8$、$13\pi/8$ 和 $15\pi/8$。图 5-30(a)、(b)和(d)所示的星座图相当于式(5.4-16)中的 $\theta=0$，而图(c)和(e)中的星座图中 $\theta=\pi/M$。不同初始相位 θ 的 MPSK 原理没有差别，只是实现方法不同。

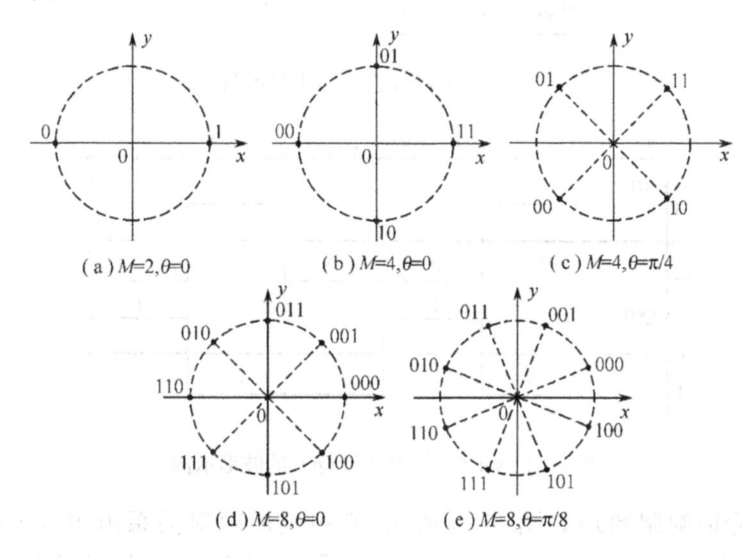

图 5-30　MPSK 信号的星座图

MPSK 信号的功率谱特性与 2PSK 信号的相同。在基带信号为不归零矩形脉冲时，MPSK 信号的带宽为

$$B_{\mathrm{MPSK}}=2f_s=2/T_s=2f_b/\log_2 M \tag{5.4-19}$$

此时，MPSK 系统的频带利用率为

$$\eta_{\mathrm{MPSK}}=\frac{R_b}{B_{\mathrm{MPSK}}}=\frac{1}{2}\log_2 M[(\mathrm{b/s})/\mathrm{Hz}] \tag{5.4-20}$$

显然，MPSK 与 MASK 一样，频带利用率随着 M 的提高而提高。

3. MPSK 信号的调制

常用的 MPSK 调制是 4PSK(也称为 QPSK)和 8PSK。QPSK 正交调制原理如图 5-31所示。输入的二进制信息序列经过串/并变换，分成两路速率减半的序列(码元宽度增加了 1 倍)，单/双极性变换电路将单极性码变换成双极性码[映射关系由星座图确定，如根据图 5-30(c)，0 变为-1，1 变为$+1$]，然后进行脉冲成形，产生 $I(t)$和 $Q(t)$信号。

最后，分别与 $\cos 2\pi f_c t$ 和 $-\sin 2\pi f_c t$ 相乘后相加得到 QPSK 信号。其中，载波信号 $\cos 2\pi f_c t$ 由一个高稳定度的晶体振荡器产生。图 5-32 给出了基带信号为矩形脉冲时 $I(t)$ 和 $Q(t)$ 的典型波形。

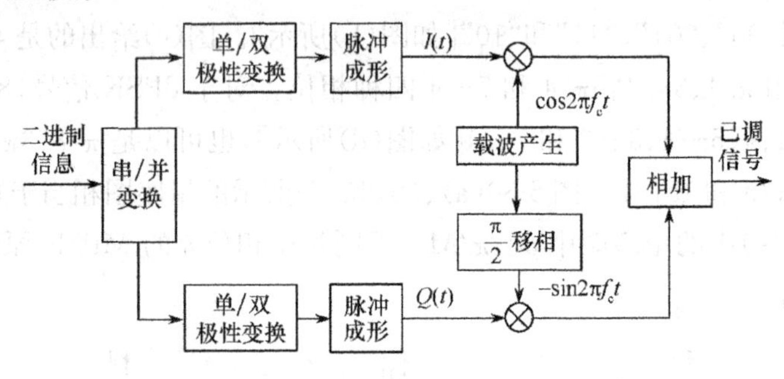

图 5-31　QPSK 信号的正交调制

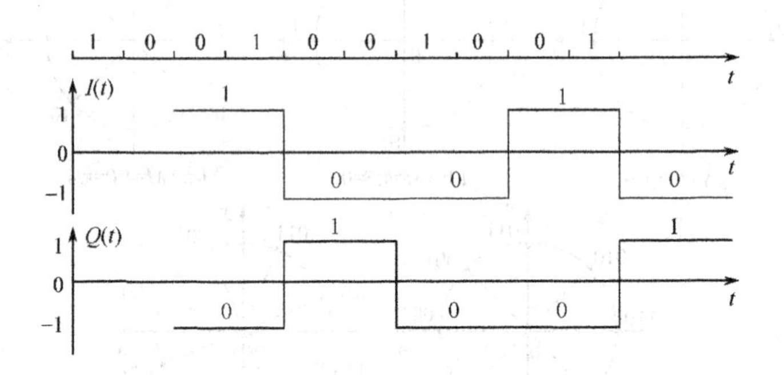

图 5-32　QPSK 的 $I(t)$ 和 $Q(t)$ 的波形示例

8PSK 信号的调制原理如图 5-33 所示，其中星座映射关系由表 5-1 给出[对应图 5-30(d)所示的星座图，并取各信号点幅度为 1]。输入的二进制信息序列经过串/并变换每次产生一个 3 位码组 $b_2b_1b_0$，因此码元间隔是比特间隔的 3 倍。根据表 5-1 给出的星座影射关系，得到 a_{cn} 和 a_{sn}，然后进行脉冲成形，产生 $I(t)$ 和 $Q(t)$ 信号。最后，分别与 $\cos 2\pi f_c t$ 和 $-\sin 2\pi f_c t$ 相乘后相加得到 8PSK 信号。

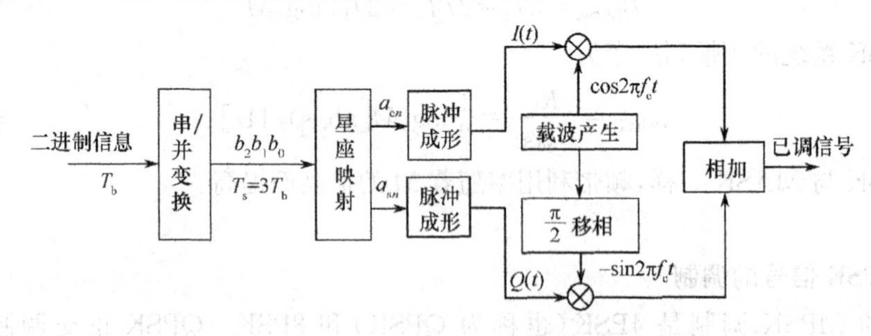

图 5-33　8PSK 信号的正交调制

MPSK 也可以采用其他方法实现调制。图 5-34 给出了 QPSK 信号的相位选择法调制器[对应于图 5-30(c)中的星座图]。四相载波发生器分别送出相位调制所需的四种不

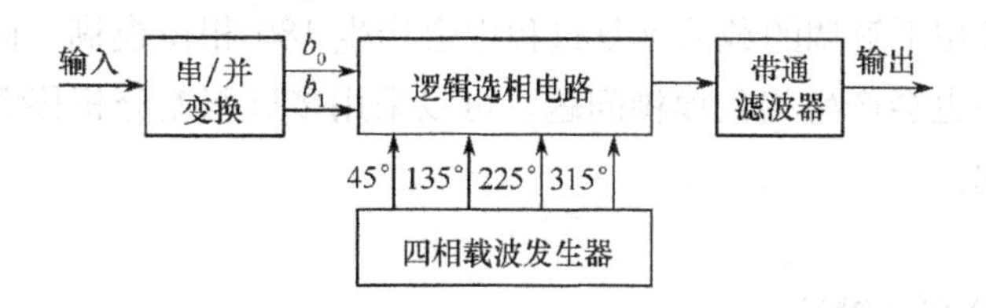

图 5-34　相位选择法产生 QPSK 信号

同相位的载波。按照串/并变换器输出信息的不同，逻辑选相电路选择相应相位的载波，然后经过带通滤波器滤除高频分量后输出。

表 5-1　一种 8PSK 信号的星座映射关系

八进制符号值	$b_2b_1b_0$	(a_{cn}, a_{sn})
0	000	(1, 0)
1	001	(0.707, 0.707)
2	011	(0, 1)
3	010	(−0.707, 0.707)
4	110	(−1, 0)
5	111	(−0.707, −0.707)
6	101	(0, −1)
7	100	(0.707, −0.707)

4. MPSK 信号的解调

根据式(5.4-15)可知，MPSK 信号可以用两个正交的载波信号实现相干解调。以 QPSK 为例，它的相干解调原理如图 5-35 所示。同相支路（I 路）和正交支路（Q 路）分别设置两个相关器（或匹配滤波器），得到 $I(t)$ 和 $Q(t)$，经过电平判决和并/串变换即可恢复原始信息。

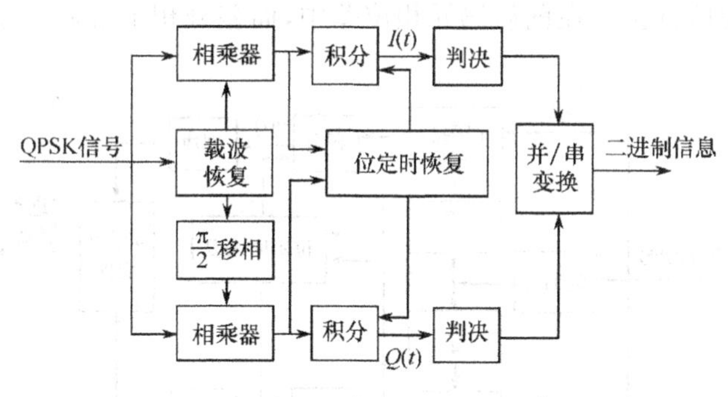

图 5-35　QPSK 信号的相干解调

8PSK 信号也可以采用图 5-35 所示的相干解调方法，区别在于电平判决由二电平判决改为四电平判决，判决结果经逻辑运算后得到比特码组，再进行并/串变换。

上述调制解调方法可以推广到任意 MPSK 系统。

在 2PSK 信号相干解调的载波恢复过程中会产生 180°相位模糊。同样，在 MPSK 信号相干解调过程中也会产生相位模糊问题。可以采用多进制差分相移键控方式有效克服载波相位模糊问题。

5. 多进制差分相移键控

多进制差分相移键控(MDPSK)是利用前后码元之间的相对相位变化来表示数字信息。MDPSK 信号的产生方法是在将输入的二进制信息序列进行串/并变换后，进行差分编码，然后再对差分码进行绝对相移键控调制，从而得到 MDPSK 信号。多进制差分编码和译码的原理可参考其他有关资料。

MDPSK 信号的解调方法与 2DPSK 信号解调相类似，可采用相干解调法和差分相干解调法。图 5-36 给出了 QDPSK 信号的相干解调原理框图。

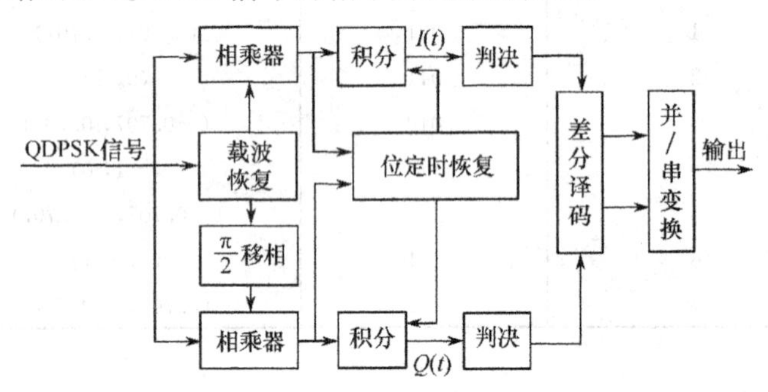

图 5-36 QDPSK 信号的相干解调

QDPSK 差分相干解调的原理如图 5-37 所示。这种解调方法与相干解调法相比，主要区别在于：它利用延迟电路将前一码元信号延迟一个码元间隔后，分别移相 $\pi/4$ 和 $-\pi/4$，再将它们分别作为上、下支路的相干载波。另外，它不需要采用差分译码，这是因为 QDPSK 信号的信息包含在前后码元相位差中，而差分相干解调的原理就是直接比较前后码元的相位。

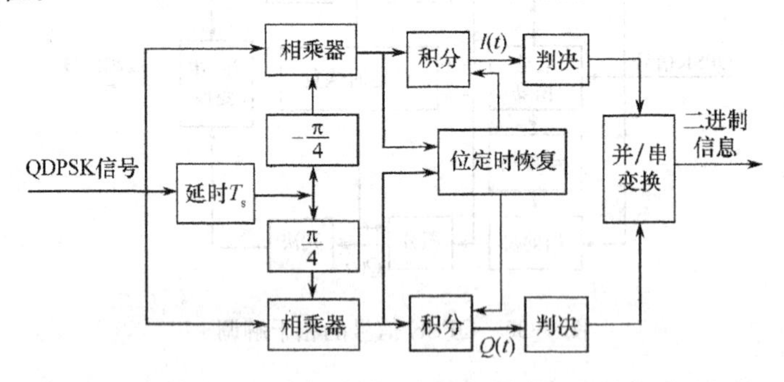

图 5-37 QDPSK 信号的差分相干解调

6. MPSK 的误码性能

在 MPSK 中,我们可以认为这 M 个信号把相位平面划分成 M 等份,每一等份的相位间隔代表一个传输信号。

在没有噪声时,每一个信号相位都有相应的确定值。例如 $M=8$ 时,每一个信号间隔为 $\pi/4$,如图 5-38 所示。在有噪声叠加时,则信号和噪声合成波形的相位将按一定的统计规律随机变化。若发送信号的基准相位为零相位,则合成波形相位 θ 在 $-\pi/M<\theta<\pi/M$ 范围内变化时(如图 5-38 中的虚影区:$-\pi/8<\theta<\pi/8$),该信号点可以正确接收。如果在这个范围之外,将造成判决错误。

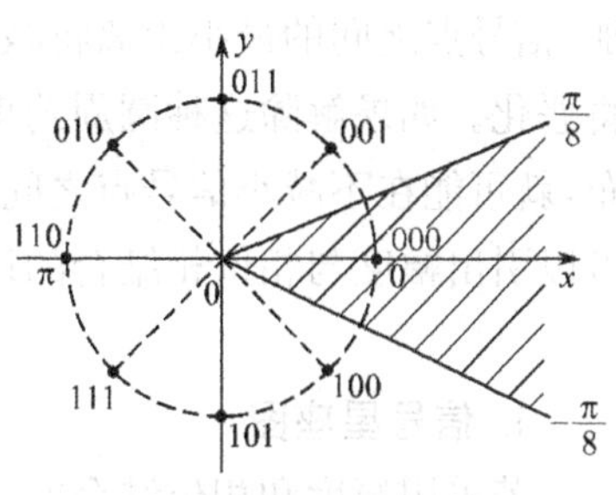

图 5-38　$M=8$ 时的一种信号相位分布

假设发送每一个信号的概率是相等的,且令合成波形的相位分布的一维概率密度函数为 $f(\theta)$,则系统的误符号率为

$$P_{s,\mathrm{MPSK}}=1-\int_{-\frac{\pi}{M}}^{\frac{\pi}{M}}f(\theta)\mathrm{d}\theta \tag{5.4-21}$$

只要给定 $f(\theta)$,则 $P_{s,\mathrm{MPSK}}$ 便可求得。$f(\theta)$ 的表达式较为复杂,这里仅给出近似结果,最佳接收(相干解调)时 MPSK 系统的误符号率

$$P_{s,\mathrm{MPSK}}\approx\mathrm{erfc}\left[\sqrt{\frac{E_b\log_2 M}{n_0}}\sin\left(\frac{\pi}{M}\right)\right] \tag{5.4-22}$$

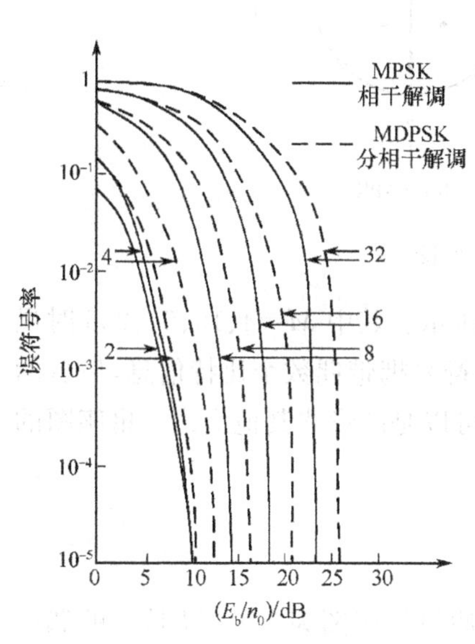

图 5-39　MPSK 和 MDPSK 系统的误符号率

对于 MDPSK 系统,采用差分相干解调最佳接收时的误符号率

$$P_{s,\mathrm{MDPSK}}\approx\mathrm{erfc}\left[\sqrt{\frac{E_b\log_2 M}{n_0}}\sin\left(\frac{\pi}{\sqrt{2}M}\right)\right] \tag{5.4-23}$$

根据式(5.4-22)和式(5.4-23)可得到 MPSK 相干解调和 MDPSK 差分相干解调时的误符号率曲线,如图 5-39 所示。图中实线表示 MPSK 相干解调,虚线表示 MDPSK 差分相干解调。

从图 5-39 可以看出,对于给定的误符号率,随着 M 的增大,所需的 E_b/n_0 也越大。MPSK 系统通常采用格雷码编码。此时,系统的误比特率近似为

$$P_{b,\mathrm{MDPSK}}\approx\frac{1}{\log_2 M}P_{s,\mathrm{MDPSK}} \tag{5.4-24}$$

5.4.4　正交幅度调制

从星座图可以直观地看出，MPSK 的信号点均匀分布在一个圆周上。随着 M 值的增加，信号点之间的最小距离将减小，相应的信号判决区域也随之减小。因此，误码性能也将恶化。如果解除这种圆周约束，充分利用二维信号空间的平面，使信号点重新合理地分布，就可能在不减小信号点之间最小距离的条件下，增加信号点的数目。基于这一概念，可以引出幅度与相位相结合的调制方式。

1. 信号星座图

若采用幅度和相位结合的 16 个信号点的调制，图 5-40 给出了两种可能的星座图，其中图(a)称为正交幅度调制，记为 16QAM(Quadrature Amplitude Modulation)。图(b)是话路频带(300～3400Hz)内传送 9600b/s 的一种国际标准星座图，常记为 16APK(Amplitude and Phase Keying)。在 16QAM 的信号星座图中，第 i 个信号可表示为

$$s_i(t)=A_i\cos(2\pi f_c t+\varphi_i),\quad i=1,2,\cdots,16 \tag{5.4-25}$$

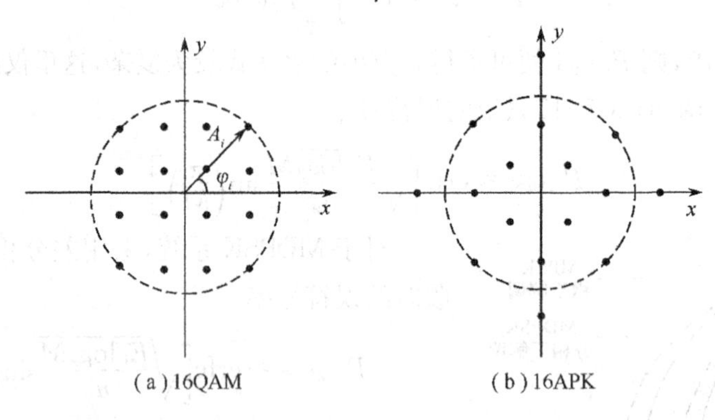

图 5-40　16QAM 的信号星座图

MQAM 的星座图常为方形或十字形，如图 5-41 所示。其中 $M=4$、16、64、256 时星座图为矩形，$M=32$、128 时则为十字形。前者的每个符号携带偶数个比特信息，后者的每个符号携带奇数个比特信息。MQAM 的星座图也可以是圆形或其他形式。星座图的形式不同，信号点之间的最小距离也不同。

2. MQAM 信号的调制与解调

MQAM 信号的调制与解调过程如图 5-42 所示(假设星座图为矩形，M 是 2 的偶次方)。串并变换器将输入的二进制序列分成两个速率为原序列一半的二进制序列，$2-L$ 电平转换器将二进制信号转换成 $L(L=\sqrt{M})$ 进制电平信号，然后分别与两个正交的载波相乘，相加后即产生 MQAM 信号。MQAM 信号的解调也可以采用正交的相干解调方

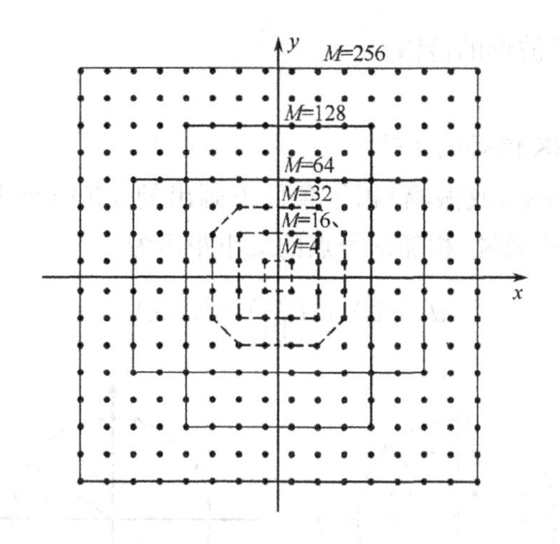

图 5-41　MQAM 的信号星座图

法，同相支路和正交支路的 L 电平基带信号用有 $(L-1)$ 个门限电平的判决器判决后，分别恢复出二进制序列，最后经过并串变换将两路信号合并，恢复出发送的二进制信息序列。

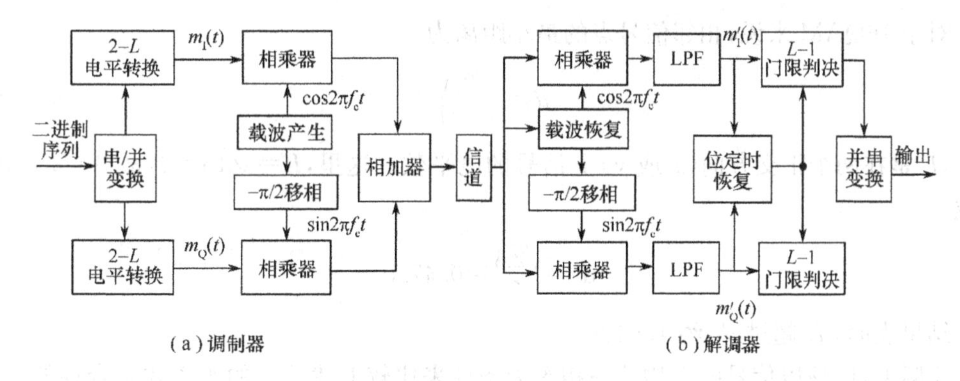

图 5-42　MQAM 调制器和解调器

图 5-42 中的 $m_I(t)$ 和 $m_Q(t)$ 是两个独立的带宽受限的基带信号，$\cos 2\pi f_c t$ 和 $\sin 2\pi f_c t$ 是相互正交的载波。由图 5-42 可见，发送端形成的正交幅度调制信号为

$$s_{MQAM}(t)=m_I(t)\cos 2\pi f_c t+m_Q(t)\sin 2\pi f_c t \tag{5.4-26}$$

当 $m_Q(t)$ 是 $m_I(t)$ 的希尔伯特变换时，正交幅度调制就变成了单边带调制。当 $m_I(t)$ 与 $m_Q(t)$ 的取值为 ± 1 时，正交幅度调制和 QPSK 完全相同。

若信道具有理想传输特性，则上支路相干解调器的输出为

$$m'_I(t)=\frac{1}{2}m_I(t) \tag{5.4-27}$$

下支路相干解调器的输出为

$$m'_Q(t)=\frac{1}{2}m_Q(t) \tag{5.4-28}$$

这样，便无失真地实现了波形的传输。

3. 16QAM 和 16PSK 信号的比较

图 5-43 是在最大功率（或振幅）相等条件下画出的 16QAM 和 16PSK 的信号星座图。由图可见，对 16PSK 来说，相邻信号点的最小距离为

$$d_1 \approx 2A\sin\left(\frac{\pi}{16}\right) = 0.39A \tag{5.4-29}$$

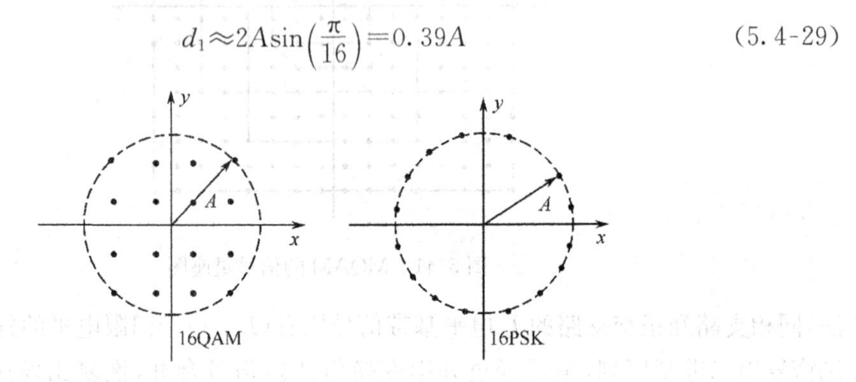

图 5-43　16QAM 和 16PSK 的信号星座图

对于 16QAM 来说，相邻信号点的最小距离为

$$d_2 = \frac{\sqrt{2}A}{L-1} \tag{5.4-30}$$

式中，L 是在两个正交方向（x 或 y）上信号的电平数。这里，$L=\sqrt{16}=4$，故式(5.4-30)变成

$$d_2 = \frac{\sqrt{2}A}{3} = 0.47A$$

这个结果表明，d_2 超过 d_1 约 1.64dB。

实际上，应该以信号的平均功率相等为条件来比较上述信号的距离才是合理的。可以证明，QAM 信号的最大功率与平均功率之比为

$$\xi_{\text{QAM}} = \frac{\text{最大功率}}{\text{平均功率}} = \frac{L(L-1)^2}{2\sum\limits_{i=1}^{L/2}(2i-1)^2} \tag{5.4-31}$$

对于 16QAM 来说，$L=4$，所以 $\xi_{16\text{QAM}}=1.8$。至于 16PSK 信号的平均功率，因为其包络恒定，就等于它的最大功率，因而 $\xi_{16\text{PSK}}=1$。这说明 $\xi_{16\text{QAM}}$ 比 $\xi_{16\text{PSK}}$ 约大 2.55dB。这样，在平均功率相等的条件下，16QAM 的相邻信号距离超过 16PSK 约 4.19dB。

4. MQAM 信号的带宽和频带利用率

MQAM 和 MPSK 信号一样，其功率谱都取决于同相支路和正交支路基带信号的功率谱。MQAM 和 MPSK 在相同信号点数时，已调信号带宽均为基带信号带宽的两倍。当基带信号采用不归零矩形脉冲时，MQAM 信号的带宽为

$$B_{QAM}=2f_s=\frac{2f_b}{k} \tag{5.4-32}$$

式中，$f_s=1/T_s$，$k=\log_2 M$，f_b 数值上等于信息传输速率 R_b，单位是 Hz。

此时，MQAM 系统的频带利用率为

$$\eta_{QAM}=\frac{R_b}{B_{QAM}}=\frac{1}{2}\log_2 M\ [(b/s)/Hz] \tag{5.4-33}$$

显然，与 MPSK 和 MASK 一样，MQAM 的频带利用率随着 M 的提高而提高。

5. MQAM 的误码性能

考虑 M 为 2 的偶次方的矩形星座图，MQAM 信号可以看作是由两个相互独立且正交的多电平 ASK 信号叠加而成，因此 MQAM 的误码性能可以由多电平基带信号的错误概率确定。MQAM 的误符号率与式(5.4-6)有相同的形式

$$P_{s,MQAM}=\left(1-\frac{1}{L}\right)\mathrm{erfc}\left[\sqrt{\frac{3k}{L^2-1}\frac{E_b}{n_0}}\right] \tag{5.4-34}$$

不同的是，L 代替了 M，$L=\sqrt{M}$。

比较式(5.4-22)和式(5.4-34)可以发现，当 $M>4$ 时，同样的 E_b/n_0，MQAM 比 MPSK 系统的误符号率低得多。

5.5　恒包络调制

恒包络调制是指已调信号的包络保持恒定的调制方式，其发射功率放大器可以工作在非线性状态，而不会引起严重的频谱扩展；接收机可以用限幅器减弱或消除信号衰落的影响，从而提高抗干扰性能。

对于 QPSK，假设信号包络是恒定的，但此时已调信号的频带宽度是无穷大的。为了适合在有限带宽的信道中传输，发送 QPSK 信号时需要经过带通滤波，限带后的 QPSK 信号已不能保持恒包络，如图 5-44 所示。

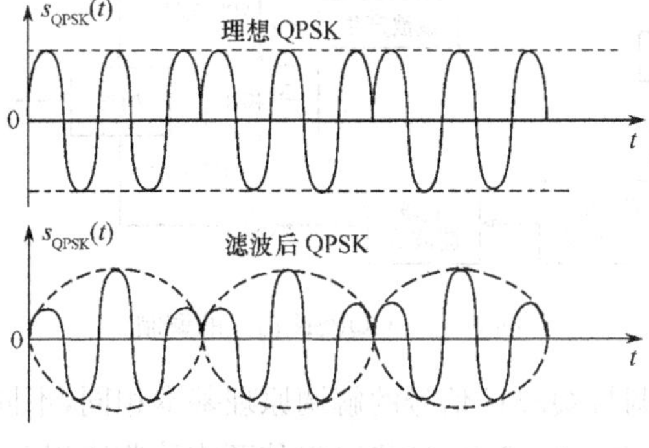

图 5-44　限带前、后的 QPSK 信号波形

从图 5-44 可以看出，当相邻信号的相位跳变是±180°时，经限带后的包络会出现起伏，甚至会出现零点。这种信号经过非线性放大器后，包络中的起伏可以减弱或消除，但信号的频谱却被扩展了，其旁瓣会对邻近频道的信号形成较强的干扰。

本节将讨论偏移四相相移键控（OQPSK）、最小频移键控（MSK）和高斯最小频移键控（GMSK）三种恒包络调制方法。

5.5.1 偏移四相相移键控

分析发现，QPSK 信号带外旁瓣很高的重要原因是相邻码元的最大相位变化达到±180°，这种大幅度的相位跳变在带宽受限条件时会造成明显的包络起伏。一种减小相位变化的有效方法是让两路数据流在时间上错开半个码元周期（一个比特）。在任何传输点上只有一个二进制分量可改变状态，合成的相移信号只可能出现±90°的相位跳变，不会出现 180°的相位跳变。这种调制方式称为偏移（或偏置）四相相移键控（Offset-QPSK），缩写为 OQPSK。由于时间上的错开，滤波后的已调信号包络不会过零点（深调幅）。当信号通过非线性器件时，OQPSK 信号的幅度波动比 QPSK 信号小，最大波动只有 3dB；而 QPSK 信号会出现 100%的包络波动。因此，在非线性的卫星通信系统和视距微波通信系统中，OQPSK 系统比 QPSK 系统优越。

OQPSK 信号的调制原理如图 5-45 所示。与 QPSK 信号的产生大体上相似，不同之处在于输入的信息序列经过串/并变换后分为两路数据流，其中一路相对于另一路延迟了半个码元周期（1 个比特），如图 5-46 所示。调制器各合成相位状态与 QPSK 情况相同，但由于加到乘法器上的两路数据流不会同时改变，这样调制器输出信号只可能发生±90°的相位跳变，而 QPSK 信号则可能发生±180°的相位跳变。图 5-45 中的 $T_s/2$ 延迟电路就是为了使上下两路数据流偏移半个码元周期。低通滤波器的作用是形成 OQPSK 信号的频谱形状。

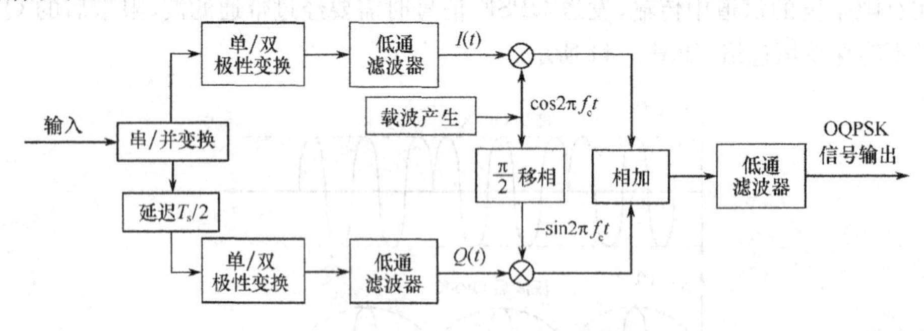

图 5-45 OQPSK 信号的调制

OQPSK 信号的解调与 QPSK 信号的解调原理基本相同，不同之处仅在于对正交支路的判决时刻比同相支路延迟 $T_s/2$，这样可以使两支路判决以后一起送入并/串变换器

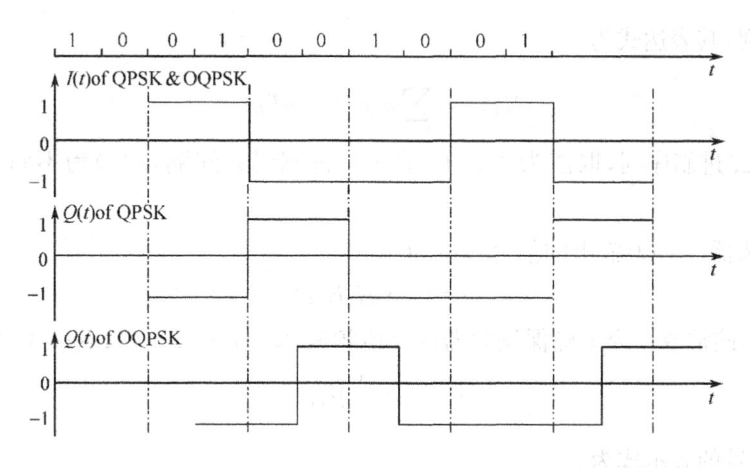

图5-46 QPSK和OQPSK同相和正交基带信号

恢复出原基带二进制信息序列。相同条件下，OQPSK系统的误码性能与QPSK完全一样。

5.5.2 最小频移键控

OQPSK虽然消除了QPSK信号中的±180°跳变，但信号仍然可能有±90°的相位变化，没有从根本上解决包络起伏的问题。为了使信号功率谱尽可能集中于主瓣之内，主瓣之外的功率谱衰减速度快，就要求信号的相位不能突变。最小频移键控(Minimum Shift Keying，MSK)就是一种能够产生恒定包络、连续相位的频移键控方法。

1. MSK信号表达式

本章的5.1.2节已提到利用模拟调频法可以得到相位连续2FSK信号(Continuous Phase FSK，CPFSK)。MSK就是一种特殊的二进制连续相位FSK，它具有保证2FSK的两载频信号正交的最小频率间隔$1/(2T_b)$(T_b表示二进制码元间隔)，所以称为最小频移键控。

MSK信号的峰值频偏为$f_d=1/(4T_b)$，定义其调制指数为

$$h=2f_dT_b=\frac{2}{4T_b}T_b=0.5 \tag{5.5-1}$$

MSK信号通常利用数字基带信号$B(t)$去控制压控振荡器来产生，如图5-47所示。

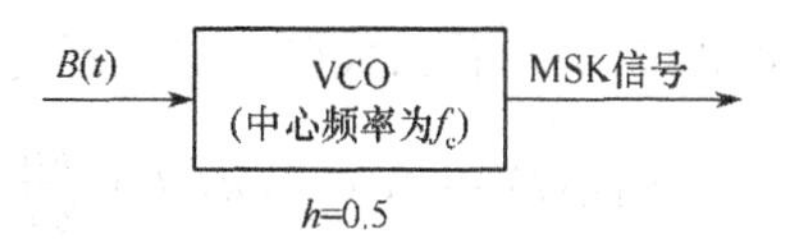

图5-47 利用$h=0.5$的VCO产生MSK信号

图5-47中，VCO(Voltage Control Oscillator)表示压控振荡器，用作调制器，其中心频率为f_c，调制指数为0.5。二进制数字基带信号$B(t)$为双极性不归零

矩形脉冲序列，其表达式为

$$B(t)=\sum_{-\infty}^{+\infty}a_n g(t-nT_b) \tag{5.5-2}$$

式中，$\{a_n\}$为二进制序列，取值为±1，T_b 表示二进制码元间隔，$g(t)$为不归零矩形脉冲波形。

压控振荡器(VCO)输出的信号频率为

$$f=f_c+K_f B(t) \tag{5.5-3}$$

式中，K_f 为频偏常数。为了确保调频器的峰值频偏 $f_d=1/(4T_b)$，取 $K_f=1/2$，则

$$f=f_c+\frac{1}{2}B(t) \tag{5.5-4}$$

MSK 信号的表示式为

$$s_{\mathrm{MSK}}(t)=A\cos\left[2\pi f_c t+\pi\int_{-\infty}^{t}B(\tau)\mathrm{d}\tau\right] \tag{5.5-5}$$

设

$$\begin{aligned}\theta(t)&=\pi\int_{-\infty}^{t}B(\tau)\mathrm{d}\tau=\pi\int_{-\infty}^{t}\sum_{-\infty}^{+\infty}a_n g(\tau-nT_b)\mathrm{d}\tau\\&=\frac{\pi}{2}\sum_{-\infty}^{n-1}a_n+\pi a_n q(t-nT_b)\end{aligned} \tag{5.5-6}$$

式中

$$q(t)=\int_{-\infty}^{t}g(\tau)\mathrm{d}\tau$$

在 $g(t)$为矩形脉冲的条件下，$q(t)$的波形如图 5-48 所示。

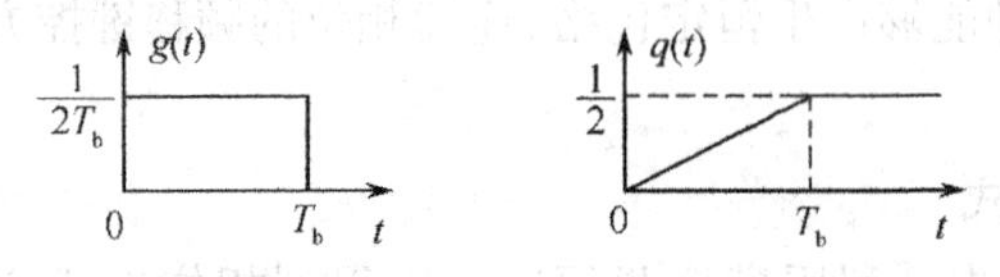

图 5-48　矩形脉冲 $g(t)$及其积分 $q(t)$的波形

从图 5-48 可知，$q(t)$可表示为

$$q(t)=\begin{cases}0, & t<0\\ \dfrac{t}{2T_b}, & 0\leqslant t<T_b\\ 1/2, & t>T_b\end{cases} \tag{5.5-7}$$

将式(5.5-7)代入式(5.5-6)，再代入式(5.5-5)，得到

$$\begin{aligned}s_{\mathrm{MSK}}(t)&=A\cos\left[2\pi f_c t+\frac{\pi a_n}{2T_b}(t-nT_b)+\frac{\pi}{2}\sum_{n=-\infty}^{n-1}a_n\right],\quad nT_b\leqslant t\leqslant(n+1)T_b\\&=A\cos\left[2\pi\left(f_c+\frac{1}{4T_b}a_n\right)t+\frac{\pi}{2}\sum_{n=-\infty}^{n-1}a_n-\frac{n\pi a_n}{2}\right],nT_b\leqslant t\leqslant(n+1)T_b\end{aligned} \tag{5.5-8}$$

设

$$x_n = \frac{\pi}{2}\sum_{n=-\infty}^{n-1} a_n - \frac{n\pi}{2}a_n \tag{5.5-9}$$

则式(5.5-1)变为

$$s_{\text{MSK}}(t)=A\cos\left[2\pi\left(f_c+\frac{1}{4T_b}a_n\right)t+x_n\right],\quad nT_b\leqslant t\leqslant(n+1)T_b \tag{5.5-10}$$

MSK 信号可以表示成在 $nT_s\leqslant t\leqslant(n+1)T_s$ 时间间隔内具有两个频率之一的正弦波。可定义这两个频率为

$$f_1=f_c-\frac{1}{4T_b},\quad (a_n=-1) \tag{5.5-11}$$

$$f_2=f_c+\frac{1}{4T_b},\quad (a_n=+1) \tag{5.5-12}$$

2. **MSK 信号的相位网格***

MSK 信号可以看作是调制指数 $h=1/2$ 的 2FSK 信号，这两个信号可表示为

$$\begin{cases} s_1(t)=A\cos[2\pi f_1 t+x_n], & nT_b\leqslant t\leqslant(n+1)T_b \\ s_2(t)=A\cos[2\pi f_2 t+x_n], & nT_b\leqslant t\leqslant(n+1)T_b \end{cases} \tag{5.5-13}$$

根据上述分析，相位

$$\theta(t)=\frac{\pi t}{2T_b}a_n+x_n,\quad nT_b\leqslant t\leqslant(n+1)T_b \tag{5.5-14}$$

MSK 信号在 $t=nT_b$ 时刻的载波相位 $\theta(t)$ 连续，所以前一码元 a_{n-1} 在 nT_b 时刻的载波相位 $\theta_{n-1}(kT_b)$ 与当前码元 a_n 在 nT_b 时刻的载波相位 $\theta_n(nT_b)$ 相等，即

$$\theta_{n-1}(nT_b)=\frac{\pi a_{n-1}}{2T_b}(nT_b)+x_{n-1} \tag{5.5-15}$$

$$\theta_n(nT_b)=\frac{\pi a_n}{2T_b}(nT_b)+x_n \tag{5.5-16}$$

由式(5.5-15)和式(5.5-16)相等，得到

$$x_n=\frac{n\pi}{2}(a_{n-1}-a_n)+x_{n-1}=\begin{cases} x_{n-1}, & a_{n-1}=a_n \\ x_{n-1}\pm n\pi, & a_{n-1}\neq a_n \end{cases} \tag{5.5-17}$$

设 $x_0=0$，则

$$x_n=0 \text{ 或 } \pi(\text{mod}2\pi)\quad n=0,1,2,3,\cdots$$

由式(5.5-14)可知，在 $nT_b\leqslant t\leqslant(n+1)T_b$ 区间内，$\theta(t)$ 是斜率为 $(\pi a_n)/(2T_b)$，截距为 x_n 的直线段，在每个码元周期内 $\theta(t)$ 变化 $\pm\pi/2$，因此 MSK 的相位网格[附加相位 $\theta(t)$ 取模 2π]是由间隔为 T_b 的一系列直线段构成的，如图 5-49 所示。图中假设 $\theta(0)=0$，粗线对应的二进制信息序列是 1101000。

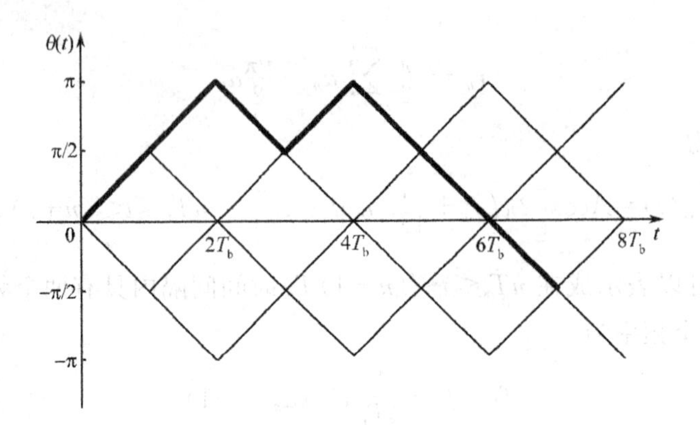

图 5-49 MSK 信号的相位网格图

由以上讨论可知，MSK 信号具有如下特点：

(1) 已调信号的振幅是恒定的；

(2) 信号的频率偏移严格地等于$\pm 1/(4T_b)$，相应的调制指数$h=0.5$；

(3) 附加相位$\theta(t)$在一个码元时间内准确地线性变化$\pm\pi/2$；

(4) MSK 信号在码元转换时刻相位是连续的，或者说，信号的波形没有突跳。

3. MSK 信号的调制和解调

由于$\cos[2\pi f_c t+\theta(t)]=\cos\theta(t)\cos 2\pi f_c t-\sin\theta(t)\sin 2\pi f_c t$，故 MSK 信号也可以看作是由两个彼此正交的载波$\cos 2\pi f_c t$与$\sin 2\pi f_c t$分别被函数$\cos\theta(t)$与$\sin\theta(t)$进行幅度调制而合成的。

已知

$$\theta(t)=\frac{\pi a_n}{2T_b}t+x_n,a_n=\pm 1,x_n=0\text{ 或 }\pi(\bmod 2\pi)$$

因而

$$\begin{cases}\cos\theta(t)=\cos\left(\dfrac{\pi t}{2T_b}\right)\cos x_n\\ -\sin\theta(t)=-a_n\sin\left(\dfrac{\pi t}{2T_b}\right)\cos x_n\end{cases}$$

故 MSK 信号可表示为

$$s_{\mathrm{MSK}}(t)=A\left[\cos x_n\cos\left(\frac{\pi t}{2T_b}\right)\cos 2\pi f_c t-a_n\cos x_n\sin\left(\frac{\pi t}{2T_b}\right)\sin 2\pi f_c t\right]$$
$$nT_b\leqslant t\leqslant(n+1)T_b \tag{5.5-18}$$

式中，等号后面的第一项是同相分量，也称 I 分量；第二项是正交分量，也称 Q 分量。$\cos[\pi t/(2T_b)]$和$\sin[\pi t/(2T_b)]$称为加权函数(或称调制函数)。$\cos x_n$ 是同相分量的等效数据，$-a_n\cos x_n$ 是正交分量的等效数据，它们都与原始输入数据有确定的关系。令$\cos x_n=I_n$，$-a_n\cos x_n=Q_n$，代入式(5.5-18)可得

$$s_{\mathrm{MSK}}(t)=A\left[I_n\cos\left(\frac{\pi t}{2T_b}\right)\cos2\pi f_c t+Q_n\sin\left(\frac{\pi t}{2T_b}\right)\sin2\pi f_c t\right]$$

$$nT_b\leqslant t\leqslant(n+1)T_b \tag{5.5-19}$$

根据上式，可构成一种MSK调制器，如图5-50所示。

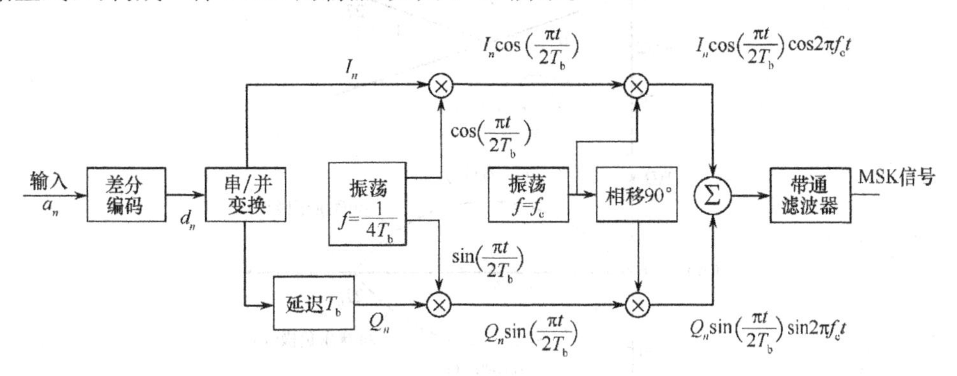

图5-50 MSK信号的调制

MSK信号的解调与FSK信号相似，可以采用相干解调，也可以采用非相干解调。关于相干解调的原理与2FSK信号时没有什么区别。这里，着重讨论延时判决法的原理。图5-51给出了一种采用延时判决的相干解调原理方框图。现在我们举例说明在$(0,2T_b)$时间内判决一次(判出一个码元信息)的基本原理。

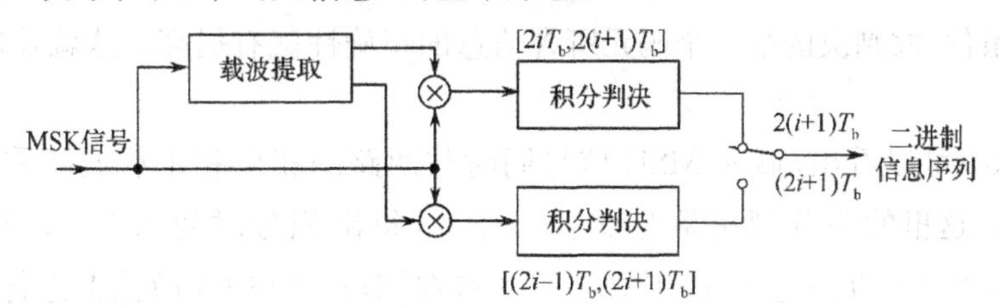

图5-51 MSK信号的延迟判决法相干解调

设$(0,2T_b)$时间内$\theta(0)=0$，则MSK信号的$\theta(t)$的变化规律可用图5-52(a)表示，在$t=2T_b$时刻，$\theta(t)$的可能相位为$0,\pm\pi$。现若接收信号$\cos[2\pi f_c t+\theta(t)]$与相干载波$\cos(2\pi f_c t+\pi/2)$相乘，则相乘输出为

$$\cos[2\pi f_c t+\theta(t)]\cos\left(2\pi f_c t+\frac{\pi}{2}\right)=\cos\left[\theta(t)-\frac{\pi}{2}\right]+\text{频率为 }2f_c\text{ 的项}$$

这里，没有考虑常数1/2。滤出第一项，可得

$$v(t)=\cos\left[\theta(t)-\frac{\pi}{2}\right]=\sin\theta(t),\quad 0\leqslant t\leqslant 2T_b \tag{5.5-20}$$

由以上分析可得$\theta(t)$和$v(t)$的示意图，如图5-52(b)所示。

由图5-52(a)可知，当输入数据为11或10时，$\sin\theta(t)$为正极性；而当输入数据为00

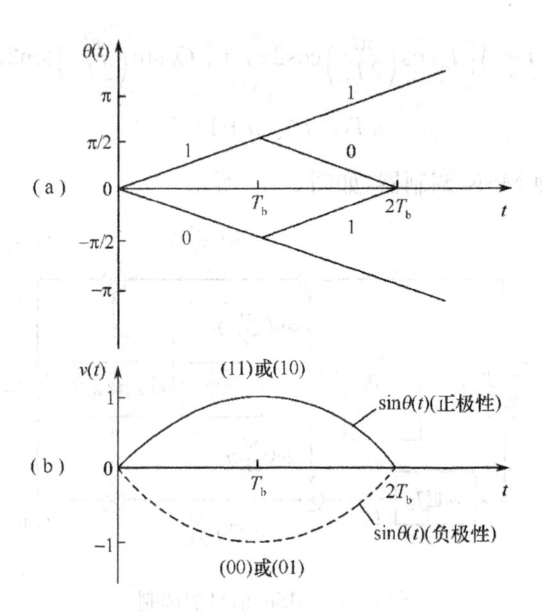

图 5-52 MSK 信号在$(0, 2T_b)$内的相位变化及相干解调的输出波形

或 01 时，$\sin\theta(t)$为负极性。$v(t)$的示意波形如图 5-52(b)所示。由此，我们得到：若 $v(t)$ 经判断(比如，经积分抽样判决)为正极性，则可以断定数字信息不是“11”就是“10”，于是可判定第一个比特为“1”，而第二个比特留待下一次再作决定。这里，由于利用了第二个码元提供的条件，故判决的第一个码元所含信息的正确性就有提高。这就是延时判决法的基本含义。

由图 5-51 可以看出，输入 MSK 信号同时与两路的相应相干载波相乘，并分别进行积分判决。这里的积分判决器是交替工作的，每次积分时间为 $2T_b$。若一积分在$[(2i-1)T_b, (2i+1)T_b]$上进行，则另一积分将在$[2iT_b, 2(i+1)T_b]$上进行，两者错开 T_b 时间。

4. **MSK 信号的功率谱密度**

按照式(5.5-8)定义的 MSK 信号，其平均功率谱密度可表示为

$$\Phi_{\mathrm{MSK}}(f)=\frac{16A^2T_b}{\pi^2}\left\{\frac{\cos[2\pi(f-f_c)T_b]}{1-16(f-f_c)^2T_b^2}\right\}^2 \tag{5.5-21}$$

MSK 和 QPSK 或 OQPSK 的功率谱密度如图 5-53 所示。

与 QPSK 或 OQPSK 相比，MSK 信号的能量更加集中，功率谱的旁瓣衰减得更快，MSK 信号的功率谱密度近似与 f^4 成反比，QPSK 或 OQPSK 信号的功率谱密度近似与 f^2 成反比。若以 99%的能量集中度为标准，MSK 信号的频带宽度约为 $1.2/T_b$，而 QPSK 或 OQPSK 信号的频带宽度约为 $10.3/T_b$。MSK 信号的谱零点带宽为 $1.5/T_b$。

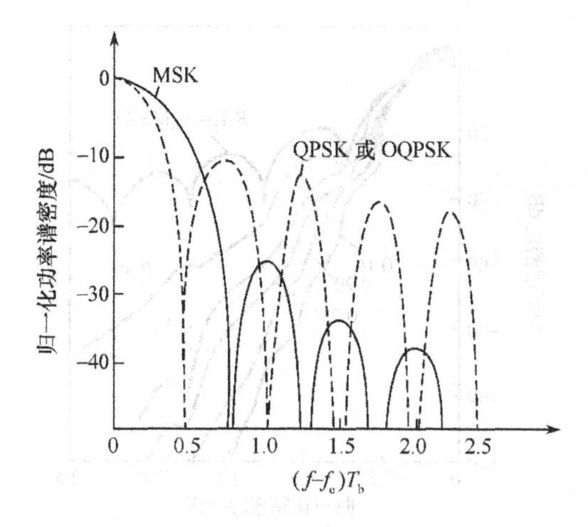

图 5-53　MSK 和 QPSK、OQPSK 的功率谱密度示意图

5.5.3　高斯最小频移键控

由以上讨论可以看出，MSK 调制方式的突出优点是信号具有恒定的振幅及信号的功率谱密度在主瓣以外衰减较快。然而，在一些通信场合(例如移动通信)，对信号带外辐射功率的限制十分严格，比如，必须衰减 70～80dB 以上。MSK 信号仍不能满足这样苛刻的要求。高斯最小频移键控(GMSK)方式就是针对上述要求提出的。

GMSK 是在 MSK 调制器之前加入一高斯低通滤波器。也就是说，用高斯低通滤波器作为 MSK 调制的前置滤波器，如图 5-54 所示。图中的前置滤波器必须满足下列要求：

(1) 带宽窄，且是锐截止的；

(2) 具有较低的过冲脉冲响应；

(3) 能保持输出脉冲的面积不变。

以上要求分别是为了抑制高频成分、防止过量的瞬时频率偏移以及进行相干解调所需要的。GMSK 信号的调制与 MSK 完全相同。

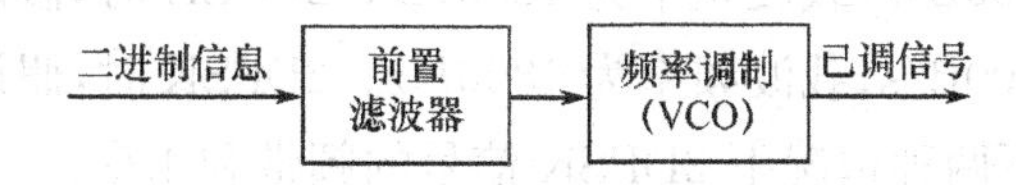

图 5-54　GMSK 信号的调制

图 5-55 给出了 GMSK 信号的功率谱密度。图中，横坐标为归一化频率$(f-f_c)T_b$，纵坐标为谱密度，参变量 B_bT_b 为高斯低通滤波器的归一化 3dB 带宽 B_b 与码元间隔 T_b 的乘积。$B_bT_b=\infty$的曲线是 MSK 信号的功率谱密度。由图可见，GMSK 信号的频谱随着 B_bT_b 值的减小变得紧凑起来。

需要指出，GMSK 信号频谱特性的改善是通过降低误比特率性能换来的。前置滤波器的带宽越窄，输出功率谱密度就越紧凑，误比特率性能变得越差。欧洲数字蜂窝通信系

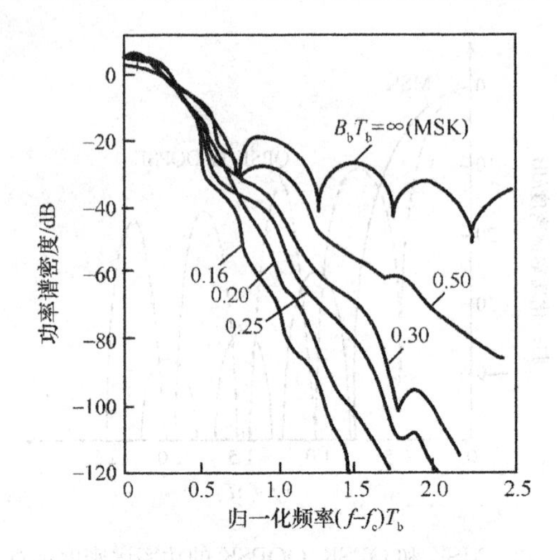

图 5-55 GMSK 信号的功率谱密度

统中采用了 $B_bT_b=0.3$ 的 GMSK。

习 题 五

5-1 已知某 2ASK 系统的码元传输速率为 10^3 B/s，所用的载波信号为 $A\cos(4\pi\times10^3 t)$：

(1) 设数字信息为 011001，试画出相应的 2ASK 信号波形示意图；

(2) 求 2ASK 信号的谱零点带宽。

5-2 设某 2FSK 调制系统的码元传输速率为 1000B/s，已调信号的载频为 1500Hz 或 2000Hz：

(1) 若发送数字信息为 011010，试画出相应的 2FSK 信号波形；

(2) 试画出它的功率谱密度草图。

5-3 已知发送数字信息为 011010，分别画出下列两种情况下的 2PSK、2DPSK 和差分码的波形：

(1) 码元速率为 1200B/s，载波频率为 1200Hz。2DPSK 时，假设前一差分码为 0。

(2) 码元速率为 1200B/s，载波频率为 1800Hz。2DPSK 时，假设前一差分码为 0。

5-4 分别计算以下两种情况下 2DPSK 信号的频带利用率：

(1) 基带发送滤波器采用矩形波，以谱零点带宽计算 2PSK 信号占据的带宽。

(2) 基带发送滤波器采用滚将系数为 α 的平方根升余弦谱滤波器。

5-5 已知矩形脉冲波形 $g(t)=A[U(t)-U(t-T_s)]$，$U(t)$为阶跃函数，求

(1) 匹配滤波器的冲激响应；

(2) 匹配滤波器的输出波形；

(3) 在什么时刻和什么条件下输出可以达到最大值。

5-6 已知脉冲信号为

$$f(t)=\begin{cases} e^{-t}, & 0\leqslant t\leqslant T_s \\ 0, & 其他 \end{cases}$$

求此信号在$(0,T_s)$区间的匹配滤波器冲激响应及输出信号。

5-7　若采用 2PSK 方式传送二进制数字信息，已知码元传输速率 $R_B=10^6$B/s，接收端解调器输入信号的振幅 $a=40\mu$V，信道加性噪声为高斯白噪声，且其单边功率谱密度 $n_0=2\times10^{-16}$W/Hz。试求在最佳接收时，系统的误符号率。

5-8　已知信源输出二进制序列为 1011001001。假设 4PSK 和 4DPSK 信号相位与二进制码组之间的对应关系为

$$\varphi=\begin{cases} 0°\text{--}00 \\ 90°\text{--}10 \\ 180°\text{--}11 \\ 270°\text{--}01 \end{cases} \qquad \Delta\varphi=\begin{cases} 0°\text{--}00 \\ 90°\text{--}10 \\ 180°\text{--}11 \\ 270°\text{--}01 \end{cases}$$

试画出相应的 4PSK 及 4DPSK 信号波形(每个码元间隔对应一个载波周期，参考载波取初相为 0 的正弦波)。

5-9　采用多元数字调制方式传输信息速率为 2Mb/s 的数字信号，基带脉冲波形采用矩形波，计算分别采用 2PSK、QPSK、8PSK、16QAM 传输时的信号谱零点带宽和频带利用率。

5-10　一个 8PSK 和 8QAM 的星座图如题图 5-10 所示：

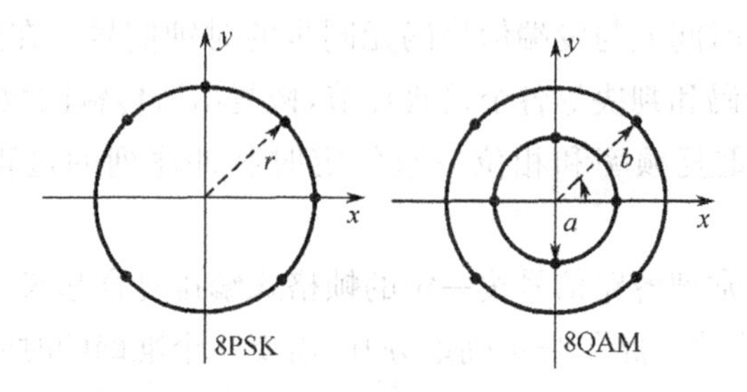

题图 5-10

(1) 若 8PSK 星座图中两相邻星座点之间的最小欧氏距离为 A，求圆的半径 r；

(2) 若 8QAM 星座图中两相邻星座点之间的最小欧氏距离为 A，求其内圆和外圆的半径 a 和 b；

(3) 假设星座图上的各信号点等概率出现，求出两信号星座图对应的信号平均功率，在相邻星座点之间的最小欧氏距离均为 A 的条件下比较这两种星座图对应的 8PSK 和 8QAM 信号的发送功率差异。

5-11　什么是最小频移键控？MSK 信号具有哪些特点？

5-12　采用 MSK 数字调制方式传输信息速率为 2Mb/s 的数字信号，计算信号的谱零点带宽和频带利用率。

5-13　设发送数字信息序列为+1 −1 −1 −1 −1 −1 +1，试画出 MSK 信号的相位变化图形。若信息速率为 1000b/s，载频为 1750Hz，试画出 MSK 信号的波形。

第6章　同步与数字复接

同步是指时标和信号间相对应的各个有效瞬间具有所要求的恒定的相位关系。在实际系统中，不论是振荡源、时钟（提供基准频率的设备）、定时信号（用于控制设备的周期性信号）还是数字通信信号的频率，都不可能是绝对稳定不变的，尤其是当失去外来基准频率的时候更是如此。因此，要求相互间的频率差异在限定的时间内不超出规定的指标。

同步对数字通信系统的性能有着重要的影响。同步包括载波同步、位同步、帧同步和网同步。同步是接收机能够正确完成信息接收的保证。

在通信系统中，接收端进行相干解调时，需要在本地产生与接收信号中的载波同频同相的本地振荡信号，这就是载波同步的作用，载波同步也称作载波恢复。如果接收信号中包含载频分量，接收端通过载波锁相环提取该信号作为相干载波；如果接收信号中没有载频分量，相干载波也可以从接收到的信号中通过某种变换处理恢复出载波信号。

在数字通信系统中，发送的信号是一串信号码元序列，接收端为了正确地再现所传输的信息，必须产生一个时间上与发端信号码元同步的时钟信号。在这个时钟信号的控制下，通过抽样、解调、译码和判决等各个接收环节，恢复出所传输的数字信息。我们把接收端产生与信号的码元重复频率和相位一致的定时脉冲序列的过程称为码元同步或位同步。

在多路通信中，常常把各路信号按一定的帧格式编排复合起来，然后进行传输。在接收端为了从合路信号中将各路信号正确地分开，需要一个准确的时间标志，用以表示一帧的起始时刻。根据这个起始标志，才能够正确地识别各路信号的时间位置，为此在发端合路群信号中，需要循环地插入一个特殊的帧定位信号（帧同步信号），接收端将正确地检测识别它，这种同步称为帧同步。

在数字传输和数字交换构成的综合数字网中，为了使网内各交换节点的全部数字流都能够实现有效地交换，必须在交换节点中实现来自不同源的帧信号之间的对准和同步，以便这些不同源的数字流能够与交换机内部的数字流交替插入。这种同步称网同步。另外在大容量通信传输中，需要把各个低容量的数字信息合并成一路大容量数字信息进行传输，以充分利用信道带宽减小设备复杂度，这就是数字复接。

应当指出，载波同步、位同步、帧同步、网同步分别处在接收机的不同部分。通常发送端需要将发送信息进行适当的组织形成数据帧。然后，通过编码、调制后发送。接收端如果采用相干解调，必须恢复载波，并且提取位同步，恢复出比特信息，从恢复出的比特流中捕获帧同步就能够分离出具体的逻辑信息。在进行数字复接时，还需要在帧同步的基础上对各个支路信号进行同步调整。网同步对全网的时钟进行调整。减小通信网内节点时钟差异对通信业务造成的损伤。

6.1 载波同步

相干解调接收需要产生本地相干载波，在模拟通信系统中，DSB-SC、SSB和VSB信号通常采用相干解调。在数字通信系统中，MPSK、QAM等信号通常也采用相干解调方式。载波同步的方法可以分为两类：一类是辅助导频法，发送端通过某种方式发送载频信号（或者信号本身就包含了载频信息，如AM信号）给接收端用作相干载波恢复；另一类是无辅助导频的载波提取，只能通过对接收信号进行某种处理后提取载波信号，如平方环法、Costas环载波提取。在数字通信中的载波恢复既可以使用模拟技术实现，也可以通过数字方法实现。所有载波恢复方法的共同特点是首先从接收信号中去除调制信息，然后再经过某种变换恢复载波。下面主要讲述辅助导频载波恢复、平方环载波恢复和Costas环载波恢复方法。

6.1.1 辅助导频载波恢复

发送端通过某种方式发送载频信号，接收端通过提取载波中的载频分量进行相干解调。有些信号本身就包含了载频分量，如AM信号，载频信号可以被接收端提取进行相干解调。在实际系统中，往往再把直接提取的载频分量经过一个锁相环处理后获得相干载波，以减小信道噪声对解调性能的影响。

锁相环的原理方框图如图6-1所示。窄带滤波器的作用是从接收信号 $s(t)$ 中提取载波导频信号 $s_p(t)$，如果信号频谱在载频处正好存在零点，直接采用窄带滤波器就能够提取导频载波。如果不存在谱零点，可能需要在窄带滤波之前进行必要的非线性处理，如从AM信号中，通过放大、限幅、窄带滤波就能够提取导频载波信号。

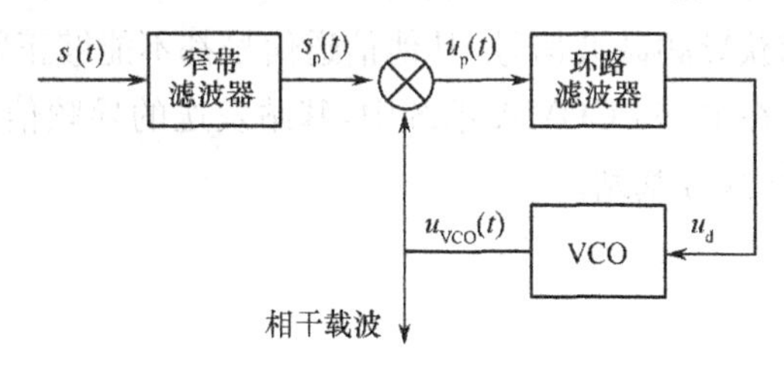

图6-1　辅助导频载波恢复锁相环提取相干载波

接收端提取的导频载波为

$$s_p(t)=A_p\sin\omega_c t \tag{6.1-1}$$

假设锁相环频率锁定在 ω_c 频率上，压控振荡器VCO(Voltage Controlled Oscillator)输出信号为

$$u_{\mathrm{VCO}}(t)=A\cos(\omega_c t+\Delta\varphi)$$

其中 $\Delta\varphi$ 为 VCO 产生的相干载波信号与导频载波之间的相位差，相乘器输出为

$$\begin{aligned}u_p(t)&=K_p s_p(t)\cdot u_{\mathrm{VCO}}(t)\\&=\frac{K_p A_p A}{2}[\sin(\Delta\varphi)+\sin(2\omega_c t+\Delta\varphi)]\end{aligned}$$

这里，K_p 为相乘器系数。经过低通滤波后获得反映相差量的压控振荡器（VCO）的控制信号为

$$u_d=\frac{K_p A_p A}{2}\sin(\Delta\varphi)=K_d\sin(\Delta\varphi) \tag{6.1-2}$$

式(6.1-2)也称锁相环鉴相特性。图 6-1 所示的锁相环鉴相特性如图 6-2 所示。

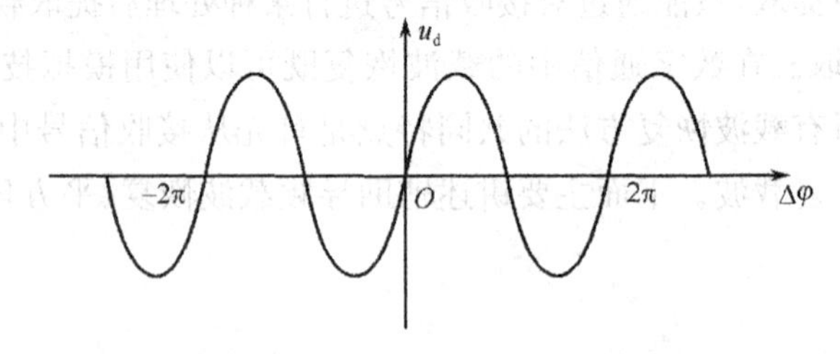

图 6-2 辅助导频载波恢复锁相环鉴相特性

由图 6-2 可知，$\Delta\varphi=2n\pi$（n 为任意整数）的各点都是稳定的平衡点。说明存在导频载波的条件下，本地锁相环输出的相干载波与接收信号载波同相。在实际系统中，特别是初始工作条件下，VCO 输出振荡信号往往与接收信号载波既存在相位差也存在频率差，频率偏差随时间的累积同样反映为随时间变化的相位差 $\Delta\varphi$。因此，存在频差的情况下上面的推导过程仍然是成立的。

在 IS-95 CDMA 移动通信系统中，在基站向移动台发射的下行链路信号调制方式采用 QPSK，移动台对基站信号的接收采用相干解调法。下行链路包括 64 个信道，其中一个信道发送导频载波信号，为移动台的信号接收提供相干载波相位参考，移动台通过锁相环提取该信号后进行其他信道信号的相干解调。由此可见，导频信道无疑是十分重要的，接收端一旦不能正确捕获导频载波信号，其他信道信号都不能够正常接收，因此导频信道功率要比其他信道高。在 IS-95 CDMA 系统中，基站发送的导频信号除提供相干参考相位以外，还被移动台用作区分基站。

6.1.2 平方环

当发送信号中不包含载频分量时，必须对信号经过某种变换恢复载波信号进行相干解调，很显然，只要能够通过某种处理去除调制信息并经过适当的变换后就能够实现载波恢复，常用的无辅助导频的载波恢复方法包括平方环、Costas 环、判决反馈环、松尾环等。

下面以 2PSK 信号为例，介绍平方环的工作原理。2PSK 信号的表达式为

$$s(t)=\left[\sum_n a_n g(t-nT_s)\right]\cos\omega_c t \tag{6.1-3}$$

其中 $a_n=\pm 1$，$g(t)$发送滤波器，当码元序列$\{a_n\}$均值为零时，此时 2PSK 信号频谱中不存在角频率为 ω_c 的离散分量，对 $s(t)$平方，就能去除调制信息的影响，并得到

$$u(t)=s^2(t)=\left[\sum_n a_n g(t-nT_s)\right]\cos^2\omega_c t$$

如果 $g(t)$为矩形波，则

$$u(t)=s^2(t)=\cos^2\omega_c t=\frac{1}{2}[1+\cos(2\omega_c t)]$$

可以看出，经过平方后得到的信号中包含 2 倍载频的频率分量，将此信号经过窄带滤波器提取后再经过二分频，就能够提取载频分量，但是实际应用中，为了改善相干解调的抗噪声性能，通常采用锁相环代替窄带滤波器。平方环原理框图如图 6-3 所示。

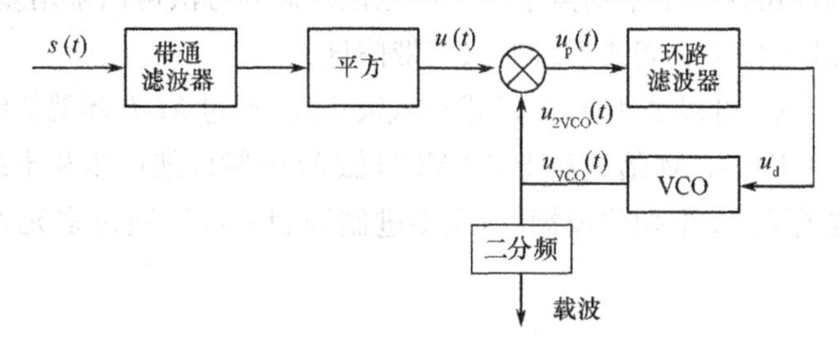

图 6-3 平方环载波恢复原理框图

假设锁相环压控振荡器 VCO 的频率锁定在 ω_c 频率上，VCO 输出信号为

$$u_{\mathrm{VCO}}(t)=A\sin(2\omega_c t+2\Delta\varphi) \tag{6.1-4}$$

这里 $\Delta\varphi$ 表示本地二分频输出信号与信号载波之间的相位差，相乘器输出为

$$u_p(t)=K_p u(t)u_{\mathrm{VCO}}(t)$$

$$=\frac{K_pA}{4}\sin(2\Delta\varphi)+\frac{K_pA}{2}\sin(2\omega_c t+2\Delta\varphi)+\frac{K_pA}{4}\sin(4\omega_c t+2\Delta\varphi)$$

式中 K_p 为相乘器系数，$u_p(t)$经过低通滤波器后得到

$$u_d=\frac{K_LK_pA}{4}\sin(2\Delta\varphi)=K_d\sin(2\Delta\varphi) \tag{6.1-5}$$

这里 K_L 为环路滤波器系数，对于特定的接收机，K_d 是一个常数。式(6.1-5)是平方环的鉴相特性，环路滤波器输出为 VCO 跟踪接收信号相位提供了所需的控制电压。平方环鉴相特性如图 6-4 所示。

由图 6-4 可知，$\Delta\varphi=n\pi$(n 为任意整数)的各点都是稳定的平衡点。锁相环在工作时可能锁定在任何一个稳定平衡点上。这意味着恢复出的相干载波可能与接收信号中的载波同相，也有可能反相。这种相干载波相位的不确定性，称为相位模糊，平方环具有二重相位模糊度，相位模糊不仅在平方环中存在，而且在其他无辅助导频的载波恢复环路，如

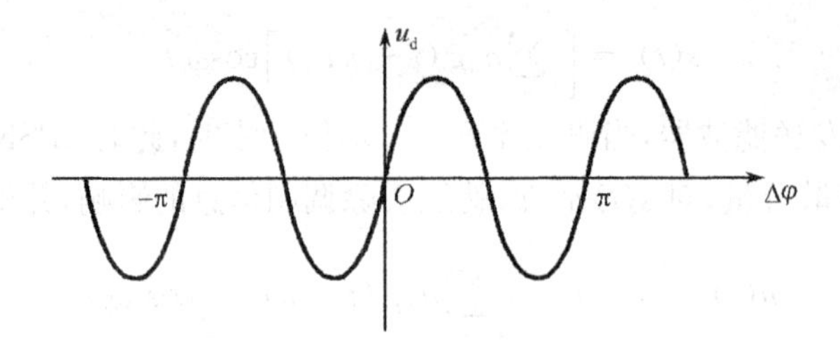

图 6-4 平方环鉴相特性

Costas 环中也同样存在。

对于 2PSK，如果相干载波和接收信号载波反相，则相干解调后的二进制信息将会出现完全相反的情况。平方环工作在 $\Delta\varphi=0$ 还是工作在 $\Delta\varphi=\pi$ 平衡点上，通常取决于初始条件，虽然受噪声等各种干扰的影响，锁相环工作点可能会发生跳变，但是相对于码元间隔而言，会长时间停留在一个平衡点上。克服相位模糊的方法可以采用差分编码，通过相邻两个码元之间载波相位跳变或不跳变来携带信息。

对于 MPSK 信号，可以采用 M 方环进行载波恢复，通过 M 方环就能够去除调制信息的影响，此时 VCO 工作在 M 倍载频上，对 VCO 做 M 分频即能产生相干载波。需要指出的是，MPSK 中会存在 M 重相位模糊度，在多进制调制中可以通过多元差分编码克服相位模糊问题。

6.1.3 Costas 环

1. 二相 Costas 环

我们先考虑 2PSK 的相干载波恢复。Costas 环原理如图 6-5 所示，VCO 输出信号作为相干载波，一路经过 90°移相后形成正交相载波。接收信号分别与同相载波及正交相载波相乘，而后获得的两路信号经过低通滤波后，再将两路滤波输出相乘经过环路滤波器就能够得到 VCO 的控制电压。由于 VCO 控制电压分别来自同相和正交支路相乘的结果，因此 Costas 环又称为同相—正交环。

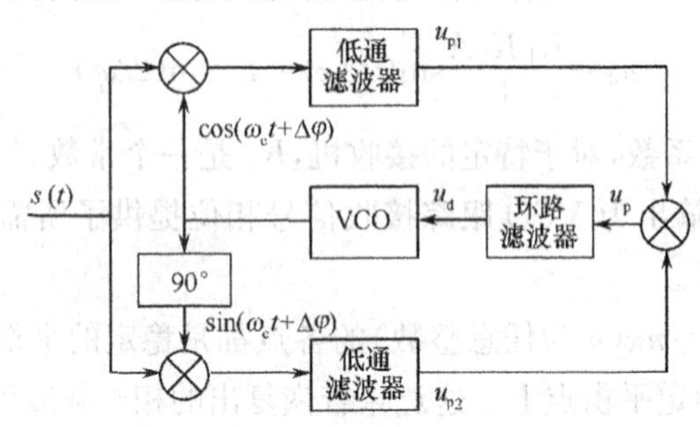

图 6-5 Costas 环载波恢复原理框图

Costas 环路中,上、下两路相乘器的输出为

$$u_{p1}(t)=K_{p1}\Big[\sum_n a_n g(t-nT_s)\Big]\cos(\omega_c t)\cos(\omega_c t+\Delta\varphi)$$

$$u_{p2}(t)=K_{p2}\Big[\sum_n a_n g(t-nT_s)\Big]\cos(\omega_c t)\cos(\omega_c t+\Delta\varphi)$$

这里 K_{p1}、K_{p2} 为相乘器系数。经过低通滤波后得到

$$u_{L1}(t)=\frac{1}{2}K_{L1}K_{p1}\Big[\sum_n a_n g(t-nT_s)\Big]\cos(\Delta\varphi) \tag{6.1-6}$$

$$u_{L2}(t)=\frac{1}{2}K_{L2}K_{p2}\Big[\sum_n a_n g(t-nT_s)\Big]\sin(\Delta\varphi) \tag{6.1-7}$$

这里 K_{L1}、K_{L2} 为低通滤波系数。滤波后相乘为

$$\begin{aligned}u_p&=K_p\cdot u_{L1}(t)\cdot u_{L2}(t)\\&=\frac{1}{8}K_pK_{p1}K_{p2}K_{L1}K_{L2}\Big[\sum_n a_n g(t-nT_s)\Big]^2\sin(2\Delta\varphi)\\&=K\Big[\sum_n a_n g(t-nT_s)\Big]^2\sin(2\Delta\varphi)\end{aligned}$$

这里,K_p 为相乘器系数,$K=\frac{1}{8}K_pK_{p1}K_{p2}K_{L1}K_{L2}$,对于特定的接收机为常数。当 $g(t)$ 为矩形脉冲时,$\Big[\sum_n a_n g(t-nT_s)\Big]^2=1$,因此可以得到 Costas 环的鉴相特性为

$$u_d=K_d\sin 2\Delta\varphi \tag{6.1-8}$$

这里 K_d 为鉴相器系数。与式(6.1-5)比较可以看出,Costas 环的鉴相特性与平方环鉴相特性相同,Costas 环同样存在二重相位模糊度。如果 $g(t)$ 为其他形状,如具有平方根升余弦频谱,经过相乘处理和低通滤波,Costas 环仍然具有以上的鉴相特性。与平方环相比,Costas 环具有两个优点:首先,Costas 环工作在一倍载频,而平方环需要工作在二倍频;其次,Costas 环路可以利用接收端正交解调的结构实现载波恢复。

载波恢复环路也可以采用数字的方法实现。在数字实现方法中,通常每个码元间隔内对本地载波相位和接收信号之间的载波相位差估计一次,并使用估计的相位差控制 VCO 的输出,实现载波同步。由于 Costas 环工作在一倍载频,并且能够充分利用正交解调的结构,因此数字 Costas 环在数字中频接收系统中获得了广泛的应用。

2. 四相 Costas 环*

对于 QPSK 信号的载波提取,也可以采用类似的同相正交法,图 6-6 给出了四相 Costas 环载波提取的原理框图。

对于 QPSK 信号

$$s(t)=A_s\cos(\omega_c t+\varphi_n) \tag{6.1-9}$$

式中 φ_n 是由于调制信息的引入产生的载波相位改变量,φ_n 的取值为 4 个相移量

$\left\{0,\frac{\pi}{2},\pi,-\frac{\pi}{2}\right\}$之一。

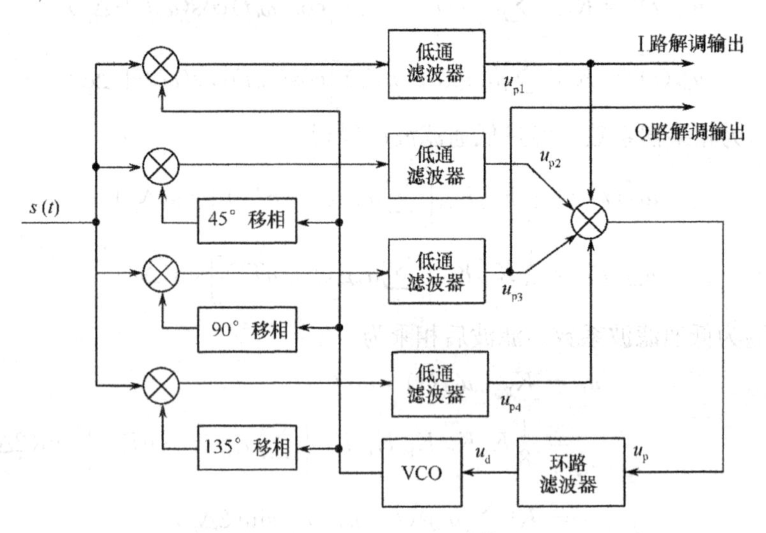

图 6-6 四相 Costas 环载波恢复原理框图

假设锁相环压控振荡器 VCO 的频率锁定在 $\bar{\omega}_c$ 频率上，VCO 输出本地载波和接收信号载波之间的相位差为 $\Delta\varphi$，即

$$u_{VCO}(t)=A\cos(\omega_c t+\Delta\varphi) \tag{6.1-10}$$

经过移相后的四路相干载波分别为 $A\cos(\omega_c t+\Delta\varphi)$，$A\cos(\omega_c t+\Delta\varphi+\pi/4)$，$A\cos(\omega_c t+\Delta\varphi+\pi/2)$，$A\cos(\omega_c t+\Delta\varphi+3\pi/4)$。

四路相乘器的输出经过低通滤波后的信号分别为

$$u_{p1}=\frac{1}{2}K_{p1}A_sA\cos(\Delta\varphi-\varphi_n)$$

$$u_{p2}=\frac{1}{2}K_{p2}A_sA\cos\left(\Delta\varphi-\varphi_n+\frac{\pi}{4}\right)$$

$$u_{p3}=\frac{1}{2}K_{p3}A_sA\cos\left(\Delta\varphi-\varphi_n+\frac{\pi}{2}\right)=-\frac{1}{2}K_{p3}A_sA\sin(\Delta\varphi-\varphi_n)$$

$$u_{p4}=\frac{1}{2}K_{p4}A_sA\cos\left(\Delta\varphi-\varphi_n+\frac{3\pi}{4}\right)=-\frac{1}{2}K_{p4}A_sA\sin\left(\Delta\varphi-\varphi_n+\frac{\pi}{4}\right)$$

这里 K_{p1}、K_{p2}、K_{p3}、K_{p4} 为相乘器系数，以上四路信号相乘后的结果为

$$u_d=\frac{1}{128}K_pK_{p1}K_{p2}K_{p3}K_{p4}(A_sA)^4\sin[4(\Delta\varphi-\varphi_n)]$$

这里 K_p 为相乘器常数，注意到 φ_n 的取值为 4 个相移量 $\left\{0,\frac{\pi}{2},\pi,-\frac{\pi}{2}\right\}$之一，因此四相

Costas 环的鉴相特性为

$$u_d = K_d \sin(4\Delta\varphi) \tag{6.1-11}$$

K_d 为鉴相器系数。因此，0、$\frac{\pi}{2}$、π、$-\frac{\pi}{2}$都是稳定的平衡点，四相 Costas 环的鉴相特性存在四重相位模糊。

6.1.4　载波同步的性能指标

衡量一个载波同步系统的性能经常使用随机相位方差、响应速度等指标。

1. 随机相位方差

由于噪声的影响，实际系统中由于接收信号中的载波和相干载波之间的相位或频率会存在一定的偏差，在鉴相特性上反映为相位差 $\Delta\varphi$ 会在平衡点附近存在随机的抖动，相当于在载波相位上叠加了附加的相位噪声，可以用相位方差来表示这种相差量的抖动。

在加性高斯白噪声信道条件下，噪声的单边功率谱密度为 n_0，接收信号为

$$x(t) = A_c \cos[2\pi f_c t + \varphi(t)] + n(t) \tag{6.1-12}$$

在大信噪比条件下，随机相位 $\Delta\varphi$ 的方差为

$$\sigma_\varphi^2 = \frac{n_0 B_{eq}}{A_c^2} \tag{6.1-13}$$

其中 B_{eq} 为载波跟踪环路等效噪声带宽。$n_0 B_{eq}$ 实际上是进入环路的噪声功率，因此载波跟踪环路输出信噪比为

$$\gamma = \frac{A_c^2/2}{n_0 B_{eq}} \tag{6.1-14}$$

可以将随机相位的方差写成以下形式

$$\sigma_\varphi^2 = \frac{1}{2\gamma} \tag{6.1-15}$$

由式(6.1-15)可以看出，载波跟踪环路输出信噪比越大，则随机相位方差越小；环路滤波器带宽越窄，则进入环路的噪声功率越低，随机相位的方差越小。

2. 同步建立时间

环路滤波器的带宽越大，则相位的任何变化都会反映在 VCO 的控制电压之上，因此锁相环响应速度越快，建立同步的实际时间就越短。但是环路带宽越宽意味着更多的噪声进入锁相环，造成相位方差增加。实际系统中需要在相位方差和响应速度之间取折中，选择合适的环路滤波器带宽。

6.1.5 载波相位误差对解调性能的影响

对于像 MPSK 和 QAM 这样的信号，其相位携带调制信息，因此载波相位误差会影响这些信号的解调性能。MPSK 和 QAM 信号可以表示为

$$s(t)=I(t)\cos(2\pi f_c+\varphi)-Q(t)\sin(2\pi f_c t+\varphi) \tag{6.1-16}$$

假设经过载波同步恢复的两个正交载波为

$$c_I(t)=\cos(2\pi f_c t+\hat{\varphi})$$

$$c_Q(t)=-\sin(2\pi f_c t+\hat{\varphi}) \tag{6.1-17}$$

令 $\Delta\varphi=\varphi-\hat{\varphi}$ 为本地恢复载波和信号中载波的相位差。$s(t)$ 与 $c_I(t)$ 相乘再进行低通滤波，获得同相分量

$$y_I(t)=\frac{1}{2}I(t)\cos(\varphi-\hat{\varphi})-\frac{1}{2}Q(t)\sin(\varphi-\hat{\varphi}) \tag{6.1-18}$$

$s(t)$ 与 $c_Q(t)$ 相乘再进行低通滤波，获得正交相分量

$$y_Q(t)=\frac{1}{2}I(t)\sin(\varphi-\hat{\varphi})+\frac{1}{2}Q(t)\cos(\varphi-\hat{\varphi}) \tag{6.1-19}$$

如果本地恢复载波和信号中载波存在频差，由于频率随时间的累积反映为载波相位，上述分析结果仍然是适用的，此时同相和正交相基带信号相当于被一个低频正弦信号所调制。

从信号解调的结果来看，如果本地恢复载波和信号载波之间存在相位差，不仅期望信号分量功率减少因子 $\cos^2(\varphi-\hat{\varphi})$，而且在同相分量和正交相分量之间还会存在交互干扰，因为 MPSK 和 QAM 信号中 $I(t)$ 和 $Q(t)$ 的平均功率十分接近，因此较小的相位误差即会引起较大的性能下降。

分析式(6.1-18)和式(6.1-19)，并从星座图上来看，解调后的信号点相对原始信号点旋转了角度 $\Delta\varphi$。如果本地恢复载波存在相位模糊，则相当于信号星座图产生了固定的相位旋转。如 QPSK 采用四相 Costas 环载波恢复，稳定工作点处本地载波相位和信号载波相差可能为 $\left\{0,\frac{\pi}{2},\pi,-\frac{\pi}{2}\right\}$ 4 个值之一，它们与星座图的固定旋转角度相对应。因此在自同步载波恢复相干解调系统中，除了随机相位误差的影响之外，还需要考虑相位模糊所带来的固定相差量的影响。

对于 2PSK，由于相位误差的存在，接收信号功率需要乘以因子 $\cos^2\Delta\varphi$，此时信号的误比特率为

$$P_{b,2PSK}=\frac{1}{2}\mathrm{erfc}\left[\sqrt{\frac{E_b}{n_0}\cdot\cos^2\Delta\varphi}\right] \tag{6.1-20}$$

对于QPSK，除了解调期望分量功率降低以外，还需要考虑两路分量之间的串扰。分析较为复杂，有兴趣的读者可以参阅有关的文献。

6.2　位　同　步

位同步，又称码元同步或码元定时，实现位同步的方法基本上可以分为两大类：一类是外同步法；另一类是自同步法。外同步法就是在发送端除了发送有用的数字信息以外，还专门传送位同步信号，接收端采用窄带滤波器或锁相环提取该信号作为同步之用。自同步法中，发端不专门向接收端传送位同步信号，收端所需要的位同步信号直接从接收的数字基带信号中提取出来。

6.2.1　外同步法

外同步法在发送的信号中插入频率为码元速率或码元速率倍数的同步信号，接收端通过一个窄带滤波器或其他处理方式分离出该信号实现位同步。这种同步方法容易实现并且设备简单，但是需要占用一定的带宽或发送功率。在多路通信系统中，由于位同步信息占用的频带和功率为各路信号所分担，因此外同步方法在多路通信系统中得到了广泛的应用。

1. 插入导频法

这种方法是在被传送的信号频谱中插入位同步导频，在接收端使用窄带滤波器提取该信号获得同步。实现这种方法的关键在于很好地解决了位同步导频与传送信号之间的相互干扰问题。为减小发送信号对位同步的干扰，希望位同步导频处于发送信号功率谱密度为零的位置。此外位同步导频对接收端信号判决引起的干扰应设法消除。

如图6-7(a)所示，在数字基带传输系统中，可以将位同步导频插在基带信号功率谱的零点处，以便提取。若信号为经过某种相关编码的基带信号，如果其功率谱第一个零点在$f=\frac{1}{2T_s}$，插入导频也应在$\frac{1}{2T_s}$处，如图6-7(b)所示。

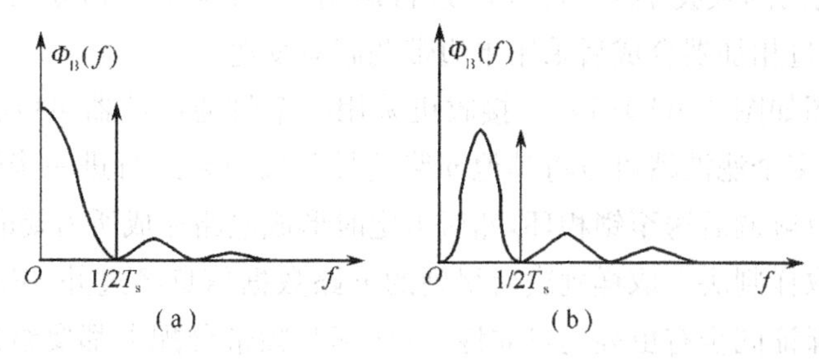

图6-7　基带信号插入导频后的信号功率谱

图 6-8 为插入位定时导频的接收方框图。对于图 6-7(a)所示的信号，在接收端，经中心频率为 $f=\frac{1}{T_s}$ 的窄带滤波器就可以从基带信号中提取位同步信号。而图 6-7(b)所示的信号必须经过 $f=\frac{1}{2T_s}$ 的窄带滤波器将插入导频取出，再经过二倍频，得到位同步脉冲。

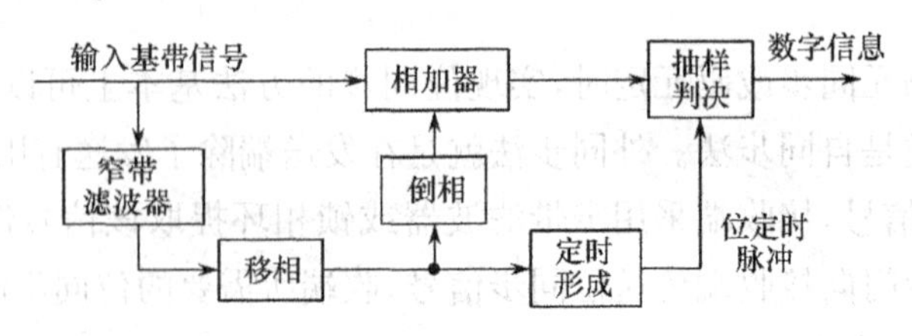

图 6-8 接收端提取位同步导频信号方框图

这里用频率足够窄的窄带滤波器从接收信号中滤出位同步导频信号，经过移相，一路信号输入到位定时形成电路，形成位同步脉冲，提供给接收端取样判决作为定时脉冲；另一路经过倒相后与接收信号相加，从而消除导频对基带信号判决的干扰，其中移相电路是为了补偿窄带滤波对导频的相移而设定的。

插入导频法的另外一种形式是使数字调制信号的包络根据位同步信号的波形变化而发生变化，通常这种插入导频的方法只能够使用在采用恒定包络调制的信号中，如 FSK 信号和 PSK 信号。因此可以将导频信号调制在它们的包络上，接收端只需要采用普通的包络检波器即可以恢复导频信号作为位同步信号。

2. 独立通道键控法

这种方法多用于多路并发的通信系统中。例如短波数据传输系统，为了克服多径传播造成的码间干扰，选择码元时间间隔越大，则多径影响越小。因此，为了达到所要求的信号速率，就要采用多路并发。在多路并发的体制中，可以安排一路用来传送位同步信号。

这种方案的发送端框图如图 6-9(a)所示。根据传输频带及调制方式情况，将整个系统分为 $n+1$ 路，第 0 路用来传送位同步信息，第 1 路至第 n 路用来传送数字信息。这 $n+1$ 路分别用不同的副载波 $f_0,f_1,\cdots,f_n$ 进行调制(通常采用移相键控)，从而得到频分多路信号，然后通过相加器合成后采用单边带调制器发送。

接收端方框图如图 6-9(b)所示。接收机采用一个带通滤波器可以将位同步键控信号分离出来，采用多个滤波器可以将其他 n 路信号分离出来进行进一步的解调处理。位同步键控信号经过解调后送至锁相环，然后由定时形成电路形成所需要的定时信号，供给各分路信号进行取样判决。取样判决后得到的 n 路数据信息经过并/串转换后变成串行数据输出。为了保证同步有更高的可靠性，在功率和频带分配上都要给位同步支路以优先的安排。

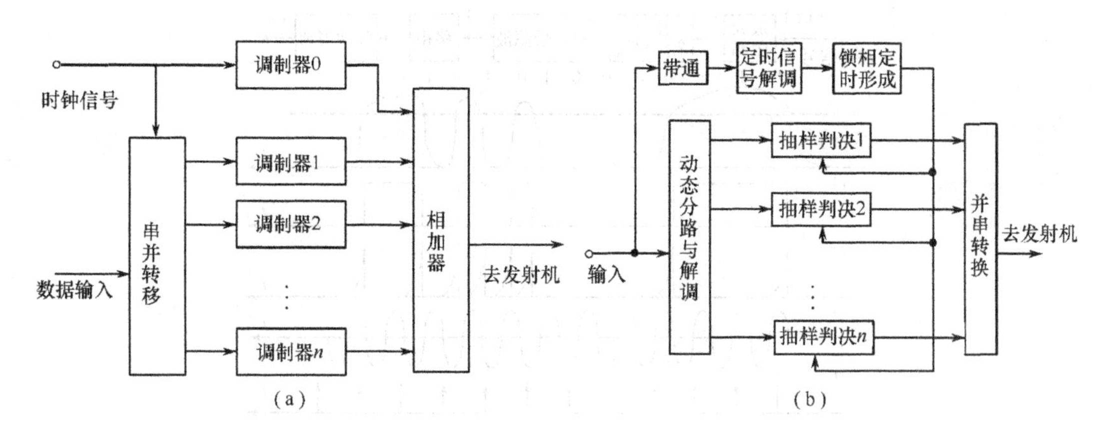

图 6-9　独立通道键控法发送端方框图

在 IS-95 CDMA 移动通信系统中，基站向移动台发射的下行链路的 64 个信道中，除了安排其中一个信道发送导频载波信号之外，还专门安排一个信道为移动台提供位同步导频信号，供接收端进行码元同步之用，这也是独立通道键控法在实际应用中的一个典型实例。

6.2.2　自同步法

接收端采用自同步法获得同步的数字通信系统中，不需要发送专门的位同步导频信号，接收端可以直接对接收信号通过某种变换提取位同步信号，这是数字通信系统中经常使用的方法。

1. 非线性变换滤波法

由数字基带传输部分的知识可知，非归零的二进制随机脉冲序列的频谱中没有位同步的频率分量，但是通过非线性变换就会出现离散的位同步分量，然后用窄带滤波器（或锁相环）提取位同步频率分量，便可以得到所需的位定时信号。

图 6-10 为微分全波整流法提取位定时同步信息的原理框图和各个部分输出的波形。当非归零的脉冲信号序列通过微分和全波整流电路后，就可以得到尖顶脉冲的归零码序列，它含有位定时同步频率分量，然后用窄带滤波器或锁相环滤除该信号的连续谱部分和噪声干扰，取出稳定的位同步频率分量，经脉冲成型后产生位同步脉冲。

2. 位同步锁相环

位同步锁相环利用鉴相器比较接收码元和本地产生的位同步信号之间的相位，若两者相位不一致（超前或滞后），鉴相器就产生误差信号去调整位同步信号的相位，直至获得准确的位同步信号为止。位同步锁相环可在其他位同步提取方法中用作定时脉冲生成电

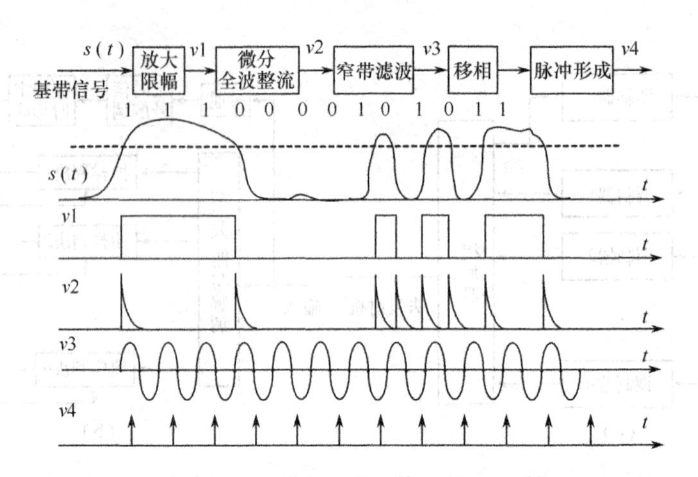

图 6-10　微分、全波整流—滤波法的框图和各部分波形图

路，如前面讨论的非线性变换滤波法中，也可以使用位同步锁相环代替窄带滤波来获取定时同步脉冲。

位同步数字锁相环的原理图如图 6-11 所示。高稳定频率度的振荡器（信号钟）输出的脉冲经过控制器和分频器，产生位定时脉冲序列。鉴相器比较接收码元序列和位同步脉冲之间的相位，获得与位同步相位误差成比例的电压信号，该电压信号并不直接用于控制振荡源的频率，而是通过控制器在信号钟输出的脉冲序列中附加或扣除一个或几个脉冲，调整加到鉴相器上的位同步脉冲序列的相位以达到位同步的目的。

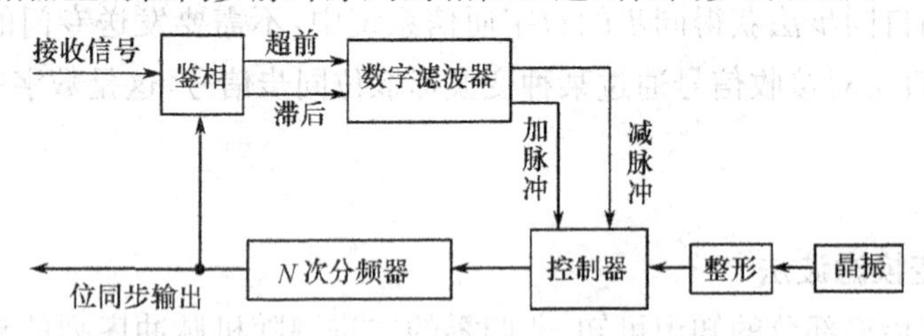

图 6-11　位同步数字锁相环原理框图

通过图 6-11 可以看出，位同步数字锁相环由以下几部分构成：

(1) 信号钟。它包括一个高稳定度的振荡器和整形电路，若输入信号码元速率 $R_s = 1/T_s$，那么振荡器频率设计在 $f_o = N/T_s = NR_s$，经整流电路成型后，输出周期性序列，其周期 $T_o = 1/f_o = T_s/N$。

(2) 控制器与分频器。控制器根据滤波器输出的控制脉冲（如“加脉冲”或“减脉冲”）对信号中输出的序列实施加（或减）脉冲。分频器实际上是一个计数器，每当控制器输出 n 个脉冲时，分频器就输出一个脉冲，控制器与分频器共同作用的结果就是调整了加至鉴相器的位同步信号的相位，其原理如图 6-12 所示。若准确同步，滤波器无加脉冲和减脉冲控制信号输出，加至鉴相器的位同步信号与位同步输出相位关系保持不变；若位同步信号滞后，滤波器输出加脉冲控制信号，控制器在信号钟输出序列中加入一个脉冲，经过分频器后位同步信号的相位就会前移；若位同步信号超前，滤波器输出减脉冲控制信号，分频器输出的位同步信号的相位就会后移，每次相位调整量的大小取决于信号钟的周期，每个加或减脉冲信号控制的相移量为 $\Delta\varphi=2\pi T_o/T_s=2\pi/N$。

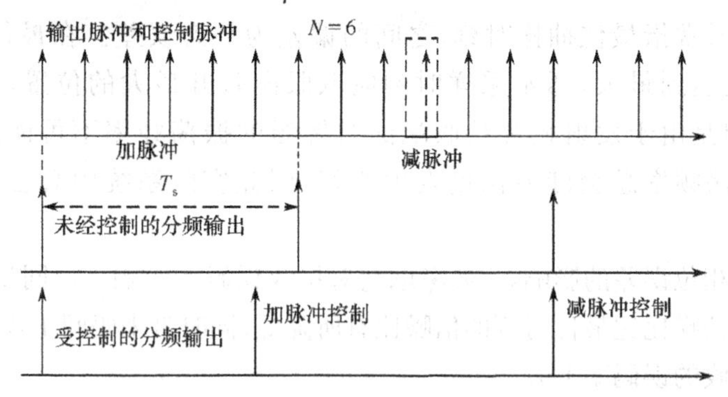

图 6-12　数字锁相环作用原理

(3) 鉴相器。鉴相器将输入信码与位同步信号进行相位比较，判别位同步信号究竟是超前还是滞后。若超前就输出减脉冲，反之则输出加脉冲控制信号。通常有两种判决相位关系的方法：微分型和积分型。微分型鉴相器通过对输入信码进行微分处理，提取信号阶跃跳变，通过比较信码中的跳变信号和位同步脉冲信号的相位获取超前或滞后信息，因此对于较长时间内不存在信号跳变的基带传输码型，位同步锁相环鉴相器将长时间不能获得比相脉冲，可能导致接收端位同步信号出现较大的相位差甚至失步，其结果是接收端产生误码，这也是要在 HDB_3 码中引入违例码（破坏点）的原因，其目的是克服长连零的出现，使接收端位同步系统能够工作在最佳状态。在更多的通信系统中，往往首先对发送的信息序列进行扰码处理，使得 0 和 1 出现的概率呈现出伪随机的特征，这样做的目的之一也是提高接收端位同步的性能，如在 T1 PCM24 路系统中使用 AMI 码传输信息时，首先就对发送信息进行了扰码处理。

(4) 数字滤波器。数字滤波器的作用是滤除噪声对锁相环路的影响，提高相位校正的准确性。因为输入信码在信道传输过程中总会受到噪声的干扰，使得码元转换时间发生随机的抖动，甚至产生虚假的转换，相应在鉴相器输出端就会出现随机的超前或滞后脉冲，并对定时同步的性能带来影响，数字滤波器的作用就是尽可能地滤除这些干扰，以减小随机噪声对定时同步的影响。

锁相环能够跟踪接收信号的相位变化，这是提高位同步准确性的原因。当接收信号发生短暂中断时，由于环路滤波器的时间常数很大，使压控振荡器的输出基本保持不变，这样原来的定时信号会得到保持，就避免了同步中断对系统造成的影响。

6.2.3　位同步的主要性能指标

数字通信设备的位同步性能主要有以下衡量指标：

1. 位同步相位误差

位同步信号的相位误差是指接收机建立稳定的位同步后，位同步信号的平均相位和最佳相位(通常指最佳抽样时刻)之间的偏差为静态误差。在最佳接收机中，为使采样值信噪比达到最大，通常采样时刻应取眼图张开最大的位置，此时位同步静态误差为零。但是由于发射机和接收端的时钟源的振荡频率不可能总是固定不变的，如晶振的振荡频率总会随着温度发生漂移，因此实际系统中总会存在随机的位同步相位误差。

衡量位同步相位误差的影响，主要考虑它对接收误码的影响。位同步误差会导致接收机采样时刻的信噪比比最佳时刻的信噪比有所降低，同时带来码间干扰，因此位同步误差将导致系统接收的误码率上升。

对于位同步数字锁相环，位同步误差位为 $2\pi/N$，显然为减小位同步误差的影响，分频次数应当越大越好。但是分频次数越大，会使同步建立时间增大，因为在建立同步的过程中，每次相位比较能够调整的相位改变量为 $2\pi/N$。因此 N 越大，同步建立的时间就越长，所以 N 值的选取要折中这两者的要求。

2. 同步建立时间

同步建立时间为失去同步后重新建立同步所需的最长时间。考虑建立同步最不利的情况，位同步脉冲与输入信号的相位误差为 π，位定时脉冲和最佳采样时刻时间相差 $T_s/2$，锁相环每调整一步仅能使位定时脉冲向最佳采样时刻靠近 T_s/N 秒，故所需的最大调整次数为

$$K=\frac{T_s/2}{T_s/N}=N/2$$

接收数字基带信号时，通常可以认为码元中出现 01、10、11、00 是等概的。当采用二进制基带传输时，码元之间发生跳变的情况占 1/2，其中对于采用微分型鉴相器的位同步数字锁相环，只有当接收的基带信号存在跳变时才会有比相输出，因此 $N/2$ 次相位调整需要 N 个码元周期才能够完成，因此同步建立时间为 NT_s。

3. 同步保持时间

除相位误差外，同步保持时间也是系统的一个重要指标。从接收信号消失或接收信号中的位同步信息消失开始，到位同步信号中断为止的这一段时间，称为位同步保持时间。在系统已经建立同步的情况下，由于某种原因使信号中断。或出现长连“0”、长连“1”码时，因为长时间没有信号跳变，因此位同步锁相环的分频器就不受控。如果再考虑收发两端的振荡器不可避免地存在一定的频率偏移，也会使收端定时脉冲的相位逐渐偏离同步的位置。因此要求接收端在失去同步的情况下，位同步脉冲仍然在同步保护时间内保

持一定的精度。显然收发两端振荡器的频率稳定度越高,同步保持时间就越长,越有利于码元的同步。

4. 同步门限信噪比

在保证一定的位同步质量的前提下(如保证一定同步相位差或接收误码率),接收机输入端所允许的最小信噪比,称为同步门限信噪比。当接收信号信噪比低于此门限,则位同步系统性能会显著降低并导致接收误码低于系统设计要求。该指标说明了位同步系统对深衰落信道的适应能力,与此项指标相对应的是接收机的同步门限电平,它是保证同步门限信噪比所需的最小接收信号电平。

6.3 帧 同 步

接收端位同步的作用是产生定时抽样脉冲,对采样信号进行判决,恢复出二进制信息比特序列。通常发送端总是把要发送的比特信息流以某种逻辑形式或具体格式进行组织,接收端完成比特信息恢复后,就需要进一步判断信息流的逻辑格式。如在E1 PCM30/32路时分多路复用信号中,发送端将30路PCM语音信号按照一定的帧格式进行编排,并且插入同步时隙和信令时隙形成2.048Mb/s的信号进行传输。接收端通过位定时同步,进行码元判决后恢复出2.048Mb/s的比特流后,还需要进一步确定从哪一个比特是一帧的起始,才能够最终确定每一个话路的PCM码字,这就是帧同步系统所需要完成的任务。

在计算机网络中,帧同步通常是数据链路层需要完成的工作。如Ethernet的帧格式中,包括同步比特、48位MAC(Media Access Control)地址等信息,Ethernet收发器要从接收的比特流中实现帧定位或帧同步,只有实现了帧同步,才能够获得Ethernet数据帧中的源MAC地址和目的MAC地址,才能够完成数据包的转发和交换。ATM传输中的信元定界同样是帧同步的问题,ATM中的信元定界从顺序接收的比特流中确定从哪一个比特开始连续的424(53 Octets)个比特为一个信元,只不过此时的“帧”变成了信元,仍然是属于帧同步的内容。

数据帧实际上是按照一定的逻辑形式或数据格式组成的连续的比特流,通信系统发送信号时往往将信息组成帧后进行发送,数据帧中不仅包含了要传输的用户信息(载荷),还包含了用于专门供接收端捕获帧同步的信息,还可能包含其他的重要信息,如E1 PCM30/32帧结构中的信令时隙指示30个话路时隙的状态(占用、空闲等)。因此帧同步是实现信息恢复的一个重要步骤。

接收端实现帧同步的方法主要有两类。第一类方法是在发送的比特序列中插入帧同步信息或帧同步码,接收端通过捕获同步码获得同步,E1 PCM30/32在偶帧的TS0时隙中插入同步码0011011,就属于这种同步方式,这种方法也称为外同步法;另一类方法是利用数字信息本身的特性来恢复帧同步信号，这种方法又称为自同步法。例如某些具有纠错能力的抗干扰编码具有这方面的特性，典型的例子是ATM的信元定界，在ATM信元的53个字节中，前5个字节的信元头内部存在循环冗余校验关系，接收端通过检测这种校验关系是否存在来获得ATM的信元定界或信元同步，有关ATM信元定界的内容可参考计算机网络方面的资料。在本书中，我们只介绍数字通信中应用较多的外同步法。

帧同步的问题实质上是对帧同步标志进行检测的问题，对于帧同步系统的基本要求是：

(1) 正确建立同步的概率大，误同步的概率小。

(2) 捕获时间要短。无论初始捕获还是失步后重新进入捕获，都要求捕获时间要短，数字通信系统所传输的不同业务信息，对捕获时间的要求不尽相同。在数字电话系统中，帧同步的丢失会造成语音的中断，人耳对小于100ms的短暂中断并不敏感，因此要求数字电话系统中一旦帧失步后，重新建立帧同步的时间应小于100ms。

(3) 稳定地保持同步。接收端的帧同步系统一旦进入同步状态以后，应当稳定地保持同步，而不被信道干扰引起的误码破坏同步。传输过程中的随机误码可能会导致帧同步信息发生错误，使一帧或多帧的同步信息丢失，因此帧同步还要求具有检测判别这种“漏同步”的能力。

6.3.1 起止同步法

数字电传机中广泛使用的是起止同步法。在电传机中，常用的是五单位码。为标志每个字的开头和结尾，在五单位码的前后分别加上一个单位的起码(低电平)和1.5个单位的止码(高电平)，共7.5个码元组成一个字。如图6-13所示。收端根据高电平第一次转换到低电平的这一标志确定帧起始，由于帧起始的脉冲宽度与码元宽度不一致，会给同步传输带来不便。在这种同步方式中，7.5个码元中只有5个码元用于信息传递，因此传输效率较低。

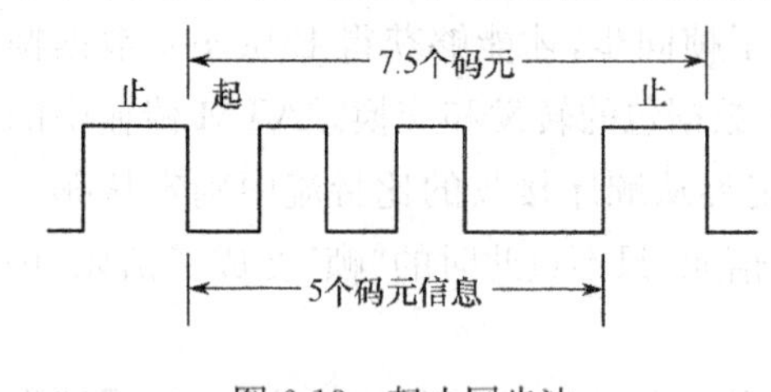

图6-13 起止同步法

起止同步法的优点是结构简单，易于实现，特别适用于异步低速数字传输方式。

6.3.2 帧同步码的插入方式

帧同步码的插入方式是指发送端如何将帧同步码插入到信息码流中作为帧起始标志。通常有集中插入法和分散插入法两种插入方式。

1. 集中插入方式

这种插入方式将帧同步码以集中的方式插入到信息比特流中，集中插入方式的示意图如图 6-14 所示，在接收端只要检测出帧同步码的位置，就可以确定帧的起始位置，这种方法的优点是能够迅速地建立帧同步。E1 PCM30/32 路时分多路基群信号就是采用这种帧同步方式，在偶帧 TS0 时隙中插入 7 位的帧同步码组 0011011。

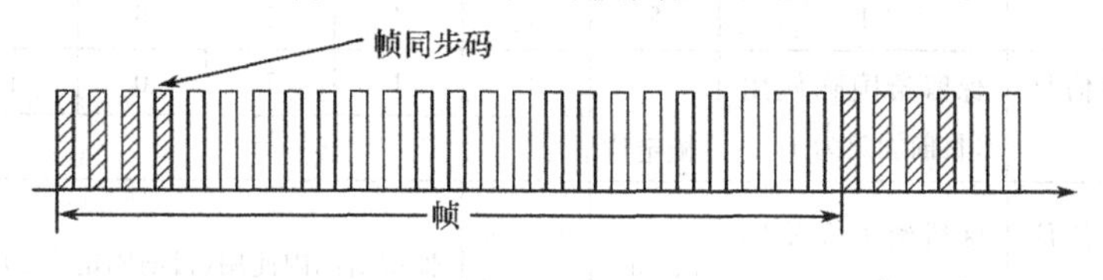

图 6-14 集中插入方式

2. 分散插入方式

这种插入方式将帧同步码以分散的形式插入到信息码流中，其示意图如图 6-15 所示。帧同步码可以是 1、0 交替码或其他码型。如果发生了帧失步，则需要逐位进行比较，直到重新收到帧同步码，才能恢复帧同步，因此恢复同步所需要的时间要比集中插入方式长一些，这是这种插入方式的缺点。T1 PCM24 路基群设备采用这种帧同步码插入方式，在美国、日本广泛使用。

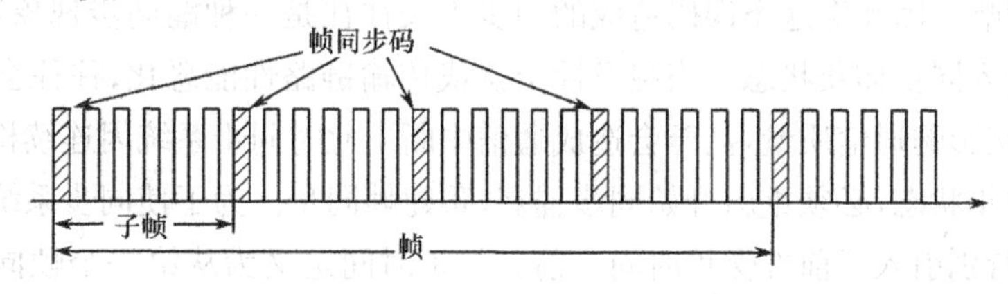

图 6-15 分散插入方式

同步码插入方式的选择主要考虑传输效率、建立帧同步时间、可靠系数等各种因素，这些因素之间往往相互制约，如集中插入方式虽然具有建立同步时间短的优点，但是却需要额外安排一个时隙专门用来传输帧同步码，使系统载荷信息的传输效率有所降低。

6.3.3 PCM30/32 路基群信号的帧同步

我国的程控数字电话交换网络中采用 PCM30/32 时分多路标准建议。PCM30/32 路基群信号的偶帧的 TS0 时隙插入帧同步码型 0011011，有关 ITU 对 PCM30/32 路基群信号的 TS0 同步时隙的分配建议如表 6-1 所示。

奇帧 TS0 时隙插入码的分配如下：

(1) 第一位码保留给国际使用，目前为 1；

(2) 第二位码用作监视码，用以检验帧定位码；

(3) 第三位码用作帧对告码，同步时为 0，一旦出现失步，即变为 1 告诉对方，本端 PCM30/32 路收信号出现帧失步；

(4) 第四位到第八位目前固定为 1，留给国内使用。

表 6-1　ITU 对 PCM30/32 路基群信号同步时隙的分配建议

<table>
<tr><td rowspan="2"></td><td colspan="8">比特编号</td></tr>
<tr><td>1</td><td>2</td><td>3</td><td>4</td><td>5</td><td>6</td><td>7</td><td>8</td></tr>
<tr><td rowspan="2">包含帧定位信号的时隙 TS0</td><td rowspan="2">保留给国际使用（目前固定为 1）</td><td>0</td><td>0</td><td>1</td><td>1</td><td>0</td><td>1</td><td>1</td></tr>
<tr><td colspan="7">帧定位信号</td></tr>
<tr><td>不包含帧定位信号的时隙 TS0</td><td>保留给国际使用（目前固定为 1）</td><td>监视码</td><td>帧失步对告码</td><td colspan="5">保留给国内使用（目前固定为 1）</td></tr>
</table>

6.3.4　帧同步系统中的漏同步和假同步

数字信号在传输过程中总会出现误码。误码对同步的影响可以分两种情况来考虑。一种是由于信道噪声等原因引起的随机误码；另一种是突发干扰造成的误码。正常的随机误码尽管会造成信息码的丢失或错误，但是只要满足一定的误码率要求，不会对通信质量造成大的影响。因此像这类误码造成的同步丢失往往是一种漏同步现象，希望同步系统不要立即转入同步捕获状态。当突发性干扰或传输链路性能恶化，往往会造成信息码大量丢失，直接影响通信质量，甚至会造成通信中断。此时同步系统因连续检测不到同步码而处于帧失步状态，必须重新开始同步捕获，重建帧同步。为了使同步系统具有识别漏同步的功能，特别引入了前方保护时间。前方保护时间定义为从第一个帧同步丢失到同步系统进入同步捕捉状态的时间。前方保护时间的长短与帧同步码插入方式有关，集中插入方式一般规定连续几帧同步码丢失才能判断为帧失步。

当同步系统捕获同步码时，需要从比特流中检测同步码。载荷信息中很有可能会出现与同步码图案相同的码组，这种情况就是假同步。为避免进入假同步，引入后方保护时间，它是指从同步系统捕捉到第一个帧同步码到进入同步状态为止的这一段时间。

不同的同步码插入方式对保护时间具有不同的规定，ITU 对 PCM30/32 路时分多路系统前后方保护时间的建议如表 6-2 所示。表 6-2 中在前后方保护时间中所指的同步帧长为两组同步码之间的比特数（时间间隔），PCM30/32 基群信号只在偶帧插入同步码，因此两组同步码之间的间隔为 512 比特，即 250μs。如果连续三个以上同步帧丢失，则判断 PCM30/32 基群信号出现帧失步，否则判断为漏同步，不需要重新捕获帧同步。在 PCM30/32 基群信号帧同步捕获过程中，第一次捕获到同步码 0011011 后，如果下一个同步帧间隔后，仍然能够捕获到同步码，则系统进入正确帧同步。

表 6-2　PCM30/32 路设备系列对同步系统的前后方保护时间的规定

序号	名称	码率 (kb/s)	帧长 (bits)	同步码位数	同步码型	前方保护时间 (同步帧)	后方保护时间 (同步帧)
1	PCM30/32 路基群设备	2048	512	7	0011011	连续 3 或 4 帧	1
2	二次群设备 (120 路)	8448	848	10	1111010000	连续 4 帧	3
3	三次群设备 (480 路)	34368	1536	10	1111010000	连续 4 帧	3
4	二次群设备 (1920 路)	139264	2928	12	111110100000	连续 4 帧	3

6.3.5　帧同步码的选择

在帧同步系统中，需要从顺序接收的比特流中快速捕获帧同步码，这就需要帧同步码能够具有快速准确的识别能力，选择合适的帧同步码型能够有效地提高帧同步系统性能。如果帧同步码型具有良好的相位辨别能力，即具有尖锐的自相关特性，则有利于接收端帧同步码的快速捕获识别，巴克(Barker)码就是具有这种尖锐自相关特性的码型。

对于一个 L 位长的码组$\{x_1,x_2,\cdots,x_l\}$，$x_i=\pm1$，其自相关函数定义为

$$c_z(j)=\sum_{i=1}^{l-i}x_ix_{i+j},\quad 1\leqslant j\leqslant l \tag{6.3-1}$$

显然，当 $j=0$ 时，$c_z(0)=l$。自相关函数的计算实际是一个码组和其经过移位后的码序列之间相乘求和的结果，如果某个码组在 $c_z(0)$处出现峰值，而其他的 $c_z(j)$值很小，则这种尖锐的自相关特性使得接收端容易通过移位相关的方法在信息码流中识别出该码组。

如果一个有限长的码组$\{x_1,x_2,\cdots,x_l\}$，$x_i=\pm1$，其自相关函数满足

$$c_z(j)=\sum_{i=1}^{l-i}x_ix_{i+j}=\begin{cases}l, & j=0\\ 0\text{或}\pm1, & 0<j<l\\ 0, & j\geqslant l\end{cases} \tag{6.3-2}$$

则这种码组就称为巴克码。由式(6.3-2)可以看出，巴克码的 $c_z(0)=l$，而其他 $c_z(j)$ 的绝对值都不大于 1。根据这个定义已经找到的巴克码如表 6-3 所示。其中的“+”表示 $x_i=+1$；“−”表示 $x_i=-1$，在二进制中它们分别对应于“1”码和“0”码。表 6-3 中码组的反码也是巴克码。很容易计算出巴克码的自相关函数值，图 6-16 给出了 7 位巴克码的自相关函数值。

表 6-3 巴克码

巴克码		
码长	+1,−1 表示法	二进制表示法
2	++	11
3	++−	110
4	+++−,++−+	1110,1101
5	+++−+	11101
7	+++−−+−	1110010
11	+++−−−+−−+−	11100010010
13	+++++−−++−+−+	1111100110101

在帧同步系统中，将巴克码与按位顺序移位的接收信息比特进行相关计算，通过最大相关峰值就能够快速识别信息流中的巴克码。实际实现时可以采用二进制相关计算，此时两个码组之间的相关函数为对应位置相同的位数减去不同的位数，图 6-17 给出了 7 位巴克码和信息码流移位相关的过程。图中"⊕"表示二进制异或，表示相关计算结果。当 $b_i=1$ 时，表示对应位不同，当 $b_i=0$ 时，表示对应位相同。当 $c_z=7$ 时，捕获到巴克码。

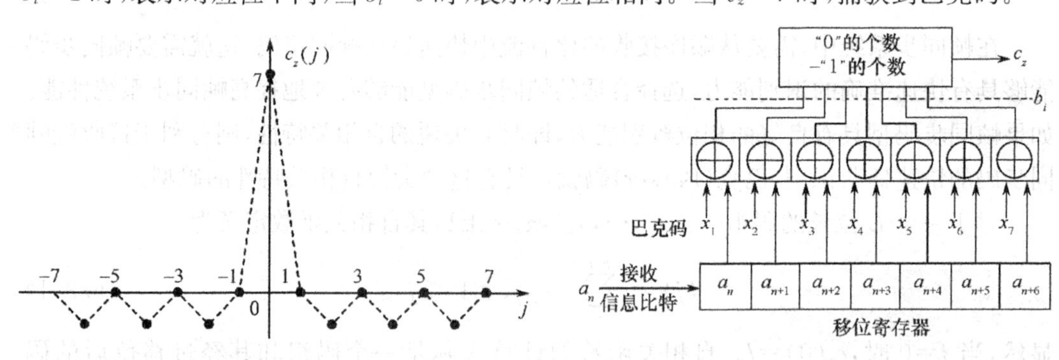

图 6-16 7 位巴克码的自相关函数值

图 6-17 巴克码和接收信息序列的移位相关计算

在实际系统中，应当考虑到接收信息 a_n 出现误码的情况。对于长度为 l 的巴克码，若信息帧中的巴克码出现一位误码，相关峰值变为 $l-2$，因此在判断是否出现相关峰时就需要充分考虑误码的影响。此外，在载荷信息序列中完全可能会出现巴克码组的情况，因此单独通过相关峰只能够判断是否识别出巴克码，但是却不能够完全确认其是否为帧同步码，这一问题需要在传输信息帧结构的设计中加以考虑。在计算机通信网络中，信息帧结构设计通常是数据链路层需要处理的工作。

6.3.6 帧同步系统的性能指标

帧同步的性能指标主要有漏同步概率 P_m 和假同步概率 P_f。前面已经提到，漏同步主要是由于传输中的随机误码所引起的，假同步是将接收的信息码元错判成帧同步码。

1. 漏同步概率

假设接收误比特率为 P_b，假设帧同步码长为 n 位，帧同步码检测时容许错误的最大位数为 m，即被检测的同步码组中错误不超过 m 个时，仍然判定为同步码组，则漏同步的概率为

$$P_m = 1 - \sum_{k=0}^{m} C_n^k P_b^k (1-P_b)^{n-k} \tag{6.3-3}$$

当判决不允许有错误时，即设定 $m=0$ 时，漏同步概率为

$$P_m = 1-(1-P_b)^n \tag{6.3-4}$$

2. 假同步概率

假同步是由信息码被误判为帧同步码造成的。假设同步码组长度为 n，所以 n 位的信息码组有 2^n 种可能的码型。假设 2^n 种码型是等概率出现的，并且被检测的同步码组中错误不超过 m 个时，判定为同步码。因此假同步的总概率为

$$P_f = \frac{\sum_{k=0}^{m} C_n^k}{2^n} \tag{6.3-5}$$

比较式(6.3-3)和式(6.3-5)可见，当判定条件放宽时，即 m 增大时，漏同步概率减小，但假同步概率增大。所以，两者是矛盾的。设计时需折中考虑。

除了上述两个指标外，对于帧同步的要求还有平均建立时间。所谓建立时间是指从在捕捉态开始捕捉转变到保持态所需的时间。显然，平均建立时间越快越好。按照不同的帧同步方法，此时间不难计算出来。现以集中插入法为例进行计算。则由于在一个群同步周期内一定会有一次同步码组出现，平均而言，需要等待半个帧长的时间。设 N 为帧长，帧同步码组长度 n，信息比特间隔为 T_b。则帧时长为 NT_b，因此一次帧同步建立时间为 NT_b。若考虑到出现一次漏同步或假同步大约需要多用 NT_b 的时间才能再次捕获到同步码组，故帧同步平均建立时间约为

$$t = NT_b(1+P_f+P_m) \tag{6.3-6}$$

6.4 网　同　步

通信网通常由许多交换节点和传输链路组成，要使通信网内各个节点之间的信息有效地进行转接和交换，需要对通信网内各个节点的时钟频率和相位进行统一协调，这就是网同步需要解决的问题。

在电话网络中，交换机通过多个中继链路与不同的交换机进行互联，构成电信网。程控数字交换机收到的来自其他交换机的信号往往经过不同的路由并具有各自交换机的时

钟频率,虽然信号的标称速率相同,由于交换机的时钟频率不可能完全相同,因此各路信号到达接收点的频率不可能完全相同,如交换机之间通过 2.048Mb/s 的 E1 链路中继互联,对于其他交换机到达 A 交换机的 E1 信号,其速率总会与 A 交换机内的时钟有一定的偏差。偏差的影响主要体现在两个方面:一是各信号帧到达的相位不一致,这主要是由于传输的路由不同造成的,各路 E1 信号帧起始位置不可能完全对准。相位不一致问题可以通过接收缓存来解决,使来自各个交换机的信号帧与本地帧控制信号对齐,缓冲区以外来时钟频率写入,使用本地时钟读取;二是各路信号与本地信号的频率偏差,如果外来时钟频率大于本地时钟频率,此时缓冲区处于"快写慢读"状态,随着时间的累积,可能会存在缓冲区数据比特尚未读取,新的数据比特已经到达,出现缓冲区"溢出";如果外来时钟小于本地时钟频率,此时形成缓冲区"慢写快读"的情况,缓冲区内的信息尚未写入,而读出信号又将已读出的信息重读。"慢写快读"和"快写慢读"都会造成信息的失真,这种失真称为滑动(slip),一般也称作滑码。

滑码会对通信业务造成一定的损伤,其影响要看通信网络所传输的业务种类和业务性质而定。

首先,对于普通电话来说,如果交换机链路(通常称为局间链路)传输 PCM 语音,一次滑动在 64kb/s 速率通道中会造成一个 PCM 码字的错误,对于语音信号而言,通常这样的错误不容易被用户察觉。

滑动对信令传输的影响取决于所采用的信令形式,对于话路时隙中携带的带内多频信令,滑动引起音频在滑动瞬间稍有失真,但不会妨碍信令的解码,因此滑动对于带内多频信令没有太大的影响。对于数字基群 TS16 时隙所传输的随路信令,由于采用了复帧结构,滑动将可能引起复帧同步的丢失,会造成 TS16 时隙 5ms 的突发误码,所有话路的信令信息会在下一个复帧中重新获得,所以滑动对随路信令的影响很小。对于使用共路信令的情况,由于信令系统本身就采用了一些纠错和检错的措施,滑码造成信息丢失的可能性很小,一般仅仅引起出错重传所造成的延迟。

对于数据传输而言,滑码造成数据传输过程中出现差错,但是通常数据传输过程中都使用了纠错码,而且上层应用通常要对出错的数据进行重传,因此总的来说,滑码对于数据业务通常只会造成一定的时延。

实现网同步的目标就是使滑码控制在系统规定的指标以内。对于国际电话局,要求其发生滑码的时间间隔大于 70 天,对于国内电话网,考虑四个数字中继段的接续,要求滑码的发生至多每小时一次,70 天出一次滑码相当于时钟频率稳定度为 2×10^{-11},这样高的精度不是一般的晶振所能够提供的,因此必须采用适当的方法解决时钟频率同步的问题。

实现网同步的主要任务是:(1)将滑动减小到最小,减小滑动对信号的损伤;(2)将外来信号使用本地时钟进行帧调整,以供时隙交换处理;(3)减少传输中产生的相位抖动和漂移的影响,将漂移转化为滑动,避免帧失步。

实现网同步的方式主要有两大类：准同步法和同步法。准同步法中各个时钟是彼此独立的，但是其精度要求控制在一定的容差范围内。同步法中各交换节点的时钟是受控的，因此它们的频率是相同的。同步法又分为主从同步方式、相互同步方式。

6.4.1 准同步方式

采用准同步方式实现网同步时，通信网中各交换节点的时钟各自独立，主要依靠各交换节点时钟的准确性保证两个交换节点间的滑码不超过规定的范围，以达到同步的目的。由于晶振时钟远远不能满足准同步的要求，所以采用准同步方式时，一般都要求采用高精度的铯（或铷）原子钟。它的频率精度为 1×10^{-11}。准同步方式具有网络结构简单的优点，交换局间不需要控制信号来校准时钟精度，不受其他交换局时钟故障的影响，因而工作稳定、可靠、网络的增设和变动都很灵活。但是原子钟价格昂贵，而且寿命不长，所以在国内网全部采用准同步方式是不经济的。在电话网中，准同步方式主要在国际交换局间使用，即在各国数字网之间使用。

6.4.2 主从同步方式

主从同步方式是以通信网内一个特定的主节点时钟为基准，将其产生的高稳定时钟通过树状结构的时钟分配网络分配给各从属节点，强制各从属节点时钟与主控节点时钟同步。

这种方式具有结构简单、经济等优点，其缺点是可靠性差。一旦主节点的基准时钟或链路发生故障，则从属节点只有依靠自身的时钟，临时形成与准同步相类似的形式。但由于得不到定时信息，可能会导致全网或局部丧失网同步的能力。为了克服主从同步方式可靠性差的特点，可采用等级主从同步方式，在网络中增加备用主控时钟和备用链路，如图 6-18 所示。当某级时钟发生故障时，其从属节点的主时钟将由同级的其他节点经由备用链路提供，如图 6-18 所示，节点 4 发生故障，其下属的节点 7 和节点 8 的主时钟将由节点 3 通过备份链路提供。

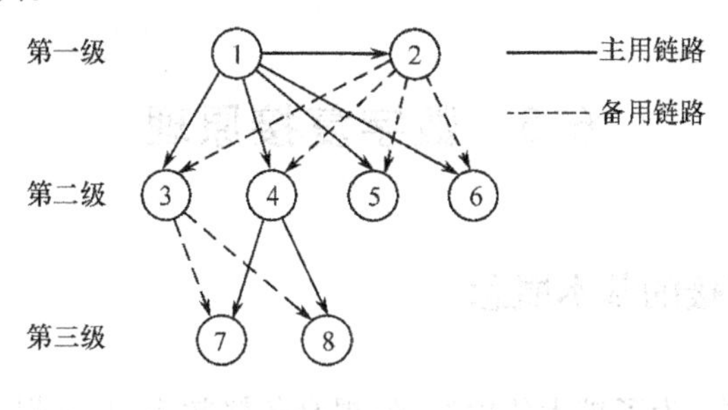

图 6-18　等级主从同步方式

为进一步提高可靠性，从属节点时钟可以采用软件控制频率、频率记忆技术，使从节点具有主时钟频率记忆功能，一旦输入的主时钟消失，从节点仍然能够在一段时间内以主时钟消失之前存储的频率工作，这段时间可达数天之久，这样就有足够的时间修复故障，并且可以适当减小备份链路的配置数量。

在具有频率记忆功能的从节点中，从节点时钟频率虽然可以取自输入的主时钟，但不是取自输入主时钟的瞬时值，而是取自它在若干时间内的平均值，使从节点的时钟频率更加平稳，这种时钟同步机制称为“松耦合”。这种主从方式的费用较高，一般用于较重要的从节点。由于主从同步方式的缺点不断得到克服，而且其结构简单、成本较低，特别适合汇接式通信网，并且有利于不同制式的数字程控交换机在同步功能上的配合，因而得到了广泛的应用。

我国的数字通信网采用分等级的主从同步方式，将网同步分为4个等级：

(1) 第一级为基准主时钟。它使用铯原子钟，是同步网的最高基准源，可设置在国际交换局或指定的一级长途中心，并设有主用和备用时钟。

(2) 第二级为长途局时钟。它使用有记忆功能、松耦合的高稳定度晶体时钟，受第一级时钟或第二级时钟控制，其频率偏移应小于5×10^{-10}或1×10^{-9}。

(3) 第三级为本地网时钟。它使用具有记忆功能的一般高稳定度晶体时钟，受第二级时钟或第三级时钟控制，其频率偏移应小于2×10^{-8}。

(4) 第四级为一般晶体时钟。它受第三级时钟的控制，设置在本地网中的远端模块、数字程控用户交换机，其频率准确度为应小于50×10^{-6}。

6.4.3 相互同步方式

所谓相互同步方式是指在数字通信网内不设主时钟，各节点的时钟频率工作在一个平均值上，该平均值是由每个节点的时钟频率和输入该节点的其他时钟频率求出的。相互同步方式的优点是可靠性高，稳定性好，可降低对时钟的要求，缺点是电路复杂。随着时钟频率稳定度的提高，大部分趋向采用主从同步方式工作，相互同步方式已经很少采用。

6.5 数字复接原理

6.5.1 数字复接的基本概念

在时分制的系统中，为了扩大传输容量，提高传输效率，必须提高传输速率。在PCM时分多路复用系统中，由于单路语音的采样频率为8000Hz，因此PCM时分复用信号的帧长为125μs，对于大容量的PCM时分多路复用信号，传输的话路越多，每个8比特的PCM码字所占用的时间就越小。对于PCM30/32基群信号，8比特的PCM码字占时3.9μs，对于PCM120二次群信号，时隙长度应为0.997μs，实际系统中只有0.95μs，三次群PCM480路系统每路时隙占据时长则更短。在这么短的时间内直接完成PCM编解码十分困难。在通信系统中，通常把PCM基群低速数字信号合并成一个高速率的数字信号，然后再通过宽带信道传输。数字复接终端(又称数字复接器)就是把低次群信号合并成高次群信号的设备。

在数字复接系统中，参与复接的信号称为支路信号，复接后的信号称为合路信号。从合路信号中获取支路信号的过程称为分接。

由同一主振时钟源提供时钟的各个数字信号称为同源信号，同源信号的复接称为同步复接。由不同时钟源产生的数字信号称为异源信号，异源信号的数字复接称为异步复接。如果各个支路信号的标称速率相同，但是容许在一定的容差范围之内，这种支路信号的数字复接称为准同步复接。

在同步复接系统中，各个支路信号是由统一时钟提供的，所以可以保证各个支路时钟频率相同。但各个支路信号可能经过不同的传输链路到达，因此各个支路信号到达数字复接终端时，其相位(帧定位信号)往往不能保持一致。为了能够按照要求的时间顺序排列各支路信号，需要在复接之前设置缓冲存储器以便调整各支路信号的相位，使各个支路信号在复接器内部达到同步。

对于准同步复接，在进行异源信号复接之前首先需要使用本地时钟对各个支路信号进行同步调整，使各支路信号的码速率相同。异源信号同步化的方法主要有滑动存储、比特调整(码速调整)和指针处理等，准同步数字系列(Plesynchronous Digital Hierarchy，PDH)中使用的是码速调整技术。

数字复接器的组成如图6-19所示。数字复接设备包括数字复接器和数字分接器。数字复接器是将两个以上的低速数字信号合并成一个高速数字信号的设备。同步调整单元完成必要的相位调整和速率调整，使各个支路信号达到同步，复接单元对各个已同步的支路信号实施同步复接，形成一个高速合路信号。分接器从合路信号中恢复出速率均匀的支路信号。

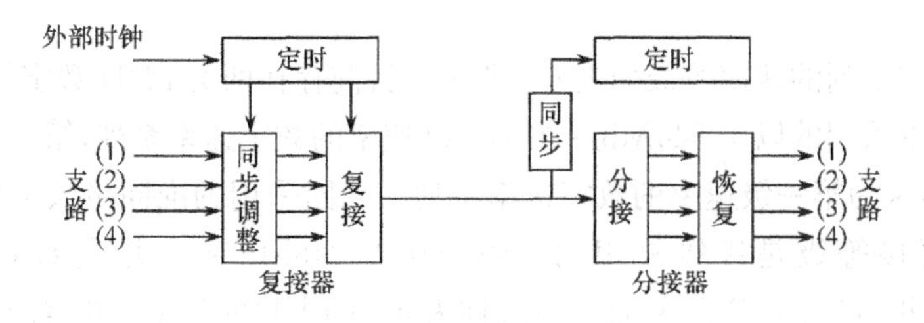

图6-19　数字复接器组成框图

同步复接主要有按位复接、按字复接和按帧复接三种复接方式。按位复接又称比特复接，即复接时每支路依次复接一比特。图 6-20(a)所示是 4 路 PCM30/32 基群信号。图 6-20(b)是按位复接的情况，合路信号中各个支路的信息按比特交替，按位复接方法简单易行，设备简单可靠，其缺点是对信号交换不利。

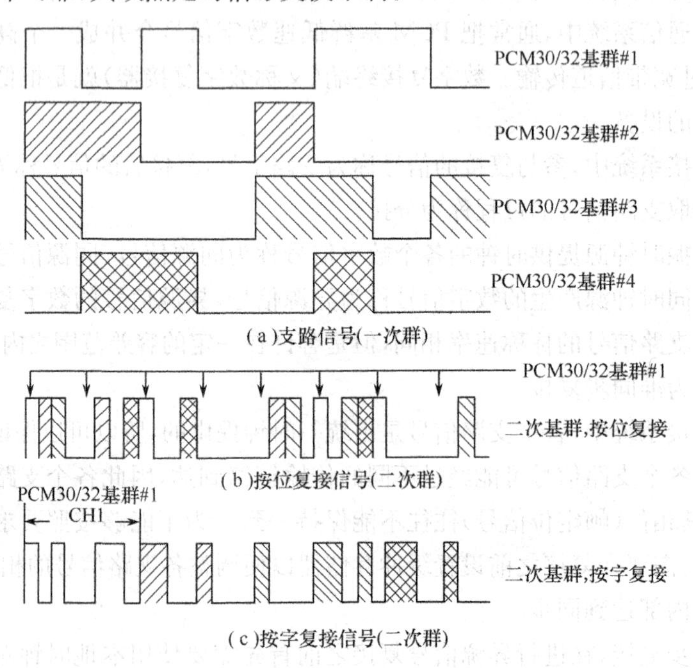

图 6-20 同步复接方式

图 6-20(c)是按字复接的情况，合路信号中，各个支路的信息按 8 位码字交替，8 位码字通常可以是某一语音信号样值进行 PCM 编码后的信息，因此采用按字复接的方式能够更加有利于数字电话交换。与按位复接相比，按字复接需要更大的存储容量。按帧复接中每次复接一个支路的一帧，这种方法的优点是复接时不破坏原来的帧结构，有利于交换，但要求更大的存储容量，目前极少使用。

6.5.2 准同步数字系列 PDH

准同步数字系列的速率等级如表 6-4 所示。目前存在两类 PDH 数字复接等级，第一类是北美和日本采用的以 1.544Mb/s 为第一级速率的数字速率系列；第二类是欧洲采用的以 2.048Mb/s 为第一级速率的数字速率系列。我国采用的准同步数字系列与欧洲相同。这两类复接等级是逐级复用的。例如从 2.048Mb/s 合并成 8.448Mb/s，再从 8.448Mb/s 合并到 34.368Mb/s，这种方式称为 $n\sim(n+1)$的数字复接等级。但是第二类准同步数字复接系列中可以采用隔级合并，即从 2.048Mb/s 合并到 34.368Mb/s，或从 8.448Mb/s 合并到 139.264Mb/s，这种方式称为 $n\sim(n+2)$的数字复接等级。

表6-4 准同步数字系列的速率等级

	一次群	二次群	三次群	四次群
北美	24路 1.544Mb/s	96路 (24×4) 6.312Mb/s	672路 (96×7) 44.736Mb/s	4032路 (672×6) 274.176Mb/s
日本	24路 1.544Mb/s	96路 (24×4) 6.312Mb/s	480路 (96×5) 32.064Mb/s	1440路 (480×3) 97.728Mb/s
欧洲 中国	30路 2.048Mb/s	120路 (30×4) 8.448Mb/s	480路 (120×4) 34.368Mb/s	1920路 (480×4) 139.264Mb/s

准同步数字复接包括码速调整和同步复接。码速调整技术可分为正码速调整、正/负码速调整和正/零/负码速调整三种。我国采用正码速调整法。

正码速调整部分主要由存储缓冲器和必要的控制电路组成。如图6-21所示。输入支路的时钟频率为 f_1，其输出时钟即同步复接支路时钟的频率为 f_m，在正码速调整技术中，输出频率总大于输入频率 f_1，正码速的名称来源于此。

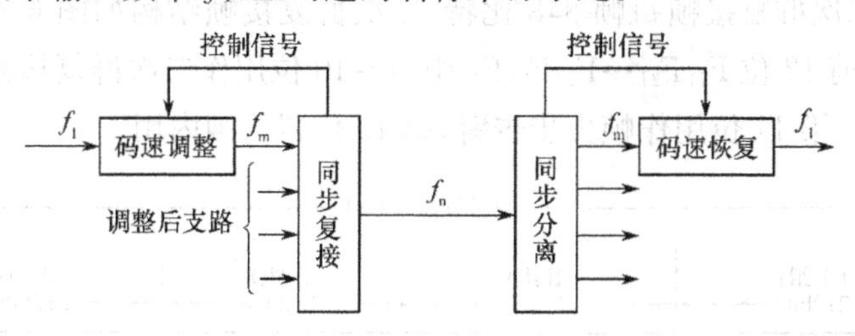

图6-21 正码速调整准同步复接器

在正码速调整中，复接设备首先使用本地时钟将输入信码调整到较高的速率上，如一次群到二次群的复接，支路速率由2.048Mb/s调整到2.112Mb/s。此时，码速调整缓冲区始终处于“慢写快读”状态。为防止缓冲区取空，需要在特定的位置额外插入“空闲比特”，并将“空闲比特”的插入标记信息一并发送到码速调整后信息流中，接收端通过空闲比特的标志信息来判断特定的比特是“空闲信息”还是信码。在PDH准同步数字复接系统中，通常在每个同步复接支路帧中规定一个指定的比特，作为正码速调整支路比特。如果该支路码速不需要调整，这个比特就照常传送支路信码；如果该支路要调整码速，这个时隙则空闲一次，即为额外插入的“空闲比特”，该比特称为塞入位置SV。

该塞入位置SV无论是空闲还是信码，都必须由发送端传送标志信息到接收端信码恢复电路，才能够正确地恢复原始码流。为此需要在复接帧中留出指定的比特位置来传送码速调整的指示信号，显然，这种指示信号是十分重要的，因为一旦该信息出错，会导致支路码流丢失一比特或误塞入一比特，即出现滑动。为准确指示SV是信码还是插入的空闲比特，提高标志信息传输的可靠性，在调整后的支路帧中安排三个指示码作为塞入标志 SZ。

在采用正码速调整的准同步数字系列二次群信号中，调整后的复接支路信号每帧 212 比特，调整后的支路塞入位置 SV 及塞入标志 SZ 在复接支路帧中安排的位置如图 6-22所示，其中在第 j 个支路中，塞入标志比特为 C_{j1}、C_{j2}、C_{j3}，塞入位置比特为 D_j。

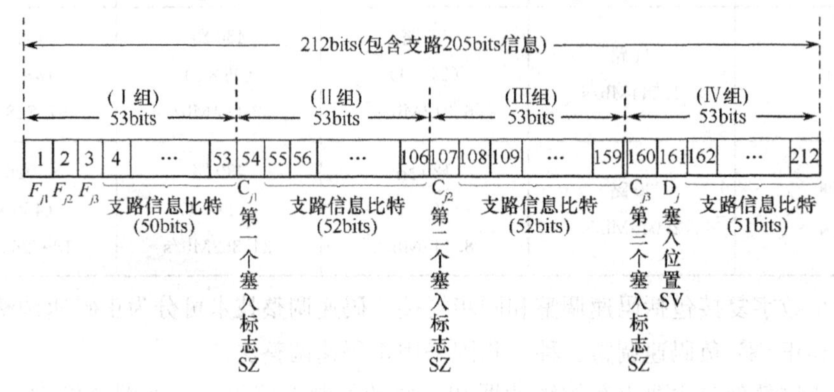

图 6-22 码速调整后的支路复接帧结构

二次群信息速率为 8.448Mb/s，PDH 采用按位复接方式，4 个同步复接支路帧信息比特依次交替，二次群复接帧每帧 848 比特，二次群复接帧结构如图 6-23 所示。其中在二次群复接帧的前 12 位 $F_{11}F_{21}\cdots F_{23}F_{33}F_{43}$ 中，1～10 位用作二次群复接帧同步码，同步码型如表 6-2 所示。第 11 位用作帧失步告警，第 12 位留给国内用。

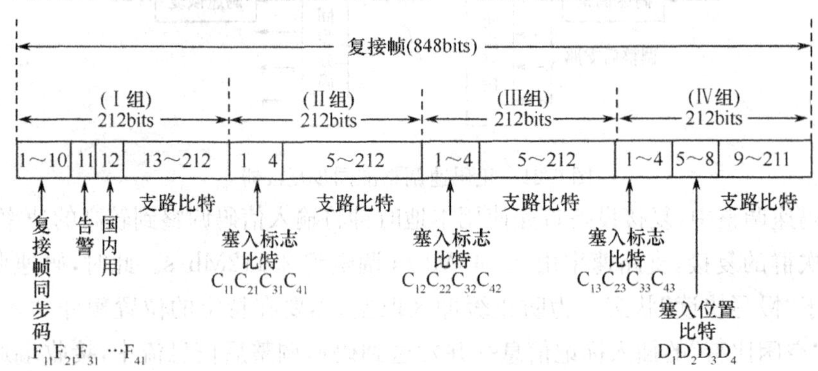

图 6-23 二次群复接帧结构

从二次群复接帧结构中可以看出，每个二次群复接帧可以有 824 比特用于传输支路信息比特(包括 4 个塞入位置比特)，其他 24 比特为开销。因此以 8.448Mb/s 的速率传输二次群信息时，复接支路所允许的最大输入速率为 2.05226Mb/s，它略高于一次群的标称速率 2.048Mb/s，所以可以采用正码速调整支路信号。

正码速调整准同步复接/分接过程会使支路码流带来两种附加影响，即塞入抖动与塞入误码。所谓塞入抖动是指分接后恢复的支路信号的位置会发生抖动。它主要是由于码速调整过程中塞入调整比特，在收端分接的过程中去除调整比特后，造成输出信码速率不均匀，即使采取一定的措施之后，实际输出的信码流仍然存在一定的塞入抖动。塞入抖动是衡量码速调整系统的一项重要技术指标。合理优化设计正码速调整的参数及其电路，可以减小塞入抖动量。

传输过程中的信道误码会引起码速调整指示信号发生错误，从而导致码速恢复操作发生错误，即引起塞入误码。如果把塞入空闲比特当作信码，或者把信码误为塞入空闲比特，都会导致分接器产生附加误码。为此 ITU 规定高次群传输的误比特率要求小于 10^{-6}，这样传输误码对码速调整标志的影响较小。

对采用正码速调整的二、三、四、五次群准同步数字复接，ITU 制定了 G. 742、G. 751、G. 922 标准建议。在准同步复接技术中，除了正码速调整方法外，还有正/负码速调整以及正/零/负码速调整等方法。ITU 于 1984 年修订了 G. 745、G. 753、G. 754 等有关二、三、四次群正/零/负码速调整法的有关标准，采用这种方式的复接器可以适应准同步、同步及数字变换等多种工作方式，可以统一同步/准同步数字复接方式，大幅度地降低塞入抖动，因此在通信网中获得了广泛的应用。

6.5.3　同步数字系列(SDH)简介

准同步数字系列(Synchronous Digital Hierarchy，SDH)的目标是提供从大容量话务中继的传输能力。在准同步数字系列传输标准制定的时代，当时主要以铜缆作为传输介质，而且并不要求各个节点时钟频率完全同步，采用码速调整法实现异源数字信号的复接，这种数字复接方法具有实现简单的优点，从而在大容量话务传输中广泛应用。但是随着 20 世纪 80 年代以光纤为代表的大容量传输技术的快速发展，要求使用更高的大容量传输系统，而 PDH 却存在以下局限性：

(1) 没有一个全球统一的 PDH 传输规范和接口。欧洲、北美地区的 PDH 信息速率各不相同，实现全球互联困难。

(2) 20 世纪 80 年代以后随着非话业务的快速发展，要求大容量传输系统能够提供多种业务的传输能力，而 PDH 还是以传输数字语音为主，对非话业务传输的支持能力十分有限。

(3) PDH 中每种复用系列都有其相应的帧结构，没有足够的富余比特，维护管理缺乏灵活性，系统运营、维护管理能力受到制约。如 PCM30/32 路时分多路系统中，其中话路占据其中的 30 个时隙，缺乏足够的维护管理信息，而采用光纤传输，光纤介质具有足够大的传输容量，可以容许传输更多的维护管理信息，虽然载荷传输效率降低了，但是却可以增加系统的维护管理功能，降低通信网络运营商在运营管理上的成本，而且容易在此基础上构建智能网。

(4) 低速支路信号不能直接复用到高速信号中，只能以固定形式逐级复用到高速信号中，要取出高速信号中的一个支路信号，也需要经过逐级解复用的过程，不能方便地适应用户的不同速率要求。

(5) 准同步数字复接采用码速调整法实现异源信号的同步化,码速调整法在支路速率较低时较容易实现,但是当支路速率提高到 139.264Mb/s 或更高时,实现码速调整法将十分困难,因此 PDH 并没有使用更高的信息传输速率。

为克服 PDH 存在的缺点,国际电信联盟以美国的 AT&T 提出的同步光网络(Synchronous Optical Network,SONET)为基础,经过修改和完善,使之成为适应于欧美的两种光传输数字系列,将两种光传输数字系列统一于一个传输架构中,并取名为同步数字系列(Synchronous Digital Hierachy,SDH)。

SDH 是由一些网络单元(例如复接器、数字交叉连接设备等)组成,在光纤上进行同步信息传输、复用和定义连接的网络。其主要特点有:

(1) 具有全球统一的网络节点接口(Network Node Interface,NNI)。虽然美国采用的 SONET 和我国及欧洲采用的 SDH 之间有一定的差别,但是在 155Mb/s 以上的 NNI 光接口上能够实现全球互联,使用了相同的传输速率接口规范。第一次实现了数字传输体制上的世界性标准。

(2) 有一套标准化的信息等级和模块化的结构,大大方便了网络的构建。

(3) SDH 以字节为单位进行同步复接,在帧结构中通过所设置的指针值增加、维持和减少进行字节调整,以改变输入数据的频率或相位,从而实现同步,这种方法称为指针处理,它类似于 PDH 中的正/零/负码速调整。采用指针调整技术解决了节点之间的时钟差异带来的问题。

(4) 帧结构为页面形式,具有丰富的用于维护管理的比特。在 SDH 的帧结构中安排的维护管理比特大约占信号的 5%,使网络维护管理能力大大加强,增加了诸如故障检测、区段定位、性能管理等各种维护信息。

(5) 将标准光接口综合应用到不同的网络单元,所有网络单元都可以提供标准的光接口,可以在光路上实现横向兼容,使得不同厂家的设备能够在光路上实现互通。

(6) SDH 能够和 PDH 完全兼容,在 SDH 中专门制定了 PDH 准同步复用器的标准建议,使得 PDH 信号能够在 SDH 中进行传输和分插处理。SDH 还能够容纳各种新的业务信号,例如局域网中的光纤分布式数据接口(Fiber Distributed Data Interface,FDDI,一种目前基本上已经淘汰的局域网互联标准)和宽带综合业务数字网(Broadband Integrated Service Digital Network,B-ISDN)中的异步传输模式(Asynchronous Transfer Mode,ATM)信元等,也能够容纳目前局域网/城域网互联的业务信号。

(7) SDH 的信号结构设计已经充分考虑到网络传输和交换应用的最佳性,因而在电信网的各个部分(长途、市话和用户网)中,都能够提供简单、经济和灵活的信号互联和管理。

(8) 大量采用软件进行网络配置和控制。增强了网络管理和配置功能,为构建智能网奠定了基础。

SDH的基础设备是同步传输模块(Synchronous Transportation Module，STM)，同步传输模块的第一级STM-1实际上是一个带有线路终端功能的准同步复接器，它将63个2.048Mb/s信号或3个34Mb/s信号或一个139.264Mb/s信号复接或适配为155.520Mb/s的信号，在155.520Mb/s信号帧中预留了相当多的开销比特，从155.520Mb/s往上更高的速率则完全采用同步字节复接，从而形成速率为622.080Mb/s的STM-4和速率为2488.320Mb/s的STM-16。表6-5给出了SDH和SONET的等级和速率。

表6-5　SDH与SONET的速率规范

SDH		SONET	
等级	速率(Mb/s)	等级	速率(Mb/s)
STM0	51.840	STS-1	51.840
STM-1	155.520	STS-3	155.520
		STS-9	466.560
STM-4	622.080	STS-12	622.080
		STS-18	933.120
		STS-24	1244.160
		STS-36	1866.240
STM-16	2488.320	STS-48	2488.320
		STS-96	4976.640
STM-64	9953.280	STS-102	9953.280

STM设备除了可作为复接器和线路终端设备外，还可组成分叉复接设备(Add-Drop Multiplexer，ADM)和数字交叉连接设备(Digital Cross Connection，DXC)，以ADM和DXC为基础可以构成SDH传送网，ITU除了对SDH速率和复接结构进行了标准，还对SDH传送网分层模型、保护与恢复方法、同步原则、网络管理与性能以及引入策略等进行了规范。

SDH已经成为全球统一的传输规范建议。同步数字系列有利于简化网络结构，增强网络管理与维护能力，使用灵活方便，可以有效地提高网络运行效率，降低系统维护成本。目前SONET/SDH是世界各国普遍采用的国家光缆干线传输体制，获得了十分广泛的应用。

习　题　六

6-1　画出平方环和Costas环的原理框图，并简要描述其工作原理。

6-2　位同步的方法有哪些?

6-3　简述位同步锁相环的工作原理。

6-4　位同步有哪些主要的性能指标？

6-5　帧同步的方法有哪些？

6-6　在 PCM 时分多路复用系统中，前后方保护时间的作用是什么？

6-7　网同步有哪些基本方式，各自的优缺点是什么？

6-8　简述码速调整法的基本原理。

6-9　给出我国准同步数字系列 PDH 的复接等级和速率规范，在准同步复接中采用何种方法实现异源信号的同步？PDH 中采用何种同步复接方式？

6-10　与 PDH 相比，SDH 有何特点，给出 SDH 的速率等级。

第7章　纠错编码基础

7.1　纠错编码基本原理

在有噪信道上传输数字信号时，所收到的数据不可避免地会出现差错，所以可靠性是数字信息交换和传输系统中必须考虑的问题。不同的用户对可靠性的要求是大相径庭的。例如，对于普通的电报，差错概率(误码率)在 10^{-3} 时是可以接受的；而对导弹运行轨道数据的传输，如此高的差错率将使导弹偏离预定的轨道，这显然是不允许的。使数字信号在传输过程中产生不同差错率的原因主要是不同传输系统的性能不同，以及在传输过程中受到的干扰不同。因此可以从多种途径来研究提高系统可靠性的方法。首先，要合理选择系统和调制解调方式，这是降低差错的根本措施，其目的是改善信道特性，减少传输中的差错，但该措施的改善程度是有限的。在此基础之上利用纠错编码技术对差错进行控制，可大大提高信道的抗干扰能力，降低误码率，这是提高系统可靠性的一项极为有效的措施，也是我们后面要研究和解决的问题。

纠错编码又称信道编码、差错控制编码或抗干扰编码，它起源于1948年香农(Shannon)的开创性论文“通信的数学理论”，发展至20世纪70年代趋向成熟，是提高数字信号传输可靠性的有效方法之一。本章主要介绍纠错编码的基本概念和原理，以及一些常用的编译码技术。

7.1.1　差错控制的基本方法

差错控制是一门以纠错编码为理论依据来控制差错的技术，即是“针对某一特定的数据传输或存储系统，应用纠错或检错编码及其相应的其他技术(如反馈重传等)来提高整个系统传输数据可靠性”的方法。

在数字通信中，利用纠错码或检错码进行差错控制的方式大致有以下几类：

1. 重传反馈方式(ARQ)

发送端发出能够发现(检测)错误的码，通过信道传送到接收端，译码器只须判决码组中有无错误出现。再把判决信号通过反馈信道送回发端。发端根据这些判决信号，把接收端认为有错的消息再次传送，直到接收端认为正确为止。

从上可知，应用ARQ方式必须有一个反馈信道，一般适用于一个用户对一个用户(点对点)的通信，它要求系统收发两端互相配合、密切协作，因此，这种方式下收发之间控制电路比较复杂;且由于反馈重发的次数与信道干扰情况有关,若信道干扰很频繁,则系统经常处于重发消息的状态,因此,这种方式传送消息的连贯性和实时性较差。但该方式的优点在于:编译码设备比较简单;在一定的多余度码元下,编码的检错能力一般比纠错能力要高得多,因而整个系统的纠错能力极强,有极低的误码率;由于检错码的检错能力与信道干扰的变化基本无关,因此这种系统的适应性很强,特别适应于短波、散射、有线等干扰情况复杂的信道中。

2. 前向纠错方式(FEC)

发送端发送具有一定纠错能力的码,接收端收到这些码后,根据编码产生的规律,译码器不仅能自动地发现错误,而且能够自动地纠正接收矢量在传输中的错误,这种方式的优点是不需反馈信道,能进行一个用户对多个用户的同播通信,译码实时性较好,收发间的控制电路比 ARQ 的简单。其缺点是译码设备比较复杂,所选用的纠错码必须与信道的干扰情况相匹配,因而对信道的适应性较差。为了获得比较低的误码率,往往要以最坏的信道条件来设计纠错码,故所需的多余码元比检错码要多得多,从而使编码效率很低。但由于这种方式能同播,特别适用于军用通信,并且随着编码理论的发展和编译码设备所需的大规模集成电路成本的不断降低,译码设备有可能结构越来越简单,成本越来越低,因而在实际的数字通信中逐渐得到广泛应用。

3. 混合纠错方式(HEC)

这种方式下发送端发送的码不仅能够被检测出错误,而且还具有一定的纠错能力。译码器得到接收序列以后,首先检验错误情况,如果在码的纠错能力以内,则自动进行纠正。如果错误很多,译码器仅能检测出来,但无法纠正,则接收端通过反馈信道,发送重新传送的消息。这种方式在一定程度上避免了 FEC 方式要求用复杂的译码设备和 ARQ 方式信息连贯性差的缺点,并能达到较低的误码率,因此在实际中应用越来越广泛。

除了上述三种主要方式以外,还有所谓狭义信息反馈系统(IRQ)。这种方式是接收端把收到的消息原封不动地通过反馈信道送回发送端,发送端比较发送的与反馈回来的消息,从而发现错误,并且把传错的消息再次传送,最后达到对方正确接收消息的目的。

为了便于比较,上述几种方式采用图 7-1 所示的框图表示。图中,有斜线的方框表示在该处检出错误。在实际系统设计中,如何根据实际情况选择哪种差错控制方式是一个比较复杂的问题,由于篇幅所限,这里不再讨论,有兴趣的读者可参阅有关资料。

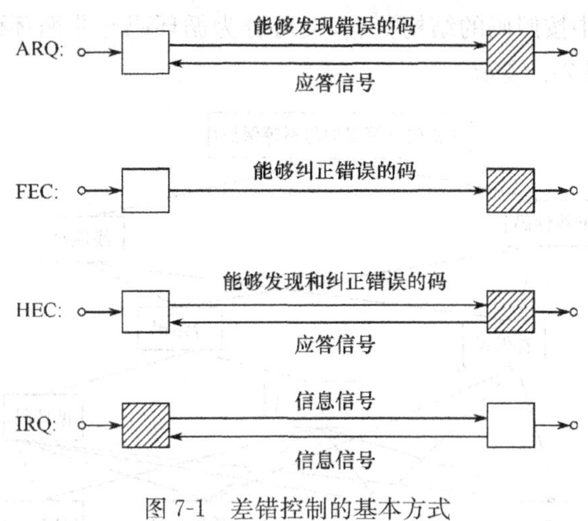

图 7-1　差错控制的基本方式

7.1.2　纠错编码分类

按照译码方法不同，可将信道编码分为检错码、纠错码或纠删码来使用，除了上述的划分以外，通常还按以下方式对纠错码进行分类：

(1) 按照对信息元处理方法的不同，纠错码可分为分组码与卷积码两大类。

分组码是把信源输出的信息序列，以 k 个码元划分为一段，通过编码器把这段 k 个信息按一定规则产生 r 个检验(监督)元，输出长为 $n=k+r$ 的一个码组。这种编码中每一码组的检验元仅与本组的信息元有关，而与别组无关。分组码用(n,k)表示，n 表示码长，k 表示信息位。

卷积码是把信源输出的信息序列，以 k_0 个(k_0 通常小于 k)码元分为一段，通过编码器输出长为 $n_0(>k_0)$的码段，但是该码段中产生的(n_0-k_0)个校验元不仅与本组的信息元有关，而且也与其前 m 段的信息元有关，一般称 m 为编码存储，因此卷积码常用(n_0, k_0, m)表示。

(2) 根据校验元与信息元之间的关系分为线性码与非线性码。

若校验元与信息元之间的关系是线性的(满足线性叠加原理)，则称为线性码；否则，称为非线性码。

由于非线性码的分析比较困难，实现较为复杂，故本章仅讨论线性码。

(3) 按照纠正错误的类型可分为纠正随机错误的码、纠正突发错误的码，以及既能纠正随机错误又能纠正突发错误的码。

(4) 按照每个码元取值来分，可分为二进制码与 q 进制码($q=pm$，p 为素数，m 为正整数)。

(5) 按照对每个信息元保护能力是否相等可分为等保护纠错码与不等保护(UEP)纠错码。

此外，在分组码中按照码的结构特点，又可分为循环码与非循环码。为了清楚起见，我们把上述分类用图 7-2 表示。

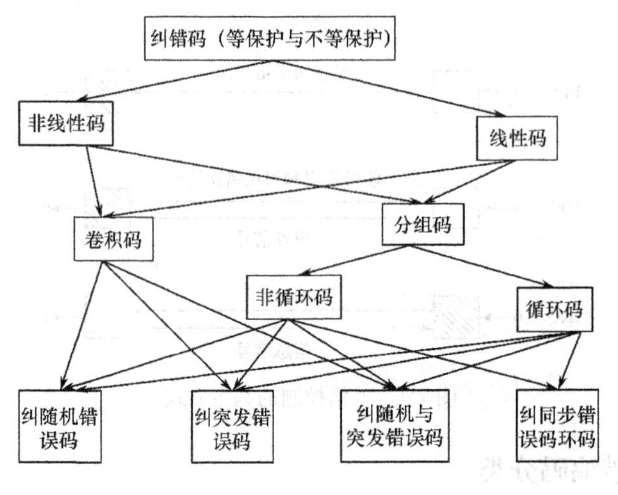

图 7-2　纠错码分类

7.1.3　纠错编码中的基本概念

1. 码率

一般分组码可记为(n,k)码，n 为编码输出的码字长度，k 为输入的信息组长度，在一个(n,k)码中，信息元位数 k 在码字中总码元数 n 中所占的比重，称为码率 R，又称编码效率 η，即

$$\eta=R=k/n$$

码率是衡量分组码有效性的一个基本参数，码率 R 越大，表明信息传输的效率越高，但对编码来说，每个码字中所加进的校验元越多，码字内的相关性越强，码的纠错能力越强。而校验元本身并不携带信息，单纯从信息传输的角度来说是多余的，所以信道编码必须注意综合考虑有效性与可靠性的问题，在满足一定纠错能力要求的情况下，总是力求设计码率尽可能高的编码。

2. 编码增益

在数字通信中，信噪比通常用 E_b/n_0 来表示，其中 E_b 为信号的比特能量，n_0 为噪声功率谱密度。为了说明信道编码的作用，图 7-3 给出了两条描述通信系统误比特率与 E_b/n_0 的关系曲线，其中一条代表了一种典型的未编码情况，而另一条是$(8,4)^3$Turbo 乘积码(TPC)编码的情况，两者采用相同的调制方法和同样的信道。由图可见信道编码使得在同样信噪比的情况下降低了误比特率，或者说达到同样误比特率要求时所需的信噪比更低。这种由编码而带来的通信系统性能的提高常用编码增益来表征。

定义 7-1 对于给定的误比特率，编码增益 G 是指通过编码所能实现的 E_b/n_0 的减少量，即

$$G=\left(\frac{E_b}{n_0}\right)_U-\left(\frac{E_b}{n_0}\right)_C$$

式中，$(E_b/n_0)_U$ 和 $(E_b/n_0)_C$ 分别表示未编码及编码后所需要的 E_b/n_0。

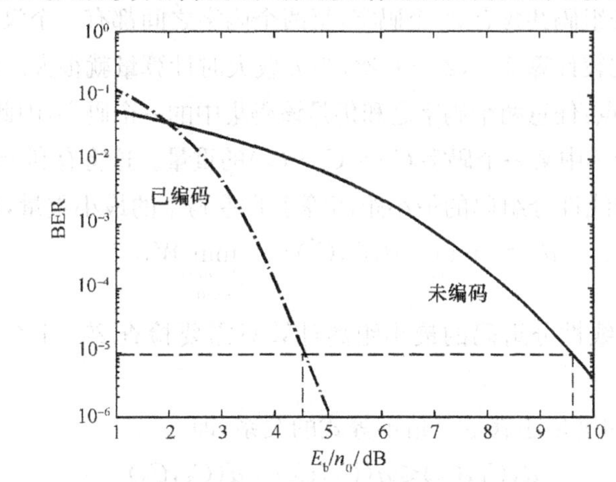

图 7-3 典型编码与未编码的误码性能比较

例如：在 BPSK 调制下，未编码时的错误概率为 $P_e=\frac{1}{2}\text{erfc}\left(\sqrt{\frac{E_b}{N_0}}\right)$，若给定错误概率为 10^{-5}，则根据上式，可算出未编码信噪比 $(E_b/n_0)_U$ 为 9.6dB。根据图 7-3 可知，错误概率同样为 10^{-5} 时，编码后的信噪比 $(E_b/n_0)_C$ 为 4.5dB，则编码增益 G 为 5.1dB。

3. 汉明码距离与重量

定义 7-2 一个码字 C 中非零码元的个数称为该码字的**汉明重量**，简称**码重**，记为 $W(C)$。

若码字 C 是一个二进制 n 重，$W(C)$ 就是该码字中的"1"码元的个数。例如，下面(3,2)分组码中：

$$C_1=(000)，则\ W(C_1)=0$$

$$C_2=(011)，则\ W(C_2)=2$$

$$C_3=(101)，则\ W(C_3)=2$$

$$C_4=(110)，则\ W(C_4)=2$$

定义 7-3 两个长度相同的不同码字 C 和 C' 中，对应位码元不同的码元数目称为这两个码字间的**汉明距离**，简称为**码距**(或距离)，记为 $d(C,C')$。

例如，在上例中，$d(C_1,C_2)=2$。

在一个码集中，每个码字都有一个重量，每两个码字间都有一个码距，对于整个码集而言，还有以下定义：

定义 7-4 一个码集中非零码字的汉明重量的最小值称为该码的**最小汉明重量**，记

为 $W_{\min}(C)$。

定义 7-5 一个码集中任两个码字间的汉明距离的最小值称为该码的**最小汉明距离**，记为 d_0 或 $d_{\min}$。

例如，在上例中的(3,2)码的最小汉明距离为 2。

一个(n,k)线性分组码共含有 2^k 个码字，每两个码字之间都有一个汉明距离 d，因此要计算其最小距离，需比较计算 $2^{k-1}(2^k-1)$次，当 k 较大时计算量就很大。但对于(n,k)线性分组码它具有以下特点：任意两个码字之和仍是该码集中的一个码字，因此两个码字之间的距离 $d(C_1,C_2)$必等于其中某一个码字 $C_3(=C_1+C_2)$的重量。这将有利于减少计算量。

定理 7-1 (n,k)线性分组码的最小距离等于非零码字的最小重量，即

$$d_0=\min_{c,c'\in c(n,k)}\{d(C,C')\}=\min_{\substack{c_i\in(n,k)\\c_i\neq 0}}W(c_i)$$

这样一来，(n,k)线性分组码的最小距离计算只需要检查 2^k-1 个非零码字的重量即可。

此外，码的距离和重量还满足三角不等式的关系，即

$$d(C_1,C_2)\leqslant d(C_1,C_3)+d(C_3,C_2)$$

$$W(C_1+C_2)\leqslant W(C_1)+W(C_2)$$

该性质在研究线性分组码的特性时常用到。最小汉明距离 d_0 是纠错码设计与评价中的一个重要参数，它决定了该码的纠错、检错能力。d_0 越大，抗干扰能力越好。

(4)码的纠、检错能力

定义 7-6 如果一种码的任一码字在传输中出现了 e 位或 e 位以内的错码能自动发现，则称该码的检错能力为 e。

定义 7-7 如果一种码的任一码字在传输中出现了 t 位或 t 位以内的错码能自动纠正，则称该码的纠错能力为 t。

定义 7-8 如果一种码的任一码字在传输中出现了 t 位或 t 位以内的错码能自动纠正，当出现了多于 t 位而少于 $e+1$ 个错误($e>t$)时，此码能检出而不造成译码错误，则称该码能纠正 t 个错误同时能检 e 个错误。

(n,k)分组码的纠、检错能力与其最小汉明距离 d_0 有着密切的关系，一般有以下结论：

定理 7-2 若码的最小距离满足 $d_0\geqslant e+1$，则码的检错能力为 e。

定理 7-3 若码的最小距离满足 $d_0\geqslant 2t+1$，则码的纠错能力为 t。

定理 7-4 若码的最小距离满足 $d_0\geqslant e+t+1(e>t)$，则该码能纠正 t 个错误同时能检测 e 个错误。

以上的结论可以用图 7-4 所示的几何图加以说明。

图 7-4(a)中 C 表示某一码字，当误码不超过 e 个时，该码字的位置移动将不超过以它为圆心，以 e 为半径的圆(实际上是一个多维球)，即该圆代表着码字在传输中出现 e 个

以内误码的所有码组的集合，若码的最小距离满足 $d_0 \geqslant e+1$，则(n,k)分组码中除了 C 这个码字外，其余码字均不在该圆中。这样当码字 C 在传输中出现 e 个以内误码时，接收码组必落在图 7-4(a)的圆内，而该圆内除 C 外均为禁用码组，从而可确定该接收码组有错。考虑到码字 C 的任意性，图 7-4(a)说明，当 $d_0 \geqslant e+1$ 时任意码字传输误码在 e 个以内的接收码组均在以其发送码字为圆心、以 e 为半径的圆中，而不会和其他许用码组混淆，使接收端检出有错。即码的检错能力为 e。

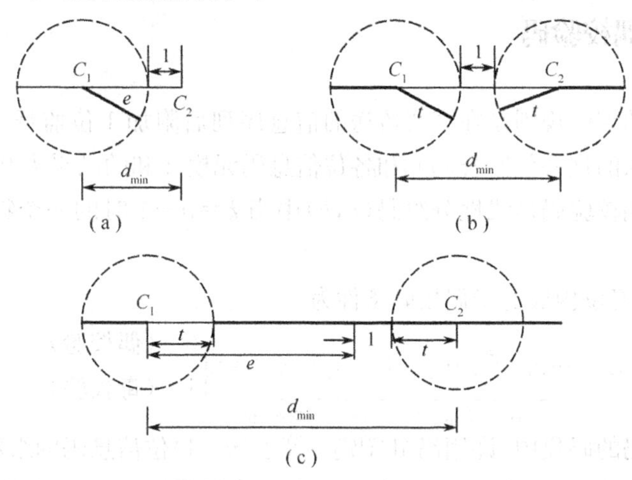

图 7-4　码距与纠、检错能力的关系

图 7-4(b)中 C_1、C_2 分别表示任意两个码字，当各自误码不超过 t 个时发生误码后两码字的位置移动将各自不超过以 C_1、C_2 为圆心、以 t 为半径的圆。若码的最小距离满足 $d_0 \geqslant 2t+1$，则两圆不会相交(由图中可看出两圆至少有 1 位的差距)，设 C_1 传输出错在 t 位以内变成 C_1'，其距离为

$$d(C_1, C_1') \leqslant t,$$

根据距离的三角不等式可得

$$d(C_1', C_2) \geqslant t+1,$$

即

$$d(C_1', C_2) > d(C_1, C_1')$$

根据最大似然译码原则，将 $N=n_1n_2$ 译为 C_1，从而纠正了 t 位以内的错误。

定理 7-4 中“能纠正 t 个错误同时检测 e 个错误”是指当误码不超过 t 个时，系统能自动予以纠正；而当误码大于 t 个而小于 e 个错误时，则不能纠正但能检测出来。该定理的关系由图 7-4(c)反映，其结论请读者自行证明。

以上三个定理是纠错编码理论中最重要的几个基本结论，它说明了码的最小距离 d_0 与其纠、检错能力的关系，从 d_0 中可反映码的性能强弱，反过来我们也可根据以上定理的逆定理设计满足纠检错能力要求的(n,k)分组码。

定理 7-5　对于任一(n,k)分组码，若要求：

① 码的检错能力为 e，则最小码距 $d_0 \geqslant e+1$；

② 码的纠错能力为 t，则最小码距 $d_0 \geqslant 2t+1$；

③ 能纠正 t 个误码同时检测 $e(e>t)$ 个误码，则最小码距 $d_0 \geqslant e+t+1$。

7.2 常用检错码

7.2.1 奇偶校验码

奇偶校验码的编码规则是在需要传送的信息序列后附加 1 位监督码元(也称监督位或检验位)，使加入的这一位监督码元和各位信息码元模 2 和的结果为 0(偶校验)或 1(奇校验)。因此，奇偶校验码是线性分组码 (n,k) 中当 $k=n-1$ 时的一个特例，即它是 $(n,n-1)$ 分组码。

一般地，由监督位构成的奇偶校验条件为

$$\underbrace{a_{n-1} \oplus a_{n-2} \oplus \cdots \oplus a_2 \oplus a_1 \oplus}_{(n-1)\text{位信息位}} \underbrace{a_0}_{1\text{位监督位}} = \begin{cases} 0 & (\text{偶校验}) \\ 1 & (\text{奇校验}) \end{cases} \tag{7.2-1}$$

在奇偶校验码的码集中，许用码组(码字)等于 $(n-1)$ 位信息码的组数，即 2^{n-1} 个。它占码长为 n 的 2^n 个码组中的一半，其余一半则为禁用码组。由于码集中所有许用码组(码字)均符合式(7.2-1)条件，故称此种编码方法为一致校验编码，而式(7.2-1)为一致校验方程。

【例 7-1】 信息码为 10110($k=5$)，利用奇偶校验方式列出奇、偶校验码。

因信息码中已有三个“1”，它是奇数，此时构成的奇校验码为 101100。反之，偶校验码应为 101101。它们都是(6,5)奇偶校验码。奇偶校验码能够检出所有奇数个错误，但不能检出偶数个错误。

如果把接收的码字中各码元写成 $c_{n-1}, c_{n-2}, \cdots, c_1, c_0$(共 n 个)，则译码器按下式来计算其模 2 和为

$$S = c_{n-1} \oplus c_{n-2} \oplus \cdots \oplus c_1 \oplus c_0$$

若采用偶校验码，且结果 $S=0$，则译码器确认为接收正确。译码后去掉监督位，再将 $n-1$ 个信息码元送给信宿。若 $S=1$，则译码器给出所接收的码字是错的，可通过反馈信道要求重发，即 ARQ 纠错方式。

当接收到的码字中含有奇数个差错时校验和为 $S=1$，这种译码结果说明码字有错。而当接收码字中含有偶数个差错时，虽然 $S=0$，但译码器却错误地判断为没有差错，这种译码结果为“不正确译码”，造成译码错误。若采用奇校验码，则译码结果正好与上述结果相反。奇偶监督码具有较高的编码效率，它等于 $\eta=\frac{k}{n}=1-\frac{1}{n}$，且随 n 的增加而趋于 1。

由于奇偶校验码只有一个监督位，因此译码器只能将各个接收码字分为“无差错”与“有差错”两类。不难计算出单个码字的各种译码概率，设 P_e 为信道传输误比特率，则对于偶校验码，其中正确译码的概率为 $(1-P_e)^n$，检出差错的概率为 $\sum_{\substack{i=1 \\ i \text{ is odd}}}^{n} c_n^i p_e^i (1-p_e)^{n-i}$（$i$ 为奇数），不正确译码的概率为 $\sum_{\substack{i=2 \\ i \text{ is even}}}^{n} c_n^i p_e^i (1-p_e)^{n-i}$（$i$ 为偶数），式中 C_n^i 是二项式系数，它是每次由 n 中取 i 个对象时的组合数目，并等于 $C_n^i=\frac{n!}{(n-i)!\ i!}$。

7.2.2 水平一致校验码与方阵码

1. 水平一致校验码

水平一致校验码是先把要传输的数据按适当长度分成若干组，每一组按行排列，每一组后均按奇偶校验码方式添加校验元，即按行校验，如表 7-1 所示的例子。表中待传信息码元有 25 个，每小组为 5 个信息元，均按水平(行)顺序排列，后面按奇偶校验添加校验元。整个编码结果如表 7-1 所示，然后按顺序逐列传输，即“1011011110…10111”，共 30 个码元。在接收端把收到的序列同样按表 7-1 格式排列，然后按原来确定的(奇)偶校验关系逐行检查。由于每行采用偶校验，从而可发现每一行在传输时产生的奇数个错误。不难看出，这种编码方式除了具备奇偶校验码的检错能力外，还能发现长度不超过表中行数的突发错误。因为对于这样的突发错误，分散至每一行最多只有 1 个错码，根据奇偶校验关系在行校验时是可以发现的。这种编码方式的码率 R 与奇偶校验码相当。由本例看出，在不增加多余度的情况下，这种编码方式的抗干扰能力得到加强。当然，其代价是译码设备较奇偶校验码要复杂一些。

表 7-1 水平一致校验码

信息元	校验元(偶校验)
1 1 0 1 0	1
0 1 0 0 1	0
1 1 0 0 1	1
1 1 1 0 0	1
0 0 1 1 1	1

2. 方阵码

二维奇偶校验码又名方阵码，也可称水平垂直一致监督码。方阵码具体构成如下：将若干个需要传送的信息序列编成方阵，其中每一行相当于信息码字，每行的最后加上一个校验码元，进行行方向的奇偶校验。方阵的每一列由不同信息码字中相同码位的码元排成，在每一列的最后也加上一个校验码元，进行列方向的奇偶校验。

【例 7-2】 若用户要发送的消息序列为：

(11001010000100001101011110000110011100001010101010)，现将每 10 个信息码元分为一组，然后编成方阵，按行和列分别加上监督码元，则在发送端可构成如图 7-5(a)所示的方阵。

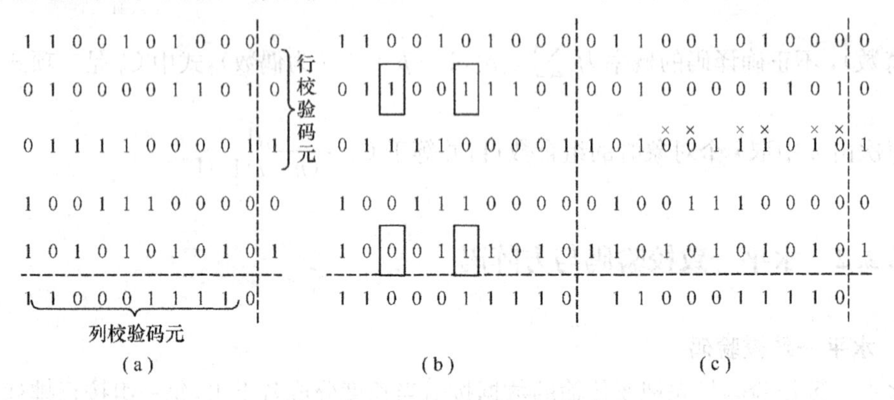

图 7-5 方阵码(采用偶校验)

这样经过增加 1 位行、列监督码元后的发送序列为

(1100101000 0 0100001101 0 0111100001 1 1001110000 0 1010101010 11100011110)

即逐行发送许用码组(码字)，标有“·”者为经编码后加上的行、列监督码元。接收端将接收到的序列重新排列成与发送端相似的方阵，去掉行列校验元后选择出信息序列。

与一维奇偶监督码有所不同，方阵码有可能检测出一个行长度的“许用码组(码字)”中的偶数个错码，这是因为虽然每行的监督位对本行产生的偶数个错码无法检测，但这些错码有可能由列的监督位检测出来。需要注意的是，当在发生偶数个错码的行中，错误码元所在的列也发生了偶数个错误时，则无法检测出其中的错误。如图 7-5(b)所示，当 4 个错误恰在方阵中处于一个矩形的四个角的位置上时，就检测不出来。

例中每行长度 $n=11$，则方阵码也能够检测个数小于 11 的突发错误，即在某段时间内错码成串出现，而随后又有较长的无错区间。假设第三个码字发生突发差错，共错了 6 个码元，这时接收端把接收序列按发送端规律重新排成图 7-5(c)的方阵，码元上的“×”表示该码元出现差错。显然，第三行错了 6 个码元，但因 1 的数目仍为偶数，不能被检测出来，但第 3、4、6、7、9、10 等列的偶数监督关系将受到破坏，因而可以发现这些列内有错误，通过 ARQ(自动请求重发方式)可以加以纠正。

7.2.3 恒比码

恒比码是从长度相等的二进数字序列中挑选出含相同数目“1”码元的的序列作为码字(许用码组)，其余序列作为禁用码组。这就是说，在所有码字中，“1”的数目和“0”的数目之比是相同的，因而得名。又因一个码字中含“1”的个数即为该码字的重量，故这种码又名等重码或定 1 码。

恒比码是一种非线性码。若码长为 n，重量为 W，则这类码的码字个数为 C_n^W，禁用码字数目为 $2^n - C_n^W$。该码的检错能力很强，除成对性的错误不能发现外，所有其他类型错误均能发现。我国电传通信中目前普遍采用的 2∶3恒比码就属此类码。该码共有 $C_5^3 = 10$ 个许用码字，每个码字重量为三，用来传送 10 个数字，而 4 个数字组成一个汉字，因此这种码就能传输汉字信息。如表 7-2 所示。经过多年来的实际使用证明，采用这种码后，使我国汉字电报的差错率大为降低。

表 7-2　3∶2 恒比码

数　字	码　字
0	01101
1	01011
2	11001
3	10110
4	11010
5	00111
6	10101
7	11100
8	01110
9	10011

目前在国际电报通用的 ARQ 通信系统中，应用三个“1”和 4 个“0”的 3∶4 码，共有 35 个码字，正好可用来代表电传机中 32 个不同的数字与符号，经使用表明，应用这类码后，能使国际电报的误字率保持在 10^{-6} 以下。

7.2.4　群计数码

奇偶校验码只对本码元中“1”的个数进行奇偶校验，因而检错能力有限。群计数码是对传送的一组信息元中“1”的数目进行监督，编码时将其数目的十进制值转换成二进制数字作为校验元，附在本组信息元后面一起传送，信息元与校验元一起组成一个码字。例如，要传送的信息组为“11011”，共有“4”个 1，则校验元为“100”（即十进制的“4”），相应的码字为“11011100”。显然，在接收端可由校验元“100”来判断前面信息位上数字是否有错。在码字中各数字除“0”变“1”和“1”变“0”成对出现的错误外，所有其他形式的错误都会使信息位上“1”的数目与校验位的数字不符。

为了能发现比较长的突发错误，还可以把群计数法与水平一致校验法结合起来。例如，可以把群计数码按表 7-3 所示格式排列起来。然后从左至右按列传送。接收端再把收到的二元序列按原格式排列，利用群计数法对每个码字中的信息元进行判决。这种码的检错能力显然比单纯群计数码要高。

表 7-3　水平群计数码

信息位						监督位		
1	1	1	0	1	1	1	0	1
1	1	0	1	1	0	1	0	0
1	1	1	1	0	0	1	0	0
0	0	0	1	1	1	0	1	1
1	0	1	0	0	1	0	1	1

7.3 线性分组码

7.3.1 线性分组码的概念

线性分组码是纠错编码中很重要的一类码，它具有严格的代数结构，其生成和接收检验建立在代数群论的基础上，由其引入的许多概念，如码率、距离、重量、码的生成矩阵、一致校验矩阵、伴随式等，可广泛地应用于其他各类码中，同时它也是最具实用价值的一种纠错编码，因此我们将其作为纠错编码讨论的基础。

正如本章第 7.1.3 节介绍的，线性分组码是满足线性叠加原理的分组码，即当分组码中校验元和信息元的关系是线性的（可用一次线性方程描述），这种码就称为(n,k)线性分组码。对于二元分组码，若每个校验元是码组中的信息元按模 2 加得到的，就构成线性分组码。

【例 7-3】 （7.3）分组码按以下的规则（校验方程）可得到 4 个校验元 $c_0c_1c_2c_3$：

$$\begin{cases} c_3=c_6+c_4 \\ c_2=c_6+c_5+c_4 \\ c_1=c_6+c_5 \\ c_0=c_5+c_4 \end{cases} \tag{7.3-1}$$

式中：c_6、c_5 和 c_4 是三个信息元。由此可得到（7，3）分组码的 8 个码字。8 个信息组与 8 个码字的对应关系列于表 7-4 中。式（7.3-1）中的加均为模 2 加。由此方程看到，信息元与校验元满足线性关系，因此该（7，3）码是线性码。

表 7-4 按式（7.3-1）编出的（7，3）码的码字与信息组的对应关系

信息组	码 字
0 0 0	0 0 0 0 0 0 0
0 0 1	0 0 1 1 1 0 1
0 1 0	0 1 0 0 1 1 1
0 1 1	0 1 1 1 0 1 0
1 0 0	1 0 0 1 1 1 0
1 0 1	1 0 1 0 0 1 1
1 1 0	1 1 0 1 0 0 1
1 1 1	1 1 1 0 1 0 0

为了深化线性分组码的理论分析，我们将其与线性空间联系起来。由于每个码字都是一个长为 n 的（二进制）数组，因此可将每个码字看成一个二进制 n 重数组，进而看成二进制 n 维线性空间 $V_n(F_2)$ 中的一个矢量。n 长的二进制数组共有 2^n 个，每个数组都称一

个二进制 n 重矢量。显然，所有 2^n 个 n 维数组将组成一个 n 维线性空间 $V_n(F_2)$。

而(n,k)分组码的 2^k 个 n 重就是这个 n 维线性空间的一个子集，如果它能构成一个 k 维线性子空间，就是一个(n,k)线性分组码。这点可由上面的例子得到验证。

长为 7 的二进制 7 重共有 $2^7=128$ 个，显然这 128 个 7 重是 $GF(2)$上的一个 7 维线性空间，而(7,3)码的 8 个码字，是从 128 个 7 重中按式(7.3-1)的规则挑出来的。可以验证，这 8 个码字组成的码集是 7 维线性空间中的一个三维子空间。

定理 7-6　二进制(n,k)线性分组码，是 GF(2)域上的 n 维线性空间 V_n 中的一个 k 维子空间 $V_{n,k}$。

线性分组码的主要性质如下：

(1) 任意两个码字之和(逐位模 2 和)仍是一个码字，即线性分组码具有封闭性；

(2) 码的最小距离等于非零码字的最小重量。

7.3.2　生成矩阵与一致校验矩阵

1. 生成矩阵

我们已经知道，(n,k)线性分组码的 2^k 个码字将组成 n 维线性空间的一个 k 维子空间，而线性空间可由其基底张成，因此，(n,k)线性分组码的 2^k 个码字完全可由 k 个独立的向量组成的基底张成。设 k 个向量为

$$\begin{aligned}\boldsymbol{g}_1&=(g_{11}\quad g_{12}\cdots g_{1k}\quad g_{1,k+1}\cdots g_{1n})\\ \boldsymbol{g}_2&=(g_{21}\quad g_{22}\cdots g_{2k}\quad g_{2,k+1}\cdots g_{2n})\\ &\cdots\cdots\\ \boldsymbol{g}_k&=(g_{k1}\quad g_{k2}\cdots g_{kk}\quad g_{k,k+1}\cdots g_{kn})\end{aligned}$$

将它们写成矩阵形式：

$$\boldsymbol{G}=\begin{bmatrix} g_{11} & g_{12} & \cdots & g_{1k} & g_{1k+1} & \cdots & g_{1n} \\ g_{21} & g_{22} & \cdots & g_{2k} & g_{2k+1} & \cdots & g_{2n} \\ \vdots & \vdots & & \vdots & \vdots & & \vdots \\ g_{k1} & g_{k2} & \cdots & g_{kk} & g_{k,k+1} & \cdots & g_{kn} \end{bmatrix} \tag{7.3-2}$$

(n,k)码中的任何码字，均可由这组基底的线性组合生成。即

$$\boldsymbol{C}=\boldsymbol{MG}=(m_{k-1}m_{k-2}\cdots m_0)\begin{bmatrix} g_{11} & g_{12} & \cdots & g_{1n} \\ g_{21} & g_{22} & \cdots & g_{2n} \\ \vdots & \vdots & & \vdots \\ g_{k1} & g_{k2} & \cdots & g_{kn} \end{bmatrix} \tag{7.3-3}$$

式中 $\boldsymbol{M}=(m_{k-1}m_{k-2}\cdots m_0)$是 k 个信息元组成的信息组。这就是说，每给定一个信息组，

通过式(7.3-3)便可求得其相应的码字。故称这个由 k 个线性无关矢量组成的基底所构成的 $k\times n$ 阶矩阵 $\boldsymbol{G}$ 为 (n,k) 码的生成矩阵(Generator Matrix)。

如例 7-3 中的(7,3)码,可以从表(7-4)中的 8 个码字中,任意挑选出 $k=3$ 个线性无关的码字(1001110),(0100111)和(0011101)作为码的一组基底,由它们组成 $\boldsymbol{G}$ 的行,得

$$\boldsymbol{G}=\begin{bmatrix}1&0&0&1&1&1&0\\0&1&0&0&1&1&1\\0&0&1&1&1&0&1\end{bmatrix}$$

若信息组 $M_i=(011)$,则相应的码字

$$\boldsymbol{C}_i=(0\quad 1\quad 1)\begin{bmatrix}1&0&0&1&1&1&0\\0&1&0&0&1&1&1\\0&0&1&1&1&0&1\end{bmatrix}=(0111010)$$

它是 $\boldsymbol{G}$ 矩阵后两行的线性组合。

值得注意的是线性空间(或子空间)的基底可以不止一组,因此作为码的生成矩阵 $\boldsymbol{G}$ 也可以不止一种形式。但不论是哪一种形式,它们都生成相同的线性空间(或子空间),即生成同一个 (n,k) 线性分组码。

实际上,码的生成矩阵还可由其编码方程直接得出,例如,对于例 7-3 中的(7,3)码,可将编码方程改写为

$$\begin{aligned}
c_6 &= c_6\\
c_5 &= c_5\\
c_4 &= c_4\\
c_3 &= c_6+c_4\\
c_2 &= c_6+c_5+c_4\\
c_1 &= c_6+c_5\\
c_0 &= c_5+c_4
\end{aligned}$$

写成矩阵的形式

$$[c_6c_5c_4c_3c_2c_1c_0]=\begin{bmatrix}c_6\\c_5\\c_4\\c_3\\c_2\\c_1\\c_0\end{bmatrix}=\begin{bmatrix}c_6 & & \\ & c_5 & \\ & & c_4\\ c_6 & & +c_4\\ c_6 & +c_5 & +c_4\\ c_6 & +c_5 & \\ & c_5 & +c_4\end{bmatrix}$$

$$
=[c_6 \quad c_5 \quad c_4]\begin{bmatrix}1&0&0&1&1&1&0\\0&1&0&0&1&1&1\\0&0&1&1&1&0&1\end{bmatrix}
$$

$$
=[c_6 \quad c_5 \quad c_4]\boldsymbol{G}
$$

故(7,3)码的生成矩阵为

$$
\boldsymbol{G}=\begin{bmatrix}1&0&0&1&1&1&0\\0&1&0&0&1&1&1\\0&0&1&1&1&0&1\end{bmatrix}
$$

在线性分组码中，我们经常用到一种特殊的结构，如上例(7,3)码的所有码字的前三位，都是与信息组相同的信息元，后面四位是校验元。像这种形式的码，称为系统码。

定义 7-9　若信息组以不变的形式，在码字的任意 k 位中出现，该码称为系统码。否则，称为**非系统码**。

目前较流行的有两种形式的系统码：一是信息组排在码字($c_{n-1}, c_{n-2}, \cdots, c_0$)的最左边 k 位：$c_{n-1}, c_{n-2}, \cdots, c_{n-k}$，如表 7-4 中所列出的码字就是这种形式。另一是信息组被安置在码字的最右边 k 位：$c_{k-1}, c_{k-2}, \cdots, c_0$。

若采用码字左边 k 位(即前 k 位)是信息位的系统码形式(本书采用此形式)，则式(7.3-2)中 $\boldsymbol{G}$ 矩阵左边 k 列应是一个 k 阶单位方阵 $\boldsymbol{I}_k$，(也就是 $g_{11}=g_{22}=\cdots=g_{kk}=1$，其余元素均为 0)。因此系统码的生成矩阵可表示成

$$
\boldsymbol{G}_0=\begin{bmatrix}1&0&\cdots&0&g_{1,k+1}&\cdots&g_{1n}\\0&1&\cdots&0&g_{2,k+2}&\cdots&g_{2n}\\\vdots&\vdots&\ddots&\vdots&\vdots&&\vdots\\0&0&\cdots&1&g_{k,k+1}&\cdots&g_{kn}\end{bmatrix}=[\boldsymbol{I}_k \quad \boldsymbol{P}] \tag{7.3-4}
$$

其中 $\boldsymbol{P}$ 是一个 $k\times(n-k)$ 维矩阵。只有这种形式的生成矩阵才能生成(n,k)系统型线性分组码，也就是标准形式，因此，系统码的生成矩阵也是一个典型的矩阵(或称标准阵)。考察典型矩阵，便于检查 $\boldsymbol{G}$ 的各行是否线性无关。如果 $\boldsymbol{G}$ 不具有标准型，虽能产生线性码，但码字不具备系统码的结构，此时将 $\boldsymbol{G}$ 的非标准型经过行初等变换成标准型 $\boldsymbol{G}_0$，由于系统码的编码与译码较非系统码简单，而且对分组码而言，系统码与非系统码的抗干扰能力完全等价，故若无特别声明，我们仅讨论系统码。

2. 一致校验矩阵

前面我们讲过，编码问题就是在给定的 d_0 或码率 R 下，如何利用已知的 k 个信息元求得 $r=n-k$ 个校验元。例 7-3 中的(7,3)码的 4 个校验元由式(7.3-1)的线性方程组决定。为了更好地说明信息元与校验元的关系，现将式(7.3-1)变换为

$$\begin{cases} 1\cdot c_6+0\cdot c_5+1\cdot c_4+1\cdot c_3+0\cdot c_2+0\cdot c_1+0\cdot c_0=0 \\ 1\cdot c_6+1\cdot c_5+1\cdot c_4+0\cdot c_3+1\cdot c_2+0\cdot c_1+0\cdot c_0=0 \\ 1\cdot c_6+1\cdot c_5+0\cdot c_4+0\cdot c_3+0\cdot c_2+1\cdot c_1+0\cdot c_0=0 \\ 0\cdot c_6+1\cdot c_5+1\cdot c_4+0\cdot c_3+0\cdot c_2+0\cdot c_1+1\cdot c_0=0 \end{cases}$$

再用矩阵表示这些线性方程

$$\begin{bmatrix} 1 & 0 & 1 & 1 & 0 & 0 & 0 \\ 1 & 1 & 1 & 0 & 1 & 0 & 0 \\ 1 & 1 & 0 & 0 & 0 & 1 & 0 \\ 0 & 1 & 1 & 0 & 0 & 0 & 1 \end{bmatrix} \begin{bmatrix} c_6 \\ c_5 \\ c_4 \\ c_3 \\ c_2 \\ c_1 \\ c_0 \end{bmatrix} = \begin{bmatrix} 0 \\ 0 \\ 0 \\ 0 \end{bmatrix} = 0^{\mathrm{T}} \tag{7.3-5}$$

或

$$[c_6 \quad c_5 \quad c_4 \quad c_3 \quad c_2 \quad c_1 \quad c_0] \begin{bmatrix} 1 & 1 & 1 & 0 \\ 0 & 1 & 1 & 1 \\ 1 & 1 & 0 & 1 \\ 1 & 0 & 0 & 0 \\ 0 & 1 & 0 & 0 \\ 0 & 0 & 1 & 0 \\ 0 & 0 & 0 & 1 \end{bmatrix} = [0 \quad 0 \quad 0 \quad 0] = 0 \tag{7.3-6}$$

将上面的 4 行 7 列系数矩阵用 $\boldsymbol{H}$ 表示，即

$$\boldsymbol{H}=\begin{bmatrix} 1 & 0 & 1 & 1 & 0 & 0 & 0 \\ 1 & 1 & 1 & 0 & 1 & 0 & 0 \\ 1 & 1 & 0 & 0 & 0 & 1 & 0 \\ 0 & 1 & 1 & 0 & 0 & 0 & 1 \end{bmatrix}$$

式(7.3-5)或式(7.3-6)表明，$\boldsymbol{C}=[c_n c_{n-1} \cdots, c_1]$中各码元是满足由 $\boldsymbol{H}$ 所确定的 r 个线性方程的解，故 $\boldsymbol{C}$ 是一个码字；反之，如 $\boldsymbol{C}$ 中码元组成一个码字，则一定满足由 $\boldsymbol{H}$ 所确定的 r 个线性方程。故 $\boldsymbol{C}$ 是方程式(7.3-5)或式(7.3-6)解的集合。显而易见，$\boldsymbol{H}$ 一定，便可由信息元求出校验元，编码问题迎刃而解；或者说，要解决编码问题，只要找到 $\boldsymbol{H}$ 即可。由于(n,k)码的所有码字均按 $\boldsymbol{H}$ 所确定的规则求出，故称 $\boldsymbol{H}$ 为它的**一致校验矩阵**(Parity Check Matrix)或**一致监督矩阵**。

一般而言，(n,k)线性分组码有$r(=n-k)$个校验元，故必有r个独立的线性方程。所以(n,k)线性码的$\boldsymbol{H}$矩阵由r行和n列组成，可表示为

$$\boldsymbol{H}=\begin{bmatrix} h_{11} & h_{12} & \cdots & h_{1n} \\ h_{21} & h_{22} & \cdots & h_{2n} \\ \vdots & \vdots & & \vdots \\ h_{r1} & h_{r2} & \cdots & h_{rn} \end{bmatrix}$$

这里h_{ij}的下标i代表行号，j代表列号。因此，$\boldsymbol{H}$是一个r行和n列矩阵。由$\boldsymbol{H}$矩阵可建立线性分组码的r个线性方程，即

$$\begin{bmatrix} h_{11} & h_{12} & \cdots & h_{1n} \\ h_{21} & h_{22} & \cdots & h_{2n} \\ \vdots & \vdots & & \vdots \\ h_{r1} & h_{r2} & \cdots & h_{rn} \end{bmatrix}\begin{bmatrix} c_{n-1} \\ c \\ \vdots \\ c_1 \\ c_0 \end{bmatrix}=0^{\mathrm{T}}$$

简写为

$$\boldsymbol{HC}^{\mathrm{T}}=0^{\mathrm{T}} \tag{7.3-7}$$

或

$$\boldsymbol{CH}^{\mathrm{T}}=0 \tag{7.3-8}$$

这里$\boldsymbol{C}=[c_{n-1}c_{n-2}\cdots c_1c_0]$，$\boldsymbol{C}^{\mathrm{T}}$是$\boldsymbol{C}$的转置，0是一个全为0的$r$重。

综上所述，我们将$\boldsymbol{H}$矩阵的特点归纳如下：

① $\boldsymbol{H}$矩阵的每一行代表一个线性方程的系数，它表示求一个校验元的线性方程。

② $\boldsymbol{H}$矩阵每一列代表此码元与哪几个校验方程有关。

③ 由$\boldsymbol{H}$矩阵得到的(n,k)分组码的每一码字$\boldsymbol{C}_i(i=1,2,\cdots,2^k)$都满足由$\boldsymbol{H}$矩阵行所确定的线性方程，即式(7.3-7)或式(7.3-8)。

④ (n,k)码须有$r=n-k$个独立的校验元，需r个独立的线性方程。因此，$\boldsymbol{H}$矩阵至少有r行，且$\boldsymbol{H}$矩阵的秩为r。若将$\boldsymbol{H}$的每一行看成一个向量，则此r个向量必然张成了n维线性空间中的一个r维子空间$V_{n,r}$。

⑤ 考虑到生成矩阵$\boldsymbol{G}$中的每一行及其线性组合都是(n,k)码中的一个码字，故有

$$\boldsymbol{GH}^{\mathrm{T}}=0_{r\times k}$$

或

$$\boldsymbol{HG}^{\mathrm{T}}=0_{r\times k}^{T} \tag{7.3-9}$$

这说明由$\boldsymbol{G}$和$\boldsymbol{H}$的行生成的空间互为零空间，也就是说，$\boldsymbol{H}$矩阵的每一行与由$\boldsymbol{G}$矩阵生成的分组码中每一个码字内积均为零。即$\boldsymbol{G}$和$\boldsymbol{H}$彼此正交。

⑥ 由上面的例子不难看出，(7,3)码的$\boldsymbol{H}$矩阵右边4行4列为一个4阶单位方阵，一

般而言，系统型(n,k)线性分组码的$\boldsymbol{H}$矩阵右边r列可以组成一个单位方阵$\boldsymbol{I}_r$，故有

$$\boldsymbol{H}=[\boldsymbol{Q} \vdots \boldsymbol{I}_r]$$

式中$\boldsymbol{Q}$是一个$r\times k$阶矩阵。我们称这种形式的矩阵为典型形式或标准形式，采用典型形式的$\boldsymbol{H}$矩阵更易于检查各行是否线性无关。

⑦ 由式(7.3-9)易得

$$[\boldsymbol{Q} \vdots \boldsymbol{I}_r][\boldsymbol{I}_k \vdots \boldsymbol{P}]^{\mathrm{T}}=[\boldsymbol{Q} \vdots \boldsymbol{I}_r]\begin{bmatrix}\boldsymbol{I}_{\mathrm{k}}\\ \boldsymbol{P}^{\mathrm{T}}\end{bmatrix}=\boldsymbol{Q}+\boldsymbol{P}^{\mathrm{T}}=\boldsymbol{0}^{\mathrm{T}}$$

即有

$$\boldsymbol{P}=\boldsymbol{Q}^{\mathrm{T}} \tag{7.3-10}$$

或

$$\boldsymbol{P}^{\mathrm{T}}=\boldsymbol{Q}$$

因此，$\boldsymbol{H}$一定，$\boldsymbol{G}$也就一定，反之亦然。

7.3.3 线性分组码的伴随式译码

前面所讨论的一致校验矩阵和生成矩阵是发送端编码器的核心模块，而在接收端则可采用伴随式的概念实现译码和检出错误。

假设通过信道传送的码字为$\boldsymbol{C}=(c_{n-1}c_{n-2}\cdots c_i\cdots c_1c_0)$，在传输过程中可能引入差错，故接收码组为$\boldsymbol{R}=(r_{n-1}r_{n-2}\cdots r_i\cdots r_1r)$，对于加性信道有$\boldsymbol{R}=\boldsymbol{C}+\boldsymbol{E}$，这里$\boldsymbol{E}=(e_{n-1}e_{n-2}\cdots e_i\cdots e_1e_0)$表示码字传输中产生的错误情况，称为"**错误图样**"。若$e_i=1(i=0,1,2,\cdots,n-1)$，这说明$\boldsymbol{R}$的第$i$位发生了错误。正像发送端编码时利用一致校验矩阵$\boldsymbol{H}$可从$2n$个码组中筛选出$2k$个许用码组(码字)那样，在接收端收到接收码组$\boldsymbol{R}$后也必须由预先存储在接收端译码器中的一致监督矩阵来筛选，即

$$\boldsymbol{S}^{\mathrm{T}}=\boldsymbol{H}\boldsymbol{R}^{\mathrm{T}} \text{ 或 } \boldsymbol{S}=\boldsymbol{R}\boldsymbol{H}^{\mathrm{T}} \tag{7.3-11}$$

并判断$\boldsymbol{S}$是否为零。若$\boldsymbol{S}=0$，则接收码组是许用码组(码字)，进行正确译码，并从该码字中将监督位去除后输出信息码。

由于

$$\boldsymbol{S}=\boldsymbol{R}\boldsymbol{H}^{\mathrm{T}}=(\boldsymbol{C}+\boldsymbol{E})\boldsymbol{H}^{\mathrm{T}}=\boldsymbol{C}\boldsymbol{H}^{\mathrm{T}}+\boldsymbol{E}\boldsymbol{H}^{\mathrm{T}}=\boldsymbol{E}\boldsymbol{H}^{\mathrm{T}}$$

或者

$$\boldsymbol{S}^{\mathrm{T}}=\boldsymbol{H}\boldsymbol{E}^{\mathrm{T}} \tag{7.3-12}$$

即$\boldsymbol{S}$仅与信道的错误图样$\boldsymbol{E}$有关，而与发送的码字$\boldsymbol{C}$无关，故称$\boldsymbol{S}$为(n,k)线性分组码的伴随式。由于$\boldsymbol{H}$是$r\times n$阶矩阵，$\boldsymbol{E}$为$1\times n$阶行阵，故$\boldsymbol{S}$是$1\times r$阶行阵，或者$\boldsymbol{S}^{\mathrm{T}}$为$r\times 1$阶列阵。当$\boldsymbol{E}$不为零，即有错误时，$\boldsymbol{S}$不为零；否则$\boldsymbol{S}=0$。译码器可以利用伴随式$S$来检错和纠错。

【例 7-4】 设(7,3)码$\boldsymbol{C}=(1101001)$，错误图样$\boldsymbol{E}=(0001000)$，则接收矢量$\boldsymbol{R}=\boldsymbol{C}+\boldsymbol{E}$

$=(1100001)$，相应的伴随式为

$$\boldsymbol{S}^{\mathrm{T}}=\boldsymbol{H}\boldsymbol{E}^{\mathrm{T}}=\begin{bmatrix}1&0&1&1&0&0&0\\1&1&1&0&1&0&0\\1&1&0&0&0&1&0\\0&1&1&0&0&0&1\end{bmatrix}\begin{bmatrix}0\\0\\0\\1\\0\\0\\0\end{bmatrix}=\begin{bmatrix}1\\0\\0\\0\end{bmatrix}=\begin{bmatrix}s_3\\s_2\\s_1\\s_0\end{bmatrix}\tag{7.3-13}$$

或 $\boldsymbol{S}=(s_3s_2s_1s_0)=(1000)$。由式(7.3-13)可见，这里 $\boldsymbol{S}^{\mathrm{T}}$ 正是 $\boldsymbol{H}$ 矩阵中第 4 列，可见当一位出错时伴随式的结果就是 $\boldsymbol{H}$ 矩阵中与错误图样为“1”的码元位所对应的列矢量。

任何一个错误图样都可以计算出相应的伴随式，错误图样不同则其伴随式也不同。如果接收码组中只有单个错误，则错误图样与所对应的伴随式如表 7-5 所示。

表 7-5　接收码组中只有单个错误时，错误图样与伴随式的对应关系

错误图样 E	1000000	0100000	0010000	0001000	000010	000010	0000001
伴随式 S	1110	0111	1101	1000	0100	0010	0001

由式(7.3-12)得 $\boldsymbol{S}^{\mathrm{T}}=\boldsymbol{H}\boldsymbol{E}^{\mathrm{T}}=\boldsymbol{H}\boldsymbol{R}^{\mathrm{T}}$，若接收码组 $\boldsymbol{R}$ 仅在第 i 位有错误，那么导出的伴随式 $\boldsymbol{S}^{\mathrm{T}}$ 恰是在矩阵 $\boldsymbol{H}$ 的第 i 列的位置。由此可以得出结论：当传输错误数量在码的纠错能力之内时，利用伴随式不仅可以判断出接收码组中是否存在错误，而且还可以指出错误所在的位置。通过计算 $\boldsymbol{R}+\boldsymbol{E}=\boldsymbol{C}$，就可以将错误码元纠正过来。

接收端收到码组($r_6r_5\cdots r_1r_0$)后，原则上可以在译码器中把码集中的所有码字存储起来，将接收码组与其逐一比较，按照“最大似然”准则找出码距最小的一个码字作为译码输出，然后再将校验位去除后得出信息码。在 0 和 1 码等概率出现的二元码情况下，通过对称信道传输后误码率为 $P_{\mathrm{e}}<\dfrac{1}{2}$。按上述“最大似然译码”方法，能保证译码错误概率最小，故它是“最佳译码”。通过计算 n 个码元中各差错概率为

$$P_{\mathrm{e}i}=C_{\mathrm{n}}^{i}P_{\mathrm{e}}^{i}(1-P_{\mathrm{e}})^{n-i}$$

但是在码长 n 和信息位数 k 很大时，这种在译码器内逐个比较的检错方法是难以实现的。

7.3.4　汉明码

前面曾多次提到汉明码距离、汉明重量等术语，这是为了纪念一位对纠错编码作出杰出贡献的科学家汉明(Hamming · R · W)而命名的。汉明码的命名则更直接，这种码是由汉明在 1950 年首先提出的。它有以下特征：

码　　长　　$n=2^m-1$

信息位数　　$k=2^m-m-1$

校验元位数　　$r=n-k-1$

最小距离　　$d=3$

纠错能力　　$t=1$

这里 m 为 $\geqslant 2$ 的正整数，给定 m 后，即可构造出具体的 (n,k) 汉明码。这可以从建立一致校验矩阵着手。我们已经知道，$\boldsymbol{H}$ 矩阵的列数就是码长 n，行数等于 m。如 $m=3$，就可计算出 $n=7$，$k=4$，因而是(7,4)线性码。其 $\boldsymbol{H}$ 矩阵正是用 $2^r-1=7$ 个非零 3 重作列向量构成的。如下所示：

$$\boldsymbol{H}=\begin{bmatrix}0 & 0 & 0 & 1 & 1 & 1 & 1\\ 0 & 1 & 1 & 0 & 0 & 1 & 1\\ 1 & 0 & 1 & 0 & 1 & 0 & 1\end{bmatrix}$$

这时 $\boldsymbol{H}$ 矩阵的对应列正好是十进制数 1～7 的二进制表示，对于纠正 1 位差错来说，其伴随式的值就等于对应的 $\boldsymbol{H}$ 的列矢量，即错误位置。所以这种形式的 $\boldsymbol{H}$ 矩阵构成的码很便于纠错，但这是非系统的(7,4)汉明码的一致校验矩阵。如果要得到系统码，可以通过调整各列次序来实现，即

$$\boldsymbol{H}_0=\begin{bmatrix}1 & 1 & 1 & 0 & 1 & 0 & 0\\ 0 & 1 & 1 & 1 & 0 & 1 & 0\\ 1 & 1 & 0 & 1 & 0 & 0 & 1\end{bmatrix}=[\boldsymbol{Q}\boldsymbol{I}_3]$$

有了 $\boldsymbol{H}_0$，按照式(7.3-10)就可得到系统码的生成矩阵，即

$$\boldsymbol{G}_0=[\boldsymbol{I}_4\boldsymbol{Q}^{\mathrm{T}}]=\begin{bmatrix}1 & 0 & 0 & 0 & 1 & 0 & 1\\ 0 & 1 & 0 & 0 & 1 & 1 & 1\\ 0 & 0 & 1 & 0 & 1 & 1 & 0\\ 0 & 0 & 0 & 1 & 0 & 1 & 1\end{bmatrix}$$

也可得到系统码的校验位。汉明码的译码方法，正如第 7.3.3 节所述，可以使用先计算伴随式，然后确定错误图样并加以纠正的方法。

值得一提的是(7,4)汉明码的 $\boldsymbol{H}$ 矩阵并非只有以上两种。原则上讲，(n,k) 汉明码的一致校验矩阵有 n 列 m 行，它的 n 列分别由除了全 0 之外的 m 位码组构成，每个码组只在某列中出现一次。而 $\boldsymbol{H}$ 矩阵各列的次序是可变的。

不难看出，汉明码是纠单个错码的纠错码中编码效率最高的，如(7,4)汉明码的码率为 4/7，是纠错能力为 1 的 7 重码中编码效率最高的，表 7-6 列出了其全部码字。

表 7-6　(7,4)汉明码

信息位	码　字	信息位	码　字
0000	0000000	1000	1000011
0001	0001111	1001	1001100
0010	0010110	1010	1010101
0011	0011001	1011	1011010
0100	0100101	1100	1100110
0101	0101010	1101	1101001
0110	0110011	1110	1110000
0111	0111100	1111	1111111

汉明码如果再加上一位对所有码元都进行校验的监督位，则校验元由 m 增至 $m+1$，信息位不变，码长由 2^m-1 增至 2^m，通常把这种 $(2^m, 2^m-1-m)$ 码称为**扩展汉明码**。扩展汉明码的最小码距增加为 4，能纠正 1 位错误同时检查 2 位错误。简称为纠 1 检 2 错码。例如(7,4)汉明码可变成(8,4)扩展汉明码。(8,4)码的 $\boldsymbol{H}$ 矩阵如下

$$\boldsymbol{H}_{(8,4)}=\begin{bmatrix}1&1&1&1&1&1&1&1\\1&1&1&0&1&0&0&0\\0&1&1&1&0&1&0&0\\1&1&0&1&0&0&1&0\end{bmatrix}$$

它的第一行为全 1 行，最后一列的列矢量为$[1000]^{\mathrm{T}}$，它的作用是使第 8 位成为偶校验位，而前 7 位码元同(7,4)码。这种 $\boldsymbol{H}$ 矩阵，任何 3 列都是线性独立的，而只有 4 列才能线性相关，因此它的 $d_{\min}$ 等于 4，可实现纠 1 位错误同时检出 2 位错误。

7.4　循　环　码

7.4.1　循环码的概念

循环码是线性分组码的一个重要子类。它除了具有线性分组码的封闭性外，还有独特的循环性，即：若线性分组码的任一码字循环移位所得的码组仍在该码集中，则此线性分组码称为**循环码**。很明显，$(n,1)$重复码是一个循环码。表 7-7 中的(7,3)码是循环码。

表 7-7　(7,3)循环码

序号	码字
0	0 0 0 0 0 0 0
1	0 0 1 1 1 0 1
2	0 1 0 0 1 1 1
3	0 1 1 1 0 1 0
4	1 0 0 1 1 1 0
5	1 0 1 0 0 1 1
6	1 1 0 1 0 0 1
7	1 1 1 0 1 0 0

定义 7-10　任一个 $GF(q)$(q 为素数或素数幂)上的 n 维线性空间 V_n 中，一个 n 重子空间 $V_{n,k}\subseteq V_n$，若对任何一个 $C_i=(c_{n-1}c_{n-2}\cdots c_0)\in V_{n,k}$，恒有 $C_i'=(c_{n-1}c_{n-2}\cdots c_0)\in V_{n,k}$，则称 $V_{n,k}$ 是**循环子空间或循环码**。

循环码具有许多特殊的代数性质，这些性质有助于

按所要求的纠错能力系统地构造这类码。即循环码很容易用带反馈的移位寄存器电路实现，而且性能较好，不但可用于纠正独立的随机错误，也可用于纠正突发错误。

为了用代数理论研究循环码，可将码组用多项式来表示，称为码多项式。设码组为：$C=(c_{n-1}c_{n-2}\cdots c_1c_0)$，对应的码多项式可表示为

$$C(x)=c_{n-1}x^{n-1}+c_{n-2}x^{n-2}+\cdots+c_1x+c_0 \tag{7.4-1}$$

其中 $C_i\in GF(2)$，则它们之间建立了一种一一对应关系，上述多项式亦可称为码字多项式，其中多项式的系数就是码字各分量的值，x 为一个任意实变量，其幂次 i 代表该分量所在位置。

由循环码的特性可知，若 $C=(c_{n-1}c\cdots c_1c_0)$ 是循环码的一个码字，则 $C=(c_{n-2}\cdots c_0c_{n-1})$ 也是该循环码的一个码字，它的码多项式为

$$C^{(1)}(x)=c_{n-2}x^{n-1}+\cdots+c_0x+c_{n-1}$$

与式(7.4-1)比较可知

$$C^{(1)}(x)\equiv xC(x)\ \mathrm{mod}(x^n+1)$$

同样的道理，$xC^{(1)}(x)$ 对应的码字 $C^{(2)}$ 相当于将码字 $C^{(1)}$ 左移一位，亦即 C 左移两位，由此可得：

$$\begin{aligned}C^{(2)}(x)&=c_{n-3}x^{n-1}+\cdots+c_0x^2+c_{n-1}x+c_{n-2}\\&\equiv xC^{(1)}(x)\mathrm{mod}(x^n+1)\\&\equiv x^2C(x)\mathrm{mod}(x^n+1)\end{aligned}$$

依此类推，不难得出循环左移 i 位时有

$$C^i(x)\equiv x^iC(x)\mathrm{mod}(x^n+1)\quad(i=0,1,\cdots,n-1) \tag{7.4-2}$$

可见 $x^iC(x)$ 在模 x^n+1 下的余式对应着将码字 C 左移 i 位的码字 $C^{(i)}$。

定理 7-7 若 $C(x)$ 是 n 长循环码中的一个码多项式，则 $x^iC(x)$ 按模 x^n+1 运算的余式必为循环码的另一码多项式。

今后，为了简单，上述中的 $\mathrm{mod}(x^n+1)$ 在码多项式的表示中不一定写出，而通常用类似式(7.4-1)表示。

7.4.2 循环码的描述

在描述某一循环码时，既可像线性分组码那样采用生成矩阵或一致校验矩阵方法，更多的则是以生成多项式形式表述。

定理 7-8 (n,k) 循环码的多项式集合 $\{C(x)\}$ 中必定存在唯一的次数最低的非零次码多项式 $g(x)$，其次数 $r=n-k$，并且集合中任一码多项式都是按模 (x^n+1) 运算下 $g(x)$ 的倍式。则称 $g(x)$ 为该 (n,k) 循环码的生成多项式。

定理 7-8 说明，对于循环码，只要确定了其生成多项式 $g(x)$，即可以由 $g(x)$ 产生循环码的全部码组。

假设信息码多项式为 $m(x)$，则对应的码多项式为

$$C(x)=m(x)g(x)\bmod(x^n+1) \tag{7.4-3}$$

式中，$m(x)$ 为次数不大于 $k-1$ 的多项式，故共有 2 个 (n,k) 循环码码字。

【例 7-5】 利用 $GF(2)$ 上多项式 $x^7+1=(x+1)(x^3+x+1)(x^3+x^2+1)$，构造一个 (7,3) 循环码。

要构造一个 (7,3) 循环码，就是在 x^7+1 中找一个 $n-k=4$ 次的因式，作为码的生成多项式，由它的一切倍式就组成了 (7,3) 循环码。若选 $g(x)=(x^3+x+1)(x+1)=x^4+x^3+x^2+1$，则 (7,3) 循环码的码多项式与码字列于表 7-8 中。不难看出，该码就是表 7-7 所示的循环码。由该表可知，该码的 8 个码字可由 $g(x)$，$xg(x)$，$x^2g(x)$ 的线性组合产生出来，而且这三个码多项式是线性无关的，它们构成一组基底。所以生成的循环子空间（循环码）是一个三维子空间 $V_{7,3}$，对应于一个 (7,3) 循环码。

表 7-8　$g(x)=x^4+x^3+x^2+1$ 生成的 (7,3) 循环码

码多项式	码字
$g(x)=x^4+x^3+x^2+1$	(0011101)
$xg(x)=x^5+x^4+x^3+x$	(0111010)
$x^2g(x)=x^6+x^5+x^4+x^2$	(1110100)
$(1+x^2)g(x)=x^6+x^5+x^3+1$	(1101001)
$(1+x+x^2)g(x)=x^6+x^4+x+1$	(1010011)
$(1+x)g(x)=x^5+x^2+x+1$	(0100111)
$(x+x^2)g(x)=x^6+x^3+x^2+x$	(1001110)
$0g(x)=0$	(0000000)

在 $x^7+1=(x+1)(x^3+x+1)(x^3+x^2+1)$ 中，若选

$$g(x)=(x+1)(x^3+x^2+1)=x^4+x^2+x+1$$

则生成另一个循环码。同理在 x^7+1 的因式中，若选 $g(x)=x^3+x+1$ 或 $g(x)=x^3+x^2+1$，则可构造出两个不同的 (7,4) 循环码，若选 $g(x)=(x^3+x^2+1)(x^3+x+1)$，则可构造出一个 (7,1) 循环码，它就是重复码。由此可知，只要知道了 x^n+1 的因式分解式，用它的各个因式的乘积，便能得到很多个不同的循环码。

若用生成多项式对应的码字及其移位来表示生成矩阵的各行，则生成矩阵可写成

$$\boldsymbol{G}(x)=\begin{bmatrix} x^{k-1}g(x) \\ x^{k-2}g(x) \\ \cdots \\ xg(x) \\ g(x) \end{bmatrix} \tag{7.4-4}$$

其中，$g(x)=x^r+g_{r-1}x^{r-1}+\cdots+g_1x+1$。

例如考查表 7-7 中(7,3)循环码，$n=7,k=3,r=4$ 其生成多项式及生成矩阵分别为

$$g(x)=A_1(x)=x^4+x^3+x^2+x+1$$

$$\boldsymbol{G}(x)=\begin{bmatrix}x^2g(x)\\xg(x)\\g(x)\end{bmatrix}=\begin{bmatrix}x^6+x^5+x^4+x^2\\x^5+x^4+x^3+x\\x^4+x^3+x^2+1\end{bmatrix}$$

即

$$\boldsymbol{G}=\begin{bmatrix}1&1&1&0&1&0&0\\0&1&1&1&0&1&0\\0&0&1&1&1&0&1\end{bmatrix}$$

生成矩阵中的三行都是表 7-7 中的码字，并且是线性无关的。对比表 7-8 可知，表 7-7 中的所有码字用多项式表示时，均是 $g(x)$ 的倍式。

由式(7.4-4)所示生成矩阵得到的循环码并非系统码。在系统码中码的最左 k 位是信息码元，随后是 $n-k$ 位校验码元。这相当于码多项式 $C(x)$ 的第 $n-1$ 次至 $n-k$ 的系数是信息位，其余的是校验位

$$\begin{aligned}C(x)&=m_{k-1}x^{n-1}+\cdots+m_0x^{n-k}+r_{n-k-1}x^{n-k-1}+\cdots+r_0\\&=m(x)x^{n-k}+r(k)\equiv 0 \quad \text{mod}g(x)\end{aligned} \tag{7.4-5}$$

式中，$m(x)=m_{k-1}x^{k-1}+\cdots+m_1x+m_0$ 是信息多项式，而检验元多项式为 $r(x)=r_{n-k-1}x^{n-k-1}+\cdots+r_1x+r_0$，它的系数$(r_{n-k-1},\cdots,r_1,r_0)$就是信息组$(m_{k-1},\cdots,m_1,m_0)$的校验元。由(7.4-5)可知

$$-r(x)=-C(x)+m(x)x^{n-k}=m(x)x^{n-k} \quad \text{mod}g(x) \tag{7.4-6}$$

其中 $-r(x)$ 是 $r(x)$ 中的每一系数取加法逆元，在 $GF(2)$ 中加法和减法等效，即在构造二进制系统循环码时，只需将信息码多项式升 $n-k$ 阶(乘以 x^{n-k})，然后以 $g(x)$ 为模，所得余式 $r(x)$ 的系数即为校验元。因此，系统循环码的编码过程就变为多项式按模取余的问题。

系统码的生成矩阵为典型形式 $\boldsymbol{G}[\boldsymbol{I}_K \vdots \boldsymbol{P}]$，与单位矩阵 $\boldsymbol{I}_k$ 每行对应的信息多项式为：

$$m_i(x)=m_ix^{k-i}=x^{k-i}, i=1,2,\cdots,k$$

由式(7.4-6)可得相应得校验多项式为

$$r_i(x)=x^{k-i}x^{n-k}=x^{n-i} \quad \text{mod}g(x), i=1,2,\cdots,k$$

由此得到生成矩阵中每行的码多项式为

$$C_i(x)=x^{n-i}+r_i(x), i=1,2,\cdots,k$$

因此，二进制系统循环码生成矩阵多项式的一般表示为

$$
\boldsymbol{G}(x)=\begin{bmatrix} C_1(x) \\ C_2(x) \\ \vdots \\ C_k(x) \end{bmatrix}=\begin{bmatrix} x^{n-1}+r_1(x) \\ x^{n-2}+r_2(x) \\ \vdots \\ x^{n-k}+r_k(x) \end{bmatrix}
$$

与循环码的生成多项式相对应，通常还可定义其**校验多项式**，令

$$
h(x)=(x^n+1)/g(x)=x^k+h_{k-1}x^{k-1}+\cdots+h_1x+1 \tag{7.4-7}
$$

式中 $g(x)$是生成多项式；$h(x)$是常数项为1的 k 次多项式。同理，可得一致校验矩阵 $\boldsymbol{H}$，即

$$
\boldsymbol{H}(x)=\begin{bmatrix} x^{n-k-1}\cdot h^*(x) \\ \vdots \\ xh^*(x) \\ h^*(x) \end{bmatrix} \tag{7.4-8}
$$

式中 $h^*(x)$为 $h(x)$的互反多项式，$h^*(x)=x^k+h_1x^{k-1}+h_2x^{k-2}+\cdots+h_{k-1}x+1$。例如表7-7中(7,3)循环码，$g(x)=x^4+x^3+x^2+1$，则

$$
h(x)=(x^7+1)/g(x)=x^3+x^2+1
$$

$$
h^*(x)=x^3+x+1
$$

即

$$
\boldsymbol{H}=\begin{bmatrix} 1 & 0 & 1 & 1 & 0 & 0 & 0 \\ 0 & 1 & 0 & 1 & 1 & 0 & 0 \\ 0 & 0 & 1 & 0 & 1 & 1 & 0 \\ 0 & 0 & 0 & 1 & 0 & 1 & 1 \end{bmatrix}
$$

7.4.3 循环码的编码和译码

一旦循环码的生成多项式 $g(x)$确定了，则码就完全确定了。循环码的每个码多项式 $C(x)=g(x)m(x)$，都是 $g(x)$的倍式。对系统码来说，就是已知信息多项式 $m(x)$，求 $m(x)x^{n-k}$被 $g(x)$除以后的余式 $r(x)$。所以，循环码的编码器就是 $m(x)$乘 $g(x)$的乘法器，或者是 $g(x)$除法电路。另外，循环码的译码实际上也是用 $g(x)$去除接收多项式 $R(x)$，检测余式结果。因此，多项式乘法及除法是编译码的基本运算。本节主要针对二进制编译码，先介绍作为编译码电路核心的多项式除法电路，然后讨论编码电路，对于多进制循环码即 GF(q)上循环码的电路可依此类推。

这里我们只介绍系统码的编码电路。

设从信源输入编码器的位信息组多项式为

$$m(x)=m_{k-1}x^{k-1}+\cdots+m_1x+m_0$$

如果要编出系统码的码字，则由式(7.4-5)和式(7.4-6)知

$$C(x)=m(x)x^{n-k}+r(x)$$

$$r(x)\equiv m(x)x^{n-k}\bmod g(x)$$

系统码的编码器就是信息组 $m(x)$乘 x^{n-k}，然后用 $g(x)$除，求余式 $r(x)$的电路。

下面以二进制(7,4)汉明码为例说明。设其生成多项式为 $g(x)=x^3+x+1$，则系统码编码器如图 7-6 所示。

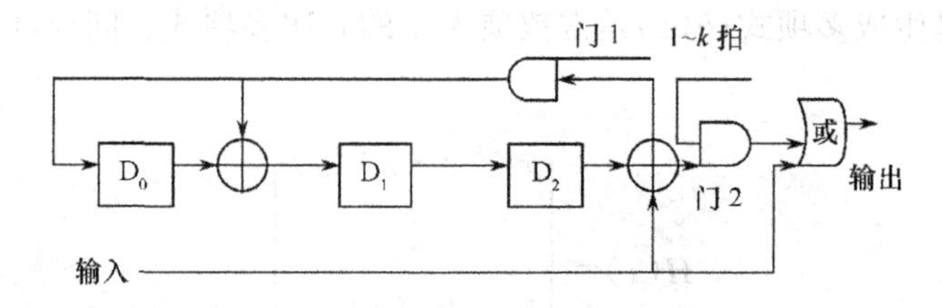

图 7-6 (7,4)码三级除法编码器

编码过程如下：

(1) 三级移存器初态全为 0，门 1 开，门 2 关。信息组以高位先入的次序送入电路，一方面经或门输出，另一方面送入 $g(x)$除法电路右端，这相应于完成 $x^{n-k}m(x)$的除法运算。

(2) 四次移位后，信息组全部通过或门输出，它就是系统码码字的前 4 个信息元，与此同时它也全部进入 $g(x)$电路，完成除法。此时在移存器中的存数就是余式 $r(x)$的系数，也就是码字的校验元(c_2,c_1,c_0)。

(3) 门 1 关，门 2 开，再经三次移位后，移存器中的校验元 c_2,c_1,c_0 跟在信息组后面，形成一个码字($c_6=m_3,c_5=m_2,c_4=m_1,c_3=m_0,c_2,c_1,c_0$)从编码器输出。

(4) 门 1 开，门 2 关，送入第二组信息组，重复上述过程。

表 7-9 列出该编码器的工作过程。输入信息组是(1001)，7 次移位后输出端得到了已编好的码字(1001110)。

表 7-9 (7,4)汉明码编码的工作过程

节拍	信息组输入	移存器内容			输出码字
		$D_0(x^0)$	$D_1(x^1)$	$D_2(x^2)$	
0		0	0	0	
1	1	1	1	0	1
2	0	0	1	1	0
3	0	1	1	1	0
4	1	0	1	1	1
5		0	0	1	1
6		0	0	1	1
7		0	0	0	0

接收端译码的目的是检错和纠错。由于任一码多项式 $C(x)$都应能被生成多项式 $g(x)$

整除，所以在收端可以将接收码组 $R(x)$ 用生成多项式去除。当传输中无错误发生时，接收码组和发送码字相同，即 $C(x)=R(x)$，故接收码组 $R(x)$ 必能被 $g(x)$ 整除。若码字在传输中发生错误，则 $C(x)\neq R(x)$，$R(x)$ 除以 $g(x)$ 有余项，所以，可以用余项是否为零来判别接收矢量中有无误码。在接收端为纠错而采用的译码方法自然比检错时复杂。同样，为了能够纠错，要求每个可纠正的错误图样必须与一个特定余式有一一对应关系。

设接收码组及其错误图样分别为

$$R(x)=b_{n-1}x^{n-1}+b_{n-2}x^{n-2}+\cdots+b_1x+b_0$$

$$E(x)=e_{n-1}x^{n-1}+e_{n-2}x^{n-2}+\cdots+e_1x+e_0$$

可以证明：对于系统型循环码，接收码组多项式 $R(x)$ 或其错误图样多项式 $E(x)$ 除以 $g(x)$ 所得余式的系数序列就是其伴随式。

即
$$S(x)=R(x)\bmod g(x)=s_{r-1}x^{r-1}+s_{r-2}x^{r-2}+\cdots+s_1x+s_0$$

且
$$S=(s_{r-1}s_{r-2}\cdots s_0)=RH^t$$

用于检错时，根据 $S(x)$ 是否为零就可判断接收码组 R 是否有错，$S(x)=0$ 时表明 R 无错，$S(x)\neq 0$ 表明 R 有错。用于纠错时，还需要根据 $S(x)$ 不同的非零情况确定相应的错误位置，从而纠正错误。

【例 7-6】 二进制(7,4)循环汉明码，生成多项式 $g(x)=x^3+x+1$，相应的校验矩阵为

$$\boldsymbol{H}=[\tilde{x}^{T_6}\quad \tilde{x}^{T_5}\quad \tilde{x}^{T_4}\quad \tilde{x}^{T_3}\quad \tilde{x}^{T_2}\quad \tilde{x}^{T_1}\quad \tilde{x}^{T_0}]\quad [\bmod g(x)]$$

$$=\begin{bmatrix}1&1&1&0&1&0&0\\0&1&1&1&0&1&0\\1&1&0&1&0&0&1\end{bmatrix}$$

可见，该码的 $d_0=3$，可纠 $t=1$ 位错码。由于循环码的特点，构造其译码器的错误识别电路时，只要识别 1 位出错的错误图样中的一个，如 $E_6=(1000000)$ 就够了，该图样的伴随式就是 $\boldsymbol{H}$ 的第一列(101)。而错误图样 E_6 的识别电路就是一个检测伴随式是否为(101)的电路。由此可得如图 7-7 所示的译码电路。图中的伴随式计算电路就是一个以 $g(x)=x^3+x+1$ 为除式的除法电路，而有三个输入端的与门和反相器，组成了识别(101)的伴随式识别器。译码器的译码过程列于表 7-10 中。

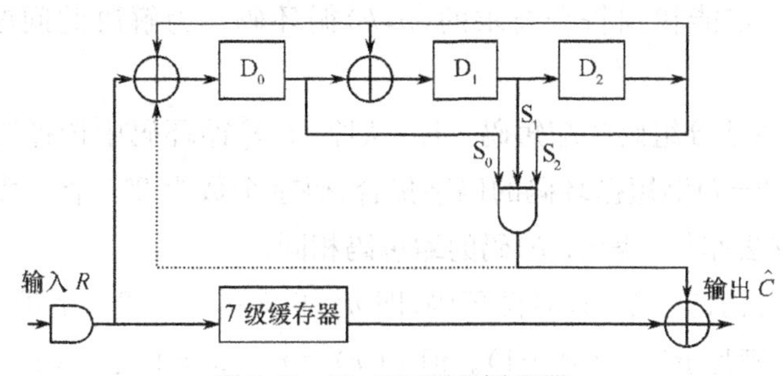

图 7-7　(7,4)汉明码译码器

表 7-10 译码器译码过程

节拍	输入 $R(x)$	伴随式计算电路			与门输出	缓存输出	译码器输出
		D_0	D_1	D_2			
0		0	0	0			
1	$1(x^6)$	1	0	0			
2	$0(x^5)$	0	1	0			
3	$0(x^4)$	0	0	1			
4	$0(x^3)$	1	1	0			
5	$0(x^2)$	0	1	1			
6	$1(x)$	0	1	1			
7	$1(x^0)$	0	1	1			
8		0	1	1	0	1	1
9		1	1	1	0	0	0
10		1	0	1	1	0	1
11		1	0	0	0	0	0
12		0	1	0	0	0	0
13		0	0	1	0	1	1
14		1	1	0	0	1	1

7.4.4 常用循环码

循环码是实际系统中常使用的一类纠错编码方式，为方便查阅，现将常用循环码列举如下。

1. 缩短循环码

循环码校验元个数为生成多项式 $g(x)$ 的最高次数，即 $r=\partial^0 g(x)$，且 $g(x)$ 能被 (x^n+1) 整除，即 $g(x)|(x^n+1)$，信息元个数 $k=n-r$。因 x^n+1 的因式个数是有限的，故对于给定的 k 或 r，不一定能找到符合要求的 (n,k) 循环码。为解决此问题，可采用缩短循环码。

和一般 (n,k) 线性分组码的缩短码一样，从原 (n,k) 循环码中选择所有前 i 位为零的码字即构成 $(n-i,k-i)$ 缩短循环码的码字集合，码字个数为 2^{k-i} 个。其生成矩阵和一致校验矩阵的构造方法亦与一般 (n,k) 码的缩短码相同。

例如，我们需要构造一个 $(6,3)$ 循环码，即 $n=6,k=3,r=3$。不难发现，找不到一个三次多项式 $g(x)$，满足 $g(x)|(x^6+1)$。但 $g(x)=x^3+x+1$ 时，$g(x)|(x^7+1)$，故先构成 $(7,4)$ 码，而后去掉一位信息元，共有 $2^{4-1}=8$ 个码字，便得 $(6,3)$ 码。具体做法是：将

(7,4)循环码中第一位为零的码字取出，去掉第一个零，即组成了(6,3)缩短码的全部码字：

$$
\begin{array}{c|cccccc|cccccccc}
0 & 0 & 0 & 0 & 0 & 0 & 0, & 1 & 0 & 0 & 0 & 1 & 0 & 1 \\
0 & 0 & 0 & 1 & 0 & 1 & 1, & 1 & 0 & 0 & 1 & 1 & 1 & 0 \\
0 & 0 & 1 & 0 & 1 & 1 & 0, & 1 & 0 & 1 & 0 & 0 & 1 & 1, \\
0 & 0 & 1 & 1 & 1 & 0 & 1, & 1 & 0 & 1 & 1 & 0 & 0 & 0, \\
0 & 1 & 0 & 0 & 1 & 1 & 1, & 1 & 1 & 0 & 0 & 0 & 1 & 0, \\
0 & 1 & 0 & 1 & 1 & 0 & 0, & 1 & 1 & 0 & 1 & 0 & 0 & 1, \\
0 & 1 & 1 & 0 & 0 & 0 & 1, & 1 & 1 & 1 & 0 & 1 & 0 & 0, \\
0 & 1 & 1 & 1 & 0 & 1 & 0, & 1 & 1 & 1 & 1 & 1 & 1 & 1
\end{array}
$$

值得注意的是，缩短循环码已不再具有循环移位的特点，不过它的每个码字多项式仍是原(n,k)码生成多项式$g(x)$的倍式。$g(x)|(x^n+1)$，但$g(x)$不能整除$(x^{n-i}+1)$。

尽管缩短循环码的码字已不再具有循环特性，但这并不影响其编、译码的简单实现，它仅需要对原(n,k)循环码的编、译码稍加修正。

缩短循环码的编码器仍与原来循环码的编码器一样(因为去掉前i个为零的信息元，并不影响监督位的计算)，只是操作的总节拍少了i拍。译码时，只要在每个接收码组前加i个零，原循环码的译码器就可用来译缩短循环码。但为了节省资源，也可不加i个零，而对伴随式寄存器的反馈连接进行修正，同时将缓冲寄存器改为$n-i$级。例如，(15,11)循环码缩短 5 位得到了(10,6)码，其生成多项式为$g(x)=x^3+x+1$，通过计算可得$f(x)=R_{g(x)}[x^5]=x^2+x$，则其译码电路如图 7-8 所示。

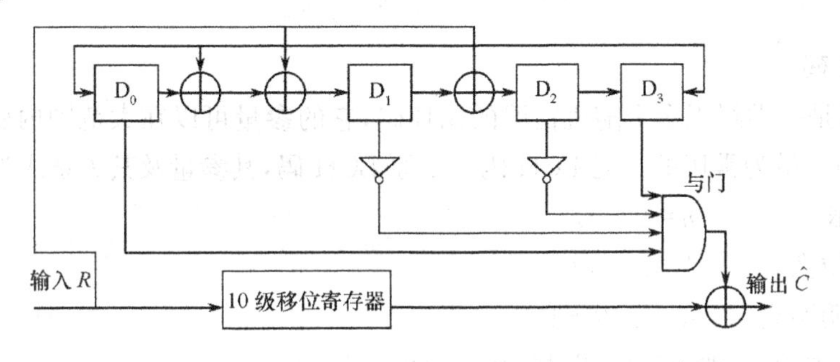

图 7-8　(10,6)缩短循环码的译码电路

总之，缩短循环码是在原循环码中选前i个信息位为 0 的码字组成。由于缩短的是信息元，缩短循环码的校验元数目与原循环码相同，因此缩短码的汉明距离和纠错能力不会低于原循环码，甚至会比原循环码更大些。

缩短循环码的译码器可在原(n,k)循环码译码器基础上作如下修正后使用：

(1) k级缓存器改为$k-i$级(或n级缓存器改为$n-i$级)；

(2) 为了与①的改动相适应，$R(x)$应自动乘以x^i，然后再输入伴随式计算电路。

2. CRC 码

循环冗余校验码(CRC)是一种非常适于检错的差错控制码。由于其检错能力强,它对随机错误和突发错误都能以较低冗余度进行严格检验,且编码和译码检错电路的实现都相当简单,故在数据通信和移动通信中都得到了广泛的应用。

CRC 码可以检测出以下几种形式的错误:

(1) 突发长度不超过 $n-k$ 的全部错误;

(2) 当突发错误达到 $n-k+1$ 位时,可部分检错,其比例为 $1-2^{-(n-k-1)}$;

(3) 当超出长度为 $n-k+1$ 的突发错误,可检错比例为 $1-2^{-(n-k)}$;

(4) 所有允许用码字距离小于 d_{min} 的错误;

(5) 所有奇数个随机错误。

表 7-11 给出了作为国际标准得到广泛应用的几种 CRC 码的生成多项式,它们均含有因式 $x+1$,这类码不含奇数重量码字,相当于进行了奇偶校验。

表 7-11 常用 CRC 码

CRC 码	生成多项式 $g(x)$	$n-k$
CRC－12 码	$x^{12}+x^{11}+x^3+x^2+x+1$	12
CRC－16 码	$x^{16}+x^{15}+x^2+1$	16
CRC－CCITT 码	$x^{16}+x^{12}+x^5+1$	16
CRC-32	$x^{32}+x^{26}+x^{23}+x^{22}+x^{16}+x^{12}+x^{11}+x^{10}+x^8+x^7+x^5+x^4+x^2+1$	32

3. BCH 码

BCH 码是一类纠正多个随机错误的循环码,它的参量可以在大范围内变化,选用灵活,适用性强。最为常用的二元 BCH 码是本原 BCH 码,其参量及其关系式为:

分组码长　　$n=2^m-1$

信息码位数　　$k\geqslant n-mt$

最小汉明距离　　$d_{min}\geqslant 2t+1$

其中,m 为正整数,一般 $m\geqslant 3$,纠错位数 $t<(2^m-1)/2$。

BCH 码可纠正 t 位错误,实际上能纠正 1 位错的(7,4)循环汉明码,就是一种 BCH 码。为了认识 BCH 码的特点,表 7-12 给出了码长在 $2^5-1=31$ 的范围内的几种二元 BCH 码的参量,表中 n 表示码长,k 表示信息位长,t 表示码的纠错能力,生成多项式栏下的数字表示其二进制系数,如表中生成多项式系数序列为(11101101001)时,其生成多项式为 $g(x)=x^{10}+x^9+x^8+x^6+x^5+x^3+1$,构成能纠 2 个错误的(31,21)BCH 码。

作为 BCH 码应用实例,H. 320 系统的会议电视利用 $E1$(2.048Mb/s)PCM 传输。当信道误码率超出 10^{-6} 时,启用 BCH(511,493)码。$n-k=r=18$,其生成多项式 $g(x)=$

$(x^9+x^4+1)(x^9+x^6+x^5+x^3+1)$，$n=2^m-1=2^9-1=511$，$m=9$，$k=493$。可纠2位错码，$d_0=5$。

表 7-12　部分BCH码的参数

n	k	t	生成多项式的系数序列	n	k	t	生成多项式 $g(x)$ 的系数序列
7	4	1	1 011	31	21	2	11 101 101 001
15	11	1	10 011	31	16	3	1 000 111 110 101 111
15	7	2	111 010 001	31	11	5	101 100 010 011 011 010 101
15	5	3	10 100 111 111	31	6	7	001 011 011 110 101 000 100 111
31	26	1	100 101				

4. RS码

RS码是Reed－Solomon码的缩写，该码是一种多元BCH码。由于RS码是以每符号 m 个比特进行的多元符号编码，在编码方法上与二元 (n,k) 循环码不同。分组块长为 $n=2^m-1$ 的码字比特数为 $m(2^m-1)$ 比特，当 $m=1$ 时就是二元编码。一般RS码常用 $m=8$ 比特，这类RS码具有很大应用价值。可以纠 t 个符号错误的RS码参量如下：

分组长度　　$n=2^m-1$　　（符号）

信息组长度　　k 个符号，$k=n-2t$

校验元　　$n-k=2t$　　（符号）

最小汉明距离　　$d_{\min}=2t+1$　　（符号）

RS码的主要优点：

（1）它是多进制纠错码，故特别适用于多进制调制的场合；

（2）因为其最小汉明距离比校验符号数多1，因此RS码的冗余度可以高效率利用，可以根据需要，在大范围内调整它的各个参量，特别是便于码率的选择与适配；

（3）译码方便，效率高；

（4）它能纠正 t 个 m 位二进制错误码组。至于一个 m 位二进制码组中到底有1位错误，还是 m 位全错了，并不会影响它的纠错能力。因此它适合于在衰落信道中纠正突发性错误。

RS码还适合于纠正组合差错（随机与突发）的场合，如RS(64,40)码，每6比特信息构成一个信息符号，240比特的分组（即6×40）经编码后，增加了144比特（24个符号）冗余，码长为 $n=64$ 符号，具有12个符号的纠错能力。

又如RS(64,62)码，用于64QAM数字微波系统，其中2符号冗余，只占3%，纠错能力为 $t=1$（符号）。

7.5 卷积码

7.5.1 卷积码的描述方法

1. 一般概念

卷积码是由爱里斯(Elias)于1955年提出的，它与以前各章所讨论的分组码不相同。分组码编码时，本组中的$(n-k)$个校验元仅与本组的k个信息元有关，而与其他各组码元无关，分组码译码时，也仅从本码组中的码元内提取有关译码信息，而与其他各组无关。但是在卷积码编码中，本组的(n_0-k_0)个校验元不仅与本组的k_0个信息元有关，而且还与以前各时刻输入至编码器的信息组有关。同样地，在卷积码译码过程中，不仅从此时刻收到的码组中提取译码信息，而且还要利用以前或以后各时刻收到的码组中提取有关信息。此外，卷积码中每组的信息位k_0和码长n_0，通常也比分组码的k和n要小。

正是由于在卷积码的编码过程中充分利用了各级之间的相关性，且k_0和n_0也较小，因此，在与分组码同样的码率R和设备复杂性条件下，无论从理论上还是从实际上均已证明卷积码的性能至少不比分组码差，且实现最佳和准最佳译码也较分组码容易。所以，从信道编码定理看，卷积码是一种非常有前途的，能达到信道编码定理所提出的码类。但由于卷积码各组之间相互有关，因此在卷积码的分析过程中，至今仍未找到像分组码那样有效的数学工具，以致性能分析比较困难，从分析上得到的成果也不像分组码那样多，而往往还要借助计算机的搜索来寻找好码。

从描述方法上看，卷积码也可以像分组码一样利用码多项式或者生成矩阵等形式来描述。此外，根据卷积码的特点，还可以利用状态图(State Diagram)、树图(Tree)以及格图(Trellis)等工具来描述，下面首先从卷积码的编码开始进行讨论。

卷积码的编码可以通过由移位寄存器组成的网络结构实现。图7-9给出了二进制(2,1,2)卷积码的编码框图。

在图7-9中，$D_i(i=1,2)$为移位寄存器。编码时，在某一时刻k送入编码器一个信息比特m_k，同时移位寄存器中的数据(D_1和D_2中存储的数据分别是$k-1$时刻和$k-2$时刻的输入m_{k-1}和m_{k-2})右移一位，编码器根据移位寄存器的输出(m_{k-1}和m_{k-2})和编码器输入(m_k)，按照编码器中所确定的规则进行运算，生成该时刻的两个输出码元$c_k^{(1)}$和$c_k^{(2)}$。由图7-9的编码器结构图可知，该卷积码的编码规则如下。

$$c_k^{(1)}=m_k+m_{k-2}$$

$$c_k^{(2)}=m_k+m_{k-1}+m_{k-2}$$

输出码字为

$$c_k=(c_k^{(1)},c_k^{(2)})$$

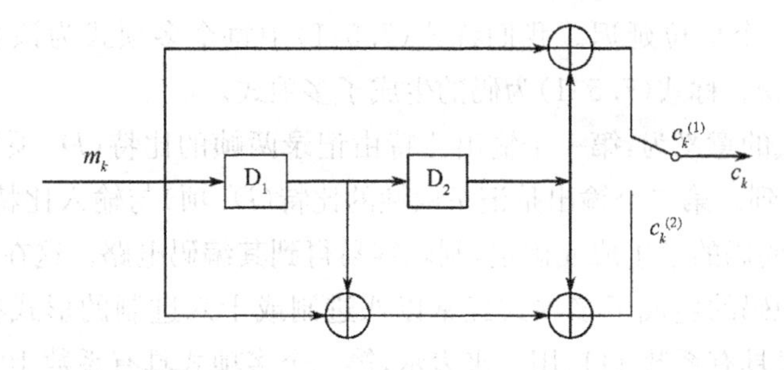

图 7-9 (2,1,2)卷积码的编码框图

可见,任一时刻 k 的编码输出 c_k 不仅与当前时刻的输入 m_k 有关,同时与 $k-1$ 时刻和 $k-2$ 时刻的输入 m_{k-1} 和 m_{k-2} 有关。同时,k 时刻的输入信息元 m_k 还影响接下来 $k+1$ 时刻和 $k+2$ 时刻的编码输出 c_{k+1} 和 c_{k+2},例如

$$c_{k+1}{}^{(2)}=m_k+m_{k+1}+m_{k-1}$$

$$c_{k+2}{}^{(2)}=m_k+m_{k+1}+m_{k+2}$$

考虑一般的(n_0,k_0,m)卷积码,在每一时刻送至编码器的输入信息元为 k_0 个,相应的编码输出为 n_0 个码元。一般情况下,这 n_0 个码元组成的子码称为卷积码的一个子组或者码段。任一时刻 k 送至编码器的信息组记为 $m_k=(m_k^{(1)},m_k^{(2)},\cdots,m_k^{(k_0)})$,相应的编码输出码段 $c_k=(c_k^{(1)},c_k^{(2)},\cdots,c_k^{(n_0)})$不仅与前面的 m 个时刻的 m 段输入信息组 $m_{k-1},m_{k-2},\cdots m_{k-m}$ 和输出码段 $c_{k-1},c_{k-2},\cdots c_{k-m}$ 有关,而且还参与此时刻之后 m 个时刻的输出码段 $c_{k+1},c_{k+2},\cdots c_{k+m}$ 的计算。

上述卷积码的输出实际上是 k_0 个输入信息元与编码寄存器中存储的 m 个信息元线性组合的结果(对于二进制码,输出是模 2 加的结果),因此这样的卷积码又称为线性卷积码。

下面介绍卷积码的几个基本概念。

编码器中某一时刻与输出相关的非该时刻输入信息组的个数 m 称为**编码存储**,即编码器中移位寄存器的个数,同时也表示输入信息组在编码器中存储的单位时间。

称 $N=m+1$ 为编码约束度。说明编码过程中互相约束的码段数。称 $N_A=Nn_0$ 为**编码约束长度**。说明编码过程中互相约束的码元数。称 $R=k_0/n_0$ 为**编码速率**,简称码率。码率是衡量卷积码编码效率的重要参数。

2. 生成子多项式

卷积码的编码操作可以用多项式来表述,它代表了输入比特产生各自输出比特的原理。如上例码的多项式:

$$g^{(2)}(D)=D^2+D+1 \tag{7.5-1}$$

$$g^{(1)}(D)=D^2+1$$

算子D代表一个单位延迟。我们称式(7.5-1)中每个多项式为该卷积码的子生成元，其最高次数为m。称式(7.5-1)为码的生成子多项式。

这两个多项式的意义为：第一个输出比特由记录两帧的比特(D^2项)、记录一帧的比特(D)的模2加得到。第二个输出是记录两帧的比特(D^2项)与输入比特(1)通过模2相加得到。可见，只要码的子生成元确定，则就容易得到其编码电路。这在图7-9中都有反映。性能好的卷积码的生成子多项式经常以八进制或十六进制的形式在文献中列表表示。第一个多项式具有系数111，用7来表示，第二个多项式具有系数101，用5来表示。

生成子多项式的概念也可以在若干信息比特同时输入的情况下使用。此时，生成子多项式描述的是输入的每一比特和它前面的值是如何影响每一输出比特的。例如，2比特输入、3比特输出的码需要6个生成子多项式，分别设为：$g_1^{(2)}(D)$、$g_1^{(1)}(D)$、$g_1^{(0)}(D)$、$g_2^{(2)}(D)$、$g_2^{(1)}(D)$、$g_2^{(0)}(D)$。

3. 卷积码的状态图和格图描述

(1) 状态描述

通常卷积码的编码电路可以看成是一个有限状态的线性电路，因此可以利用状态图来描述编码过程。

编码器寄存器在任一时刻所存储的数据取值称为编码器的一个状态，以S_i来表示。对于图7-9所示的二进制(2,1,2)卷积码，编码器中包含两个寄存器，因此，共有$2^2=4$种可能状态，相应的取值和标记如表7-13所示。

随着信息序列的输入，编码器中寄存器的状态在上述4个状态之间发生转移，并输出相应的码序列。将编码器随输入而发生状态转移的过程用流程图的形式来描述，即得到卷积码的状态图。以(2,1,2)卷积码为例，其状态图及相应的输入码元的关系如图7-10所示。

表7-13 约束长度为3的编码寄存器状态表

状态S	D_1D_2
S_0	00
S_1	10
S_2	01
S_3	11

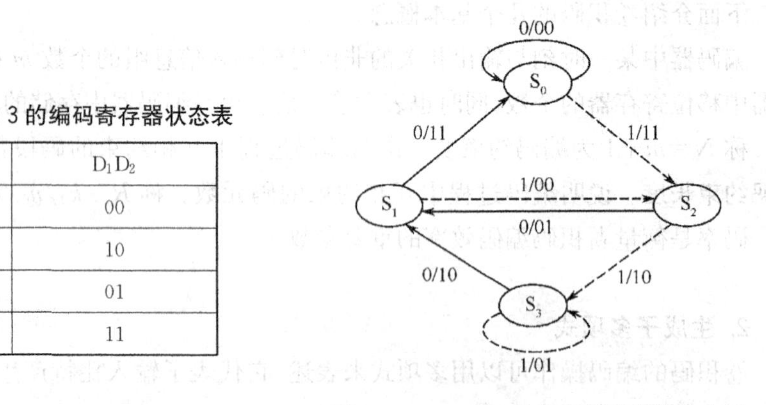

图7-10 (2,1,2)卷积码的编码器状态图

在图7-10中，对应每一条转移路径上的标记，斜线前的数码表示输入码元，后面是相应的输出码元。例如，若当前编码器处于S_0状态，下一时刻输入为1时，编码器从S_0状

态转移到 S_1 状态，同时编码器输出为 11。编码器的编码过程就是在状态图上转移的过程。例如，对于信息序列 $m=(1011100)$，若卷积码的初始状态为 S_0，则在对 m 编码时的状态转移为 $S_0 \to S_1 \to S_2 \to S_1 \to S_3 \to S_3 \to S_2 \to S_0$ 相应的编码输出为(11,10,00,01,10,01,11)。

(2) 格图描述

将状态图按照时间的顺序展开，即得到卷积码的格图(又称篱笆图)表示。例如，考察长度为 $L=5$ 的输入信息序列，为使编码器在编码完成后回到初始 S_0 状态，需要在信息序列的尾端补存与编码器寄存器个数相等的零比特。由此，相应的格图表示如图 7-11 所示。其中每条路径转移分支对应的输入/输出码元与图 7-10 给出的状态图是一致的。图中粗线所对应的输入信息序列为(101110)，相应的编码输出为(11,10,00,01,10,01,11)。

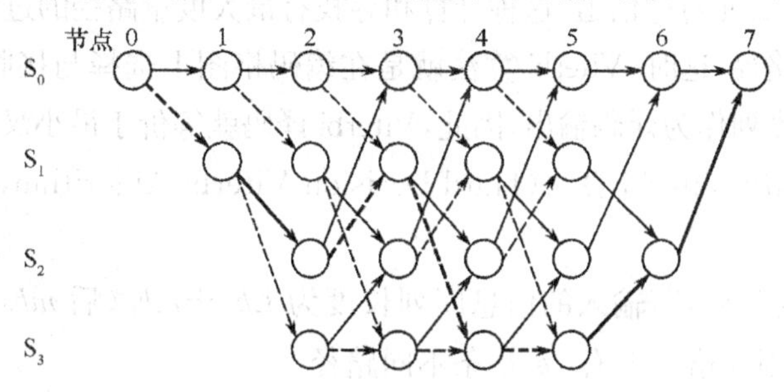

图 7-11 (2,1,2)卷积码编码过程的格图描述

格图结构主要用于对卷积码编码过程的分析和 Viterbi 译码。

除了利用状态图和格图描述卷积码的编码过程外，还可以利用树图来描述卷积码的编码过程，在卷积码的序列译码算法中采用的就是树图结构描述方法，有兴趣的读者可以参考相关书籍或文献。

7.5.2 卷积码的 Viterbi 译码

卷积码的译码可分为代数译码和概率译码两大类。代数译码利用生成矩阵或一致校验矩阵进行译码，最主要的方法是大数逻辑译码。概率译码比较实用的有两种：Viterbi 译码和序列译码。目前，概率译码已成为卷积码最主要的译码方法。本节将简要讨论 Viterbi 译码。Viterbi 译码是一种最大似然译码方法。由于接收序列通常很长，所以在 Viterbi 译码时对最大似然译码进行了简化，即把接收码组分段累计处理，例(2,1,2)卷积码译码以 12 位码组分段，每接收一个 12 位码组，计算、比较一次，保留码距最小路径，直至译完整个序列。

下面以硬判决 Viterbi 译码为例，介绍其译码原理。

卷积码的码字序列 C 是输入信息序列 m 与编码器冲激响应卷积的结果，C 经过信号传输映射并送至有噪声信道传输，在接收端得到接收序列 R。Viterbi 译码方法就是利用

接收序列 R，根据最大似然估计准则来得到估计的码字序列 $\hat{C}$。即寻找在接收序列 R 的条件下使条件概率 $P(R|C)$ 取得最大值（称为最大**度量**）时所对应的码字序列作为估值输出。Vitervi 算法就是利用卷积码编码器的格图来计算路径度量。算法首先给格图中的每个状态（结点）指定一个部分路径度量值。这个部分路径度量值由从起始时刻 $t=0$ 的 S_0 状态到当前 k 时刻的 S_k 状态决定。在每个状态，选择达到该状态的具有"最好"部分路径度量的分支，按照所采用的度量，选择满足条件的部分路径作为幸存路径，而将其他达到该状态的分支从格图上删除。Viterbi 算法就是在格图上选择从起始时刻到终止时刻的唯一幸存路径作为最大似然路径。沿着最大似然路径，从终止时刻回溯到开始时刻，所走过的路径对应的编码输出就是最大似然译码输出序列。

可以证明，对于二元对称信道，这种计算和寻找有最大度量路径的过程等价于寻找与 R 有最小汉明距离的路径，这时，Viterbi 算法就是在编码格图上选择与接收序列 R 之间的汉明距离最小的码字序列作为译码输出，因此，Viterbi 译码就等价于最小汉明距离译码。

综上所述，硬判决 Viterbi 算法（Hard Decision Viterbi Algorithm，HDVA）可以按照如下步骤实现：

设 (n_0,k_0,m) 卷积码，若输入的信息序列长度为 Lk_0+mk_0（后 mk_0 个码元全为 0，以迫使编码器归零），则在格图上有 $2k_0L$ 条不同路径。

(1) 设某时刻 t 开始，计算在 t 时刻到达状态 s_k 的所有路径的**部分路径度量**，这可以通过计算接收序列与码字序列的汉明距离 $\sum_{j=1}^{n_0}|r_t^{(j)}-c_t^{(j)}|$ 来完成。对每一状态挑选并存储一条具有最大度量的部分路径作为**幸存路径**留选。

(2) $t+1\to t$，把此时刻进入每一状态的所有分支度量和与之相连的前一时刻的幸存路径的度量相加，得到了此时刻进入每一状态的幸存路径，将其存储并删去其他所有路径，因此幸存路径延长了一个分支。

(3) 若 $t<L+m$，重复以上各步，否则停止，得到具有最大度量的路径。

Viterbi 算法得到的最终幸存路径在格图中是唯一的，也就是最大似然路径。

【例 7-7】　考察前面所描述的(2,1,2)卷积码。若输入序列为：$m=(1011100)$

相应的码子序列为：$C=(11,10,00,01,10,01,11)$，如果经过 BSC 信道传输后得到的接收硬判决序列为 $R=(11,10,00,01,11,01,11)$，可见，有两位出现了错误，下面考察通过 Viterbi 算法以最小汉明距离为准则实现译码，从而获得估计信息序列 $\hat{m}$ 和码字序列 $\hat{C}$。

图 7-12 给出了在编码器格图上根据接收序列进行 Viterbi 译码的过程。图中用粗线画出了在每一时刻进入每个状态的幸存路径；从 $t=2$ 时刻以前，进入每一个状态的分支只有一个，因此这些路径就是幸存路径；从 $t=2$ 时刻开始，进入每一个状态结点的路径有两条，按照最小距离准则，选择一条幸存路径。在 $t=7$ 时刻，只剩下唯一 一条幸存路径，即最大似然路径，与这条路径相对应的码字就是译码输出，显然，根据前述该输入序列的

编码码字，可知：$\hat{C}=C=(11,10,00,01,10,01,11)$，相应的译码输出信息序列为 $\hat{m}=m=(1011100)$。表 7-14 给出了进入每个状态结点的幸存路径的部分度量值。

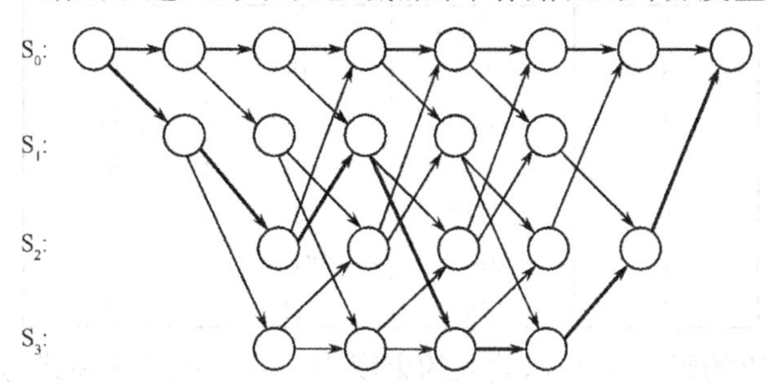

图 7-12　Viterbi 译码过程示意图

表 7-14　进入每个状态结点的幸存路径的部分度量值

状态 S	$t=1$	$t=2$	$t=3$	$t=4$	$t=5$	$t=6$	$t=7$
S_0	1	2	2	3	3	3	3
S_1	1	2	1	3	3		
S_2		1	3	3	2	2	
S_3		3	3	1	2		

在软判决译码中，接收机并不是将每个接收码元简单地判决为 0 或者 1(1 比特量化)，而是使用多比特量化或者直接使用未量化的模拟信号。理想情况下，接收序列 R 直接用于软判决 Viterbi 译码器。软判决 Viterbi 译码器的工作过程与硬判决 Viterbi 译码器的工作过程相似，唯一的区别是在度量中采用的参数不同。通常，实现软判决 Viterbi 算法有两种方法。第一种是利用欧几里德距离度量代替硬判决时的汉明距离度量，其中接收码元采用多比特量化；第二种方法是采用相关度量选择幸存路径，接收码元也采用多比特量化。软判决与硬判决相比，性能上一般可获得 1.5～2dB 的好处。

7.5.3　卷积码的应用

1. 性能较好的卷积码

考虑 Viterbi 译码，假设卷积码的编码存储 m 只是个位数。在每一帧被接收时，译码器都必须更新 2^m 状态，对于每一个状态，都有 $2k_0$ 条路径要估算。于是，译码器的计算量大致等于 2^N。这是能够用此方式解码的码的约束长度的上限。这个上限的大小取决于要求达到的比特率和技术水平，但是通常情况下，约束度 N 取 7～9，这些值是目前典型的最大值。更长的约束长度也意味着功能更为强大的码，但只能在合理的码率下用其他技术来译码，例如序贯译码。

我们将一些已知的性能良好的码率为 1/2 的卷积码的生成多项式用八进制的形式表示，如表 7-15 所示。

表 7-15　码率为 1/2 的卷积码

m	$g^{(1)}$	$g^{(2)}$	d_∞
2	7	5	5
3	17	15	6
4	35	23	7
5	75	53	8
6	171	133	10
7	371	247	10
8	753	561	12

最常见的卷积码的码率为 1/2，输入约束度 $N=7$，生成子多项式为

$$g^{(1)}(D)=D^6+D^5+D^4+D^3+1$$

$$g^{(0)}(D)=D^6+D^4+D^3+1$$

2. 删除卷积码

删除卷积码是国际电信卫星组织开通的中速率数据传输系统中常用的一种信道编码方法，它通过有规律地删除原卷积码序列中一定数量的码元符号，有效地提高信道传输效率，当然，此时码的纠错能力会相应地降低。

删除卷积码又称为删余卷积码，其过程实际上是在编码器的输出码流中系统地删除一部分码元，被删除码元的个数决定了最终的编码速率。例如，对于 1/2 码率的卷积码，在其输出序列中每 4 个码元删除一个，相当于对每两个输入码元相应的输出为三个码元，产生了一个码率为 2/3 的码字。同样地，若在每 6 个输出码元中删除两个，就可以实现 3/4 码率。

例如：我们把(2,1,7)卷积码序列每 6 位分为一组：

$C_0^{(1)}, C_0^{(2)}, C_1^{(1)}, C_1^{(2)}, C_2^{(1)}, C_2^{(2)}, | C_3^{(1)}, C_3^{(2)}, C_4^{(1)}, C_4^{(2)}, C_5^{(1)}, C_5^{(2)}, | C_6^{(1)}, C_6^{(2)}, C_7^{(1)}, C_7^{(2)}, C_8^{(1)}, C_8^{(2)}, | \cdots\cdots$

删除第 4,5 两位(下划线部分)即可得到 3/4 码率的删除卷积码：

$C_0^{(1)}, C_0^{(2)}, C_1^{(1)}, C_2^{(2)}, | C_3^{(1)}, C_3^{(2)}, C_4^{(1)}, C_5^{(2)}, | C_6^{(1)}, C_6^{(2)}, C_7^{(1)}, C_8^{(2)}, | \cdots\cdots$

可以看出以上序列相当于是每输入 $k_0=3$ 位信息元产生一个 $n_0=4$ 位的子码序列。

表 7-16 中表明了码率为 1/2 的码可以被删除，产生码率为 2/3 或 3/4 的好码。对于 2/3 码率的码来说，前两个生成子(八进制表示)用来生成第一个 2 比特的输出帧，而下一帧只用到了第三个生成子(和其他两个一样)。对于 3/4 码率的码来说，紧接着的第三帧要用到第四个生成子。

除了运算方面的考虑，删除卷积码还能用在一个译码器提供若干种不同码率的情况，这一点很重要。比如说，我们可以在较好的接收条件下处理 3/4 码率的码，但当噪声级别加大且要求有较大的最小距离 d_∞，允许收端和发端在切换到 2/3 或 1/2 码率的标准上保

持一致。这种算法就叫做自适应编码(adaptive coding)。

表 7-16　码率为 1/2 的收缩码与码率为 2/3,3/4 的码比较

生成子　d_∞	生成子　d_∞	生成子　d_∞
v　$R=(1/2)$	$R=(2/3)$	$R=(3/4)$
2　7,5　5	7,5,7　3	7,5,5,7　3
3　15,17　6	15,17,15　4	15,17,15,17　4
4　31,33　7	31,33,31　5	31,33,31,31　3
4　37,25　6	37,25,31　4	37,25,37,37　4
5　57,65　8	57,65,57　6	65,57,57,65　4
6　133,171　10	133,171,133　6	133,171,133,171　5
6　135,147　10	135,147,147　6	135,147,147,147　6
7　237,345　10	237,345,237　7	237,345,237,345　6

3. 应用举例

由于卷积码的优异性能,它在很多方面得到了应用,其典型应用是加性高斯白噪声信道,特别是卫星通信和空间通信中,主要是和 PSK 和 QPSK 调制结合,它还是网格编码调制(TCM)以及级联码内码的主要码型。

表 7-17 列出了一些常用卷积码采用 3 比特软判决 Viterb 译码的编码增益,其中(2,1,7)码及(3,1,7)码在 20 世纪 70 年代末已由美国宇航局制定为人造行星标准码,用于太阳系行星的深空探测器中。20 世纪 80 年代中(2,1,7)码和(4,3,2)码已被国际通信卫星组织(INTELSAT)制订为 IDR 和 IBS 业务的标准码。此外,许多小型卫星通信地球站(VSAT)中采用了(2,1,6)码或(2,1,7)码。

此外,随着卫星通信面临着新挑战,特别是需要非同步轨道来支持移动通信网络。因此,蜂窝移动通信所采用的码对于卫星通信也有很大的吸引力。

在蜂窝移动通信中,由于多径干扰(反射)、信号阴影、同波道干扰(在其他蜂窝中复用同一频段)造成很多突发错误,但是我们需要将目标误比特率控制在适度的范围内,同时获得编码增益,为此卷积码得到了大量的应用。

表 7-17　常用卷积码的编码增益

卷积码(n_0,k_0,N)	编码增益(dB)		
	$P_b=10^{-3}$	$P_b=10^{-5}$	$P_b=10^{-7}$
(3,1,7)	4.2	5.7	6.2
(2,1,7)	3.8	5.1	5.8
(2,1,6)	3.5	4.6	5.3
(2,1,5)	3.3	4.3	4.9
(3,2,4)	3.1	4.6	5.2
(3,2,3)	2.9	4.2	4.7
(4,3,3)	2.6	4.2	4.8
(4,3,2)	2.6	3.6	3.9

数字移动通信的 GSM 标准是时分多路存取(TDMA)系统，各信道的比特率是 22800b/s。这是在包含了 144 比特数据的时隙中获得的。它的主要应用是具有数字语音合成器的数字语音，即使在 1%甚至更高的误比特率的条件下，通话质量也是可以接受的。为了在这种水平下传递编码增益，需要将卷积码与交织技术一起使用，以防止信道误码突发的产生。所使用的码的码率为 1/2，$N=5$，生成子多项式为

$$g^{(1)}(D)=D^4+D^3+1$$

$$g^{(0)}(D)=D^4+D+1$$

GSM 的原始全码率(full rate ,FR)语音编码标准使用速率为 13000b/s 的声音合成器，处理一帧要 20ms，即每帧 260 比特。合成语音一部分由滤波参数构成，一部分由激励参数构成，在收端产生语音信号。误码的主观效果取决于受影响的参数，于是各比特相应地分成 128 个一级比特(敏感)和 78 个二级比特(非敏感)。在一级比特中，有 50 个(称为 1a 级)被认为是最重要的，能够根据过去的值进行预测。它们采用 3 比特的循环冗余码校验(CRC)进行检错，并在译码后进行错误隐藏。1a 级比特、3 比特 CRC 和剩余下的一级比特(1b 级)随后被送入卷积编码器，后面跟了 4 个零比特，用来清空编码器的内存。编码器产生 378 比特(即 2×(178+3+4))，加上二级比特的未编码的数据，构成了 456 比特。

为了防止突发性错误，采用分组对角线交织编码的方法。它加入了卷积交织的元素，其中，奇数比特因交织模式前的 4 个分组而延迟，交织模式保留了编号为奇数的比特和编号为偶数的比特相分离。8 个分组中编号为偶数的比特被交织编入 8 个时隙中编号为偶数的比特中，编号为奇数的比特被编入 8 个时隙中编号为奇数的比特中，但要在 4 个时隙后开始。

在较新型的终端中，标准语音合成器被 EFR 标准所取代，后者可以在稍低一点的比特率(即 12200bps)下产生更高的性能。因此，每帧中有 244 比特，还有 16 比特是在信道预编码时产生的，用来提供额外的防误码保护。信道预编码采用不同等级的误码保护，即在最重要的 65 比特(50 个 1a 级比特和 15 个 1b 级比特)上创建了 8 比特 CRC 码，对 4 个被认为是最重要的 2 级比特都分别加入一个(3,1)二进制循环码。

UMTS、IS-95 和移动通信的 CDMA 2000 标准均采用 $N=9$ 的卷积码。在 1/2 码率下，生成子多项式为

$$g^{(0)}(D)=D^8+D^4+D^3+D^2+1$$

$$g^{(1)}(D)=D^8+D^7+D^6+D^3+D^2+D+1$$

对于 1/3 码率的码，生成子多项式为

$$g^{(0)}(D)=D^8+D^7+D^6+D^5+D^3+D^2+1$$

$$g^{(1)}(D)=D^8+D^7+D^4+D^3+D+1$$

$$g^{(2)}(D)=D^8+D^5+D^2+D+1$$

这些码在未来的卫星通信中将占据一席之地。

7.6　交织与级联码

7.6.1　交织技术

交织是在复合差错控制信道上使用的一种简单而有效的编码技术，它可以大大提高纠突发错误的能力，可使抗较短突发错误的码变成抗较长突发错误的码，使纠正单个定段突发错误的码变成纠多个定段突发错误的码。其目的是将在信道上发送的相邻的各个比特（或符号）广泛地分散在待解码的数据序列内。因此去交织后，信道上的各个突发差错就分散在待解码的数据序列中，从而就分散在许多接收码矢上。

1. 交织的基本作法

在发送端，编码序列在送入信道传输之前首先通过一个交织存储器矩阵（矩阵大小为 λ 行 N 列），将输入序列逐行输入存储器矩阵，按 $a_{11}a_{12}\cdots a_{1N}a_{21}a_{22}\cdots a_{2N}\cdots a_{\lambda1}a_{\lambda2}\cdots a_{\lambda N}$ 的次序。矩阵共有 $\lambda\times N$ 个元素，对于二进制为 $M\times N$ 个比特。存满后，按列的次序取出，即将 $a_{11}a_{21}\cdots a_{\lambda1}a_{12}a_{22}\cdots a_{\lambda2}\cdots a_{1N}a_{2N}\cdots a_{\lambda N}$ 送入发送信道。接收端收到后，先将序列存到一个与发送端相同的交织存储器矩阵，按列的次序存放，存满后按行的次序取出送入解码器进行解码。由于收发端采用的次序正好相反，因此送入解码器的序列与编码器输出的序列的次序是一样的。

最简单的交织器是采用二维存储器阵列实现的块交织器，或者是同时读入读出的同步交织器，其基本点都是将输入的数据先按行读入存储器，然后按列读出。目前在数字电视传输系统中，带有先入先出（FIFO）寄存器的同步交织器较多。

在应用数据交织技术时，关键是交织深度的选择。如果选择过大，寄存器或存储器数量大，延时也大，交织系统也复杂。通常，交织深度由编码信道的差错统计规律性、所用编码的纠错能力和系统对误码率的要求等因素确定。在满足系统对误码率的要求的情况下，应尽可能减少译码的约束度以降低设备成本。

2. 交织码的编译码方法

若交织矩阵每行存储的是一个分组码的码字，则构成交织码，这时每行存储长度 N 正好等于分组码码长 n。其具体编译码方式如下：

将 λ 个 (n,k) 码的码矢排成 $\lambda\times n$ 的矩形阵列，每行一个码矢，然后按列送至通信信道，在接收端，仍恢复矩形阵列的排列次序，这样就构成交织度为 λ 的交织码。即给定一个 (n,k) 循环码，用交织法将码长扩大 λ 倍，信息位数目也扩大了 λ 倍，构成一个循环码，如图 7-13 所示。

实现交织码的简明方法是排出阵列，按行编码和译码。最简单的实现方法是基于这样一个事实，即若原码是循环的，则交织码也是循环的。如果原码的生成多项式是 $g(x)$，则交织码的生成多项式是 $g(x^{\lambda})$，因此，可用移位寄存器完成编码和纠错。只要简单地将原码译码器的每个移位寄存器用 λ 级置换，即可根据原码的译码器推导出交织码的译码器，而不必改变其他连接。所以，如果原码译码器较简单，则交织码也同样简单，而对于短码而言，原译码器通常是比较简单的。

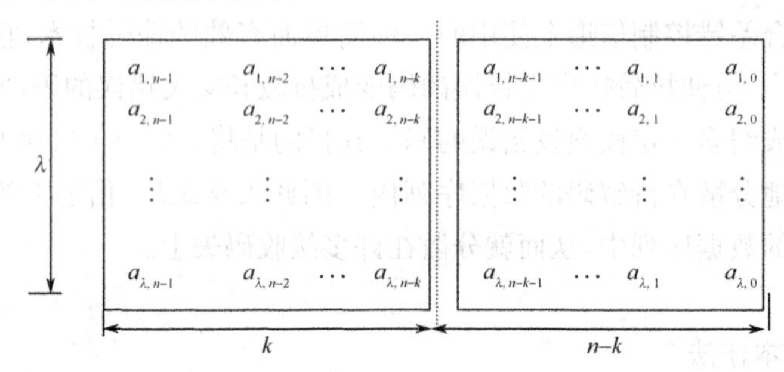

图 7-13　交织码的编码方法(其中 λ 为交织度)

归纳而言，交织码具有如下性能：

(1) 交织编码使错误分散，即长为 λ 的突发错误分散到每行中只有少量的错误，从而在行译码时能够纠正。一般来说，当每行中的错误图样是原 (n,k) 码的可纠正图样时，此错误对整个阵列来说才是可纠正的。

(2) 若原码能纠正长度不大于 b 的任何单个突发，则交织码能纠正长度不大于 λb 的任何单个突发，码长扩大 λ 倍，纠错能力也扩大 λ 倍。

如果 (n,k) 码有最大可能的纠正突发错误能力，即 $n-k-2b=0$，则交织码 (λ_n,λ_k) 也具有最大可能的纠正突发错误能力。交织具有最大纠正突发错误能力的短码，能够构成实际上任意长的、具有最大可能纠突发错误能力的码。

(3) 若原码是循环的，其生成多项式为 $g(x)$，则交织码也是循环的，且生成多项式为 $g(x^{\lambda})$。

(4) 交织技术把寻求有效的纠突发错误码这个问题，简化为寻求好的短码。

(5) 交织码需增加存储设备，加大通信时延。

交织是一种时间扩散技术，它使信道突发错误的相关性最小。当 λ 足够大时可将突发错误离散为随机错误，从而可用纠错随机错误码来纠突发错误。因此，交织技术在短波、散射、有线等有记忆的信道中得到了广泛的应用。

交织技术中还有一种卷积交织法，下面以 DVB-C 的有线电视标准使用的卷积交织器为例，其交织器及去交织器如图 7-14 所示。

该交织器把信息包 204bit 分为 12 段。每一个储存器只存入 1bit，并且每次只读入 16bit 的已编码数据内的各个相邻比特，在交织后的发送数据中至少被间隔 12bit，这是因为同步旋转开头是与 12bit 个抽头相连的。

如果交织器的开头旋转方向相反，则可成为去交织器，从而在接收端恢复原来的比特码字。可见采用以上措施后，如果突发差错的长≤12bit 个码的符号时，在 L 个相续的码字中至多在 204bit 的信息包中使一个符号发生错误。L 的选取取决于预期的突发长度。

目前交织技术已广泛用于数字式蜂窝移动通信系统中，如在码分多址 IS-95 QCDMA 标准中，采用了分组排列存储的交织技术，而在时分多址的全球通 GSM 体制中，既采用了类似于随机交织的随机性重排技术，又采用了不同类型时隙突发的块交织技术。

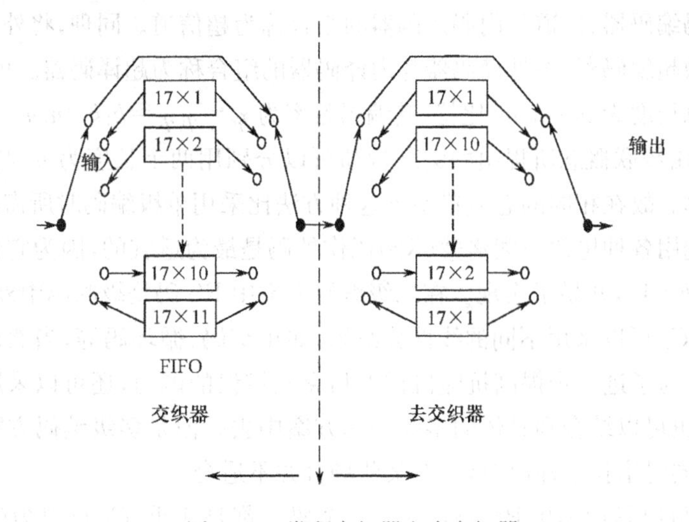

图 7-14　卷积交织器和去交织器

7.6.2　级联码

信道编码定理指出，随着码长 n 的增加，译码器错误概率按指数接近于 0。因此，性能较好的码一般码长较长。但是，随着码长的增加，在一个码组中要求纠错的数目相应增加，译码器的复杂性和计算量也相应增加以致难以实现。为了解决性能与设备复杂性的矛盾，1966 年福尼斯提出了级联码的概念，把编制长码的过程分几级完成，通常分两级。

一种典型的方式如图 7-15 所示，假定在内信道上使用是码 C_1 称为内码，在外信道上使用的码 C_2 称为外码。所以这种码是(n_1, n_2, k_1, k_2)码，其中 n_1, k_1 和 n_2, k_2 分别是码 C_1 和 C_2 的长度和信息位数。而且，一般 C_2 采用的是(n_2, k_2)的多进制码，而 C_1 采用(n_1, k_1)的二元码。编码时，先将 k_2k 个信息数字分成 k_2 个 k 重，这 k_2 个 k_1 重按 C_1 码的进行编码，将每个 k_1 重转换成 n_1 重。译码时，则先对 C_1 码译码，然后再对 C_2 码译码。这种码如果遇上少量的随机错误，那么内码 C_1 就可以纠正之；如果遇到较长的突发错误，内码则无能为力，则由纠密集型突发错误很强的外码所纠正。另一种做法是，内码作检错码，外码作纠错码，使译码过程简化。如果还要提高纠正突发错误能力，则可将交织技术用于级联码。

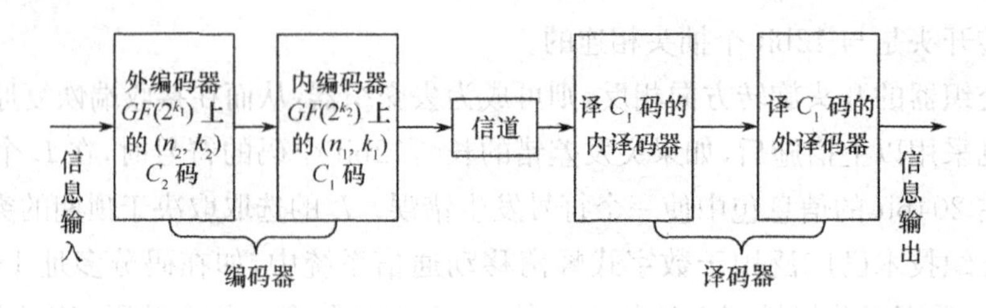

图 7-15 级联码的编译码器

有时将外码编码器、信道与内码译码器的组合称为超信道。同理，将外编码器与内编码器的组合叫做超编码器，将外译码器与内译码器的组合称为超译码器。可以看到，所得级联码码字的总长度为$N=n_1n_2$比特；其编码效率为$\eta_r=\eta_1\eta_2=k_1k_2/n_1n_2$。虽然，码字的总长度为$N$，但由级联概念所提出的的结构却可以分别用两个长度为n_1与n_2的译码器来完成译码运算。故在相同的总差错率下这种方法比采用单级编码时所需的设备复杂程度要少得多。选用各种里德—索洛蒙(RS)码作外码是最为适宜的，因为它们是极大最小距离码($d=n-k+1$)，并易于实现。在二级编码方案中RS码是级联码中外码C_2所常用的，而作为内码C_1可以采用不同的线性分组码，如正交码、循环码等，当然也可以采用卷积码作为内码。为了进一步提高抗随机错误和突发错误的能力，还可以采用多级编码方案，同时交织码也可以结合到具体的多级编码方案中去。但是多级编码方案的缺点是编码器相当复杂，同时增长了译码时延，在某些场合并不适合。

例如C_2码可以是(15,9)RS码，$t=3$，每个码元都是4重，C_1可以为(7,4)汉明码。这种级联码是(105,63)码，当7位汉明码中的随机错误不超过1位时可由汉明码纠错。如果级联码遇到了突发错误，则可由RS码纠错，它可纠正三个长度不超过4的字段突发错误的任意组合，也可纠正单个长度不超过9的突发错误。

信道编码是提高通信系统可靠性的最主要手段，它不仅成功用于典型的加性高斯噪声(AWGN)信道(如深空通信系统)，在各类变参数信道(如数字蜂窝移动通信系统)也有成功的应用。随着科技的进步和需求的推动，其理论与技术也在不断发展，从传统的代数码和卷积码，到编码调制(TCM)技术，再到Turbo码和LDPC码的出现，信道编码界的研究一直在沿着香农指引的方向，向着可靠性的极限——香农限不断的逼近着。

习 题 七

7-1 设二进制对称信道的错误转移概率是0.01，准备用码组(000)和(111)来传输数据0和1，试问(1)该码组的码距是多少？(2)该码组的编码效率是多少？(3)发生2位和3位错误的概率(平均误码率)应是多少？

7-2 说明方阵码的检错能力。

7-3 已知某线性分组码的一致校验矩阵为：

$$H=\begin{bmatrix}01101010\\01110100\\11010010\\11100001\end{bmatrix}$$

求该码的生成矩阵与码的最小距离。

7-4　一种编码的4个码字为$C_1=100011$,$C_2=001110$,$C_3=010101$,$C_4=011011$,求编码的最小码距并说明编码的检、纠错能力。

7-5　写出一个有三个监督位的汉明码的生成矩阵$\boldsymbol{G}$和一致校验矩阵$\boldsymbol{H}$。计算(31,26)汉明码的码率。

7-6　已知(6,3)分组码的监督方程式为$C_5+C_4+C_1+C_0=0$,$C_5+C_3+C_1=0$和$C_4+C_3+C_2+C_1=0$。试问(1)该码集的一致校验矩阵是什么?(2)相应的生成矩阵是什么?

7-7　已知信息是$C_5C_4C_3$,监督位是C_2C_1,给定的偶校验监督关系是$C_5+C_4+C_2=0$和$C_4+C_3+C_1=0$。试问(1)由它们所组成的8个许用码组(码字)是什么?(2)编码效率是多少?(3)该码集的最小码距是多少?(4)它的检纠错能力各为多少?

7-8　已知(6,3)循环码的生成多项式$g(x)=x^3+x+1$。

(1) 构造生成矩阵;

(2) 为信息码元101编系统码;

(3) 若接收码组$R_1=110111$,$R_2=011101$。计算伴随式S并讨论是否为许用码字;

(4) 举例说明什么样的错误可以纠正。

7-9　以生成多项式$x^4+x^3+x^2+1$构成的(7,3)循环码,试问它的对偶码是什么?并写出该码集的全部许用码组。

7-10　(7,4)循环码的生成多项式为$g(x)=x^3+x+1$,试画出编码及译码(纠1位错)电路,设接收序列为(0111001),试写出其译码过程。

7-11　已知$x^{15}+1=(x+1)(x^4+x+1)(x^4+x^3+1)(x^4+x^3+x^2+x+1)(x^2+x+1)$。问:

(1) 可以构成多少种码长为15的循环码。

(2) 可构成多少种码长为15,监督位为4的循环码,写出它们的生成多项式。

7-12　证明$g(x)=x^5+x^3+x+1$可作为(15,10)循环码的生成多项式;画出其编码电路,并写出信息码0010110111所对应的码多项式。

7-13　如果RS码的$k=8$,并且给定有8个冗余符号,计算该RS码能纠正的错误符号数。

7-14　请描述卷积码的实现过程。与分组码相比,说明卷积码主要的优点和缺点。

7-15　解释差错控制编码中交织的含义,说明为什么要使用交织。

7-16　解释级联码的含义，说明为什么要使用级联码。

7-17　基带信号的比特速率为1.554Mb/s，在对载波进行调制前对该信号进行码率为7/8的FEC编码。如果传输系统使用滚降系数为0.2的升余弦滤波器，求下列信号的带宽：(1)BPSK信号；(2)QPSK信号。

7-18　解释纠错编码中编码增益的含义。如果在某数字链路中使用编码增益为3dB的FEC编码，为保持编码信号的BER与未编码的信号的BER相同，那么发送的载波功率将需要减小多少分贝？

7-19　(3,1,4)卷积码编码器下图所示。(1)写出校验方程组；(2)写出生成矩阵子多项式和生成矩阵；(3)写出一致校验矩阵。

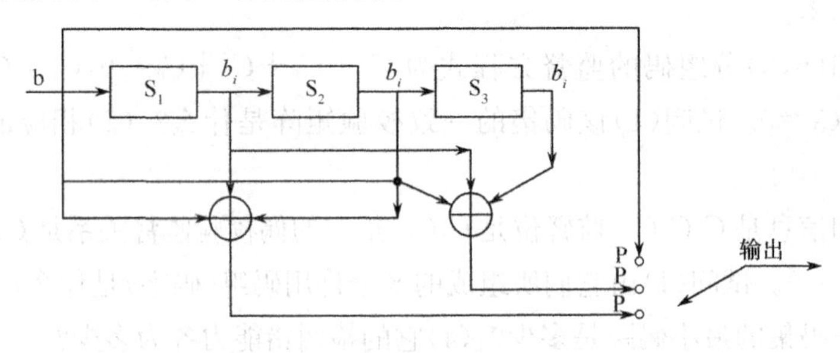

题图7-19

7-20　(2,1,3)卷积码编码器如下图所示。如果输入的信息码为11，并在它后面加上3个0后成为11000。设接收序列为0101011100(第1位错)，试用维特比算法得出译码结果。

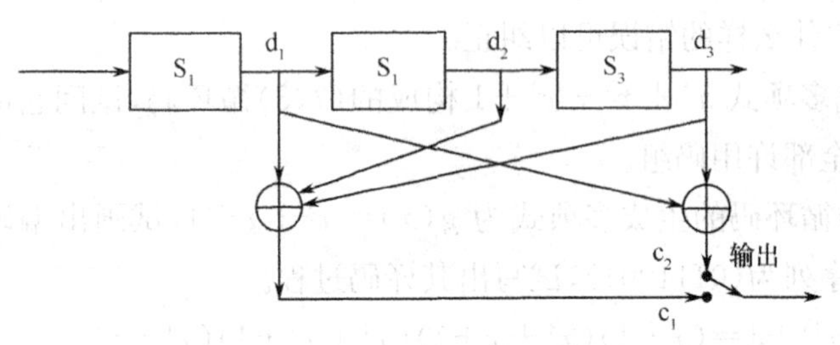

题图7-20

第8章　多址技术

如何充分利用信道是信息传输中一个很重要的问题。在两点之间的信道上同时传送互不干扰的多个信号称为信道复用。在多点之间实现互不干扰的多边通信则称为多址通信。它们有共同的理论基础，即信号分割理论。赋予各个信号不同的特征，也就是打上不同的"地址"，然后根据各个信号特征之间的差异按"地址"分发，实现互不干扰的通信。多址技术的实现方法将直接影响到网络的吞吐效能、时延特点、业务能力、用户支持数量、资源利用效率等多方面性能，其目标是在网络中提高通信资源的使用效率。

根据信号分割的方法不同，多址技术可分为频分多址（Frequency Division Multiple Access，FDMA）、时分多址（Time Division Multiple Access，TDMA）、码分多址（Code Division Multiple Access，CDMA）和空分多址（Space Division Multiple Access，SDMA）。本章主要讨论FDMA、TDMA和CDMA，以及它们在蜂窝移动通信系统中的应用，然后简要介绍几种随机多址技术。

8.1　频分多址

8.1.1　频分多址基本原理

频分多址系统以频率作为用户信号的分割参量，它把系统可利用的无线频谱分成若干互不交叠的子频带，这些子频带按照一定的规则分配给系统用户，一般是分配给每个用户一个唯一的频带。在该用户通信的整个过程中，其他用户不能共享这一频带。在实际应用时，为了防止各用户信号相互干扰和因系统的频率漂移造成频带之间的重叠，各用户频带之间通常都要留有一定的频带间隔，称为保护频带。

如果用频率 f、时间 t 和代码 c 作为三维空间的三个坐标，则FDMA系统在这个坐标系中的位置如图8-1所示，它表示系统的每个用户由不同的频带来区分，但可以在同一时间、用同一代码进行通信。

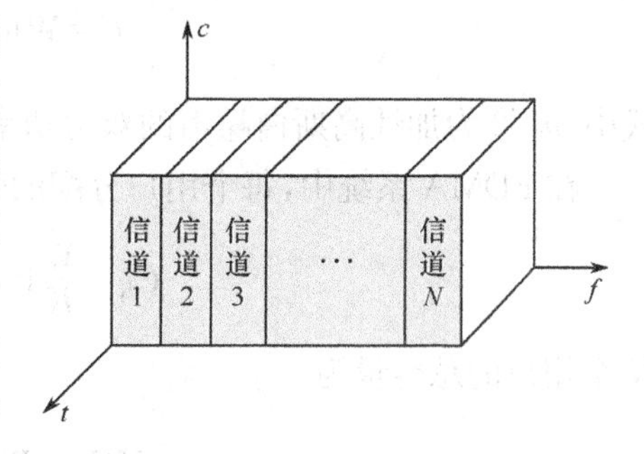

图8-1　频分多址工作方式

8.1.2 频分多址系统的特点

FDMA 系统具有以下特点：

(1) 每个信道占用一个频带，相邻频带之间的间隔应满足传输信号带宽的要求。为了在有限的频谱中增加信道数量，系统均希望间隔越窄越好。FDMA 信道的相对带宽较窄，每个子频带仅支持一个电路连接，也就是说 FDMA 通常在窄带系统中应用。

(2) 符号间隔与多径延迟扩展相比较是很大的。在 FDMA 数字通信系统中，每个子频带只传送一路数字信号，信号速率低，一般在 25kb/s 以下，远低于多径时延扩展所限定的 100kb/s。所以在数字信号传输中，由于码间串扰引起的误码极小，所以在窄带FDMA系统中无需进行复杂的均衡。

(3) 基站复杂庞大，重复配置收发信设备。基站有多少信道，就需要多少部收发信机。同时需用天线共用器，功率损耗大，易产生信道间的互调干扰。

(4) FDMA 系统每载波单个信道的设计，使得在接收设备中必须使用带通滤波器允许指定信道里的信号通过，滤除其他频率的信号，从而限制临近信道间的相互干扰。

(5) 越区切换较为复杂和困难。因为在 FDMA 系统中，分配好语音信道后，基站和移动台都是连续传输的，所以在越区切换时，必须瞬时中断传输数十至数百毫秒，以把通信从一频率切换到另一频率去。对于语音，瞬时中断问题不大，但对于数据传输而言，将带来数据的丢失。

8.1.3 频分多址系统的容量

在带宽为 W 的理想 AWGN 信道中，单个用户的容量为

$$C=W\log_2\left(1+\frac{P}{W\quad n_0}\right) \tag{8.1-1}$$

式中，$n_0/2$ 为加性高斯白噪声的双边功率谱密度。

在 FDMA 系统中，每个用户分配的带宽为 W/K。因此，每个用户的容量为

$$C_K=\frac{W}{K}\log_2\left[1+\frac{P}{(W/K)n_0}\right] \tag{8.1-2}$$

K 个用户的总容量为

$$KC_K=W\log_2\left(1+\frac{KP}{W\quad n_0}\right) \tag{8.1-3}$$

于是，总容量等效于具有平均功率 $P_{AV}=KP$ 的单个用户的容量。

对于一个固定的带宽 W，随着用户数 K 的线性增加，总容量趋于无限大。另一方面，随着 K 的增加，每个用户分配到较小的带宽(W/K)，所以分配给每个用户的容量减小。

图8-2为用信道带宽W归一化的每个用户的容量C_K，它是E_b/n_0的函数，其中K为参数。该表达式为

$$\frac{C_K}{W}=\frac{1}{K}\log_2\left[1+K\frac{C_K}{W}\left(\frac{E_b}{n_0}\right)\right] \tag{8.1-4}$$

式(8.1-4)更紧凑的形式可以通过定义归一化总容量$C_n=KC_K/W$获得，该容量为每单位带宽上所有K个用户的总比特率。因此，式(8.1-4)可表示为

$$C_n=\log_2\left(1+C_n\frac{E_b}{n_0}\right) \tag{8.1-5}$$

或

$$\frac{E_b}{n_0}=\frac{2^{C_n}-1}{C_n} \tag{8.1-6}$$

C_n相对于E_b/N_0的变化如图8-3所示。由图可见，当E_b/n_0在最小值ln2之上增加时，C_n随之增加。

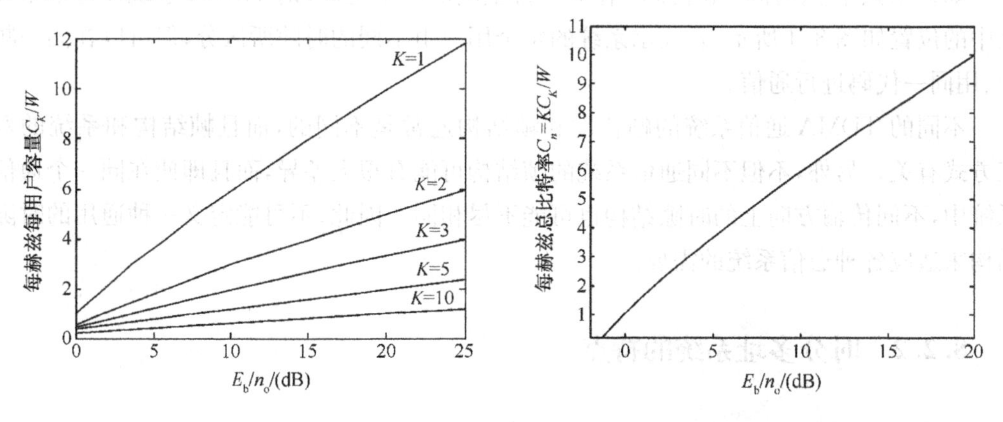

图8-2 FDMA的归一化容量与E_b/n_0的函数关系　图8-3 FDMA的每赫兹总容量与E_b/n_0的函数关系

8.2 时分多址

8.2.1 时分多址基本原理

TDMA系统以时间作为信号分割的参量，并把时间划分为称作时隙的时间小段，N个时隙组成一帧，无论是时隙与时隙之间，还是帧与帧之间，在时间轴上必须互不重叠。在每一帧中固定位置周期性重复出现的一系列离散的时隙组成一个信道，系统的每一个用户可以占用一个或几个这样的信道。各个用户在每帧中只能在规定的时隙内向基站发射信号，在满足定时和同步的条件下，基站可以在相应的时隙中接收到相应用户的信号而互不干扰。同时，基站发向各个用户的信号都按顺序安排在规定的时隙中传输，各个用户只要在规定的时隙内接收，就能从时分多路复用的信号中接收到发给它的信号。

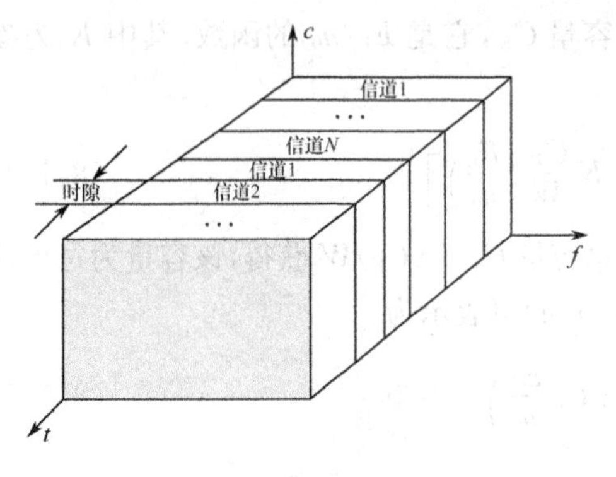

图 8-4 时分多址工作方式

TDMA 方式的主要问题是整个系统要有精确的同步，由一个基准站点提供系统内各个节点的时钟，才能保证各个节点准确地按时隙提取本节点所需的信息。各时隙间应留有保护时隙，以减少码间干扰的影响。在信道条件差或者码率过高时，还需要进行自适应均衡。

另外，TDMA 系统的收发还有一个双工问题，可以采用频分双工（FDD）方式，也可以采用时分双工（TDD）方式，而且采用时分双工方式时不需要使用双工器，因为收发处于不同的时隙，由高速开关在不同时间把接收机或发射机接到天线即可。

如果用频率 f、时间 t 和代码 c 作为三维空间的三个坐标，则 TDMA 系统在这个坐标系中的位置如图 8-4 所示，它表示系统的每个用户由不同的时隙所区分，但可以在同一频带、用同一代码进行通信。

不同的 TDMA 通信系统的帧长度和帧结构通常是不同的，而且帧结构和系统的双工方式有关。另外，不但不同通信系统的帧结构可能有很大差异，而且即使在同一个通信系统中，不同传输方向上的时隙结构也可能不尽相同。因此，不可能定义一种通用的时隙结构来适应各种通信系统的需要。

8.2.2 时分多址系统的特点

TDMA 系统具有以下特点：

（1）TDMA 系统通过分配给每个用户一个互不重叠的时隙，使 N 个用户可以共享同一个载波信道，所以它的频带利用率高，系统容量大。

（2）突发传输的速率高，远大于语音编码速率，每路编码速率设为 R b/s，共 N 个时隙，则在这个载波上传输的速率将大于 NR b/s。这是因为 TDMA 系统中需要较高的同步开销。同步技术是 TDMA 系统正常工作的重要保证。同步包括帧同步、时隙同步和比特同步。

（3）发射信号速率随 N 的增大而提高，如果达到 100 kb/s 以上，码间串扰就将加大，必须采用自适应均衡，用以补偿传输失真。

（4）基站复杂性减小。N 个时分信道共用一个载波，占据相同带宽，只需一部收发信机，互调干扰小。

（5）越区切换简单。由于在 TDMA 中移动台是不连续地突发式传输，所以切换处理组网对一个用户单元来说是很简单的，因为它可以利用空闲时隙监测其他基站，这样越区切换技术可在无信息传输时进行,因而没有必要中断信息的传输,数据也不会因越区切换而丢失。

(6) 由于受频率选择性衰落信道的影响,TDMA 的码速率受到限制,单载频的系统容量是有限的。一般 FDMA 和 TDMA 结合起来,可提供较大的系统容量。

8.2.3 时分多址系统的容量

在理想 AWGN 信道中,TDMA 系统的每个用户在 $1/K$ 时间内通过带宽为 W 的信道以平均功率 KP 发送信号。则,每个用户的容量为

$$C_K=\left(\frac{1}{K}\right)W\log_2\left[1+\frac{KP}{W\quad n_0}\right] \tag{8.2-1}$$

比较式(8.2-1)和式(8.1-2)可知,相同信道条件下 TDMA 与 FDMA 系统的容量相同。从实用的观点看,在 TDMA 中,当 K 很大时,对发射机来说,保持发射机功率为 KP 是不可能的。因此,存在一个实际的限制,当超过此限制时,发射机功率不能随着 K 的增加而增加。

8.3 码分多址

8.3.1 码分多址基本原理

在 CDMA 系统中,不同用户用各自不同的正交编码序列来区分,每个用户分配一个伪随机码,该伪随机码具有优良的自相关和互相关性能。这些码序列把用户信号变换成宽带扩频信号。从频域或时域来看,不同用户的 CDMA 信号是互相重叠的。在接收端,信号经接收机用相同的码序列将宽带信号再变回原来带宽的信号,接收机的相关器可以在多个 CDMA 信号中选出使用预定码型的信号,其他信号因使用了不同码型而不能被解调。它们的存在类似于在信道中引入了噪声或干扰,通常称之为多址干扰。

在 CDMA 蜂窝通信系统中,用户之间的信息传输也是由基站进行转发和控制的。为了实现双工通信,正向传输和反向传输各使用一个频率,即通常所谓的频分双工。无论是正向传输,还是反向传输,除了传输业务信息外,还必须传送相应的控制信息。为了传送不同的信息,需要设置相应的信道。但是 CDMA 通信系统既不分频道也不分时隙,无论传送何种信息的信道都靠不同的码型来区分。

如果用频率 f、时间 t 和代码 c 作为三维空间的三个坐标,则 CDMA 系统在这个坐标系中的位置如图 8-5 所示,它表示系统的每个用户由不同的码型所区分,但可以在同一时间、同一频带进行通信。

按照采用的扩频调制方式的不同,CDMA 可以分为跳频码分多址(FH-CDMA)、直

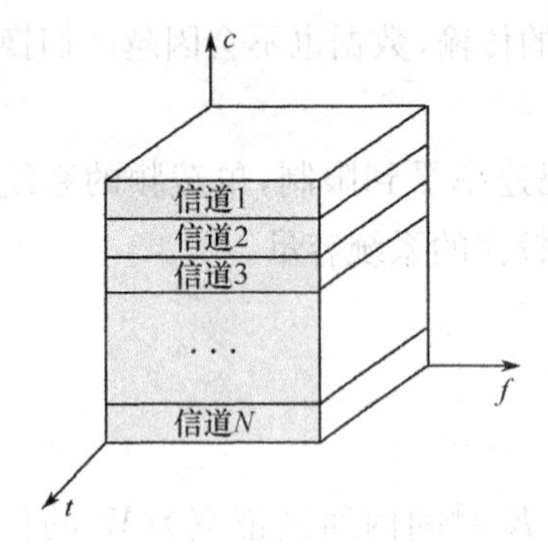

图 8-5 码分多址工作方式

扩码分多址(DS-CDMA)、混合码分多址及同步码分多址(SCDMA)和大区域同步码分多址(LAS-CDMA)。

1. 跳频码分多址

FH-CDMA 系统中,每个用户根据各自的伪随机(PN)序列,动态改变其已调信号的中心频率,各用户的中心频率可在给定的系统带宽内随机改变。发射机频率根据指定的法则在可用的频率之间跳跃,接收机与发射机同步操作,始终保持与发射机同样的中心频率。

FH-CDMA 系统中各用户使用的频率序列要求相互正交(或准正交),即在一个 PN 序列周期对应的时间区间内,各用户使用的频率,在任一时刻都不相同(或相同的概率非常小)。

2. 直扩码分多址

在 DS-CDMA 系统中,所有用户工作在相同的中心频率上,输入的数据序列与 PN 序列相乘得到宽带信号,不同的用户使用不同的 PN 序列,这些 PN 序列(或码字)相互正交,利用其优良的自相关特性和互相关特性来区分不同的用户。

DS-CDMA 系统中既可以利用完全正交的码序列来区分不同的用户(或信道),也可以利用准正交的 PN 序列来区别不同的用户(或信道)。

3. 混合码分多址

混合码分多址方式主要有如下几种。

(1) 直扩/跳频(DS/FH)系统:在直接序列扩展频谱系统的基础上,增加载波频率跳变的功能;

(2) 直扩/跳时(DS/TH)系统:在直接序列扩展频谱系统的基础上,增加对射频信号突发时间跳变控制的功能;

(3) 直扩/跳频/跳时(DS/FH/TH)系统:将三种基本扩展频谱系统组合起来构成一个直扩/跳频/跳时混合式扩频系统,其复杂程度高,一般很少使用。

另外,混合码分多址方式还有很多,如 FDMA 和 DS-CDMA 混合、TDMA 与 DS-CDMA 混合(TD/CDMA)、TDMA 与跳频混合(TDMA/FH)、FH-CDMA 与 DS-CDMA 混合(DS/FH-CDMA)等。

4. 同步码分多址

SCDMA 是建立在 CDMA 基础上的,它通过无线分配网络提供健全和完善的传输,使无线信道传送上行信息相互正交和同步,减少交互干扰。对于宽带中的通道干扰问题,可用 SCDMA 通道来解决,使得 SCDMA 数据不会影响用保护带隔离的其他通道。

5. 大区域同步码分多址

LAS-CDMA 使用了一种被称为 LAS 编码的扩频地址编码设计,通过建立"零干扰窗口",产生强大的零干扰多址码,很好地改善了现有 CDMA 系统中系统容量干扰受限的问题。

LAS 地址编码由 LA 码和 LS 码两级编码组成,LA 码和 LS 码可以减少或完全消除自干扰和相互干扰,包括符号间干扰(ISI)、多址干扰(MAI)和相邻小区干扰(ACI)。

8.3.2 码分多址系统的特点

CDMA 系统具有以下特点:

(1) 频率共享。CDMA 系统可以实现多用户在同一时间内使用同一频率进行各自的通信而不会相互干扰。

(2) 通信容量大。由于对一个 CDMA 系统用户而言,其他用户信号相当于噪声,这样增加 CDMA 系统中的用户数目会线性增加背景噪声,使系统的性能下降,但不会中断通信,所以 CDMA 系统具有软容量特性,对用户数目没有绝对限制。这就是说 CDMA 是干扰限制性系统,干扰的增加会降低系统的容量,而干扰的减少会提高系统的容量,所以,可以利用一些抗干扰技术来提高系统容量。

(3) 抗多径衰落。当频谱带宽比信道的相关带宽大时,固有的频率分集将具有减小尺度衰落的作用。由于 CDMA 是扩频系统,其信号被扩展在一个较宽的频谱上,因此可以减小多径衰落。

(4) 接收效果好。在 CDMA 系统中,信道数据速率很高,因此码片时长很短,通常比信道的时延扩展小得多。因为 PN 序列有低的自相关性,所以超过一个码片时延的多径将被认为是噪声,受到接收机的自然抑制。另一方面,如果采用分集接收最大合并比技术,可获得最佳的抗多径衰落效果,提高接收的可靠性。

(5) 平滑的软切换。CDMA 系统中所有小区使用相同的频率,所以它可以用宏空间分集来进行软切换,使越区切换得以平滑地完成。当移动台处于小区边缘时,同时有两个或两个以上的基站向该移动台发送相同的信号,移动台的分集接收机能同时接收合并这些信号,此时处于宏分集状态。当某一基站的信号强于当前基站信号且稳定后,移动台会自动切换到该基站的控制上去,这种切换可以在通信的过程中平滑完成,称为软切换。软切换由移动交换中心来执行,它可以同时监视来自两个以上基站的特定用户信号,选择任意时刻信号最好的一个,而不用切换频率。

(6) 信号功率谱密度低。在 CDMA 系统中,信号功率被扩展到比自身频带宽度宽百倍以上的频带范围内,因而其功率谱密度大大降低。由此可得到两方面的好处:其一,具有较强的抗窄带干扰能力;其二,对窄带系统的干扰很小,有可能与其他系统共用频带,使有限的频谱资源得到更充分的使用。

虽然 CDMA 系统具有较多的优越性,但也存在着两个重要的问题:一个是自干扰问题,另一个是"远—近"效应问题。

(1) 自干扰问题

CDMA 系统中不同的用户采用的扩频序列不是完全正交的。在同步状态下,各用户序列的互相关系数虽然不为零,但比较小;在非同步状态下,各用户序列的互相关系数不但不为零,有时还比较大。这一点与 FDMA 和 TDMA 是不同的,FDMA 具有合理的保护频隙,TDMA 具有合理的保护时隙,接收信号近似保持正交,而 CDMA 对这种正交性是不能保证的。这种扩频码集的非零互相关系数引起的各用户之间的相互干扰被称为多址干扰(Multiple Access Interference,MAI),在异步传输信道以及多径传播环境中多址干扰更为严重。由于这种干扰是系统本身产生的,所以称为自干扰。解决自干扰问题的根本办法是找到在同步状态下和非同步状态下序列的互相关系数均为零的数字序列。

(2) "远—近"效应问题

如果 CDMA 系统中不同的用户都以相同的功率发射信号的话,那么离基站近的用户的接收功率就会高于离基站远的用户。这样在不同位置的用户,其信号在基站的接收状况将会不同。即使各用户到基站的距离相等,各用户信道上的不同衰落也会使到达基站的信号各不相同。如果期望用户与基站的距离比干扰用户与基站的距离远得多,那么干扰用户的信号在基站的接收功率就会比期望用户信号的接收功率大得多(最大可以相差 80dB)。

在同步 CDMA 系统中,接收功率的不同不会产生不良影响,因为不同用户信号之间是严格正交的;在非同步 CDMA 系统中,接收功率的不同有可能产生严重的影响,因为此时不同用户的非同步扩频波形不再是严格正交的,从而对弱信号有着明显的抑制作用,会使弱信号的接收性能很差甚至无法通信,这种现象被称为"远—近"效应。

为了解决"远—近"效应问题,在大多数 CDMA 实际系统中采用功率控制技术。蜂窝系统中由基站来提供功率控制,以保证在基站覆盖区内的每一个用户给基站提供相同功率的信号。这就解决了由于一个邻近用户的信号过强而覆盖了远处用户信号的问题。基站的功率控制通过快速抽样每一个移动终端的无线信号强度指示来实现。尽管在每个小区内使用功率控制,但小区外的移动终端还会产生不在接收基站控制内的干扰。

8.3.3 码分多址系统的容量

在 CDMA 系统中,每个用户发送一个带宽为 W、平均功率为 P 的伪随机信号。系统容量取决于 K 个用户协同工作的程度。其极端情况是非协同 CDMA,此时每个用户信号的接收机不知道其他用户的扩频波形,或者在解调过程中忽略它们。因此,在每个用户接收机中都把其他用户的信号看做是干扰。此时,多用户接收机由一组 K 个单用户接收机组成。如果假设每个用户的伪随机信号波形是高斯的,则每个用户信号将受到功率为$(K-1)P$ 的高斯干扰和功率为 WN_0 的加性高斯噪声的恶化。因此,每个用户的容量为

$$C_K = W\log_2\left[1+\frac{P}{Wn_0+(K-1)P}\right] \tag{8.3-1}$$

或者

$$\frac{C_K}{W} = \log_2\left[1+\frac{C_K}{W}\frac{E_b/n_0}{1+(K-1)(C_K/W)E_b/n_0}\right] \tag{8.3-2}$$

图 8-6 给出了 C_K/W 随 E_b/n_0 而变化的曲线。

对于大量用户的情况,可以使用近似式 $\ln(1+x)\leqslant x$,则有

$$\frac{C_K}{W} \leqslant \frac{C_K}{W}\frac{E_b/n_0}{1+K(C_K/W)(E_b/n_0)}\log_2 e \tag{8.3-3}$$

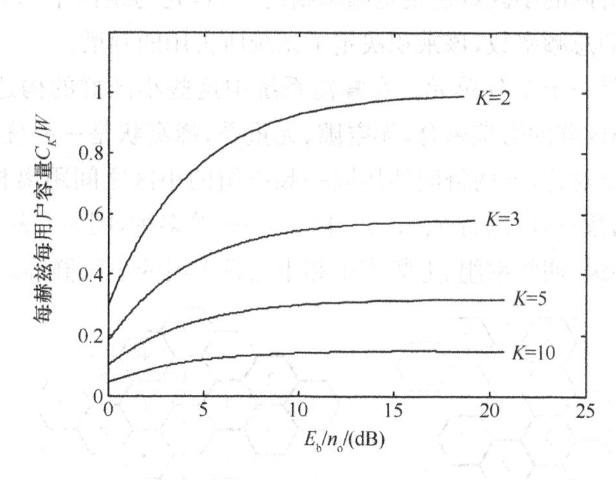

图 8-6 非协同 CDMA 的归一化容量与 E_b/n_0 的函数关系

或

$$C_n \leqslant \log_2 e - \frac{1}{E_b/n_0} \leqslant \frac{1}{\ln 2} - \frac{1}{E_b/n_0} < \frac{1}{\ln 2} \tag{8.3-4}$$

与式(8.1-2)和式(8.2-1)比较可知,CDMA 系统的总容量并不像 TDMA 和 FDMA 那样随着 K 的增加而增加。

8.4 多址技术在蜂窝移动通信系统中的应用

8.4.1 蜂窝移动通信系统

蜂窝移动通信系统中的多址连接与系统的特点有关,根据系统的特点合理地选用多

址方式是蜂窝系统的关键问题之一。蜂窝网由大量的基站台组成，每个基站台提供数量有限、传播距离也有限的无线信道，根据用户的申请指配使用。信道的指配、交换等控制功能由移动交换局通过移动局与基站台的地面网络实现。移动用户也可以通过移动局与市话局、长话局之间的网络实现与本地或外地固定用户和移动用户的通信。蜂窝系统实际上是运用无线通信和有线通信等多种手段的综合通信网络。不仅如此，蜂窝系统还综合运用多种多址技术，使用较有限的信道构成较大容量并能覆盖较大范围的通信系统。选用多址方式还应考虑到蜂窝系统工作在信道状况较恶劣的城市环境中，建筑物林立，电磁波吸收、散射及多径效应影响严重，工业及各种电磁干扰众多。而且，用户位置是迅速变化的，接收条件也随之迅速变化。多址方式必须适应这种工作环境。

蜂窝网将所覆盖的区域划分为大量小区。每个小区使用若干不同频率，称为一个频率组，组内的频率数就是该小区能同时服务的信道数。相邻小区使用不重复的频率，构成一个小区群。小区群内的小区数也就是频率组的数目，它与组内平均频率数的乘积是该蜂窝系统所需占用的总频率数，该乘积决定了系统所占用的频谱。

一个小区群就是一个空分单元。在蜂窝系统中这些小区群的构造和安排有一定原则：首先要做到各小区群的衔接密合，无空隙、无重叠，蜂窝状是一种优选的结构；其次要做到使用的频率完全对称，即两群间使用同一频率组的小区之间距离相等。小区群内的小区数（即频率组的数目）可以有3、4、7、9、13、16……等多种，图8-7表示了符合上述条件的几种情况：三频率组、四频率组、七频率组和十三频率组的小区群等。

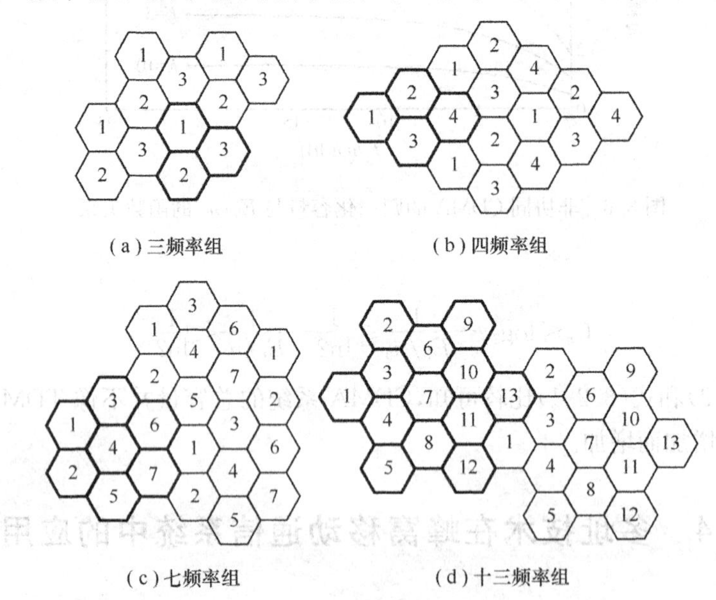

图8-7　小区群的组成

具体而言，空分单元的划分应当遵循以下原则：

首先，空分单元的划分受到总的频谱限制。若一个小区内能提供的无线信道数为 N

(在频分多址系统中,即一个频率组内的频率数),系统的频率组数为 M(即一个小区群包含的小区数),则该蜂窝系统所需占用的信道总数为 NM。从这个角度看,频率组数不宜太多,或小区群不宜太大,否则占用频谱过宽。若总频谱一定,小区群过大,每小区能使用的信道数少,所能承担的业务量就少。

其次,从图 8-7 中可以看出,频率组少,与"再用"频率的小区间隔近,同频率信道干扰就大。因此小区群的大小(即频率组的数目)是受干扰约束的。

最后,系统能承受的干扰与通信体制有关。为满足正常通话,信号电平至少应比同信道干扰电平高出一定的数值(这一数值取决于系统所采用的调制方式和多址方式)。

8.4.2　频分多址的应用

频分多址是应用最早的一种多址方式,也是技术上最成熟的方式。在蜂窝系统中应用最早,目前仍在大量使用。虽然频分多址方式在很多地方已逐步被时分多址和码分多址方式所取代,但这些多址方式在运用时仍然需要与频分方式相结合。

在蜂窝系统的频分多址方式中,每信道用一个载频,即单路单载波方式。综合考虑频谱效率也是蜂窝移动通信系统的一个特点。为了解决抗干扰性能和信道带宽的矛盾,通常采用窄带调频(调相)的折中方案。国际电联建议载频间隔为 25kHz,也有规定为 30kHz(北美)和 20kHz(德国)的。对于带宽更窄的调制方式,如果其抗干扰性能差,对蜂窝网不一定有利。有人推荐用 5kHz 带宽的单边带调幅制。虽然每话路带宽仅为调频制的1/6,但对信干比的要求高达 38dB,要求同频干扰小区的距离大,小区群内的小区数 M 高达 66 个。调频制的信干比要求为 18dB,M 值为 7,综合频谱效率高于单边带制。

在蜂窝网中,基站台设备庞大,它提供的每一条信道都要有一部收发信机,多部收发信机需要天线共用器。此外,越区切换较复杂并且较困难,因为在 FDMA 系统中,每条信道都是连续传送的,切换信道时必须瞬时中断传输数十至数百毫秒,将影响数据传送。在数字制中传输语音时,由于语音数字化后占用带宽较宽,必须改进射频调制和采用压缩编码技术,结构较模拟制复杂。在单路单载波的蜂窝系统中,较少采用数字体制,而多半是若干路时分或码分信号为一组,采用频分方式进行第二层多址连接,即以时分或码分多址为基础与频分多址相结合的方式。每载频载有多条时分信道或码分信道,占有较宽的频带,即多路单载波方式。如欧洲的 GSM 系统,每载频载有 8 条时分信道,带宽 200kHz。每个基站台根据业务量的大小配置数个载频按频分方式工作,即 TDMA/FDMA 方式。在这些时分系统中,相邻小区必须使用不同载频,按频分原则实现多址通信。

8.4.3　时分多址的应用

在 TDMA 系统中,把一个较宽频带的载波信道按时间划分为若干帧,每帧又分为若干条时分信道，称为时隙。在蜂窝系统中，每个用户占用一个时隙，在该时隙中以突发方式发送或接收信号。总的码元速率比较高，大于各路码元速率之和，因为还要传输帧同步、位同步等开销比特，以及保留部分时隙传输控制信息和信令。在欧洲 GSM 系统中，开销比特约占总比特的 30%，北美的 IS-54 略低于此值。可以看出，TDMA 在频谱利用率方面高于 FDMA 方式，但时域方面的开销较大，总体效率略低于 FDMA 方式。

1. 蜂窝系统 TDMA 的特点

通常将一个载波占用信道全部带宽的 TDMA 称为宽带 TDMA，而将占用部分带宽的称为窄带 TDMA。由于移动环境的传输条件相当恶劣，多径效应较突出，高速传输时难以保证一定的误码要求，信息传输速率超过 100～150kb/s 时必须采用自适应均衡等信号处理措施。即便如此，在一条载波信道上要容纳更多的时分信道也有困难，在实际陆地蜂窝系统中，均采用窄带 TDMA。将工作频域划分为多个频带，采用多个载波，以降低传输速率。各小区根据业务情况分配若干载波实质上是时分多址和频分多址的综合运用。例如，在欧洲的 GSM 系统中，载波间隔 200kHz，语音编码速率 13kb/s，再加纠错和交织等，每条话路占 22.8kb/s，一个载波分为 8 个时隙，加上其他开销，总码元速率已达 270.83kb/s，为了保证高比特率的正常传输，采用自适应均衡技术。再如北美的 IS-54 系统，它考虑与原来模拟系统兼容，采用 30kHz 载波间隔。每载波 6 个时隙，每用户占两个时隙，即每载波供三个用户使用。IS-54 采用 VSELP 编码算法，语音速率 8kb/s，加信道纠错编码 5kb/s，控制等开销比特平均每话路 3.2kb/s，每载波(三话路)48.6kb/s。可以不用自适应均衡器，使电路设计简化，但每小区要更多的载波才能满足需要。

由于 TDMA 中采用有纠错的数字制，付出了一定代价(GSM 增加了 75%的比特，IS-54增加了 60%)，但它们的抗干扰能力优于模拟制，空分单元可以划得更小。在数字系统中，信干比可以由 18dB 降至 13dB，空分单元可以由 7 小区减为 4 小区，从而增加每小区可用的信道数，提高了频谱利用率。为提高抗干扰能力而损失的带宽可以由提高空分效率而获得补偿。若基站台采用 120°扇面天线，干扰源的数目减少到 1/3，空分单元可以压缩到三小区。在蜂窝制 TDMA 系统中，实际是以 TDMA 方式为基础的多种多址方式的综合运用，保证了较高的频谱利用率。

2. TDMA 系统中的语音编码

要降低总的码元速率，必须压缩每条话路所用的比特率，必须对语音进行压缩编码。考虑到蜂窝网不是独立的电话网，总是要和市话网、长话网统一运行，对语音质量有较高的要求。但 ITU-T G. 711 建议(64kb/s PCM)和 G. 721 建议(32kb/s ADPCM)的数码率太高，而且由于蜂窝系统信道条件恶劣，还需增加额外的纠错等保护比特，必须采用效率更高的压缩编码算法。

GSM 系统中采用的是 RPE-LTP 算法(带长时预测的规则脉冲激励)，语音编码的比特率为 13kb/s，为保证语音质量，增加纠错比特后，每话路的比特率为 22.8kb/s。IS-54 系统中采用的是 VSELP（矢量和码激励）算法，语音编码为 8kb/s，加纠错后的每话路总比特率为 13kb/s。RPE-LTP 算法是多脉冲激励类型的改进，VSELP 算法是码激励类型的改进，这两种算法都属于合成一分析（AbyS）法的范畴，前者从一组规则脉冲中产生激励，后者从特殊码本中产生激励。由于移动通信发展迅速，需求量急剧增长，进一步降低语音编码速率势在必行。两个系统均已决定采用各自的半速率算法，可以在原来传送一路语音的时隙中传送两路语音，容量增加一倍。

3. TDMA 的设备特点

精确的同步是时分多址系统正常运行的前提，在 TDMA 系统中，全系统要有严格的同步机制作为保证，特别是由于移动通信的信号传输条件比较恶劣，在高速运行时更是一个难点。

TDMA 系统的移动台比 FDMA 的复杂，因为需要完成语音压缩解压、自适应均衡等信号处理功能。由于近年来数字信号处理技术和大规模集成技术发展很快，处理复杂性的因素所占份量已越来越小。

TDMA 的基站台复杂度较低，小容量系统的每个基站台只需一个载波，只要一部时分收发信机即可。大容量系统载波数也远少于 FDMA 系统，共用设备简单，成本较低。

8.4.4　码分多址的应用

1. 系统的基本特点

蜂窝系统中的码分多址与其他系统的一样，收发都只有一个公共载频，用不同的互为正交的扩频码序列区分用户，实现多址通信。在实际工作中，考虑到扩频序列获取的难易，往往采用准正交的扩频序列，即其之间的相关系数极小，但不等于 0。码分系统采用功率控制时，基站台收到各用户的功率可以认为是相等或接近相等的，但只有规定接收的用户才能用与扩频码相同的码序列解扩，才能还原为有用的信号。其余的用户信号由于扩频码不是同一序列，而且是相互正交或准正文的，相关接收后不会还原成原始信号，只是削弱且变成噪声类型的干扰。小区用户的数量不取决于频道和时隙，在能使用的正交序列数不受限制的情况下，取决于其他用户造成的干扰，包括小区内其他用户以及其他小区用户。码分多址数字蜂窝系统不同于频分和时分系统，它是一种干扰受限系统，而且受系统自身干扰的限制。

2. CDMA 蜂窝系统的用户容量

设信号速率为 R(b/s)，基站台接收的信号功率为 P，则每比特的信号能量 E_b 为

$$E_b = \frac{P}{R} \tag{8.4-1}$$

若小区内用户数为M个，除所需用户外，其余$M-1$个用户均为干扰。假设经功率控制后，基站台接收各用户的功率均相同，则干扰功率应为$(M-1)P$。解扩后的干扰功率谱密度J_0为

$$J_0 = \frac{(M-1)P}{W} \approx \frac{MP}{W} \tag{8.4-2}$$

式中，W为扩频后的信道带宽。

信干比为

$$\frac{E_b}{J_0} \approx \frac{W}{R}\frac{1}{M} \tag{8.4-3}$$

虽然干扰功率比信号几乎大M倍，但经扩频解扩处理后削弱了W/R倍。W/R表示频带展宽的倍数，称为扩频系数，若以分贝表示，则为扩频增益。上式表示，若信号速率和信道带宽一定，要保证要求的E_b/J_0，小区能同时通话的用户数也就确定为

$$M \approx \frac{W}{R}\frac{1}{E_b/J_0} \tag{8.4-4}$$

由于CDMA系统采用相关接收技术，较低的信干比就能保证一定的通信质量。在高速公路上行驶时，信干比约需8dB左右，平时还可以再低些。我国平均取6～6.5dB。这也是CDMA的一个优点。

在CDMA系统中，当扩频增益确定以后，容量只受干扰的限制。干扰的增加或减少直接影响容量的减少或增加。在确定小区实际容量时还需考虑以下因素：

(1) 相邻小区的影响

式(8.4-4)只考虑了本小区，还应考虑相邻小区产生的干扰。在蜂窝CDMA系统中，相邻小区的各用户使用同一载频，只是用不同的扩频码，它们对本小区都产生干扰，这是不同于FDMA和TDMA系统的特点。容量随距离的增加而减弱。若考虑邻区影响干扰增加A倍，容量应相应减少A倍。

(2) 有效讲话因素

用户占用信道后，并非所有时间都讲话，有时在听对方讲话，而且讲话时也有间歇。实际有语音的时间只占40%左右。当系统装有“语音激活”装置时，无语音时不发射信号，也就不产生干扰。只有正在讲话的用户才是有效的干扰用户，所以干扰总量应当乘以用户有效讲话的因素，设为$B(B<1)$。

(3) 使用扇面天线

为减小干扰，基站台可以使用扇形波束天线，若采用120°波束天线，干扰源减少到1/3。在FDMA和TDMA系统中，干扰源的减少可以减少空分单元的小区数，从而间接地增加了容量。在CDMA系统中，干扰源的减少直接意味着容量的增加。设干扰源变化的

系数为 $C(C<1)$。

综合上述因素，用户容量计算的表示式为

$$M \approx \frac{W}{R} \frac{1}{\varepsilon_b / J_0} \frac{1}{ABC} \tag{8.4-5}$$

应当指出，所能获得的相互正交的扩频序列数也是限制 CDMA 系统容量的一个因素。但在蜂窝系统中，覆盖范围和系统容量是依靠大量基站台和频率的再用获得的，在 CDMA 系统中是扩频序列的再用。基站台的功率有严格限制，每个基站台覆盖的范围很有限，传播损耗与距离的 3～4 次幂成比例，隔若干个小区后，又可以使用相同的扩频序列。CDMA 还可以和 FDMA、TDMA 综合运用，所以扩频序列数是限制 CDMA 系统容量的一个因素，但一般情况下不是主要因素。

【例 8-1】 已知一个 CDMA 系统解调所需的最小信干比 $\varepsilon_b/J_0 = 6\text{dB}$，扩频带宽 $W = 1.25\text{MHz}$，数据速率 $R = 9.6\text{kb/s}$，干扰分布如图 8-8 所示，试估算该小区的用户容量。

【解】 根据图 8-8，以式(8.4-4)计算的本小区干扰为基准(100%)。干扰随距离的 3～4 次幂减弱，第一层有 6 个小区，各小区干扰的平均值按 6%计算；第二层有 12 个小区，每小区的干扰平均值可按 0.2%计算；第三层以后，因距离太远，干扰很弱，可以忽略。根据题目给出的小区模型和干扰计算方法，可得总的干扰增加倍数 A 为

$$A = 100\% + 6 \times 6\% + 12 \times 0.2\% = 138.4\%$$

若语音活动因素 B 按 0.5 计算，天线扇面因素 C 按 0.5 计算，根据式(8.4-5)可得到

$$M \approx \frac{W}{R} \frac{1}{\varepsilon_b / J_0} \frac{1}{ABC} = \frac{1.25 \times 10^6}{9.6 \times 10^3} \times \frac{1}{4} \times \frac{1}{0.5 \times 0.5 \times 1.384} \approx 94$$

即小区可容纳的用户数为 $M = 94$。

可以看出，在蜂窝系统中，与频分制或时分制相比，采用码分制可以获得更大的容量。以上分析中没有考虑热噪声的影响，由于它所占比重较小，不影响所得结论。

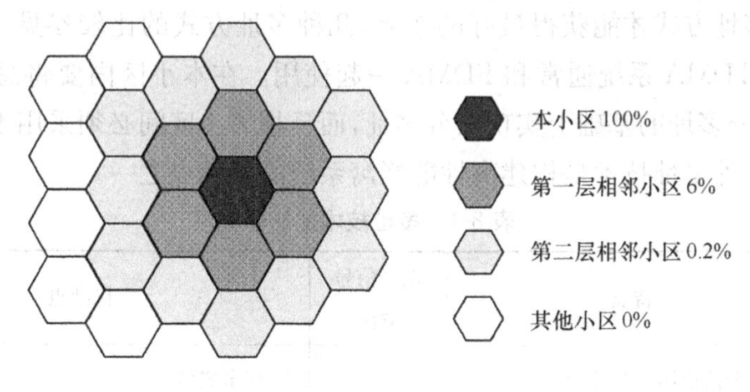

图 8-8　CDMA 系统的干扰分布

3. 软容量

码分多址蜂窝系统是干扰限制系统，干扰的任何减少意味着容量的增加。频分和时

分系统的机制不同，它们是带宽限制系统，容量取决于带宽。当系统根据带宽确定了频道数和时隙数后，容量也就确定不变。不同的干扰水平采用不同的小区划分方案，也在一定程度上影响容量，但不是随意改变的。利用话间插空技术采用分组预约多址(PRMA)协议，也可以增加容量，但这是另一范畴的问题。

在CDMA系统中，只要没有超过扩频序列数，增加一个正交码分用户，只是增加了一些干扰噪声。例如，小区用户从20户增加到21户时，信干比仅降低0.21dB，所以称之为“软容量”。

称为“软容量”的另一个理由是在实际的CDMA系统(如IS-95)中采用了可变速率的语音编码器。扩频系统的扩频增益$=W/R$。当信源速率降低时，提高了扩频增益，由式(8.4-4)可知，系统的容量也增加。当然，前提是有相应的硬件设备保证。

4. 软切换

由于码分蜂窝系统中的相邻小区可以使用同一载频，接收时以不同的扩频码区分和选择用户。在FDMA和TDMA系统中，相邻小区使用不同载频，当移动台离原小区基站台越来越远，信号越来越弱，需要切换到另一小区时，需要更换载频，先切断原载频，再调整到新载频，即“先离后接”方式。这种方式需要中断100～200ms，传送语音时影响不大，但传送数据或传真时会丢失数据。在CDMA系统中，越区切换时载频不变，只是更换扩频码而已，可以“先接后离”，称为“软切换”，其过程比FDMA和TDMA简单得多，也不会丢失数据。

8.4.5 多址技术的比较

上述几种多址方式各有特点，各种通信系统也有其自身的特点，必须根据系统的特点综合运用各种多址方式才能获得最好的效果，几种多址方式的比较参见表8-1。在实际的蜂窝系统中，TDMA系统通常和FDMA一起使用。在本小区内要将总频带划分为若干个频带，在时分多址的基础上实现频分多址，而且相邻小区间必须采用不同载频。正确和巧妙地运用多种多址技术是构建高性能蜂窝系统的关键点之一。

表8-1 多址技术的比较

类型	特点	选择信号方法	优缺点
频分多址	1. 每个信道用一个载频 2. 每个信道传一路信号 3. 小区及相邻小区的各路信号频谱不重叠 4. 可以是模拟制或数字制	频率选择电路	1. 技术成熟 2. 移动台简单 3. 基站台庞大，每信道要配一套收发信机，需用天线共用器 4. 越区切换复杂，易丢失数据

（续表）

类型	特点	选择信号方法	优缺点
时分多址	1. 采用数字制 2. 信道划分为若干不重叠的时隙 3. 每时隙传一路信号	时间选通门	1. 速率高时需用自适应均衡以减少码间串扰 2. 移动台需用语音编解码器 3. 基站台简单 4. 越区切换简单 5. 需要精确同步
码分多址	1. 采用数字制 2. 各路信号按所用扩频码区分 3. 各路信号在同一时间内和相同频带中传送	相关检测器和相对应的扩频码	1. 抗干扰能力强，有一定保密性 2. 越区切换简单，可"软切换" 3. 容量有一定弹性，"软容量" 4. 需要严格的功率控制 5. 有的方案需用 GPS 定时

8.5　随机多址技术

如果通信资源的分配可以随着用户信号传输需求的变化而变化，那么这种多址方式称为随机多址通信方式。随机多址通信方式由于能够对信号传输需求表现出适应性，因而具有更高的资源使用效率。虽然在通信业务的服务质量保证方面这种方式存在不足，但其系统实现的简单性使这种方式得到了广泛的应用，尤其在非实时业务方面。

8.5.1　ALOHA 协议

假定连接在共享信道上各网络节点的业务特征具有明显的突发性和间歇性，即在业务量和发送速率上都具有很高的峰均比，每个网络节点在绝大部分时间里不产生数据，一旦出现数据要求传输，立即以信道的总带宽所允许的最高速率突发传送出去。在这种情况下，共享信道可以由所有网络节点完全随机地使用，任一个节点可以在产生数据的任何时刻进行发送，而无需关心其他节点和信道的状况，这就是随机接入方法的基本概念。

20 世纪 70 年代初，美国夏威夷大学建立了一个以无线电波连接几个小岛上计算机的通信网络，该网络使用了称为 ALOHA 的随机多址接入协议。这项研究计划的目的是要解决夏威夷群岛之间的通信问题，ALOHA 协议可以使分散在各岛的多个用户通过无线信道来使用中心计算机，从而实现一点到多点的数据通信。

1. 纯 ALOHA(P-ALOHA)

在 ALOHA 协议诞生后的几十年里，先后又出现了以 ALOHA 为基础的多种改进和加强版本，为了区别起见，最初的 ALOHA 协议也称为纯 ALOHA(P-ALOHA)，其算法描述如下：

(1) 多个用户终端作为网络节点在系统中处于同等地位，每个用户的业务量和发送速率都有很高的峰均比(突发性)，即每个用户在绝大部分的时间里不产生信息，一旦有信息要发送，立即以系统最大可用资源(信道总带宽)允许的最高速率发送出去。

(2) 每个用户可以独立地，随机地发送所产生的信息，每个信息包(数据分组)都使用纠错编码。

(3) 信息发送后，用户监听从接收端发来的确认信息(ACK)。由于用户的数据分组发送时间是任意的，如果多个用户的发送分组在时间上有重叠，则各个分组就会产生冲突(collision)，导致接收错误。这种情况下错误被检测出来，发送用户会收到接收方发回的一个否认信息(NAK)。

(4) 当收到一个 NAK 后，信息被发送端简单地重新传送。当然，如果冲突的用户立即进行重传，会再次发生冲突。因此，用户须经过一个随机的时间后再进行重传。

(5) 发送端发送信息后，如果在一个给定时间内没有收到 ACK 或 NAK，发送用户就认为这个分组未能成功传送，于是会经过随机选择的一个延迟后再次发送这个信息，以避免再次冲突。

显然，这是一种多个用户共用同一频率带宽的多址接入方式，不同用户通过接入信道时刻的不同实现各自对信道资源的占用。由于每个用户的接入时刻是随机的，因而不同用户在接入时可能存在冲突。

为了评估 ALOHA 协议的效能，对系统进行统计分析，首先做如下假设：

(1) 共享的无线信道是不引起传输差错的理想信道，即数据分组未能成功传输的原因只是由于出现了冲突，且即使只有一比特的时间重叠也将造成整个分组的接收失败；

(2) 用户的分组数据进入共享信道的过程为泊松过程，分组长度固定且相等，时间长度为 T；

(3) 单位时间内进入信道的总业务量为 G，其中成功传输的业务量为 S，且有 $G=S+$单位时间内的重传业务量，G 也称信道负载，且假定其分布仍然是泊松分布；

(4) 在考虑冲突时，忽略信道传播时延。

如果以 T 作为单位时间，S 即为单位时间内成功传输一个分组的概率(也称为吞吐率)，应有 $S\leqslant 1$，但 G 可能大于 1。

根据泊松公式，在时间 T 内出现 K 个分组的概率为

$$P(K)=\frac{(\lambda T)^K \mathrm{e}^{-\lambda T}}{K!},\quad K\geqslant 0 \qquad (8.5\text{-}1)$$

其中,λ 为分组到达速率,此时信道负载为 $G=\lambda T$。分组能够成功传输的条件是:没有两个分组在时间上出现任何重叠(冲突)。只要其他用户没有在前面的 T 时间内和后面的 T 时间内传输信息,用户就可以连续地传输信息。如果另一个用户在前面的 T 时间内传输信息,它的尾部就会与当前要传输的信息发生冲突。如果另一个用户在后面的 T 时间内传输信息,它会与当前要传输信息的尾部发生冲突。这样,每个分组至少需要 $2T$ 的时间间隔,此间隔也称为冲突窗口。

在 $2T$ 的冲突窗口内成功传输一个分组的概率应是"前一 T 内不发送分组"和"后一个 T 内只发送一个分组"这两事件同时发生的概率。因此,成功传输的概率为

$$P_{suc}=P(0)\times P(1)=e^{-\lambda T}\times(\lambda T)e^{-\lambda T}=\lambda Te^{-2\lambda T}=Ge^{-2G} \tag{8.5-2}$$

在单位时间意义上,成功传输概率也即为系统的吞吐率应为

$$S=P_{suc}=Ge^{-2G} \tag{8.5-3}$$

式(8.5-3)反映了纯 ALOHA 系统的吞吐率与信道总负载之间的定量关系。为了求出最大吞吐率,令 $dS/dG=0$,可以解得:当 $G=0.5$ 时,$S=S_{max}=1/2e\approx0.184$。

ALOHA 系统存在传输冲突并需要重传,因而还需要考虑其时延特性。如果定义分组传输时延 D 是从分组在发送端产生到接收端成功接收的一段时间间隔,那么它将包括发送前的排队时间,发送时间(包括可能碰撞后的随机延迟和重传时间)和传播时延。在纯 ALOHA 系统中,不存在排队时间。因此,以单位时间 T 进行归一化的平均分组时延可表示为

$$D=1+\alpha+E\delta \tag{8.5-4}$$

式中,第一项是一次便成功传输的归一化时延;第二项是归一化的传播时延,$\alpha=\tau/T$(τ 为实际传播时延);第三项是由于冲突引起重传而产生的平均时延,E 为平均重传次数,δ 是每次重传所产生的平均时延。这样问题归结为求 E 和 δ。

根据 G 和 S 的含义,不难理解一个分组的平均发送次数就等于 G/S。除去成功的一次,则平均重传次数为

$$E=(G/S)-1=e^{2G}-1 \tag{8.5-5}$$

每次重传的平均时延 δ 的大小与冲突后的重传策略有关。通常采用的一种简单重传策略是:当发送端检测出发送的分组需要重传时,立即计算一个在[1,k]区间内均匀分布的随机数 ξ,据此延迟 ξT 后再重传冲突的分组。加上传播时延,归一化后的平均一次重传时延为

$$\delta=\alpha+\frac{k+1}{2} \tag{8.5-6}$$

所以

$$D=1+\alpha+(e^{2G}-1)\left(\alpha+\frac{k+1}{2}\right) \tag{8.5-7}$$

2. 时隙 ALOHA(Slot-ALOHA)

纯 ALOHA 协议只能提供约 0.184 的最大吞吐率。为了提高吞吐率,需要设法减少各用户发送数据分组时出现冲突的机会,显然,缩小冲突窗口将有助于减小发生的概率。如果将冲突窗口从 $2T$ 缩小至 T(不能再缩小了,否则数据分组无法完整传输),则系统吞吐量有望得到提高。

一种可行的方法是将时间信道资源划分成定长的时隙,每一时隙宽度为 T,正好传输一个数据分组(实际中还要加上传播时间 αT)。于是,各用户在一个时隙内产生的分组不能完全地随到随发了,必须限制在每个时隙的起始时刻发送至信道。这样就要求网络中所有用户的发送操作都必须被同步至统一的时隙定时关系中。

纯 ALOHA 系统的重传方式在时隙 ALOHA 系统中需要进行修正,如果接收到一个 NAK 信息或接收超时,用户应该在随机整数倍的时延时隙后再进行重传。

依据这种时隙控制方法,时间信道上无冲突地发送数据分组的概率等于在一个 T 内整个网络内只有一个分组到达的概率,即

$$P(1)=\lambda T\mathrm{e}^{-\lambda T}=G\mathrm{e}^{-G} \tag{8.5-8}$$

则吞吐率为

$$S=P(1)=G\mathrm{e}^{-G} \tag{8.5-9}$$

令 $\mathrm{d}S/\mathrm{d}G=0$,可以解得当 $G=1.0$ 时,$S=S_{\max}=1/\mathrm{e}\approx 0.368$。可见,时隙 ALOHA 系统的最大吞吐率比纯 ALOHA 系统提高了一倍。系统性能的这种提高,是源于对发送的随机性做了一定的限制,并引入了网络同步机制,以致少许增加了分组时延和用户控制机制的复杂性。

时隙 ALOHA 系统的分组传输时延的求取方法与纯 ALOHA 系统类似,只是要把新分组和经延时后的重发分组在发送前的等待时间附加进去即可,这个等待时间简单地平均为 $0.5T$,因此可得

$$D=1.5+\alpha+(\mathrm{e}^{G}-1)\left(0.5+\alpha+\frac{k+1}{2}\right) \tag{8.5-10}$$

8.5.2 载波侦听随机多址技术

在 ALOHA 协议里,当用户试图发送分组的时候,并不考虑信道当前的忙闲状态,一旦产生了分组就独自决定将分组发送至信道,这种发送控制策略显然有严重的盲目性。改进后的时隙 ALOHA,其最大吞吐率也只达到 0.368。如果要进一步提高系统的吞吐率,还应该进一步地减小发生冲突的概率。除了缩小冲突窗口的思路之外,另外一个解决办法就是减小分组发送的盲目性,通过在发送之前进行“侦听”来确定信道的忙闲状态,然

后再决定是否发送分组。这就是目前广为使用的所谓载波侦听多址接入(Carrier Sense Multiple Access,CSMA)方式。

CSMA 的基本原理是任何一个网络节点在它的分组发送之前,首先侦听一个信道中是否存在别的节点正在发送数据分组,如果侦听到数据分组的载波信号,说明信道正忙,否则信道处于空闲状态,然后根据预定的控制策略在以下两方面做出决定:

(1) 若信道空闲,应该立即将自己的分组发送至信道还是为慎重起见稍后再发送;

(2) 若信道忙,应该继续坚持侦听载波还是暂时退避一段时间再侦听。

应当注意到,由于电信号在介质中传播时存在延迟,在不同观察点上侦听到同一信号的出现或消失的时刻是不相同的。比如,当 A 点发送载波信号时,在距离很近的 B 点可能立即就能侦听到该信号,了解到信道处于忙的状态。但在距离很远的 C 点,信号尚未到达,因此信道被认为是处于空闲状态。这是影响控制决策正确性的原因之一。另一方面,如果有两个或两个以上节点与发送源节点的距离相等或相近,它们可能会同时侦听到载波信号的出现或消失。如果多个节点同时检测到信道空闲,而这时它们都有数据要发送,就必然会造成信道占用冲突。这是影响控制决策正确性的原因之二。从这一点看,CSMA 方式仍然不能完全消除数据分组的“碰撞”现象。当然,这样的冲突可以采用与 ALOHA 系统类似的方式去解决。然而,如果网络节点之间的传播时间较长,这样的情况会频繁发生,最终将导致 CSMA 协议效率的降低。因此,相比而言,基于 CSMA 的协议更适合用于网络覆盖较小,如局域网的应用中,而 ALOHA 协议更多用于较大覆盖,如广域网的应用中。

根据不同的应用需要可以选用不同的 CSMA 实现方案,不同的 CSMA 控制处理策略将导致不同的系统接入性能。CSMA 采用的控制处理策略可以细分为几种不同的实现形式:①非坚持型 CSMA;②1-坚持型 CSMA;③p-坚持型 CSMA。

1. 非坚持型 CSMA(non-persistent CSMA)

一个网络节点当有一个数据分组产生之后,先将它排队缓冲,然后立即开始侦听信道状态。若侦听到信道空闲,即可启动发送分组。若信道正忙,则暂时不坚持侦听信道,随机迟延一段时间后再次侦听信道状态。如此循环,直到将数据分组发送完为止。这个控制过程可由如下控制算法描述:

(1) 新数据分组进入缓冲器,等待发送;

(2) 侦听信道。若信道空闲,启动发送分组,发送完返回第一步;若信道正忙,则放弃侦听,选择随机数,开始延时;

(3) 延时结束,转至第二步。

图 8-9 所示为这个控制过程的示意图。

非坚持型 CSMA 协议的控制特点是当节点侦听到信道忙时,能够主动地退避一段随机时间,暂时放弃侦听信道,这有利于减少传输冲突的机会,有利于提高系统的吞吐率和

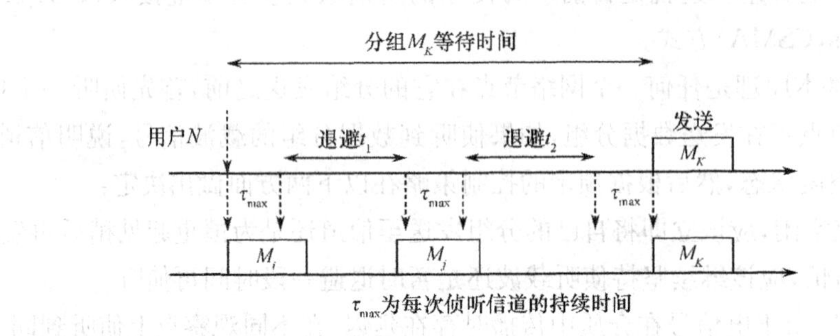

图 8-9 非坚持型 CSMA 协议控制算法

信道利用率。

为了分析非坚持型 CSMA 系统的吞吐率性能，做如下假设：

(1) 系统中的节点(用户站)数目是无限的，而且所有站的数据分组产生(包括新分组到达和重发分组到达)过程服从泊松分布；

(2) 所有数据分组的长度相同，它的发送时间为 T；

(3) 信道最长距离上的传播迟延(相距最远的两个站之间的双向传播时延)设为 τ_{max}，归一化后为 $\alpha=\tau_{max}/T$；

(4) 每个用户站任何时候只有一个分组准备好发送，对载波的检测是瞬时完成的，不引入收发切换时延；

(5) 信道本身是无差错的，并且由于发送冲突所造成的任意长度的分组重叠都将引起分组差错，它们必须被重发。

令 B 是信道的忙碌期，定义为某一个分组从出现在信道中开始，直到经信道最大传播延迟后该分组的数据信号完全消失为止的一段时间区间。若这个区间内只有一个分组出现，则这个 B 是成功传输忙碌期，否则就是不成功传输忙碌期，如图 8-10 所示。

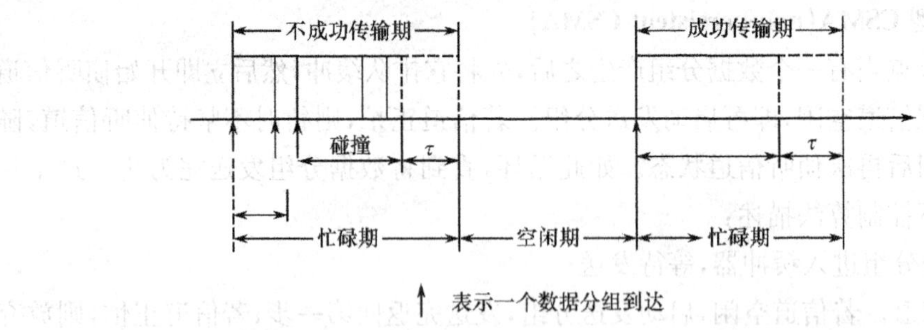

图 8-10 非坚持型 CSMA 系统的信道忙碌期和空闲期

令 I 是信道空闲期，定义为在信道中完全没有数据信号的时间区间。从一个忙碌期 B 开始，至紧跟着一个空闲期 I 结束，这段时间区间定义为一个信道周期。

在系统稳态的情况下，系统的吞吐率可以定义如下：

$$S=\frac{\overline{U}}{\overline{B}+\overline{I}} \tag{8.5-11}$$

式中，$\overline{B}$和 $\overline{I}$分别是 B 和 I 的统计平均值。$\overline{U}$是在一个忙碌期中用于成功传输数据分组的平均时间，它实际上等于在一个信道周期内某用户站发送一个分组前的时间 $\tau_{\max}$ 内无其他分组到达的概率。已知信道总业务量为 G，由泊松公式有

$$\overline{U}=P_0(\tau_{\max})=e^{-\alpha G},\quad \alpha=\tau_{\max}/T \tag{8.5-12}$$

而 $\overline{I}$实际上又是一个平均速率为 G 的泊松数据流的平均时间间隔，即有

$$\overline{I}=\frac{1}{G} \tag{8.5-13}$$

为了求出$\overline{B}$，定义一个随机变量 Y，它等于在一个不成功忙碌期开始$(0,\tau_{\max})$区间内的第一个分组出现时刻与最后一个分组出现时刻之间的间隔。那么，不成功传输期的平均长度应该等于$(1+\overline{Y}+\alpha)$。这里$\overline{Y}$为 Y 的平均值，其分布函数为

$$F_y(y)=P_r[\text{在}(\alpha-y)\text{期间无到达}]=\begin{cases}0, & y<0\\ e^{-(\alpha-\overline{y})G}, & 0\leqslant y\leqslant\alpha\\ 1, & y>\alpha\end{cases} \tag{8.5-14}$$

由上式可求得平均间隔长度为

$$\overline{Y}=\alpha-\frac{1-e^{-\alpha G}}{G} \tag{8.5-15}$$

平均忙碌期的长度由下式求出，即

$$\begin{aligned}\overline{B}&=P_r[\text{成功传输}](1+\alpha)+P_r[\text{不成功传输}](1+\overline{Y}+\alpha)\\&=e^{-\alpha G}(1+\alpha)+(1-e^{-\alpha G})\left(1+\alpha-\frac{1-e^{-\alpha G}}{G}+\alpha\right)\\&=\frac{(1-e^{-\alpha G})^2+1}{G}-\alpha e^{-\alpha G}+2\alpha\end{aligned} \tag{8.5-16}$$

将$\overline{U}$、$\overline{I}$ 和$\overline{B}$的表达式代入式(8.5-11)，最后获得系统的吞吐率公式，即

$$S=\frac{Ge^{-\alpha G}}{G(1+2\alpha-\alpha e^{-\alpha G})+(1-e^{-\alpha G})^2+1} \tag{8.5-17}$$

当 $\alpha\ll 1$ 时，上式可近似表示为

$$S=\frac{Ge^{-\alpha G}}{G(1+2\alpha)+G^{-\alpha G}} \tag{8.5-18}$$

与 ALOHA 方法类似，CSMA 也可按时隙同步方式工作(时隙宽度为 $\tau_{\max}$)，以便减少冲突窗口，进一步提高吞吐率。此时，分析可得吞吐率公式，即

$$S=\frac{\alpha Ge^{-\alpha G}}{\alpha+(1-e^{-\alpha G})} \tag{8.5-19}$$

当忽略信道传播迟延时，式(8.5-18)和式(8.5-19)两式均收敛于同一公式，即

$$\lim_{\alpha\to 0} S=\frac{G}{1+G} \tag{8.5-20}$$

当 $\alpha\to 0$ 时，若信道上的总业务量 G 无限增长，理论上有可能使系统吞吐率趋于1。

2. 1-坚持型 CSMA (1-persistent CSMA)

如果一个网络节点准备好发送一个数据分组但却侦听到信道不空闲时，它仍坚持继续侦听信道，直到侦听到信道变为空闲时立即启动发送分组，这种控制过程可以用如下控制算法进行描述：

(1) 新数据分组进入缓冲器，等待发送；

(2) 侦听信道：若信道空闲，启动发送分组，发送完毕返回第一步；否则若信道忙碌，则继续转至第二步。

如图 8-11 所示为这个控制过程的示意图。

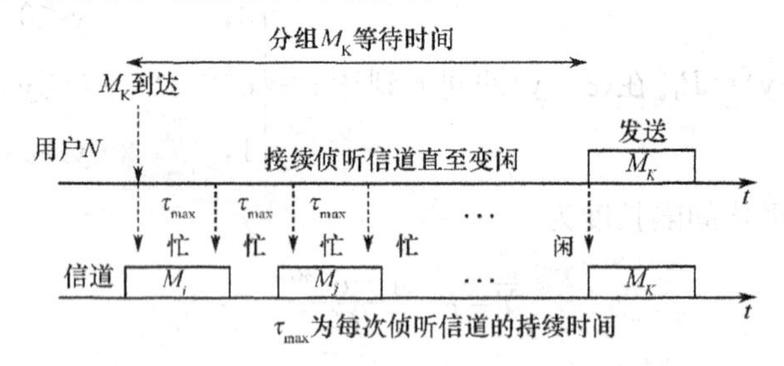

图 8-11 1-坚持型 CSMA 的控制过程示意图

1-坚持型 CSMA 在信道忙碌时一直要坚持继续侦听信道，虽然减小了信道的空闲时间，但也使得多于一个节点同时侦听得知信道空闲进而同时进行分组发送的可能性增大。所以，这种协议的发送冲突机会比非坚持型 CSMA 明显得多，从而导致其吞吐性能比后者差。但是由于其控制简单，因而具有较好的实用价值。

经分析得吞吐率公式如下

$$S=\frac{G[1+G+\alpha G(1+G+\alpha G/2)]\mathrm{e}^{-G(1+2\alpha)}}{G(1+2\alpha)-(1-\mathrm{e}^{-\alpha G})+(1+\alpha G)\mathrm{e}^{-G(1+\alpha)}} \quad (\text{非时隙}) \tag{8.5-21}$$

$$S=\frac{G\mathrm{e}^{-G(1+\alpha)}(1+\alpha-\mathrm{e}^{-\alpha G})}{(1+\alpha)(1-\mathrm{e}^{-\alpha G})+\alpha\mathrm{e}^{-G(1+\alpha)}} \quad (\text{分时隙}) \tag{8.5-22}$$

当忽略信道传播延迟时，上述两式均收敛于下式

$$\lim_{\alpha\to 0} S=\frac{G\mathrm{e}^{-G}(1+G)}{G+\mathrm{e}^{-G}} \tag{8.5-23}$$

对式(8.5-23)求极值，可得，当 $G=1.0$ 时，$S_{max}=0.538$。由此可知，1-坚持型 CSMA 的吞吐性能比非坚持型 CSMA 要差，最大理想吞吐率只能达到 0.538。

3. p-坚持型 CSMA(p-persistent CSMA)

为了进一步提高系统吞吐率,一方面需要坚持对信道状态进行持续侦听,这有利于及时了解信道的忙闲情况,避免信道时间的浪费,另一方面,即使已侦听到信道空闲,也不一定非要立即发送分组,若某个节点能主动退避一下的话,就可以减少冲突的可能性。这就是 p-坚持型 CSMA 的控制策略。其算法描述如下:

(1) 新数据分组进入缓冲器,等待发送;

(2) 侦听信道。若信道不空闲,继续侦听,转至第二步;若信道空闲,在[0,1]区间选择一个随机数 r,若 $r \leqslant p$,启动发送数据分组,发送完毕返回第一步;否则,开始延时 τ_{max},暂停侦听信道;

(3) 延时结束,转至第二步。

p-坚持型 CSMA 考虑到了存在一个以上节点同时侦听到信道空闲的可能性,要求任一节点以 $(1-p)$ 的概率主动退避,放弃发送分组的机会,因而可以进一步减少数据分组的碰撞概率,在性能上比上述两种形式的 CSMA 更好。当忽略信道传播迟延($\alpha=0$)时,可得到理想情况下的吞吐率性能,由下式表示:

$$S=\frac{G\mathrm{e}^{-G}(1+pGx)}{G+\mathrm{e}^{-G}} \quad (\alpha=0) \tag{8.5-24}$$

式中

$$x=\sum_{k=0}^{\infty}\frac{[(1-p)G]^k}{[1-(1-p)^{k+1}]k!} \tag{8.5-25}$$

当式(8.5-24)中的 $p=1$ 时,可得

$$S|_{p=1}=\frac{G\mathrm{e}^{-G}(1+G)}{G+\mathrm{e}^{-G}} \tag{8.5-26}$$

这与 1-坚持型 CSMA 吞吐公式一致。

4. 各种 CSMA 方式性能比较

以上介绍了三种不同的基于 CSMA 的接入控制方法。由于它们在减少发送冲突方面采用了各自不相同的控制策略,所获得的接入性能也不尽相同。相比之下,非坚持型 CSMA可以大大减少接入过程的碰撞机会,能使系统的最大吞吐量达到信道容量的 80%以上。但由于退避的原因,将会使系统对数据分组的响应时间变长,即时延性能较差。相反,1-坚持型 CSMA 由于毫无退避措施,在业务量很小时,数据分组的发送机会多,响应也快。但若节点数增多或总的业务量增加时,碰撞的机会将急剧增加,吞吐和时延特性急剧变坏,其最大吞吐量只能达到信道容量的 53%。p-坚持型 CSMA 是前两者之间折中的一种改进方案,或者更确切地说是 1-坚持型 CSMA 的改进方案。如果能适当地选取合适的 p 值,可以获得比较满意的系统性能。

应该指出的是,上述三种 CSMA 方法的载波侦听只在数据分组发送之前进行,一旦分组已经发送,即使发生了碰撞,有关节点也得让该分组照样发送完毕。这样实际上白白浪费了一个 τ_{max} 的信道工作时间。如果不仅在发送分组前进行载波侦听,而且在发送过程中也进行载波侦听,并在侦听到冲突后及时中止发送,这样就可以减少信道占用时间(可换算成信道容量)的浪费,从而更进一步提高系统吞吐能力和减少分组传输时延。这种改进的接入方法称为具有碰撞检测的 CSMA(Carrier Sense Multiple Access with Collision Detection,CSMA/CD),目前广泛地用于有线局域网的多址接入协议中。

在无线网络中,因为在发送节点附近发生的碰撞中,发送信号的功率总是远大于接收到的信号功率,检测结果总会认为无碰撞发生,所以通常难以实施对碰撞的检测,因此在无线局域网的实现中只能改为避免冲突的机制,即载波侦听多址接入/冲突避免(Carrier Sense Multiple Access with Collision Avoidance,CSMA/CA)。这种方案采用主动避免碰撞而非被动侦测的方式来解决冲突问题,可以满足那些不易准确侦测是否有冲突发生的需求。

8.5.3 预约随机多址技术

从上面讨论的 ALOHA、CSMA 两类随机多址技术可以看到,这两类技术需要解决的关键问题是如何最大程度地减少可能产生的发送冲突,从而尽量提高信道的利用率和系统吞吐率。然而,一个基本的事实是,只要在控制操作上存在随机因素,就不可避免地存在不同用户发送数据分组之间的冲突现象,这是随机多址通信固有的竞争性带来的特点。

基于预约机制的随机多址技术的出发点就是为了最大程度地减少或者消除随机因素对控制过程的影响,避免分组发送竞争所带来的对信道资源的无序争夺,使系统能够按照各个节点的实际业务需求合理分配信道资源。

预约随机多址通常基于时分复用,即将时间轴分为若干帧,每一帧分为若干时隙。当某用户有分组要发送时,可采用 ALOHA 方式在空闲时隙上进行预约,如果预约成功,它将无碰撞地占用每一帧所预约的时隙,直至所有分组传输完毕。预约的时隙可以是一帧中固定的时隙,也可以是不固定的。

R-ALOHA(Reservation-ALOHA)就是一种预约随机多址方式。R-ALOHA 方式是针对解决长、短报文传输的兼容问题提出的,它在时隙 ALOHA(S-ALOHA)的基础上,对时隙赋予了优先级,当用户需要发长报文时,提出申请预约,分配得到一段时隙,使之能一次发送一批数据,对于短报文则使用非预约的时隙,按照 S-ALOHA 进行传输,这样既解决了长报文传输的问题,又保留了 S-ALOHA 信道利用率高的优点。

另一种典型的预约随机多址协议为分组预约多址接入(Packet Reservation Multiple Access,PRMA)。该协议较成功地解决了基于 TDMA 方式的蜂窝移动通信系统的容量增加和业务综合等问题。PRMA方式与R-ALOHA类似，它可以让每一个TDMA时隙传输语音或数据，其中语音优先。为了提高系统效率，PRMA可采用语音激活检测技术(VAD)，以充分利用语音的非连续性。在PRMA技术中，各载波有一帧结构，由若干个时隙(TS)组成，每个TS能承载一个分组。TS和信道不是一一对应的，任何TS能承载任何信道的分组。各接收终端通过读取分组头识别出分组是否是传送给自己的。PRMA技术的目标是利用大多数业务内在的空闲时间，各TS并不像传统TDMA系统那样由某呼叫全部占用，而是可以被任何呼叫占用。

习　题　八

8-1　试举例说明FDMA、TDMA和CDMA的应用及特点。

8-2　研究AWGN信道中具有$K=2$个用户的某FDMA系统，其中分配给用户1的带宽$W_1=\alpha W$，分配给用户2的带宽$W_2=(1-\alpha)W$，其中$0\leqslant\alpha\leqslant1$。另$P_1$和$P_2$分别是两个用户的平均功率。试求两个用户的容量$C_1$和$C_2$及其和$C_1+C_2$与$\alpha$的关系。

8-3　考虑一个与用户数无关且限制每个用户的发送功率为P的TDMA系统。试求每个用户的容量C_K及总容量KC_K。画出C_K和KC_K作为ε_b/n_0函数的曲线，并说明$K\to\infty$时的结果。

8-4　在纯ALOHA系统中，信道比特率为2400b/s。假设每个终端平均每分钟发送100比特的消息。

(1) 试求能够使用该信道的最大终端数；

(2) 若采用时隙ALOHA，重做(1)小题。

8-5　考虑一个纯ALOHA系统。该系统运行的吞吐量$S=0.1$，并以泊松到达率λ产生分组。

(1) 试求信道负载G；

(2) 试求为发送一个分组而试传的平均次数。

8-6　考虑一个总线传输速率为10Mb/s的CSMA/CD系统。总线为2km，传播时延为5μs/km，分组长度为1000bit。试求

(1) 端到端延时τ_d；

(2) 分组持续时间T_p；

(3) 该总线的最大利用率和最大比特率。

第9章 扩频通信系统简介

在无线电通信过程中，通信系统的发信机向空间辐射无线电信号，接收机从复杂的电磁环境中检测出这些有用信号。这种开放式发射信号和接收信号的特点，使得无线电通信信号容易受到干扰和被截获。

扩展频谱技术是对抗干扰的一种有效方法，本章对扩展频谱通信系统进行简要介绍。首先引入扩展频谱通信的基本概念，在此基础上介绍直接序列扩频系统和跳频系统，主要介绍其基本原理、组成和同步技术。

9.1 扩频通信的基本概念

9.1.1 扩频通信系统的概念

扩展频谱通信是利用与信息无关的伪随机序列使发射信号频带宽度远大于信息信号（基带信号）频带宽度的一种通信方式，简称扩频通信（又称扩谱通信）。扩频通信中发射信号的带宽可以是信息频带宽带的数倍甚至数千倍，远大于所传信息必需的最小带宽；频带的扩展是通过一个独立的码序列来完成，在接收端则用同样的码序列进行解扩及恢复所传信息数据。

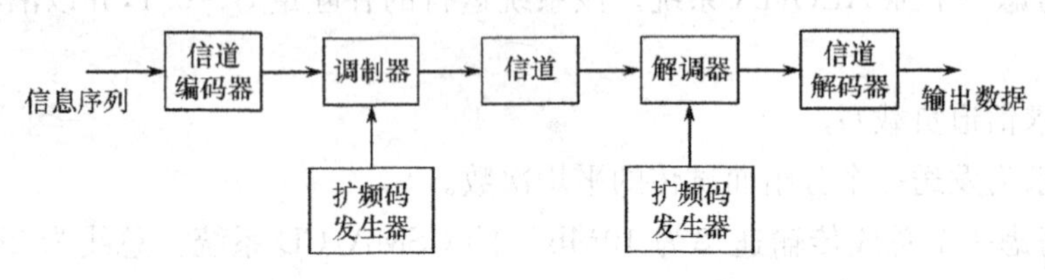

图 9-1 数字扩频通信系统原理框图

图 9-1 所示为数字扩频通信系统的原理框图。其中信道编码器、信道解码器、调制器和解调器是传统数字通信系统的基本组成单元。在扩频通信系统中除了这些单元外，还有两个相同的扩频码发生器，分别作用在发信机前端的调制器与接收机前端的解调器。在发信机中使用扩频码进行频谱扩展，在接收机中使用扩频码对扩频信号进行解扩。

按照频谱扩展方式的不同，扩频通信可分为直接序列（dierct sequence，DS）扩频、跳频（frequency hopping，FH）、跳时（time hopping，TH）等基本方式。

直接序列扩频系统，简称直扩系统。在直接序列扩频系统中，将要发送的信息用伪随机(pseudo-noise,PN)序列扩展到一个很宽的频带上,信号功率分散在很宽的频带内。在接收端,用与发端扩展相同的伪随机序列对接收到的扩频信号进行相关处理,将信号带宽恢复到扩频前的信息带宽,而干扰和噪声被展宽为宽带信号,功率谱密度大大降低,最后通过滤波器滤除有用信号带宽外的干扰和噪声成分,提高了信干噪比。

在使用跳频方式的扩频系统中,用伪随机序列控制载波频率在很宽的频率范围内跳变,在频率域以躲避方式对抗通信中的干扰。

在跳时方式的扩频系统中,用伪随机序列控制信号发送时刻,以及发送时间的长短,在时间域以躲避方式对抗通信中的干扰。

除了这三种基本方式外,还可以使用上述几种扩频方式的组合,如跳频—直扩(FH/DS)、跳时—直扩(TH/DS)等。

这些不同方式的扩频系统中,直扩系统和跳频系统是使用最普遍的,本章中我们主要介绍这两种类型的扩频通信系统。

扩频通信技术最早起源和应用于军事通信,由于其良好的抗干扰和抗侦听能力,在军事通信,特别是战场通信中得到了广泛的应用。除了在军事通信中的应用外,扩频技术也正迅速的向民用通信的一些领域渗透。随着 IS-95 标准的颁布,直接序列扩频通信技术逐渐广泛地应用于移动通信和室内无线通信等各种商用应用系统,为用户提供可靠通信,扩频 CDMA(码分多址)技术已经被确定为第三代陆地移动通信的多址技术。20 世纪 80 年代以来,跳频技术在民用通信中也逐渐得到广泛应用,全球移动通信系统(GSM)中使用慢跳频技术抗干扰,在家庭射频(HomeRF)和短距离无线技术标准蓝牙(Bluetooth)系统中也采用跳频技术抗工业干扰。

9.1.2 扩频通信系统的主要性能指标

处理增益和抗干扰容限是扩频通信系统的两个重要性能指标。

1. 处理增益

在一个信息处理系统中,系统的输入信噪比和输出信噪比分别为 $\mathrm{SNR_{in}}$ 和 $\mathrm{SNR_{out}}$,用系统的处理增益表示信噪比的改善程度,定义为

$$G_p=\frac{\mathrm{SNR_{out}}}{\mathrm{SNR_{in}}}$$

由于高斯白噪声的功率近似均匀分布,因此在扩频系统中,常用扩频前后带宽的比值来估算系统的处理增益。因此扩频处理增益定义为

$$G_p=B/B_0 \tag{9.1-1}$$

这里,B 是扩频后传输信号所占用的频带宽度,B_0 是原始基带信号带宽。

处理增益也称扩频(处理)增益。处理增益 G_p 反映了扩频通信系统信噪比改善的程

度。处理增益也常用分贝来表示，即

$$G_p(\text{dB})=10\lg(B/B_0) \tag{9.1-2}$$

处理增益的大小决定了扩频系统抗干扰能力的强弱。目前国外在实际系统中的处理增益最高达到70dB。若系统正常解调需要的信噪比为10dB，则这个系统输入端的信噪比最低可为−60dB，系统可在信号功率低于干扰功率60dB的恶劣环境下正常工作。因此，扩频系统在深空超远距离的通信中有着重要的地位。

2. 干扰容限

所谓干扰容限，是指在保证系统正常工作条件下，接收机能够承受的干扰信号比有用信号高出的分贝数，常用M_j表示。

$$M_j=G_p-\left[L_s+\left(\frac{S}{N}\right)_o\right] \tag{9.1-3}$$

式中，G_p是系统的处理增益，L_s是系统内部损耗，$(S/N)_o$是信息数据正确解调所要求的最小输出信噪比，即接收机中相关器的输出信噪比或者解调器的输入信噪比。

干扰容限直接反映了扩频通信系统可抵抗的极限干扰强度，只有当干扰机的干扰功率超过干扰容限后，才能对扩频系统形成有效干扰。因此，干扰容限往往比处理增益更能确切地反映系统的抗干扰能力。

例如，某系统扩频处理增益$G_p=30$dB，系统损耗$L_s=3$dB，为了保证信息解调器工作时误码率低于10^{-5}，要求相关器输出信噪比$(S/N)_o=10$dB，则该扩频系统的干扰容限为$M_j=30-(3+10)=17$dB。这说明，只要接收机前端的干扰功率不超过信号功率17dB，系统就能正常工作，或者说，该系统能够在接收输入信干噪比（信号功率与干扰和噪声功率之比）大于或等于−17dB的环境下正常工作。

9.1.3　扩频通信系统的主要特点

由于扩频通信能大大扩展信号的频谱，发端用扩频码序列进行扩频调制，以及在收端用相关解调技术，使其具有许多非扩频系统（窄带通信）难于替代的性能和特点，扩频通信系统主要有以下几个特点：

1. 抗干扰能力强。

扩频通信在空间传输时所占有的带宽相对较宽，而收端又采用相关检测的办法来解扩，使有用宽带信息信号恢复成窄带信号，而把非所需信号扩展成宽带信号，然后通过窄带滤波技术提取有用的信号。对于各种干扰信号，在窄带滤波后的信号中只有很微弱的成份，解扩后信干噪比很高，因此抗干扰性强。目前商用的通信系统中，扩频通信是唯一能够工作于负信噪比（dB值）条件下的通信方式。

2. 抗截获能力强。

由于扩频信号在相对较宽的频带上被扩展了，单位频带内的功率很小，信号淹没在噪声里，一般不容易被发现，而想进一步检测信号的参数（如伪随机序列的参数）就更加困难，因此抗截获和抗侦听能力强。

3. 可以实现多址通信。

扩频通信提高了抗干扰性能，但其代价是占用频带宽。如果让许多用户共用这一宽频带，可提高频带的利用率。由于在扩频通信中使用扩频码序列进行扩频调制（频谱扩展），我们可为不同用户分配不同的扩频码，所选择的扩频码序列族具有良好的自相关特性和互相关特性，在接收端利用相关检测技术进行解扩，从而区分不同用户的信号，提取出有用信号。这样一来，在同一宽频带上许多用户可以同时通信而互不干扰，实现多址通信。

4. 直接序列扩频系统还有一个重要的特点是可以用于测距和定位。

我们知道如果能够精确测量电磁波在两个物体之间传播的时间，也就可以测量两个物体之间的距离。当发射出去的扩频信号在被测物体反射回来后，在接收端解调出扩频码序列，然后比较收发两个码序列相位之差，就可以测出扩频信号往返的时间差，从而算出二者之间的距离。人们曾经利用月球表面的发射信号，采用直接序列扩频系统精确地测量出地球与月球之间的距离。直扩系统在这方面应用的一个最著名的系统就是美国的全球定位系统（GPS），它的出现和发展为导航带来了革命性的变化，在全球范围内为各种形式的用户提供精确的实时位置、速度和时间信息。现在欧洲也推出了伽利略（Galileo）定位系统的研究计划，中国也在研究和实现“北斗”导航定位系统。

9.2 直接序列扩频通信系统

直接序列扩频系统（DS-SS），又称为直接序列调制系统或者伪噪声系统（PN系统），简称为直扩系统，是目前应用广泛的一种扩展频谱系统。人们对直接序列扩频系统的研究最早，研制了许多直扩系统，如美国的国防卫星通信系统（AN-VSC-28）、IS-95 CDMA移动通信系统、美国的全球定位系统。

9.2.1 直扩系统的组成

前面已经介绍过，直接序列扩频，就是直接用具有高码率的扩频码序列在发送端去扩展信号的频谱。而在接收端，用相同的扩频码序列去进行解扩，把频谱展宽的扩频信号还原成原始的信息。图9-2所示为直扩系统的组成与原理框图。与通常的非扩频通信系统相比，扩频系统中增加了扩频和解扩单元。

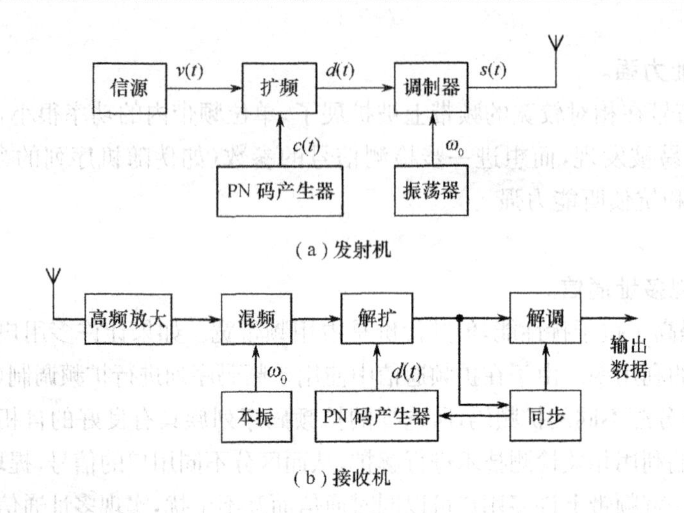

(a) 发射机

(b) 接收机

图 9-2　直扩系统组成框图

由信源输出的信号 $v(t)$是码元持续时间为 T_s 的信息流，伪随机码产生器产生的伪随机码为 $c(t)$，每一随机码的码片持续时间为 T_c(为了与一般系统中的符号码元相区别，伪随机序列码的码元称为码片)，将信源信号 $v(t)$与伪随机码信号 $c(t)$进行相乘，产生速率与伪随机码速率相同的扩频信号，然后再用扩频信号去调制载波，这样就得到已扩频调制的射频信号，最后通过天线发送。上述扩展过程可以用图 9-3 的示意图描述。

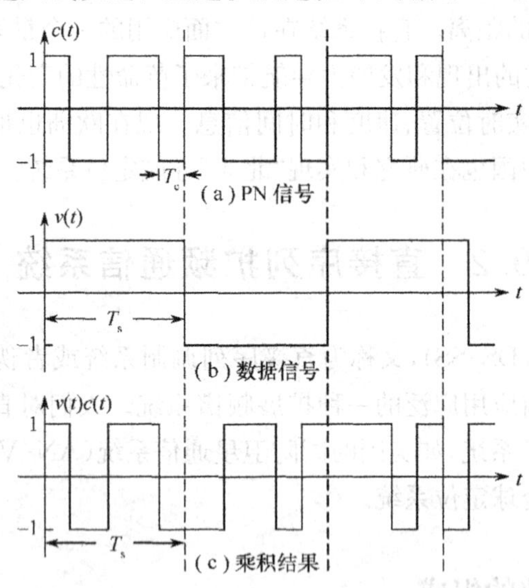

图 9-3　直扩系统时域波形示意图

在接收端，接收到的信号下变频后，用与发送端同步的伪随机序列对扩频调制信号进行相关解扩，然后再进行解调，恢复出所传输的信息 $v(t)$，完成信息的传输。对于干扰信号和噪声而言，由于与伪随机序列不相关，在相关解扩器的作用下，相当于进行了一次扩频，干扰信号和噪声频谱被扩展，其功率谱密度降低，这样就大大降低了进入信号频带内的干扰和噪声功率，使得解调器的输入信干噪比提高，从而提高了系统的抗干扰能力。为了正确进行相关解扩，发送端进行扩频和接收端进行解扩的伪随机码序列应有严格的同步。

9.2.2 直接序列扩频信号的发送与接收

考虑使用 BPSK 方式发送二进制信息序列的扩频通信系统。假设信息速率为 R(b/s)，码元间隔 $T_b=1/R_b$，信息序列信号可以表示为

$$v(t)=\sum_{n=-\infty}^{\infty}a_n g_T(t-nT_b) \tag{9.2-1}$$

式中，$a_n=\pm 1$，$-\infty<n<\infty$；$g_T(t)$是宽度为 T_b 的矩形脉冲。

伪随机序列发生器产生的序列速率为 $R_c$cps(码片每秒)，$R_c=G_pR$，这里 G_p 是扩频系统的处理增益，通常为一个整数。伪随机序列发生器输出信号可以表示为

$$c(t)=\sum_{n=-\infty}^{\infty}c_n p(t-nT_c) \tag{9.2-2}$$

这里，$c_n=\pm 1$，表示取值为± 1的二进制 PN 序列，$p(t)$是宽度为 T_c 的矩形脉冲。

在扩频调制时，信息序列信号与伪随机序列信号相乘，得到扩展后的信号 $d(t)$为

$$d(t)=v(t)c(t) \tag{9.2-3}$$

用此扩展后的序列去调制载波，将信号搬移到载频上去。对于 BPSK 调制，调制后的得到的信号为

$$s(t)=Ad(t)\cos\omega_c t \tag{9.2-4}$$

这里 ω_c 为载波频率。由于 $d(t)=\pm 1$，所以 $s(t)$可以进一步表示为

$$s(t)=A\cos[\omega_c t+\theta(t)] \tag{9.2-5}$$

其中，当 $d(t)=1$ 时，$\theta(t)=0$；当 $d(t)=-1$ 时，$\theta(t)=\pi$，而信号相位的变化速率为 R_c。

在上述系统中，信息信号的带宽为 RHz(使用谱零点带宽)，扩展后的信号 $d(t)$带宽为 R_c 赫兹，带宽变为原来的 G_p 倍。

在接收端，接收天线的信号经过高频放大和混频变换到基带后，得到的信号包括以下几个部分：有用信号 $s_d(t)$、噪声 $n(t)$和干扰信号 $j(t)$，这里 $n(t)$为带限高斯白噪声，带宽为 R_c，物理功率谱密度为 n_0，噪声的平均功率 $P_N=n_0R_c$，干扰信号的平均功率为 P_J。为简化分析并不失一般性，不考虑传输时延和损耗，有用信号可写成 $s_d(t)=Ad(t)=Av(t)c(t)$，则接收信号可表示为

$$r(t)=s_d(t)+n(t)+j(t) \tag{9.2-6}$$

接收信号先与接收端的 PN 序列发生器产生的 PN 序列信号 $c'(t)$相乘。如果收发两端的 PN 序列同步，则 $c'(t)=c(t)$，解扩后的结果可以表示为

$$\begin{aligned}u(t)&=r(t)\cdot c(t)=s_{\mathrm{d}}(t)c(t)+n(t)c(t)+j(t)c(t)\\&=Av(t)c^2(t)+n'(t)+j'(t)\\&=Av(t)+n'(t)+j'(t)\end{aligned}\tag{9.2-7}$$

这里，$n'(t)=n(t)c(t)$，$j'(t)=j(t)c(t)$是与本地PN序列相乘后输出的噪声信号和干扰信号。上面使用了性质$c^2(t)=1$，通过相乘处理后的有用信号部分$Av(t)$的带宽为RHz，这也是进行扩频调制前信息序列的带宽，因此解扩信号与传统的解调器信号有相同的带宽。

相乘处理后，噪声和干扰的带宽为R_c，而噪声和干扰的功率不变$P'_N=P_N$，$P'_J=P_J$。对于窄带干扰(例如单频正弦波形式的单频干扰)和噪声，经过相乘处理后，其功率谱近似均匀分布，干扰功率谱密度为$J_0=P'_J/R_c=P_J/R_c$；由于相乘处理前后噪声带宽相同，因此噪声功率谱密度仍为n_0。

使用带宽为R的匹配滤波器取出有用信号，而噪声和干扰得到抑制。经过匹配滤波后输出的干扰信号功率P_{J_o}和噪声的功率P_{N_o}为

$$P_{J_o}=J_0R=\frac{P'_J}{R_c}R=\frac{P_J}{R_c/R}=\frac{P_J}{G_p}\tag{9.2-8}$$

$$P_{N_o}=n_0R=\frac{P_N}{R_c}R=\frac{P_N}{G_p}\tag{9.2-9}$$

从上述过程可以看出，PN序列用于在发射机中将窄带的信息序列扩展为宽带信号进行传输，在接收端将接收的宽带信号与发送端同步的PN序列相乘，解扩出窄带的信息序列，而各种干扰经过与PN序列的相乘处理扩展为宽带形式，最终将干扰信号的能量削弱为原来的G_p分之一。扩频系统的处理增益G_p越大，对干扰抑制得越厉害。应用扩频技术的一个重要原因就是为了在有干扰的情况下，依靠系统的处理增益来抑制干扰。

上述发送和接收过程中，系统中频谱变化可以用图9-4表示，其中，图(a)、(b)、(c)分别是扩展前信号功率谱、伪随机信号功率谱、扩展后信号功率谱，图(d)是接收机中解扩前各分量的功率谱，图(e)是解扩后各分量的功率谱，图(f)是滤波后的功率谱。

在军事通信中，如果敌对方不知道我方所使用的PN序列，则不能正确解调该扩频信号，也就不能获得处理增益，因此采用扩频技术提高了通信的抗干扰能力和安全性。当然，在扩频系统中，抗干扰能力和通信安全性的增加是以传输带宽的增大和系统实现复杂度增加为代价的。

9.2.3　直接序列扩频技术的应用

这里简要介绍直接序列扩频技术的两个重要应用：低截获概率的信号传输；码分多址(CDMA)通信系统。

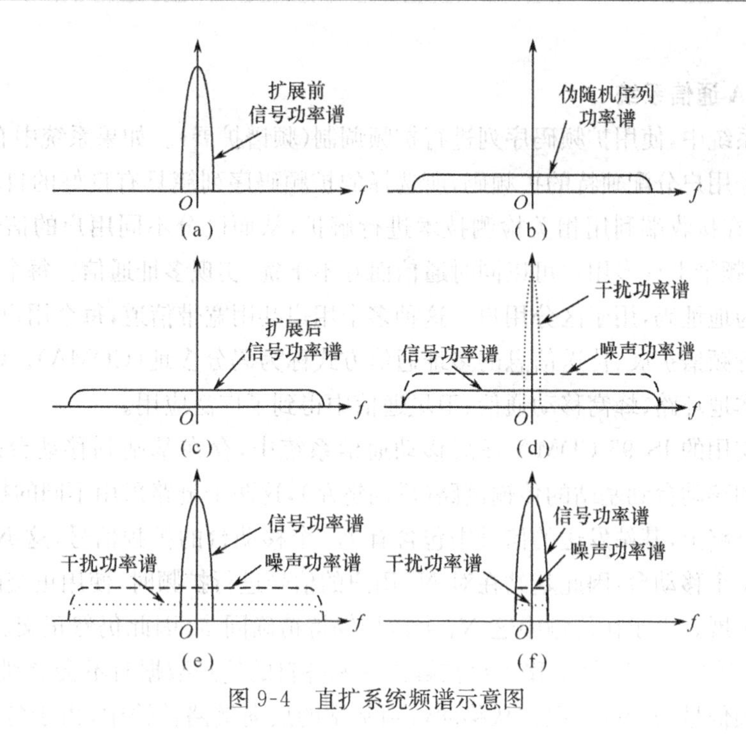

图9-4　直扩系统频谱示意图

1. 低截获概率的信号传输

在军事通信中,如果希望我方进行传输的无线信号不被敌对方探测和接收到,就应当以很低的功率发送信号。这时可以利用直接序列扩频技术,接收机借助于处理增益(和信道编码的编码增益)正确接收低功率的扩频信息序列。对于敌对方来说,不能利用扩频处理增益和编码增益,因此难以正确接收信息。

在这种应用中,接收有用信号功率比接收机前端的背景噪声和热噪声的功率值低得多。如果直接序列扩频信号的带宽为 R_c,加性噪声的物理功率谱密度为 n_0 W/Hz,在带宽 R_c 内噪声平均功率为 $P_N=R_cN_0$,信息信号功率为 P_s。在接收端进行解扩处理后,信息序列信号带宽变为 R,使用带宽为 R 滤波器进行滤波后,噪声信号功率变为 $P_{N_o}=n_0R=P_N/G_p$,而期望信息序列信号功率仍为 P_s,因此解扩后信噪比提高为原来的 G_p 倍。

【例9-1】　在一直接序列扩频通信系统中,接收机在高斯噪声信道中的信噪比 P_S/P_N 为0.01。而接收端正确进行信息解调所需要的信噪比 E_b/N_0 为10,试确定系统所需的最小处理增益。

【解】　假设系统的处理增益为 G_p,解扩后信噪比变为原理的 G_p 倍,即

$$\frac{P_S}{P_N}P_G=\frac{E_b}{N_0} \tag{9.2-10}$$

因此

$$G_p=\frac{E_b/N_0}{P_s/P_N}=\frac{10}{0.01}=1000$$

即系统所需的最小处理增益为1000,即30dB。

2. **CDMA 通信系统**

在直扩系统中，使用扩频码序列进行扩频调制（频谱扩展）。如果系统中有多个用户，我们可为每个用户分配独特的扩频码，所选择的扩频码序列簇具有良好的自相关特性和互相关特性，在接收端利用相关检测技术进行解扩，从而区分不同用户的信号。这样一来，在同一宽频带上许多用户可以同时通信而互不干扰，实现多址通信。每个用户分配的扩频序列称为地址码，用于区分用户。这种多个用户共用宽带信道，每个用户使用其独特的地址码进行频谱扩展、传送信息的多址通信方式称为码分多址（CDMA）。CDMA 技术已经在无线本地环路、蜂窝移动通信、卫星通信中得到了广泛应用。

在目前应用的 IS-95 CDMA 蜂窝移动通信系统中，存在基站到移动台的传输链路（前向链路）和移动台到基站的传输链路（反向链路），这两个链路采用不同的扩频技术。

在前向链路上，基站发送的信号中包含有 N_u 个移动台的扩频信号，这 N_u 个扩频信号同时到达每个移动台，因此基站在对 N_u 用户的信号进行扩频时，使用正交的 Walsh 序列进行频谱扩展。由于在传输中这 N_u 个信号保持精确同步，因此仍然正交。由于这 N_u 个 Walsh 序列的正交性，每个移动台在解扩解调各自的信息数据时不会受到同一信道内其他用户扩频信号的干扰。但在从移动台到基站的反向链路传输中，由于各个移动台位置的不同，到达基站的 N_u 个扩频信号之间不会保持这样的同步关系，因此不能像前向链路那样使用正交序列进行扩频，而是每个移动台使用不同的伪随机序列进行频谱扩展（实际上使用基站指定的 m 序列，关于 m 序列我们将在第 9.2.4 节讨论）。基站解调来自于期望用户的扩频信号时，就会受到信道内其他用户的扩频信号所产生的加性干扰，这个被称为 CDMA 系统的多址干扰（MAI）。

为了能同时容纳更多的用户数，需要保证用户 PN 序列间具有良好的互相关特性，理想的情况是各用户的 PN 序列是正交的，这时来自其他用户的干扰信号对正确的解扩解调没有本质的影响。然而，N_u 个 PN 序列间的正交性难以实现，特别是 N_u 很大时。事实上，如何寻找相关性好的 PN 序列的问题一直是很重要的问题。

9.2.4 扩频码序列

在扩展频谱系统中使用伪随机序列来进行频谱扩展和解扩，伪随机序列起着很重要的作用。在直扩系统中，用伪随机序列将传输信息带宽进行扩展；在跳频系统中，用伪随机序列控制频率合成器产生的频率随机地进行跳变；在跳时系统中，用伪随机序列控制信号发送的起始时刻和持续时间。伪随机序列性能的好坏，直接关系到整个系统的性能。这里对直扩系统中的伪随机序列进行简要介绍和讨论。

扩展频谱系统中使用的伪随机序列最重要的特性是具有近似于随机信号的性能，但又不是完全随机的码序列，因此称为伪随机序列。因为噪声具有完全的随机性，可以说伪随机序列具有近似于噪声的性能，因此也被称为伪噪声(PN)码。真正的随机信号和噪声是不能重复再现和产生的，我们只能产生一种周期性的信号来近似随机噪声的性能，一方面这个周期性随机序列在通信双方中容易产生和识别，另一方面由于其随机性而使得敌对方难以识别。

1. *m* 序列及其产生器

实际中一种广泛使用的序列是最大长度线性反馈移位寄存器(LFSR)序列，即 m 序列。

二进制序列一般可由移位寄存器产生，由移位寄存器产生的序列称为移位寄存器序列。r 阶线性反馈移位寄存器序列产生器的结构如图 9-5 所示。序列产生器由移位寄存器和反馈结构组成，实现简单。在序列产生器中，每位寄存器的状态在一个时钟周期到来时向右位移一位，第一位寄存器的状态由各寄存器的状态反馈经模二加后的状态来确定。来一个时钟，寄存器的第一位将更新，其他位向右移，最右边一位输出，这样就得到一个移位寄存器序列。

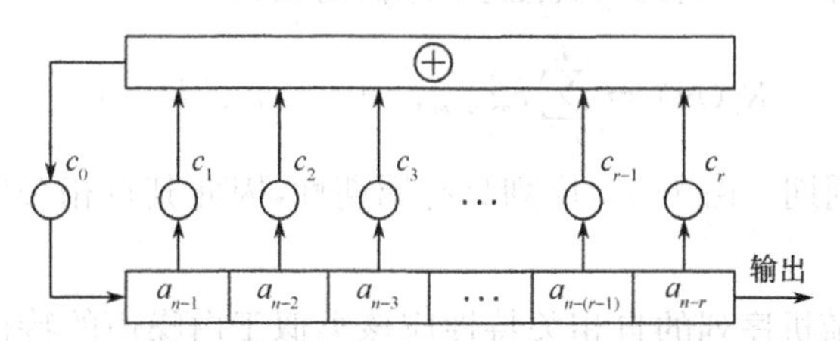

图 9-5　线性反馈移位寄存器序列产生器

图中 a_{n-i} 为移位寄存器中寄存器的状态，c_i 为第 i 位寄存器的反馈系数，$i=1,\cdots,r$。当 c_i 为零时，表示无反馈，将反馈线断开；当 c_i 为 1 时，表示有反馈，将反馈线连接起来。在此结构中，c_0 和 c_r 必须为 1。如果 c_0 为 0 意味着无反馈，为静态寄存器，不能构成周期性的序列。若 c_r 为零，则 r 级的移位寄存器将退化为 $r-1$ 级或者更低级数的反馈移位寄存器。使用不同的反馈逻辑，即 c_i 取不同的值，将产生不同的移位寄存器序列。

对于一个 r 级 LFSR 序列产生器，输出序列总是周期的。因为移位寄存器的级数是有限的，则其状态也是有限的，无论初始状态如何，经过有限个时钟脉冲后，LFSR 最终会再一次出现初始状态。r 位二进制数最多有 2^r 个，因而序列周期不可能超过 2^r 个。如果 LFSR 到达全零状态，那么这个序列发生器会一直停留在这个状态上；如果 LFSR 的初始值不为全零，则全零状态也就不会出现。因而，所有可能状态的最大个数是 2^r-1。周期为 2^r-1 的 LFSR 输出序列称为“最大长度移位寄存器序列”或“m 序列”。

序列产生器中的抽头系数与所产生的序列是一一对应的。除了 c_0 和 c_r 必须为 1 外，其他抽头系数的取值也要满足一定的条件才能产生 m 序列。

如图 9-6 所示是一个 4 级移位寄存器，它产生的序列是周期为 15 的 m 序列。如果寄存器初始状态$[a_{n-4}, a_{n-3}, a_{n-2}, a_{n-1}]=[1,0,0,0]$，不难验证，它产生的序列是重复性的序列 100010011010111。

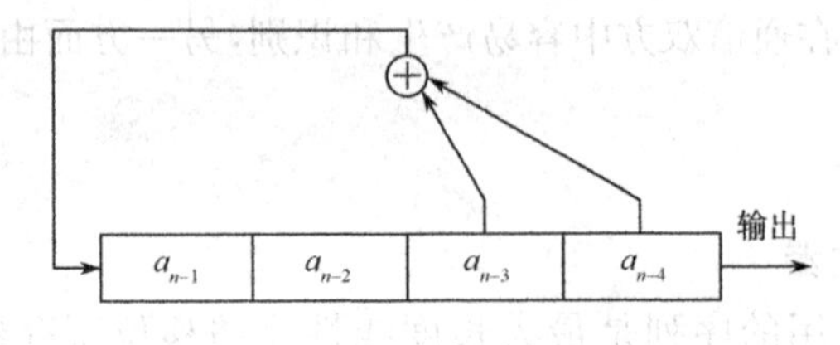

图 9-6　m 序列产生器例子

2. 扩频码序列的相关特性

在直接序列扩频系统中，把由{0,1}组成的二进制序列变换为一个由{1,−1}组成的双极性序列，这个双极性序列称为等价序列。

周期伪随机序列的自相关特性，由其自相关序列(或称自相关函数)表征。伪随机序列的自相关序列通常用其对应的双极性序列$\{c_n\}$定义为

$$R_c(m)=\sum_{n=1}^{L} c_n c_{n+m},\quad 0\leqslant m\leqslant L-1 \tag{9.2-11}$$

这里，L 为序列周期。由于$\{c_n\}$序列具有周期性，因此其自相关序列$\{R_c(m)\}$也具有周期性，周期为 L。

从理论上讲，伪随机序列的自相关特性应该类似于白噪声的特性。即$\{c_n\}$序列理想的自相关序列$\{R_c(m)\}$具有形式

$$R_c(m)=\begin{cases}L, & m=0\\ 0, & 0\leqslant m\leqslant L-1\end{cases} \tag{9.2-12}$$

而 m 序列的自相关序列的取值是

$$R_c(m)=\begin{cases}L, & m=0\\ -1, & 0\leqslant m\leqslant L-1\end{cases} \tag{9.2-13}$$

从自相关特性的角度来看，m 序列的性能非常接近理想的伪随机序列。

如图 9-6 所示的序列中，$L=15$，其自相关序列如图 9-7 所示。

在扩频系统中，伪随机序列的互相关特性与自相关特性同样重要。例如在 CDMA 系统中，许多用户共用一个信道，为了区分不同用户的信号，为每个用户都分配特定的伪随机序列作为扩频地址序列(地址码)。由于多个用户共有一个频带，为避免相互之间产生多址干扰，要求各个用户的伪随机序列相互正交。实际上，CDMA 用户使用的伪随机序列之间表现出一定的相关特性，也就是序列之间的互相关不为零，会产生一定的多址干扰。为了减小多址干扰，就要选用一组互相关性小的序列作为扩频地址序列。

两个周期相同的伪随机序列的互相关性，同样可由其对应的双极性序列$\{c_n\}$和$\{d_n\}$

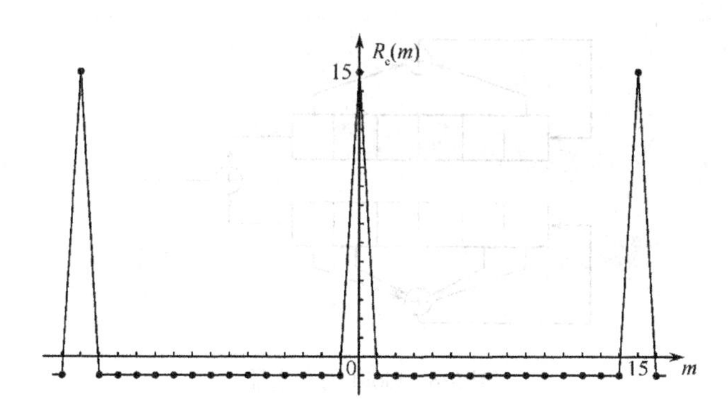

图 9-7　m 序列的自相关特性

来定义。定义互相关序列为

$$R_c(m)=\sum_{n=1}^{L}c_n d_{n+m},0\leqslant m\leqslant L-1 \tag{9.2-14}$$

通常希望两个序列的互相关值越小越好，这样它们容易被区分，且相互之间的干扰也小。如果两个序列的互相关序列取值为0，则称这两个序列正交。

对于一对同周期的 m 序列之间的互相关序列一般存在较大的峰值。表 9-1 列出了当$3\leqslant m\leqslant 12$时，具有相同周期的 m 序列的周期互相关峰值 $R_{\max}$ 及对应的 m 序列的数目。可以发现大多数 m 序列的互相关峰值与自相关峰值的比值比较大，这说明如果采样 m 序列作为 CDMA 系统的扩频地址序列，会产生大的多址干扰。虽然可以在 m 序列中挑选出互相关峰值序列较小的优选对，但是这样的优选对数量太少，不能满足多个用户组网的要求。因此从这个角度看，m 序列并不适合于作为 CDMA 系统的扩频地址序列使用。

Gold 码是 m 序列的组合码，它是由同步时钟控制的两个 m 序列的优选对逐位模二加得到的。图 9-8 是 Gold 码发生器的一个例子。产生 Gold 码的两个 m 序列发生器的周期相同，码速率相同，两者保持一定的相位关系，因而产生的 Gold 序列的周期也就与 m 序列相同。循环改变两个序列的相对移位时可以得到一个新的 Gold 序列。Gold 序列的周期互相关特性比 m 序列好，而且最大的优点是可供选择的码组序列数量多。

表 9-1　m 序列和 Gold 序列的互相关峰值 $R_{\max}$

m	$L=2^{m-1}$	m 序列			Gold 序列	
		数量	$R_{\max}$	$R_{\max}/R(0)$	$R_{\max}$	$R_{\max}/R(0)$
3	7	2	5	0.71	5	0.71
4	15	2	9	0.60	9	0.60
5	31	6	11	0.35	9	0.29
6	63	6	23	0.36	17	0.27
7	127	18	41	0.32	17	0.13
8	255	16	95	0.37	33	0.13
9	511	48	113	0.22	33	0.06
10	1023	60	383	0.37	65	0.06
11	2047	176	287	0.14	65	0.03
12	4095	144	1407	0.34	129	0.03

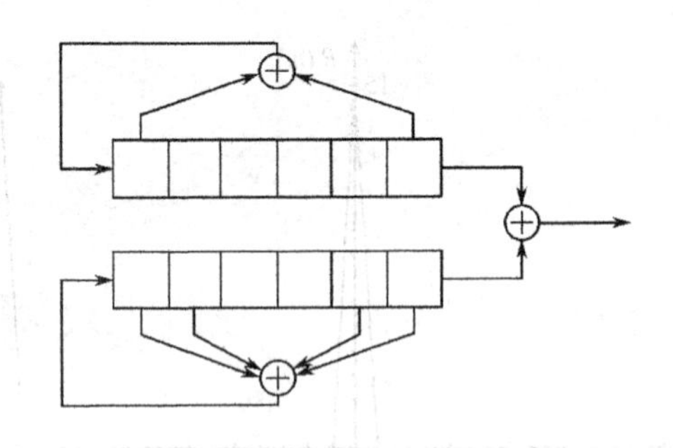

图 9-8 Gold 码发生器

9.3 直扩系统的同步

在扩频系统中，为了正确地进行扩频信号的解扩，接收机中产生的本地扩频码序列必须与接收信号中的扩频码序列同步，也就是本地产生的伪随机序列扩频码与接收信号中的伪随机序列相位相一致。由于直扩系统中接收信号的信干噪比很低，在实现扩频码的同步之前，难以实现载波同步，因此在接收机中一般首先实现扩频码的同步。实现扩频码的同步后，扩频通信系统中的载波同步、位同步和帧同步等就可以使用与一般通信系统基本相同的方法实现，因此对于直扩系统的同步我们这里主要讨论扩频码的同步。

伪随机序列的同步一般分为两步进行。

(1) 捕获，又称初始同步，或称粗同步。通过捕获阶段，使得本地 PN 码序列和接收信号中的 PN 码序列的定时误差小于一个码片，所以捕获又称为粗同步。

(2) 跟踪，或称精同步。捕获过程完成后，在初始同步的基础上，使 PN 码相位之间的误差进一步减小，并跟踪伪随机序列定时的变化。跟踪过程使用跟踪环路实现，跟踪环路与一般的数字系统的跟踪有很多类似之处，因此伪随机序列的同步的关键是初始同步即捕获。

9.3.1 同步过程

直扩系统的同步过程可以用图 9-9 来描述。接收机对接收到的信号，首先进行搜索，对收到的信号与本地码相位差的大小进行判断，若不满足捕获要求，即伪随机序列间相位差大于一个码片，则调整时钟再进行搜索。直到使伪随机序列间相位差小于一个码片时，停止搜索，转入跟踪状态。然后对捕获到的信号进行跟踪，并进一步减小收发相位差到要求的误差范围内，以满足系统解调的需要。与此同时，不断的对同步信号进行监测，一旦发现同步丢失，马上进入初始捕获状态，开始新的同步过程。

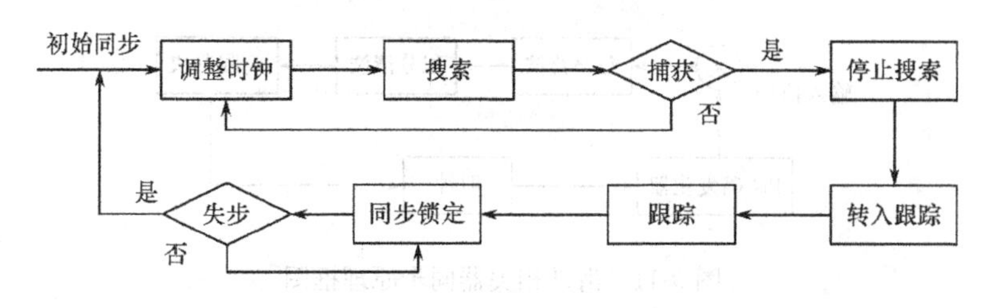

图 9-9　直扩系统同步流程

9.3.2　初始同步

接收机刚开始时收发之间 PN 码组的相位误差是完全不知道的，一般需要在相位不确定区域内进行搜索确定相位误差。常用的初始同步法有滑动相关法、前置同步码法、突发同步法等。

1. 滑动相关法

若使接收端伪随机码发生器以不同于发送端的码速率工作，这就相当于两个码组间相对滑动，一旦发现两个码组相位符合(即同步)时，则使滑动停止。在实际系统中，两个码组之间的相对滑动并不是使两个码组的码速率不同而获得，而是通过使接收机时钟周期性地移动一个相位增量实现的。对于伪随机码，由于它具有良好的相关性能，如图 9-10所示，在滑动相关法中利用了这个特性，当相对滑动的结果使两码组的相位符合时，相关器的输出有尖峰出现。此时，就可判断初始同步完成。

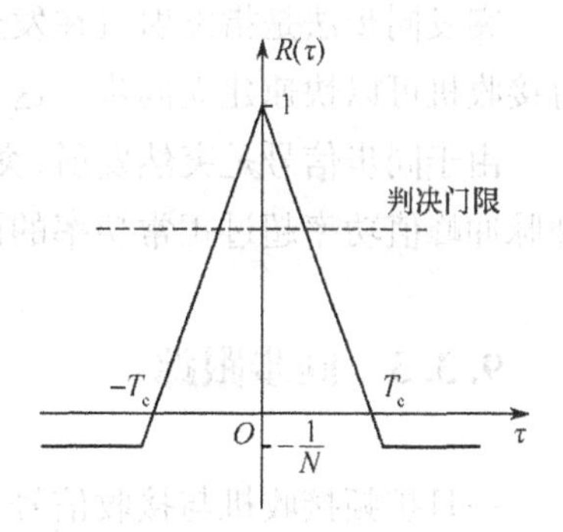

图 9-10　伪随机码的相关特性

滑动相关同步的原理框图如图 9-11 所示。图中相乘器、包络检波、积分清洗实际上实现了接收信号与本地信号的相关功能。在未同步时，相乘器输出是宽带噪声，解调器输出电压低于门限，这时由时钟驱动本地码的相位滑动一个增量。当两个码组相对滑动达到同步时，相乘器输出一窄带中频信号，解调后输出的信号高于门限，同步判决器控制时钟停止产生相位滑动。如果连续数次解调输出大于门限，则初始同步实现，转入跟踪阶段。

2. 前置同步码法

滑动相关法所花费的时间是伪随机序列周期的数量级，搜索时间长是它的不足之处。为了缩短时间，一种有效的方法是使用特殊的短编码序列，使搜索全部可能同步的码相位所需的时间不致过长。这个特殊的短编码序列用于同步时称前置同步码，或称“同步头”。

当使用前置同步码时，捕获时间决定于它的码长。可以根据特定系统的要求选择合

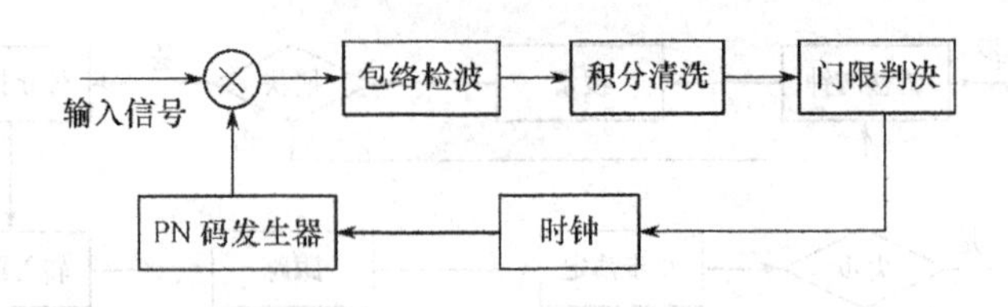

图 9-11　滑动相关器同步原理框图

适的前置码长度。采用这种方法时，发射机在发送数据信息之前，先发送同步头，供用户接收，建立同步并保持，然后再发送信息数据。

这种方法的一个主要缺点是：较短的前置同步码虽然使得同步捕获迅速，但较易受到干扰引起错误同步；这种短码还可能被有意的干扰者复制。

3. 突发同步法

突发同步法是指发射机在发送信息之前，首先发送一个短促的高峰值功率的脉冲，使得接收机可以快速建立同步。这种方式也用于跳频系统。

由于同步信号是突然发射、突然猝息，对任何人为的干扰者都是出其不意的，而且这种脉冲峰值功率超过正常功率的许多倍，因而具有较强的抗干扰能力。

9.3.3　同步跟踪

一旦扩频接收机与接收信号获得初始同步后，就转入同步跟踪阶段。在同步跟踪中，用本地码准确地跟踪输入信号的伪随机码，同时监测同步情况，一旦发现失锁，应返回捕获状态，重新进行同步。实现跟踪也是利用伪随机码间的相关特性实现的，基本方法是利用锁相环来控制本地码的时钟相位。这里介绍常用的两种方法：延迟锁定环（DDL）和τ-抖动环（TDL）。

1. 延迟锁定环跟踪

延迟锁定环也称早迟码跟踪环，其原理框图如图 9-12 所示。

环路中包含两个相关器支路：超前支路和滞后支路。本地 PN 码发生器产生两路输出：超前形式和滞后形式的 PN 码。超前相关器使用的参考码波形比估计码相位要超前一些，而滞后相关器使用的参考码波形比估计码相位要滞后一些。接收信号与超前形式和滞后形式的 PN 码分别进行互相关，然后进行带通滤波和平方律包络检波，两个相关器支路输出相减，相减输出经过环路滤波送到压控振荡器，控制本地码产生器。VCO 输出用于调整 PN 码发生器的时钟，当 PN 码发生器落后于接收信号 PN 码相位时，它就促使时钟变快，反之亦然。

两路 PN 码信号间相位间隔（相位差）为 Δ，$\Delta\leqslant 2T_c$，这里 T_c 为码片长度。当 $\Delta=T_c$

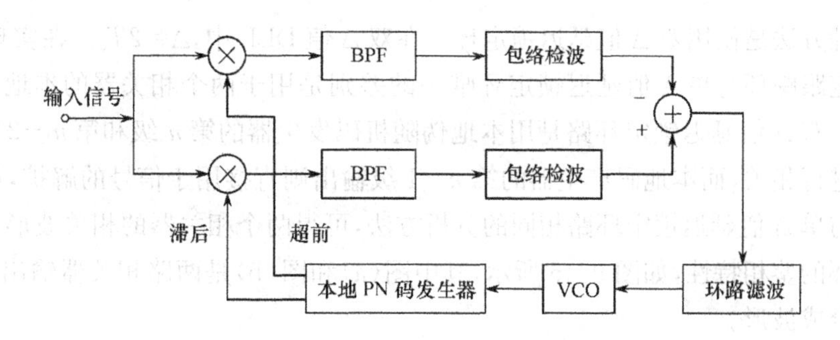

图 9-12　延迟锁定环路的原理框图

时，这时的 DLL 又称单 Δ 值 DLL；当 $\Delta=2T_c$ 时，这时的 DLL 又称双 Δ 值 DLL。

下面分析单 Δ 值延迟锁定环的跟踪原理。设经捕获阶段后本地 PN 码与接收 PN 码的时延差为 τ，$\tau\leqslant T_c$。图 9-13 是锁定环路的相关特性示意图，其中图(a)和图(b)是两路相关器输出经包络检波器检波后的相关函数波形，相关器输出为三角形，宽度为两个码片，但两路输出间时间上相差一个码片。两路输出相减后，合成波形如图 9-13 中(c)所示。两路相关器输出相减后的合成信号经过环路滤波器滤除高频分量，滤波器输出控制 VCO，决定本地伪随机码产生器的时钟频率。图 9-13 中(c)中的坐标原点 O 为环路跟踪点，根据锁相原理，当时延差满足 $|\tau|\leqslant\Delta/2$ 时环路可以锁定，即跟踪范围为 $-\Delta/2\sim+\Delta/2$。由于环路的反馈作用，由相关支路得到的误差信号经环路滤波后，控制 VCO 的输出，从而调整本地伪随机码发生器的相位，使剩余相差很小，跟踪环路在 $\tau=0$ 附近工作。

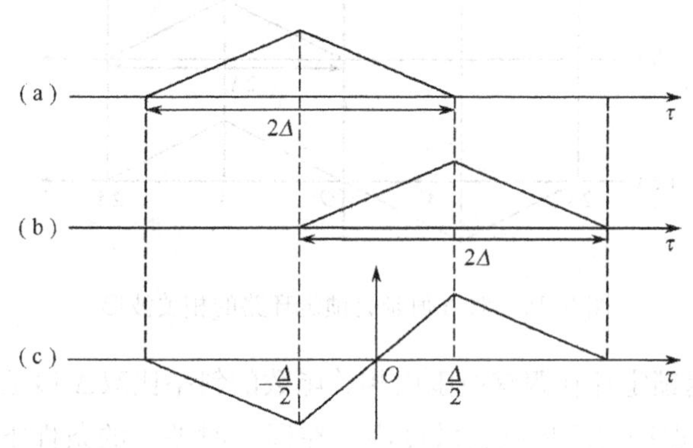

图 9-13　单 Δ 值延迟锁定环路的相关波形

由于跟踪点位于直线段的中间(即坐标原点)，此点相距两个相关峰都是半个码片时间。因此，若由两个相关器之一引出输出信号用于解调，会使得解调器输出信噪比变低。解决这个问题的办法之一是增加第三个相关器支路用于解调器，该相关器支路输入的伪随机码的相位比第一个相关器支路滞后半个码片时间，因此可以工作在相关特性的峰值处，使得输出信噪比最大。

另一种方法是使用双Δ值延迟锁定环。在双Δ值 DLL 中，$\Delta=2T_c$。在实现上，双Δ值延迟锁定跟踪环与单Δ值延迟锁定环唯一的差别是用于两个相关器的本地参考码的相位不同。双Δ值延迟锁定环路是用本地伪随机码发生器的第 n 级和第 $n-2$ 级输出对接收信号进行相关，而本地码产生器的第 $n-1$ 级输出则直接用于信号的解扩，如图 9-14 所示。用与单Δ值延迟锁定环路相同的分析方法，可得两个相关器的相关波形和双Δ值延迟锁定环的鉴相特性，如图 9-15 所示，其中图(a)和图(b)是两路相关器输出波形，(c)为得到的合成波形。

将双Δ值延迟锁定环路与单Δ值延迟锁定环相比较，可以看出：

(1) 双Δ值的延迟锁定环的跟踪范围比单Δ值延迟锁定环跟踪范围大一倍，其跟踪范围为$-\Delta\sim+\Delta$。

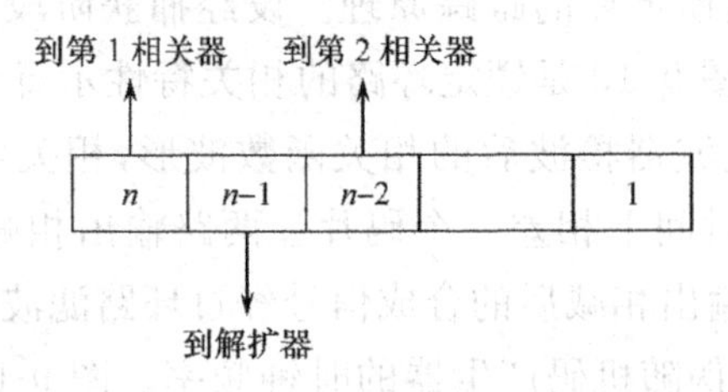

图 9-14 双Δ值延迟锁定环的本地 PN 码发生器

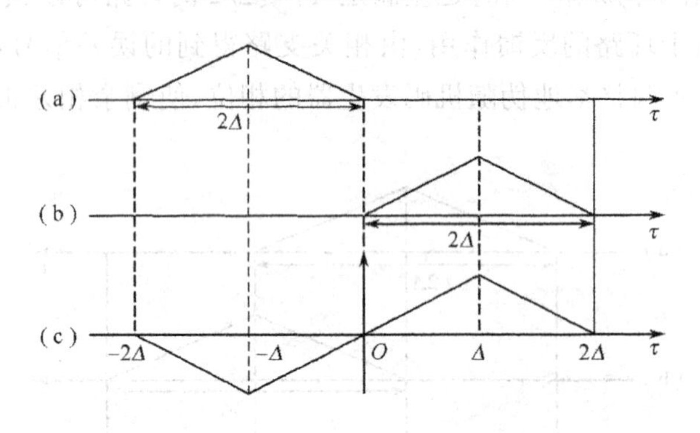

图 9-15 双Δ值延迟锁定环路的相关波形

(2) 单Δ值延迟锁定环在跟踪范围内相关函数的斜率比双Δ值延迟锁定环斜率大一倍，意味着单Δ值延迟锁定环控制灵敏度高。在同一时差 τ 的条件下，单Δ值延迟锁定环锁定环要求的接收信噪比比双Δ值延迟锁定环要求的信噪比低 3dB。

2. τ-抖动环

在延迟锁定环中，两个相关器通道在振幅上要求完全平衡，如果两个支路不平衡，即使定时误差为零时 DLL 输出也不为零，这样平衡时的跟踪点就不是真正的跟踪点。这个问题可以通过超前和滞后码共享同一个相关器支路来解决，这也是 τ-抖动环的基本原理，图 9-16 所示为 τ-抖动环(TDL)的原理框图。在二进制信号 $q(t)$ 作用下，移相器交替地调整 VCO 输出的 PN 时钟信号，因此 PN 码发生器交替输出超前伪随机码和滞后伪随机码(因此称为"抖动"环路)，与输入信号进行相关，经带通滤波和平方律包络检波后，被信号 $q(t)$ 交替地进行反相，再经环路滤波驱动 VCO。

采用 τ-抖动环后，由于只有一个相关器，因而避免了延迟锁定环会出现的支路间不平衡的现象，但 TDL 的抗噪声性能不如 DDL。

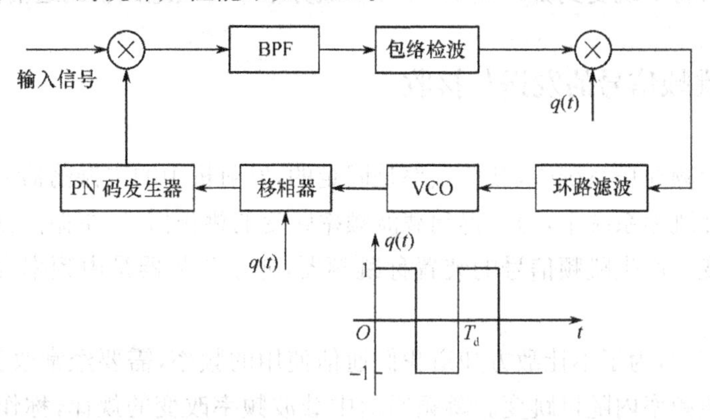

图 9-16 τ-抖动环原理框图

9.4 跳频通信系统

9.4.1 跳频系统概述

通常我们所接触到的无线通信系统都是载波频率固定的通信系统，都是在指定的固定频率上进行通信，所以也称作定频通信。这种定频通信系统，一旦受到干扰就将使通信质量下降，严重时甚至使通信中断。在军事通信中，如果使用定频通信系统，敌对方容易发现我方的通信频率，截获通信所传送的信息内容，或者发现我方通信设备在的方位，引导炮火摧毁，因此在这种环境下使用定频通信系统容易暴露目标且易于被截获。

这时，采用跳频通信就不容易受干扰也难以被截获。在跳频通信系统中，载波频率受一伪随机码的控制，载频随机的在一组频率点上跳变，使对方不易发现通信使用的频率，一旦被敌方发现，通信的频率也已经"转移"到另外一个频率上了。当敌对方不能破获频率的跳变规律时，就无法截获我方的通信内容。即使敌对方产生的干扰落入我方通信频率范围内时，由于通信频率不断跳变，受干扰的只是部分频点的信号，采用纠错编码等措施仍可以恢复出被干扰的部分信息来，因此与定频通信系统相比较，跳频系统的抗干扰能力大大增强，在军事通信中得到了广泛应用。

与传统的定频通信系统比较，跳频通信系统具有抗干扰和低截获概率的特点。

(1) 抗干扰能力。在战场通信环境中，跳频通信系统是一种抗干扰能力较强的无线电通信系统，能有效地对抗频率瞄准式干扰；只要跳频频率数目足够多，跳频带宽足够宽，也能较好地对抗宽频带阻塞式干扰；只要跳频速率足够高，就能有效地躲避频率跟踪式干扰。

(2) 低截获概率。跳频信号是一种低截获概率信号。载波频率的快速跳变，使敌方难以截获通信信号；即使敌方截获了部分载波频率，由于跳频序列的伪随机性，敌方也无法预测跳频电台将要跳变到哪一频率。因此，敌方很难有效地截获到通信信息。

9.4.2 跳频信号的发送与接收

在传统的定频通信系统中，载波频率是固定的，发射机中的主振荡器的振荡频率也是固定设置的。在跳频系统中，为了得到载波频率跳变的跳频信号，主振荡器的频率应能按照控制指令改变。产生跳频信号的装置称跳频器，通常跳频器是由频率合成器和 PN 码发生器构成的。

在跳频通信中，为了不让敌方知道我们通信使用的频率，需要经常改变载波频率，即载波频率在一组频率内随机跳变。跳频通信中载波频率改变的规律，称作跳频图案。通常我们希望频率跳变的规律不被敌方所识破，所以需要随机地改变，跳变规律越隐蔽越好。但是若真的无规律可循的话，通信的双方(或友军)也将失去联系而不能建立通信。因此，常采用伪随机改变的跳频图案。只有通信的双方才知道此跳频图案，由于跳频图案的伪随机性，敌对方即使截获少量频率，也难以破译跳频图案。

跳频系统的原理框图如图 9-17 所示。与直扩系统相比，在跳频系统中伪随机序列并不直接传输，而是用于控制载波频率，也就是进行载频和信道选择。

在发送端，PN 码发生器控制频率合成器使得输出频率按照一定规律跳变，得到跳频信号。在接收端，接收机的本振信号频率也是跳变的。只要收发双方的伪随机码同步，就可以使收发双方的频率合成器输出的跳频频率同步。这样在接收机混频器输出端就可以得到固定的中频信号，对中频信号进行解调，就可以恢复出发送的信息。在这里混频器实现了解跳的功能。对于敌对方来说，由于不知道频率的跳变规律，不能进行正确的解跳，不能得到期望的中频信号进行解调，也就无法实现截获。因此正确接收跳频信号的前提条件是，收发双方必须实现跳频同步，即跳频接收机与跳频发射机在相同的时刻使用相同的频率。关于跳频同步我们将在第 9.5 节中进行讨论。

9.4.3 跳频序列

在跳频通信系统中，用来控制载波频率跳变的多值序列通常称为跳频序列。在跳频序列控制下，载波频率的跳变规律称为跳频图样或跳频图案。例如：如果某跳频系统中的可用频率为 7 个，用数字 0～6 来表示，则{2,0,5,6,3,4,1}就是一个简单的跳频序列。

跳频序列主要有两个方面的作用：

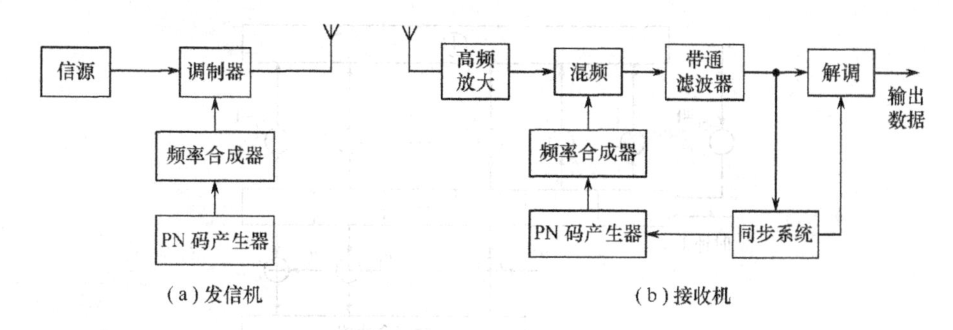

图9-17　跳频通信系统原理框图

(1) 控制频率跳变以实现频谱扩展。发射机和接收机以同样的规律控制频率在较宽的范围内变换，虽然瞬时信号带宽较窄，但是整体上看系统带宽很宽。对收发双方而言，在同步后可实现有效的通信；对敌对方接收机而言，由于跳频序列未知，无法侦听到有效的信息，也很难实现有效的干扰。

(2) 跳频组网时作为地址码。每个用户分配一个跳频序列作为地址码，发射机根据接收机的地址码选择通信对象。当许多用户在同一频段同时工作时，跳频序列是区分每个用户的标志。

在一个战术战场区域内，分布着许多跳频电台，要做到无相互干扰是相当困难的。由于各用户跳频起始时刻的不同和传输时延的差异等原因，在某一个时隙，可能有两个或多个用户的信号载频跳到同一个频率上，造成频率重合干扰，使接收机解调输出出现误码。这种频率重合的现象也称为频率碰撞或频率击中，表征这一参数的数学术语是汉明相关。在一个周期内两个跳频序列之间重合的次数越少，对应的两个用户之间的相互干扰就越小。

在设计跳频序列时需要考虑下述几个方面的因素。

(1) 每个跳频序列都可以使用系统频率集合中的所有频率，以实现最大的处理增益；

(2) 跳频序列集合中的任意跳频序列，与其平移序列的频率重合次数尽可能少；

(3) 跳频序列集合中的任意两个跳频序列，在所有相对时延下发生频率重合的次数尽可能少；

(4) 为了有更多的跳频序列以提供用户使用，实现多址通信，要求跳频序列集合中的序列数目尽可能多；

(5) 跳频序列应具有较好的随机性，以使敌对方不能利用以前传输的频率信息来预测当前和以后的频率；

(6) 跳频序列的产生电路比较简单。

跳频电台中常用的一种产生方法时基于 m 序列构造跳频序列族。一个基于 m 序列产生跳频序列的一般模型如图9-18所示。

使用 r 级 m 序列发生器的任意 k 级(相邻或非相邻级均可)移位寄存器输出去控制

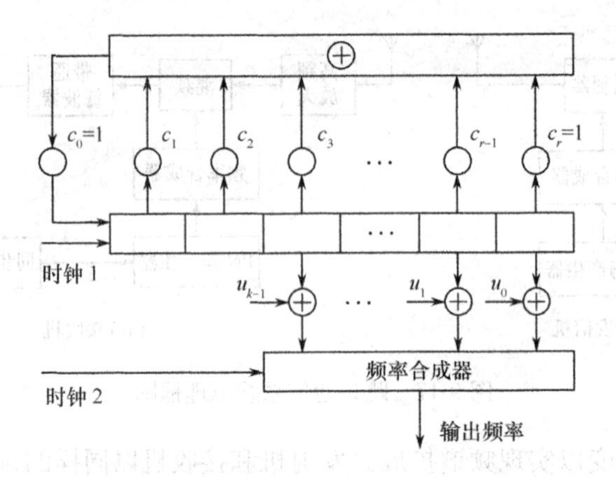

图 9-18 跳频序列的产生

频率合成器，并且控制 m 序列的时钟和驱动频率合成器的时钟可以不同(即对序列进行采样)。经过严格的数学推导，已经证明上述模型产生的跳频序列簇具有最佳的汉明相关性能，是跳频多址组网的最佳选择之一。

这里介绍一个跳频序列产生的例子，设 m 序列使用 6 级线性反馈移位寄存器产生，产生的序列长度为 $2^6-1=63$，如下所示：

1 1 1 1 1 1 0 1 0 1 0 1 1 0 0 1 1 0 1 1 1

0 1 1 0 1 0 0 1 0 0 1 1 1 0 0 0 1 0 1 1 1

1 0 0 1 0 1 0 0 0 1 1 0 0 0 0 1 0 0 0 0 0

使用连续抽头模型来构造跳频序列簇，若使用三个相邻级来控制跳频，即取

$$s_u(j)=4\lfloor(a_j+u_0)\bmod 2\rfloor+2\lfloor(a_{j+1}+u_1)\bmod 2\rfloor+\lfloor(a_{j+2}+u_2)\bmod 2\rfloor \quad (9.4\text{-}1)$$

则可以得到由 $2^3=8$ 个序列组成的跳频序列族。

$$S_0=\{7,7,7,7,6,5,2,5,2,5,3,6,4,1,3,6,5,3,7,6,5,\cdots\}$$

$$S_1=\{6,6,6,6,7,4,3,4,3,4,2,7,5,0,2,7,4,2,6,7,4,\cdots\}$$

⋮

$$S_7=\{0,0,0,0,1,2,5,2,5,2,4,1,3,6,4,1,2,4,0,1,2,\cdots\}$$

若使用非连续抽头模型构造跳频序列族，使用三个非相邻级来控制跳频，即取

$$s_u(j)=4\lfloor(a_j+u_0)\bmod 2\rfloor+2\lfloor(a_{j+1}+u_1)\bmod 2\rfloor+\lfloor(a_{j+3}+u_2)\bmod 2\rfloor \quad (9.4\text{-}2)$$

同样可以得到由 8 个序列组成的跳频序列簇。

$$S_0=\{7,7,7,6,7,4,3,4,3,5,2,6,5,1,2,7,5,3,6,7,5,\cdots\}$$

$$S_1=\{6,6,6,7,6,5,2,5,2,4,3,7,4,0,3,6,4,2,7,6,4,\cdots\}$$

⋮

$$S_7=\{0,0,0,1,0,3,4,3,4,2,5,1,2,6,5,0,2,4,1,0,2,\cdots\}$$

9.5　跳频系统的同步

正确接收跳频信号的前提条件是，收发双方必须实现跳频同步，即跳频接收机与跳频发射机在相同的时刻使用相同的频率。跳频同步的内容包括：跳频频率表相同；跳频序列相同；跳变的起始时刻相同。也就是说，为了实现收发双方的跳频同步，接收机必须获得发射机的有关跳频同步的信息，这些信息包括：采用哪一张跳频频率表，采用什么样的跳频序列，在什么时刻哪一个频率上开始起跳；需要不断地校正接收机本地时钟，使其与发射机时钟一致。在实际应用中，跳频频率表和跳频序列是由通信双方预先约定好的，需要解决的主要问题是使频率跳变的起止时刻相同。

跳频通信系统中的同步还包括载波同步、位同步、帧同步等内容，这些与一般的定频通信系统基本相同，因此我们这里重点讨论跳频同步，也就是跳频序列（跳频图案）的同步。

跳频频率合成器产生的频率是由伪随机码决定的，因此跳频序列的同步实际上是收发两端伪随机码之间的同步，即消除两个伪随机码之间的时间（相位）不确定性，这个与直扩系统中的码同步是一样的。因此从原理上讲，用于直扩系统中的同步方法都可以用于跳频系统。

与直扩系统中伪随机序列的捕获类似，跳频序列的同步也分两步进行：捕获和跟踪，关键还是在第一步捕获。捕获是使得收发双方的跳频序列的时间差小于一跳的时间 T_h（实际上是使得接收机本地跳频序列与接收到的信号中的跳频序列的时间差小于一跳的时间 T_h）。同步的频率精度由频率合成器的性能指标保证。捕获完成后，接收机输出的跳频信号与发射机跳频信号同步跳变，但这时接收机与发射机对应跳变的起止时刻不完全一致，即跳变的时间还没有完全同步，还需要不断的调整本地跳频序列发生器的时钟，以使接收机与发射机相应频率起始时刻完全一致，达到时间同步，这一过程称为跟踪。

对跳频同步的主要要求有：迅速、可靠、抗干扰、失步后能迅速同步。

9.5.1　同步方法

同步方法可以分为两大类：外同步法和自同步法。常用的外同步法有：独立信道法、参考时钟法和同步字头法等。

1. 独立信道法

独立信道法是指利用一个专门的信道来传送同步信息，依此同步信息实现同步的方法。接收机从该专门信道中接收发射机送来的同步信息后，依照同步信息的指令，设置接收机的跳频序列、跳频频率表和跳变的起始时刻，并校准接收机的时钟，在规定的起跳时刻开始跳频通信。

独立信道法需要专门的信道来传送同步信息，因此它占用频率资源和信号功率，有的通信系统难以提供专门的信道，所以独立信道法的应用受到了限制。独立信道法中同步信息传送方式不隐蔽，易于被敌方发现和干扰；其优点是传送的同步信息量大，同步建立的时间短，并能不断的传送同步信息，保持系统的长时间同步。

2. 参考时钟法

参考时钟法是指通过某种算法向跳频网络分配一个公共时基，依此时基实现同步的方法。时基在网内快速传递，且对用户透明，用户入网可快速同步。

这种方法用高精度时钟实时控制收发双方的跳频图案，即实时控制收发双方的频率合成器的频率的跳变。若收发双方的时间都保持一致，且通信距离已知，则可保证跳频序列的同步。在这种方法中，使用精确的时钟减小了收发双方伪随机码相位的不确定性，而且它具有同步快、准确、保密性好的特点。但参考时钟法的缺点是对时基的精度、稳定度要求极高，跳频同步的图案受到时钟稳定性以及移动距离变化引起的不确定的影响。

3. 同步字头法

同步字头法是指在建立通信之前，先发送一个同步字头，利用该同步字头实现同步的方法。同步字头中含有生成跳频序列的全部信息，接收机依照同步信息实现跳频同步。

在采用同步字头法的跳频通信过程中，传输的信息分为数据信息和同步信息两大类。同步信息用于跳频同步，通常将带有同步信息（如含有生成跳频序列的全部信息）的同步字头置于跳频信号的最前面；或在信息传输的过程中，离散地插入这种同步字头。发射机需要发送的同步信息除位同步、帧同步信息等外，还包括跳频序列发生器的实时时钟TOD(time of day)信息和实时状态信息。TOD信息是指跳频系统的时间参数，用年、月、日、时、分、秒表示；实时状态信息是指跳频序列发生器的实时状态。

接收端根据同步字头的特点，可以从接收到的跳频信号中把它们识别出来，作为调整本地时钟或伪随机码发生器之用，从而使收发双方同步。使用这种方法时，接收机可以处于等待状态，即在某一固定频率上等待同步字头的到来，或对同步字头频率进行扫描搜索。

同步字头法具有快速同步、容易实现的优点，是一种常用的同步方法，但同步字头易遭受干扰，须加同步保护措施。一旦同步字头受到干扰，将影响到整个系统的工作，因此使用时应设法提高同步字头的抗干扰性能与隐蔽性。通常采用自相关特性好的序列作为同步码码字，并对它进行纠错编码。

4. 自同步法

自同步法是指通过发射机发送的信息序列中隐含同步信息，在接收机中将该同步信息提取出来，从而实现同步的方法。自同步法不需要专门的信道和发送专门的同步信息，从而具有节省信道、节省信号功率和同步信息隐蔽等优点。在第 9.5.3 节中我们简要介绍一种自同步方法：等待搜索法。

自同步法在节省频率资源和信号功率方面具有优点，但由于发射机发送的信息序列中所能隐含的同步信息是非常有限的，所以在接收机所能提取的同步信息就更少了。此法只适用于简单跳频序列的跳频系统，并且系统同步建立的时间较长。

在跳频通信系统中，根据需要也可以将上述方法组合起来使用。例如，自同步法具有同步信息隐蔽的优点，但是存在同步建立时间长的缺点；而同步字头法具有快速建立同步的优点，却存在同步信息不够隐蔽的缺点。因此，在实际应用中可根据系统需要将这两种方法进行组合，用于同步系统的设计与实现中。设接收机在某个频率上等待接收跳频信号，发射机发送的跳频信号的载波频率依次在若干个频率上跳变。当发射机信号的载频跳变至该频率时，接收机接收到跳频信号，即可从跳频信号中解出它所携带的同步字头内的同步信息，然后依照同步信息建立跳频系统的同步。

9.5.2　同步字头法的初始同步

在同步字头法中，实现同步捕获的方法可以分为三类：串行捕获、并行捕获、并串组合捕获。

1. 串行捕获

串行捕获技术又称为步进顺序搜索法、滑动相关法，它通过逐个搜索码相位单元来完成对跳频信号的捕获，图 9-19 为串行搜索的原理框图。收到的跳频信号与本地频率合成器产生的信号进行相关，经中频带通滤波器滤波和检测器检测后，在比较器中与预定的门限进行比较，如果未超过门限，则搜索控制器调整本地伪随机码的相位；若超过门限值，则表明接收信号地址码与本地地址码的相位差小于 $T_c/2$，停止相位相对滑动，并累计连续超过门限的次数，如果这个次数超过预定值 m 时，表示捕获成功。然后同步系统转入跟踪，以进一步提高同步精度。

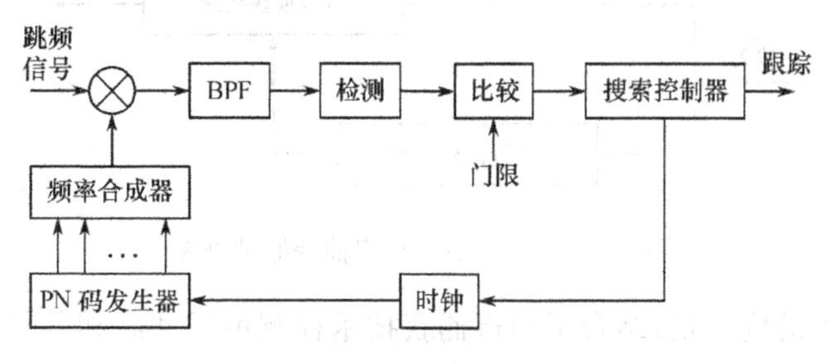

图 9-19　跳频系统串行捕获原理框图

采用串行捕获技术的优点是:①同步引导码可以较长,在恶劣干扰环境下具有良好的检测能力和抗干扰能力;②同步引导码可方便地进行改变,具有较强的抗侦察能力和抗欺骗能力;③实现比较简单。串行捕获技术的缺点是捕获时间较长,并且捕获时间与同步引导码长度成正比。

2. 并行捕获

并行捕获的原理框图如图 9-20 所示。图中 $f_1, f_2, \cdots, f_m$ 是从跳频频率集的 N 个频率中选出的 m 个频率。m 个参考频率信号按照输入的跳频信号(如同步字头)的次序排列,分别对跳频信号进行相关,经相应的延迟后,m 路输出信号经相加后与门限进行比较。如果相加器输出信号大于判决门限,则表明捕获完成,比较器给出同步指示。这时同步系统连续累计超过门限的次数,如果这个数值超过预先设定的次数时,表示捕获成功,使系统进入跟踪状态。否则,控制本地时钟,调整本地码的相位,直到实现捕获。

采用并行捕获技术的优点是:具有较短的捕获时间,但需要更多的硬件资源。

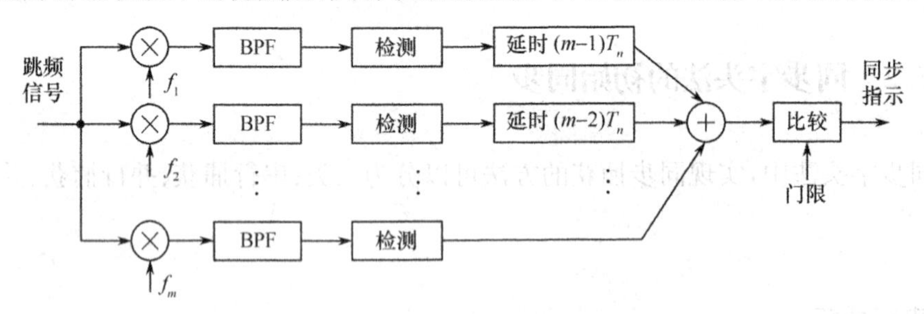

图 9-20 跳频系统并行捕获原理框图

3. 并串组合捕获

并串组合捕获的原理框图如图 9-21 所示,其基本原理是:将同步引导码分为两个部分,一部分由较短的序列组成,通过并行捕获系统进行捕获;另一部分由较长的序列组成,通过串行捕获系统进行捕获。串行捕获系统由并行捕获系统启动。

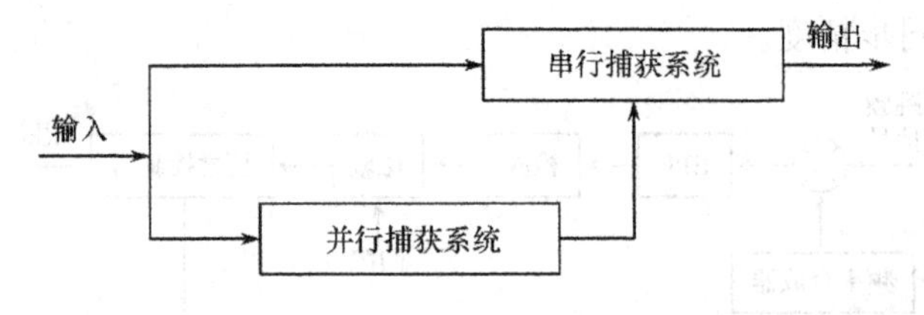

图 9-21 跳频系统并-串捕获原理框图

并串捕获技术的优点是:结合了串行捕获技术检测可靠性高和并行捕获技术快速捕获的优点,增强了系统的抗干扰能力。

9.5.3　自同步法的初始同步

这里针对跳频速率较低、用户数量少的小型通信系统，介绍一种等待搜索自同步法。等待搜索式自同步法的同步过程如图 9-22 所示。

1. 初始捕获

跳频系统接收机与发射机的跳频序列发生器具有相同的跳频序列，只是接收跳频频率表与发送跳频频率表中的相应频率，相差一个固定中频 f_I。将接收机跳频发送序列置于某一预定状态，通过控制频率合成器输出某一固定频率 f_j，以等待搜索发射机跳频信号中的对应频率 f'_j。当搜索到 f'_j 时，两者在相关器中进行相关运算，产生固定中频 f_I，经滤波和包络检波处理后，输出检测信号 ξ。当 ξ 大于同步捕获门限电平 ξ_{th} 时，则触发跳频序列发生器，使本地频率合成器从 f_j 开始，输出跳频信号。这一过程为初始捕获。如果 $\xi<\xi_{th}$，表明接收到的跳频信号与频率 f_j 不对应，本地跳频序列发生器保持原输出状态不变，频率合成器输出频率停留在 f_j 上继续等待。

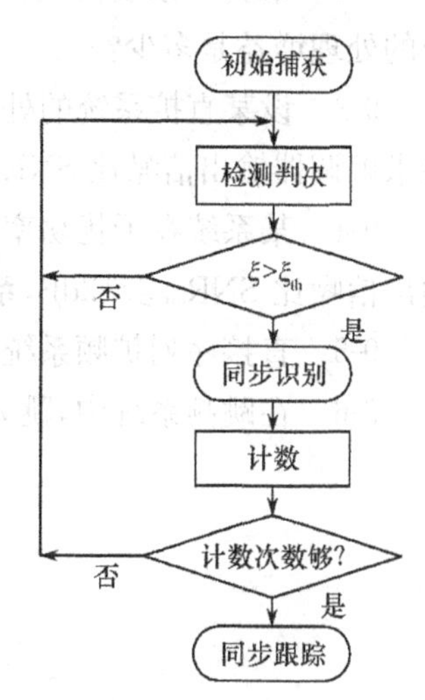

图 9-22　等待搜索式自同步法的同步过程

当某一干扰频率与本地等待频率有足够的相关输出时会形成假同步(虚检)，影响正常同步的建立；当干扰信号干扰了有效跳频信号 f'_j 时，将造成漏检，也影响正常同步的建立。为减少虚检现象，一次相关检测后的信号 $\xi>\xi_{th}$ 不能算作捕获成功，通常规定在几个连续的跳频周期中 $\xi>\xi_{th}$，才算捕获成功，这时启动跳频序列发生器，使频率合成器输出本地跳频信号，这一部分过程也称为同步识别。

2. 同步跟踪

捕获完成后，接收机与发射机对应频率跳变的起止时刻不完全一致，还需要不断的调整本地跳频序列发生器的时钟，以使接收机与发射机相应频率起始时刻完全一致，这时才算建立和实现了跳频同步，系统进入锁定跟踪(即同步保持)状态。

9.5.4　同步跟踪

上面 9.3 节所讨论的直接序列的几种同步跟踪方法同样也可适用于跳频系统的同步跟踪，这里不再赘述。

习　题　九

9-1　试说明扩频通信系统与传统调制方式通信系统的主要区别。

9-2　某直扩系统的伪随机码序列速率为1.2Mb/s，信息数据速率为6kb/s，则该系统的处理增益是多少？

9-3　设某直扩系统的处理增益为40dB，系统内部损耗为3dB，为保证系统正常工作，要求解调器输出信噪比$SNR_{out}\geqslant 10dB$，则该系统的干扰容限为多少？

9-4　某系统在干扰功率为信号功率200倍的环境下工作，系统正常工作要求解调器输出信噪比$SNR_{out}\geqslant 12dB$，系统内部损耗为2dB，试问该系统的扩频增益至少为多少？

9-5　直接序列扩频系统中扩频码的初始同步方法有哪些？

9-6　在跳频系统中，跳频同步方法分为哪两类？常用的外同步法主要有哪些？

附录 A　缩写词

缩写词	英文全称	中文译名
ADM	Add-Drop Multiplexer	分插复用器
ADPCM	Adaptive Differential Pulse Code Modulation	自适应差分脉冲编码调制
ADSL	Asymmetrical Digital Subscriber Line	非对称数字用户线
AM	Amplitude Modulation	振幅调制
AMI	Alternate mask Inverse	传号交替反转
AMPS	Advanced Mobile Phone System	先进移动电话系统
ARQ	Automatic Repeat Request	自动重传请求
ASK	Amplitude Shift Keying	幅移键控
ATM	Asynchronous Transfer Mode	异步传输模式
B-ISDN	Broasband Integrated Service Digital Network	宽带综合业务数字网
BPF	Band Pass Filter	带通滤波器
BSC	Binary Symmetric Channel	二元对称信道
CATV	Cable Television	有线电视
CDM	Code Division Multiplexing	码分复用
CDMA	Code Division Multiple Access	码分多址
CCIR	Consultative Committee of International Radio	国际无线电咨询委员会
CCITT	Consultative Committee of International Telegraphy and Telephone	国际电话电报咨询委员会
CMI	Code Mask Inverse	传号反转
CRC	Cylic Redundency Check	循环冗余校验
CVSD	Continuous Variable Slope Delta Modulation	连续可变斜率增量调制
DCT	Discrete Cosine Transform	离散余弦变换
DFT	Discrete Fourier Transform	离散傅里叶变换
DLL	Delayed Locked Loop	延迟锁定环路
DPCM	Differential Pulse Code Modulation	差分脉冲编码调制
DPSK	Differential Phase Shift Keying	差分相移键控
DS	Direct Sequence	直接序列
DSB	Double Side Band	双边带调制
DS-SS	Direct Sequence Spread Spectrum	直接序列扩展频谱

DVB-C	Digital Video Broadcast-Cable	数字视频广播
DWDM	Dense Wave Divide Multiplexinging	密集波分复用
DXC	Digital Cross Connection	数字交叉连接设备
ETSI	European Telecommunications Standard Institute	欧洲电信标准委员会
FDDI	Fiber Distributed Data Interface	光纤分布式数据接口
FDM	Frequency Division Multiplexing	频分复用
FDMA	Frequency Division Multiple Access	频分多址
FEC	Forward Error Correction	前向纠错
FH	frequency hopping	跳频
FIFO	First In-First Out	先入先出
FSK	Frequency Shift Keying	频移键控
GEO	Geostationary Earth Orbit	地球同步轨道
GMSK	Gaussian Minimal Shift Keying	高斯最小频移键控
GPRS	General Packet Radio Service	通用无线分组业务
GPS	Global Position System	全球定位系统
GSM	Global System of Mobile Communications	全球移动通信系统
HDB3	3rd Order High Density Bipolar	三阶高密度双极性码
HDSL	High-data-rate Digital Subscriber Line	高速率数字用户线
HDVA	Hard Decision Viterbi Algorithm	硬判决 Viterbi 算法
HEC[1]	Header Error Correction	信元头差错控制
HEC[2]	Hybrid Error Correction	混合纠错
IBS	Intelsat Business Service	国际通信卫星组织商业服务
IEEE	Institute of Electrcal and Electronic Engineering	电气电子工程师协会
IFRB	International Frequency Registration Board	国际频率注册局
INTELSAT	International Telecommunications Satellite Organization	国际通信卫星组织
IRQ	Information Repeat Query	信息重传请求
ISO	International Standard Organization	国际标准组织
ISDN	Integrated Service Digital Network	综合业务数字网
ITU	International Telecommucation Union	国际电信联盟
LDPC	Low Density Parity Check Codes	低密度奇偶校验码
LED[1]	Light Emitting Diode	发光二极管
LED[2]	Linear Envelop Detector	线性包络检波器

LFSR	Linear Feedback Shift Register	线性反馈移位寄存器
LPC	Linear Predictive Coding	线性预测编码
LPF	Low Pass Filter	低通滤波器
MAC	Media Access Control	介质接入控制
MAI	Multiple Access Interference	多址干扰
MMF	Multi-Mode Fiber	多模光纤
MPEG-II	Motion Picture Experts Group	运动图片专家组
MSK	Minimal Shift Keying	最小移频键控
NBFM	Narrow Band Frequency Modulation	窄带调频
NMT	Nordic Mobile Telephone	北欧移动电话
NRZ	Non-Return-to-Zero	非归零码
OOK	On Off Keying	通断键控
OQPSK	Offset Quad Phase Shift Keying	偏移四元相移移键控
PAL	Phase Alternation by Line	逐行倒相制
PAM	Pulse Amplitude Modulation	脉冲幅度调制
PCM	Pulse Code Modulation	脉冲编码调制
PDH	Plesynchronous Digital Hierarchy	准同步数字系列
PLL	Phase Locked Loop	锁相环
PN	pseudo-noise	伪噪声(伪随机)
PSK	PSK Shift Keying	相移键控
QAM	Quadrature Amplitude Modulation	正交幅度调制
QCDMA	Qualcomm CDMA	高通 CDMA 系统
QPSK	Quad Phase Shift Keying	四元相移键控
RPE-LTP	Regular Pulse Excited with Long Time Prediction	长时线性预测规则码激励
SDH	Synchronous Digital Hierarchy	准同步数字系列
SMF	Single Mode Fiber	单模光纤
SONET	Synchronous Optical Network	同步光网络
SSB	Single Side Band	单边带调制
STM	Synchronous Transportation Module	同步传输模块
TACS	Total Access Communications System	全接入通信系统
TCM	Trellis Coded Modulation	格状编码调制
TD-SCDMA	Time Division Synchronous CDMA	时分同步码分多址

TDL	Tau Dither Loop	抖动环路
TDM	Time Division Multiplexing	时分复用
TDMA	Time Division Multiple Access	时分多址
TH	Time Hopping	跳时
TOD	Time of Day	时间信息
TPC	Turbo Product Codes	Turbo 乘积码
VCO	Voltage Controlled Oscilloscope	压扩振荡器
VSAT	Very Small Aperture Terminal	甚小孔径终卫星地球站
VSB	Vestigial SideBand	残留边带调制
VSELP	Vector Sum Excited Linear Predictive	矢量和激励线性预测编码
WARC	World Administration Radio Conference	世界无线电行政大会
W-CDMA	Wideband CDMA	宽带码分多址
WDM	Wave Division Multiplexing	波分复用

附录 B　误差函数、互补误差函数表

误差函数
$$\mathrm{erf}(x)=\frac{2}{\sqrt{\pi}}\int_0^X \mathrm{e}^{-y^2}\,\mathrm{d}y$$

互补误差函数
$$\mathrm{erfc}(x)=1-\mathrm{erf}(x)=\frac{2}{\sqrt{\pi}}\int_x^{\infty}\mathrm{e}^{-y^2}\,\mathrm{d}y$$

$$\text{当 } x\gg 1 \text{ 时}, \mathrm{erf}(x)\approx\frac{\mathrm{e}^{-x^2}}{\sqrt{\pi}x}$$

误差互补函数可以通过正态分布进行计算。定义 $Q(\alpha)$ 函数：

$$Q(\alpha)=\int_{\alpha}^{\infty}\frac{1}{2\pi}\exp\left(-\frac{y^2}{2}\right)\mathrm{d}y$$

它表示标准正态分布概率密度函数尾部的面积。其数值可以通过各种计算工具进行计算，也可以通过查表获得。对于标准正态分布，$Q(x)$ 与误差互补函数之间的关系如下：

$$Q(x)=\frac{1}{2}\mathrm{erfc}\left(\frac{x}{\sqrt{2}}\right)\mathrm{d}y$$

当 $x\leqslant 5$ 时，$\mathrm{erf}(x)$，$\mathrm{erfc}(x)$ 与 x 的关系表

x	erf(x)	erfc(x)	x	erf(x)	erfc(x)
0.05	0.05637	0.94363	1.65	0.98037	0.01963
0.10	0.11246	0.88745	1.70	0.98379	0.01621
0.15	0.16799	0.83201	1.75	0.98667	0.01333
0.20	0.22270	0.77730	1.80	0.98909	0.01091
0.25	0.27632	0.72368	1.85	0.99111	0.00889
0.30	0.32862	0.67138	1.90	0.99279	0.00721
0.35	0.37938	0.62062	1.95	0.99418	0.00582
0.40	0.42839	0.57163	2.00	0.99532	0.00468
0.45	0.47548	0.52452	2.05	0.99626	0.00374
0.50	0.52050	0.47950	2.10	0.99702	0.00298
0.55	0.56332	0.43668	2.15	0.99763	0.00237
0.60	0.60385	0.39615	2.20	0.99814	0.00186
0.65	0.64203	0.35797	2.25	0.99854	0.00146
0.70	0.67780	0.32220	2.30	0.99886	0.00114
0.75	0.71115	0.28885	2.35	0.99911	8.9×10^{-4}
0.80	0.74210	0.25790	2.40	0.99931	6.9×10^{-4}
0.85	0.77066	0.22934	2.45	0.99947	5.3×10^{-4}
0.90	0.79691	0.20309	2.50	0.99959	4.1×10^{-4}
0.95	0.82089	0.17911	2.55	0.99969	3.1×10^{-4}
1.00	0.84270	0.15730	2.60	0.99976	2.4×10^{-4}
1.05	0.86244	0.13756	2.65	0.99982	1.8×10^{-4}
1.10	0.88020	0.11980	2.70	0.99987	1.3×10^{-4}
1.15	0.89912	0.10388	2.75	0.99990	1.0×10^{-4}
1.20	0.91031	0.08969	2.80	0.999925	7.5×10^{-5}
1.25	0.92290	0.07710	2.85	0.999944	5.6×10^{-5}
1.30	0.93401	0.06599	2.90	0.999959	4.1×10^{-5}
1.35	0.94376	0.05624	2.95	0.999970	3.0×10^{-5}
1.40	0.95228	0.04772	3.00	0.999978	2.2×10^{-5}
1.45	0.95969	0.04031	3.50	0.999993	7.0×10^{-7}
1.50	0.96610	0.03390	4.00	0.999999984	1.6×10^{-8}
1.55	0.97162	0.02838	4.50	0.9999999998	2.0×10^{-10}
1.60	0.97635	0.02365	5.00	0.9999999999985	1.5×10^{-12}

参 考 文 献

1 樊昌信等. 通信原理. 北京:国防工业出版社,1995
2 曹志刚等. 现代通信原理. 北京:清华大学出版社,1992
3 张树京等. 通信系统原理. 北京:中国铁道出版社,1992
4 王秉钧. 孙学军. 沈保锁. 居谧. 现代通信系统原理. 天津:天津大学出版社,1991
5 黄庚年等. 通信系统原理. 北京:北京邮电学院出版社,1991
6 黄胜华等. 现代通信原理. 合肥:中国科技大学出版社,1989
7 陈仁发等. 数字通信原理. 北京:科学技术文献出版社,1994
8 周廷显. 近代通信技术. 哈尔滨:哈尔滨工业大学出版社,1990
9 Zpeebless P. Communication System Principles. Addison—wesiey Publishing Company, Inc, 1976
10 Martin S, Roden. Analog and Digital Communication Systems, Prentice—Hall Intemational Editions, 1991
11 陈国通. 数字通信原理. 哈尔滨:哈尔滨工业大学出版社,1991
12 冯子裘等. 通信原理. 西安:西北工业大学出版社,1990
13 闻懋生等. 信息传输基础. 西安:西安交通大学出版社,1993
14 曹达仲. 数字移动通信及 ISDN. 天津:天津大学出版社,1997
15 詹道庸. 传输原理. 西安:西安交通大学出版社,1995
16 郭梯云等. 移动通信. 西安:西安电子科技大学出版社,1995
17 陈德荣等. 通信新技术续篇. 北京:北京邮电大学出版社,1997
18 沈振元等. 通信系统原理. 西安:西安电子科技大学出版社,1993
19 叶 敏. 程控数字交换与现代通信网. 北京:北京邮电大学出版社,1998
20 林康琴等. 程控交换原理. 北京:北京邮电大学出版社,1995
21 王秉钧等. 扩频通信. 天津:天津大学出版社,1992
22 李振玉等. 扩频选址通信. 北京:国际工业出版社,1988
23 刘后铭等. 计算机通信网. 西安:西安电子科技大学出版社,1996
24 李乐民等. 数字通信传输系统. 北京:人民邮电出版社,1986
25 郭梯云等. 数据传输. 北京:人民邮电出版社,1987
26 冯重熙等. 现代数字通信技术. 北京:人民邮电出版社,1987
27 张应中等. 数字通信工程基础. 北京:人民邮电出版社,1987
28 乐光新等. 数字通信原理. 北京:人民邮电出版社,1988

29 王士林等．现代数字调制技术．北京：人民邮电出版社，1987
30 周炯槃．通信网理论基础．北京：人民邮电出版社，1991
31 孙立新等．CDMA（码分多址）移动通信技术．北京：人民邮电出版社，1996
32 杨为理，何俭吉．现代通信集成电路应用技术手册技术（上、下）．北京：电子工业出版社，1995
33 赵松璞．FPGA 实现通信系统中盲钧衡的研究．天津大学硕士学位论文，1998
34 安振庄．IJF—0QPSK 数字调制器．天津通信技术，1995(1)
35 陈宗杰等．纠错编码技术．北京：人民邮电出版社，1987
36 吴伯修等．信息论与编码．北京：电子工业出版社，1987
37 沈兰荪．图像编码与异步传输．北京：人民邮电出版社，1988
38 余兆明．数字电视和高清晰度电视．北京：人民邮电出版社，1996
39 胡　栋．图像通信技术及其应用．南京：东南大学出版社，1996
40 朱秀昌等．多媒体网络通信技术及应用．北京：电子工业出版社，1998
41 马小虎等．多媒体数据压缩标准及实现．北京：清华大学出版社，1996
42 丁志强等．MPEG-7 内容及展望．数据通信，1999(1)
43 林　胜等．"MPEG1-Ⅲ声音编码算法"．电声技术，1998(5)
44 纪　涌等．H. 263 简介．数据通信，1998(3)
45 王　煦．MPEG-4 标准起草工作近况．电信快报，1998(6)
46 王世顺．移动通信原理与应用．北京：人民邮电出版社，1995
47 朱梅英等．传真通信与调制解调器．北京：人民邮电出版社，1996
48 胡道元．计算机局域网．北京：清华大学出版社，1996
49 鲁士文．计算机网络原理与网络技术．北京：机械工业出版社，1996
50 杨明福．计算机网络．北京：电子工业出版社，1995
51 李腊元，李春林．计算机网络技术．北京：国防工业出版社，2001
52 刘锦德等．计算机网络大全．北京：电子工业出版社，1997
53 Andrew S, Tanenbaum. Computer Networks. 北京：清华大学出版社，1997
54 William Stallings. Data and Computer Communications. 北京：清华大学出版社，1997
55 曹达仲等．移动信道下级连码的计算机模拟与性能分析．无线电工程，1993(1)
56 王　进等．Turbo-Code 及其在 CDMA 中的应用．移动通信技术，1998(4)
57 许友云等．Turbo Codes 在 INMARSAT 移动卫星通信系统中的应用．移动通信技术，1999(3)
58 Claude Berrou. "Near Optimum Error Correcting Coding And Decoding: Turbo-Codes", IEEE Transations on Communications, Vol. 44, pp1261～1271, 1996
59 傅小真等．数字卫星电视信道编码与调制技术．电子技术，1999(4)

60 上海贝尔电话公司，S1240 程控数字电话交换系统？北京：人民邮电出版社，1993
61 周炯槃等. 通信原理. 北京：邮电大学出版社，2005
62 Jhong Sam Lee，Leonard E. Miller 著 CDMA 系统工程手册（中译本）. 北京：人民邮电出版社
63 乐正友，杨为理. 程控数字交换机硬件软件及其应用. 北京：清华大学出版社，1991
64 蒋同泽. 现代移动通信系统. 北京：电子工业出版社，1994
65 John G. Proakis，Digital Communication（4th Edition），Mc—Graw Hill Press，2001
66 易波. 现代通信导论. 北京：国防科技大学出版社，1999
67 Intel 2913 data sheet，Intel Corporation，September，1990
68 MC34115 data sheet，Rev1， Motorola Incorporation，1996